21世纪高等学校
经济管理类规划教材 高校系列

Excel 2010
数据处理与分析
立体化教程

◎ 盖玲 李捷 主编
◎ 张宇 冀松 副主编

人民邮电出版社
北京

图书在版编目（ＣＩＰ）数据

Excel 2010数据处理与分析立体化教程 / 盖玲，李捷主编. -- 北京 : 人民邮电出版社，2015.8（2022.1重印）
21世纪高等学校经济管理类规划教材. 高校系列
ISBN 978-7-115-39455-2

Ⅰ. ①E… Ⅱ. ①盖… ②李… Ⅲ. ①表处理软件－高等学校－教材 Ⅳ. ①TP391.13

中国版本图书馆CIP数据核字(2015)第205464号

内 容 提 要

本书主要讲解使用Excel 2010进行数据处理与分析的知识，内容主要包括输入与编辑数据，使用公式计算数据，使用函数计算数据，文本函数，时间与日期函数，查找与引用函数，数学与三角函数，财务分析函数、逻辑函数，使用图表显示数据、数据排序、筛选与分类汇总、数据透视表与数据透视图，自动化处理分析数据。本书在最后一章和附录中结合所学的Excel知识制作了多个专业性和实用性较强的学习课件。

本书内容翔实，结构清晰，图文并茂，每章均通过理论知识点讲解、课堂案例、课堂练习、知识拓展和课后习题的结构详细讲解相关知识点的使用。其中，大量的案例和练习可以引领读者快速有效地学习到实用技能。

本书不仅可供普通高等院校本科和独立院校及高职院校师范类相关专业作为教材使用，还可供相关行业及专业工作人员学习和参考。

◆ 主　　编　盖　玲　李　捷
　副 主 编　张　宇　冀　松
　责任编辑　许金霞
　责任印制　彭志环
◆ 人民邮电出版社出版发行　　北京市丰台区成寿寺路 11 号
　邮编　100164　　电子邮件　315@ptpress.com.cn
　网址　http://www.ptpress.com.cn
　北京天宇星印刷厂印刷
◆ 开本：787×1092　1/16
　印张：18　　　　　　2015 年 8 月第 1 版
　字数：459 千字　　　2022 年 1 月北京第 9 次印刷

定价：48.00 元（附光盘）

读者服务热线：(010)81055256　印装质量热线：(010)81055316
反盗版热线：(010)81055315

前 言

随着近年来本科教育课程改革的不断发展、计算机软硬件日新月异地升级，以及教学方式的不断发展，市场上很多教材的软件版本、硬件型号、教学结构等都已不再适应目前的教授和学习。

有鉴于此，我们认真总结了教材编写经验，用了2~3年的时间深入调研各地、各类本科院校的教材需求，组织了一批优秀的、具有丰富的教学经验和实践经验的作者团队编写了本套教材，以帮助各类本科院校快速培养优秀的技能型人才。

本着“学用结合”的原则，我们在教学方法、教学内容和教学资源3个方面体现出了自己的特色。

教学方法

本书精心设计“学习要点和学习目标→知识讲解→课堂练习→拓展知识→课后习题”4段教学法，激发学生的学习兴趣，细致而巧妙地讲解理论知识，对经典案例进行分析，训练学员的动手能力，通过课后练习帮助学生强化巩固所学的知识和技能，提高实际应用能力。

◎ **学习要点和学习目标：**以项目列举方式归纳出章节重点和主要的知识点，以帮助学生重点学习这些知识点，并了解其必要性和重要性。

◎ **知识讲解：**深入浅出地讲解理论知识，着重实际训练，理论内容的设计以“必需、够用”为度，强调“应用”，配合经典实例介绍如何在实际工作当中灵活应用这些知识点。

◎ **课堂练习：**紧密结合课堂讲解的内容给出操作要求，并提供适当的操作思路以及专业背景知识供学生参考，要求学生独立完成操作，以充分训练学生的动手能力，并提高其独立完成任务的能力。

◎ **拓展知识：**精选出相关应用知识，学生可以深入、综合地了解一些应用知识。

◎ **课后习题：**结合每章内容给出大量难度适中的上机操作题，学生可通过练习，强化巩固每章所学知识，从而能温故而知新。

教学内容

本书的教学目标是循序渐进地帮助学生掌握Excel 2010处理与分析数据的知识，全书共14章，可分为如下几个方面的内容。

◎ **第1章：**主要讲解Excel 2010的基础知识，包括数据处理与分析基础、在单元格中输入数据、编辑工作表中的数据等知识。

◎ **第2章至第3章：**主要讲解在Excel中计算数据的方法，包括输入与编辑公式计算数据、调试与测试公式、输入与编辑函数计算数据、定义与使用名称等知识。

◎ **第4章至第9章：**主要讲解进行数据处理与分析的常用函数，包括文本函数、日期与时间函数、查找与引用函数、数学与三角函数、财务函数和逻辑函数等知识。

◎ **第10章至第13章：**主要讲解数据处理与分析的高级技巧，包括使用图表显示数据，数据排序、筛选与分类汇总，数据透视表与数据透视图、自动化处理分析数据等知识。

◎ **第14章**：以制作综合案例的方法，从了解实例目标、专业背景到实例分析，实现专业数据处理与分析的目的。

 教学资源

提供立体化教学资源，使教师更加方便地获取各种教学资料，丰富教学手段。本书的教学资源包括以下三方面的内容。

（1）配套光盘

本书配套光盘中包含书中实例涉及的素材与效果文件、各章课堂案例和课后习题的操作动画演示以及模拟试题库三个方面的内容。模拟试题库中含有丰富的关于Excel数据处理与分析应用的相关试题，包括填空题、单项选择题、多项选择题、判断题和操作题等多种题型，读者可自动组合出不同的试卷进行测试。另外，还提供了两套完整的模拟试题，以便读者测试和练习。

（2）教学资源包

本书配套精心制作的教学资源包，包括PPT教案和教学教案（备课教案、Word文档），以便老师顺利开展教学工作。

（3）教学扩展包

教学扩展包中包括方便教学的拓展资源以及每年定期更新的拓展案例两个方面的内容。其中拓展资源包含Excel 2010应用案例素材等。

特别提醒：教学资源包和教学拓展包可访问人民邮电出版社教学服务与资源网（http://www.ptpedu.com.cn）搜索下载，或者发电子邮件至dxbook@qq.com索取。

本书由盖玲、李捷主编，张宇、冀松副主编。虽然编者在编写本书的过程中倾注了大量心血，但恐百密之中仍有疏漏，恳请广大读者及专家不吝赐教。

编者

2015年4月

目录

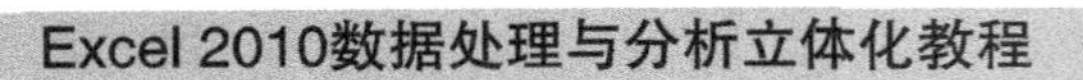

第1章 输入与编辑数据

Excel 2010是Office办公组件中主要的数据处理与分析软件，使用Excel进行数据处理与分析的基础则是输入与编辑数据。本章主要讲解Excel数据处理与分析的基础知识，包括在Excel中输入与编辑数据的相关操作。

学习要点

◎ 常见的数据类型
◎ 常见的数据分析工具
◎ 输入文本与数字
◎ 输入有规律的数据
◎ 设置基本型数据格式
◎ 设置条件格式
◎ 查找、替换和更正数据

学习目标

◎ 认识Excel与数据处理的关系
◎ 掌握输入数据的各种方法
◎ 掌握编辑数据的操作方法

1.1 数据处理与分析基础

数据处理与分析是指使用计算机收集、记录数据，再经过加工，产生新的信息形式的技术。数据处理与分析涉及的加工处理比一般的算术运算要广泛得多，在现代办公中的应用更加广泛。本节将详细讲解数据处理与分析的基础知识。

1.1.1 Excel与数据处理的关系

Excel 2010是一款功能十分强大的数据图表处理软件，具有极为强大的计算和分析能力，以及出色的图表功能，能够胜任从简单家庭理财到复杂的专业领域的计算与分析等工作。在现代办公中，Excel的主要使用范围就是数据的处理、统计分析、辅助决策等。Excel与数据处理和分析之间的关系主要有如下几点。

◎ **实现特殊运算：**在Excel中，使用函数可以实现一些常规无法进行的计算，包括对计算结果进行四舍五入、转换字母间的大小写或求某一范围内的极值等。比如在员工的销售业绩中可以通过MAX函数将销售第一名显示出来。

◎ **实现智能判断：**在Excel中，通过某些函数可以实现智能判断功能。比如公司需要通过判断销售人员的月销售额度来决定提成百分比，就可以通过IF函数自动判断每个销售人员应该使用哪个提成百分比进行计算，从而省去人工判断的麻烦。

◎ **展现数据间的相互关系及发展趋势：**Excel中的图表功能能够在数据表格的旁边将数据之间的关系用图表的形式直观地展示出来，并且可以通过绘制趋势线，将分析的产品数据的发展趋势以趋势线的方式体现。

1.1.2 常见的数据类型

在Excel中可以输入多种类型的数据，如字符、数值、日期、时间、布尔型等。下面简单介绍这几种类型的数据。

1. 字符型数据

在Excel中，字符型数据包括汉字、英文字母、空格等。默认情况下，字符型数据自动沿单元格左边对齐。当输入的字符串超出了当前单元格的宽度时，如果右边相邻单元格里没有数据，那么字符串会往右延伸；如果右边单元格有数据，超出的那部分数据就会隐藏起来，只有把单元格的宽度变大后才能显示出来。

如果要输入的字符串全部由数字组成，如邮政编码、电话号码、存折账号等，为了避免Excel把它按数值型数据处理，在输入时可以先输一个单引号“'”（英文符号），再接着输入具体的数字。例如，要在单元格中输入电话号码“80795574”，先连续输入“'80795574”，然后按【Enter】键，出现在单元格里的就是“80795574”，并自动左对齐。

2. 数值型数据

在Excel中，数值型数据包括0~9中的数字以及含有正号、负号、货币符号、百分号等任意一种符号的数据。默认情况下，数值自动沿单元格右边对齐。在输入过程中，有以下两种比较特殊的情况要注意。

◎ **负数：**在数值前加一个“-”号或把数值放在括号里，都可以输入负数，例如要在单元格中输入“-79”，可以连续输入“-79”“(79)”，然后按【Enter】键，此时，单元格将显示“-79”。

◎ **分数：**要在单元格中输入分数形式的数据，应先在编辑框中输入“0”和一个空格，然后再输入分数，否则Excel会把分数当作日期处理。例如，要在单元格中输入分数“2/3”，再在编辑栏中输入“0”和一个空格，然后接着输入“2/3”，按【Enter】键，单元格中就会出现分数“2/3”。

3. 日期型和时间型数据

在数据管理中，经常需要录入一些日期型的数据，在录入过程中要注意以下几点。

◎ 输入日期时，年、月、日之间要用“/”号或“-”号隔开，如“2015-8-16”“2015/8/16”。

◎ 输入时间时，时、分、秒之间要用冒号隔开，如“10:29:36”。

◎ 若要在单元格中同时输入日期和时间，日期和时间之间应该用空格隔开。

4. 布尔型数据

在Excel中，布尔型数据主要包括True和False两个，表示条件的有效性。

1.1.3 常见的数据分析工具

Excel强大的功能不仅仅体现在数据的处理上，在数据分析方面也毫不逊色，而分析功能既可以建立在公式与函数的基础上，也可以建立在Excel中的其他分析工具上。下面将对Excel 2010的分析工具进行简单介绍。

1. 访问数据库

Excel的每个版本都能使用简单的平面数据库，而在Excel 2010中，访问数据库主要分为两大类。

◎ **工作表数据库：**是指整个数据库都存储在一个工作表中，一个工作表中不能超过1048576条记录和16384列。

◎ **外部数据库：**是指存储在外部的数据库，如Access MDB文件或SQL Server文件。

不管使用哪一种数据库，当数据过多时，都可使用Excel中的自动筛选功能查阅符合要求的数据库记录。图1-1所示为自动筛选功能对工作表的数据进行筛选的操作方法。

图1-1　筛选数据库中的数据

2. 数据透视表

数据透视表也是Excel中的一个强大功能，通过数据透视表可以通过不同的方式显示汇总的数据。在数据透视表中的数据来自工作表数据库或外部数据库，使用数据透视表后，Excel能够快速地将这些数据进行重新计算。

Excel除了数据透视表外，还支持数据透视图的功能，通过数据透视图可以连接工作簿中的图和数据透视表。图1–2所示为数据透视表的显示效果。

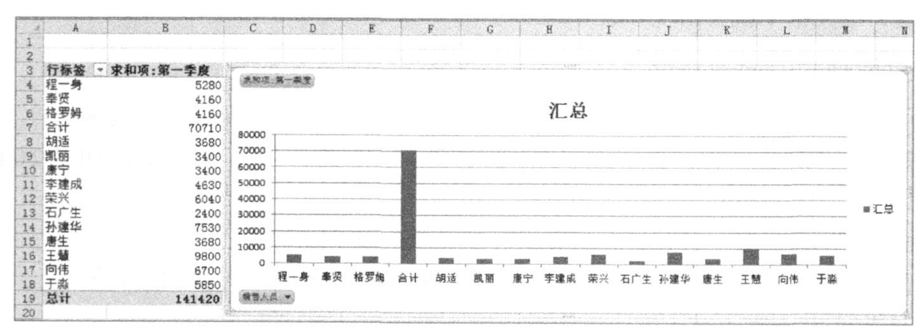

行标签	求和项:第一季度
程一身	5280
奉贤	4160
格罗姆	4160
合计	70710
胡适	3680
凯丽	3400
康宁	3400
李建成	4630
荣兴	6040
石广生	2400
孙建华	7530
唐生	3680
王慧	9800
向伟	6700
于淼	5850
总计	141420

图1–2　数据透视表的显示效果

3. 分级显示

分级显示在处理多层数据时非常有用，分级显示后的数据更有利于进行数据分析。在Excel中可以根据工作表中的数据自动创建分级显示，当创建分级显示后，还可以通过折叠或展开分级显示来显示出不同数据，图1–3所示为分级显示的效果。

云帆国际房产销量统计表

单位：万元

销售人员	产品类别	第一季度	第二季度	第三季度	第四季度	全年销量
胡适	108城	3680	4630	5850	7000	21160
	108城 汇总					21160
荣兴	北欧. 新村	6040	4160	4960	4160	19320
向伟	北欧. 新村	6700	4920	2400	5850	19870
于淼	北欧. 新村	5850	4960	7530	3840	22180
	北欧. 新村 汇总					61370
格罗姆	城南一隅	4160	3400	4960	4160	16680
石广生	城南一隅	2400	5280	5850	6040	19570
	城南一隅 汇总					36250
孙建华	岭南风光	7530	5130	3400	5280	21340
唐生	岭南风光	3680	6700	4630	3680	18690
	岭南风光 汇总					40030
奉贤	如画山水	4160	3680	6040	4630	18510
康宁	如画山水	3400	6040	9800	6700	25940
凯丽	如画山水	3400	4160	4630	2400	14590
李建成	如画山水	4630	2400	4160	3400	14590
	如画山水 汇总					73630
程一身	象山一号	5280	5850	3840	7530	22500
王慧	象山一号	9800	9800	6040	4630	30270
	象山一号 汇总					52770
	总计					285210
合计		70710	71110	74090	69300	285210

图1–3　分级显示效果

4. 方案管理

Excel主要是通过"方案管理器"功能来实现方案管理。方案管理就是指通过保存输入数据，来启动一种模型。比如，要进行销售预期分析，就可以创建一个方案，通过制作的方案对数据进行跟踪，从而实现辅助数据分析的目的。虽然Excel中的方案管理只能进行简单的任务，但还是能满足大多数用户的需要。

5. 审核

审核功能也是Excel 2010中的一个非常实用的功能，主要用于查找错误、辨别特定类型的单元格、跟踪单元格的关系、跟踪错误值等方面。图1–4所示为使用审核功能追踪应用于从属单元格的效果。

云帆国际房产销量统计表

销售人员	产品类别	第一季度	第二季度	第三季度	第四季度	全年销量
					单位：	万元
程一身	象山一号	5280	5850	3840	7530	22500
	象山一号 汇总					22500
奉贤	如画山水	4160	3680	6040	4630	18510
	如画山水 汇总					18510
格罗姆	城南一隅	4160	3400	4960	4160	16680
	城南一隅 汇总					16680
胡适	108城	3680	4630	5850	[illegible]	21160
	108城 汇总					21160
康宁	如画山水	3400	6040	9800	6700	25940
凯丽	如画山水	[illegible]	[illegible]	[illegible]	[illegible]	14590
李建成	如画山水	[illegible]	[illegible]	[illegible]	[illegible]	14590
	如画山水 汇总					55120
荣兴	北欧.新村	6040	4160	4960	4160	19320
	北欧.新村 汇总					19320

这些蓝色的箭头为追踪的路径

图1–4　追踪单元格效果

6. 使用插件分析

在Excel 2010中，可以使用插件分析对一些特殊的线性、非线性问题和假设的方案进行求解。除此之外，还可以在网上下载一些插件或工具箱，安装在Excel 2010中进行辅助分析。这些插件的优点就是分类多且细，将各个方面的处理与分析全部集成在一起，只需要单击相应的按钮即可实现该操作。

1.2 输入数据

输入数据主要包括输入文本与数据、输入日期与时间、输入特殊符号、输入有规律的数据等，本节将对输入数据的基本方法进行介绍。

1.2.1 输入文本与数字

文本与数字是Excel表格中输入数据的基本形式，文本用来说明并解释表格中的其他数据，数字则用来直观地描述表格中各类数据的具体数值，如序列编号、产品价格、销售数量等。图1–5所示为输入文本与数字的效果。

姓名	会计基础	财经法规	电算化
刘珊珊	90	40	86
孙晓丽	80	60	59
张翰	80	40	63
李潇	90	30	88
汪俊	40	90	78
王贵	60	80	98
徐佳	70	60	63
刘雪	40	70	46
胡邦宇	50	90	68
罗娟	30	40	72

Sheet1 Sheet2 Sheet3

图1–5　输入文本与数字的效果

在单元格中输入文本与数字的方法相同，主要有以下3种。

◎ **选择单元格输入：**单击需输入文本或数字的单元格，然后切换到相应的输入法，直接输入文本或数字后，按【Enter】键或选择其他单元格即可。此方法是一种最快捷的数据输入方法。

◎ **双击单元格输入**：双击需输入文本或数字的单元格，将文本插入点定位到其中，然后输入相应的文本或数字，完成后按【Enter】键或选择其他单元格即可。此方法适合用来编辑单元格中的某个数据。

◎ **在编辑栏中输入**：选择需输入文本或数字的单元格，然后将鼠标光标移至编辑栏中单击，并在文本插入点处输入所需的数据，完成后单击✔按钮或按【Enter】键即可。此方法适合用来输入并编辑较长的数据。

知识提示

在单元格中输入数据后，按【Enter】键可完成输入，按【Tab】键可选择当前单元格右侧的单元格，按【Ctrl+Enter】组合键可完成输入同时保持当前输入数据单元格的选择状态。

1.2.2 输入日期与时间

在单元格中除了输入文本与数字外，还可输入日期与时间。默认情况下，输入的日期格式显示为“2015-2-14”，输入的时间格式显示为“0:00”。输入日期与时间的方法主要有以下两种。

◎ **输入指定的日期与时间**：在工作表中选择需输入指定日期与时间的单元格，然后输入形如“2015-2-14”或“2015/2/14”的日期格式，以及输入如“0:00”的时间格式，完成后按【Enter】键，系统将自动显示为默认格式。

◎ **输入系统的当前日期与时间**：在工作表中选择需输入当前日期与时间的单元格，按【Ctrl+;】组合键，系统将自动输入当天日期，按【Ctrl+Shift+;】组合键，系统将自动输入当前时间，完成后按【Enter】键即可。

知识提示

在输入日期时必须使用正确的日期格式，否则将不能被识别或是显示不正确。如果以整数形式输入时间，则在设置时间格式时将不能正确显示输入的时间。

1.2.3 输入特殊符号

在Excel表格中经常需要输入一些特殊符号，如§、●、※、◎等，这些符号有些可以通过键盘输入，有些却无法在键盘上找到与之匹配的键位，此时可通过Excel提供的“符号”对话框进行输入，其具体操作如下。

（1）选择需输入符号的单元格，在【插入】→【符号】组中单击“符号”按钮Ω。

（2）在打开的“符号”对话框的“符号”选项卡中可选择所需的符号，如图1-6所示；也可单击“特殊字符”选项卡，在其中选择所需的特殊字符，如图1-7所示，然后单击插入(I)按钮插入所选的符号；若多次单击插入(I)按钮将插入多个所选的符号；若需输入其他符号，可继续选择所需的符号，单击插入(I)按钮。

（3）完成后单击关闭按钮关闭“符号”对话框，返回工作表中可看到插入符号后的效果。

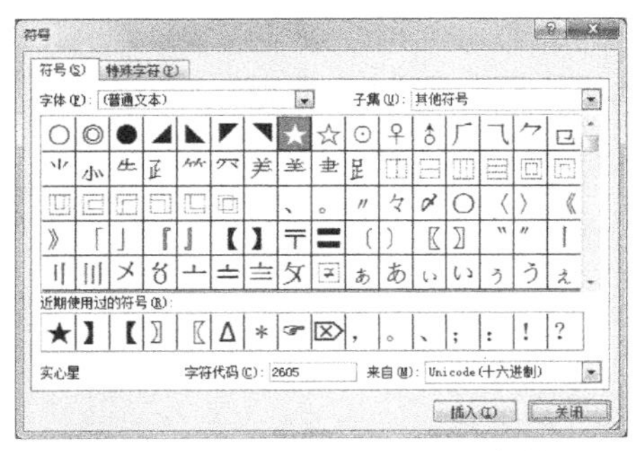

图1-6　在“符号”对话框中选择符号

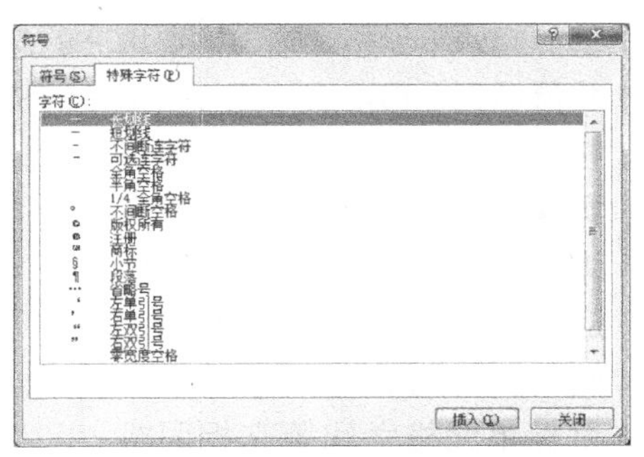

图1-7　在“符号”对话框中选择特殊字符

1.2.4　输入有规律的数据

Excel提供了快速填充数据功能，可以在表格中快速并准确地输入一些相同或有规律的数据。这样不仅提高了工作效率，而且降低了出错率。

1. 使用鼠标左键拖动控制柄输入

要在连续的单元格区域中输入相同或有规律的数据，可以使用鼠标左键拖动控制柄快速填充数据，有以下两种方式。

◎ **快速输入相同的数据**：选择起始单元格，输入需要填充的起始数据，然后将鼠标光标移至该单元格的右下角，此时该选区的右下角将出现一个控制柄，且鼠标光标变为**+**形状，按住鼠标左键不放拖动到目标单元格后，释放鼠标即可在起始单元格和目标单元格之间快速填充相同数据，如图1-8所示。

◎ **快速输入有规律的数据**：在第一个单元格中输入起始值，在第二个单元格中输入与起始值成等比或等差的数字，然后选择这两个单元格，将鼠标光标移到该选区右下角的控制柄上，此时鼠标光标变为**+**形状，按住鼠标左键不放拖动到目标单元格后，释放鼠标即可在所选的单元格区域中快速填充等比或等差的数据，如图1-9所示。

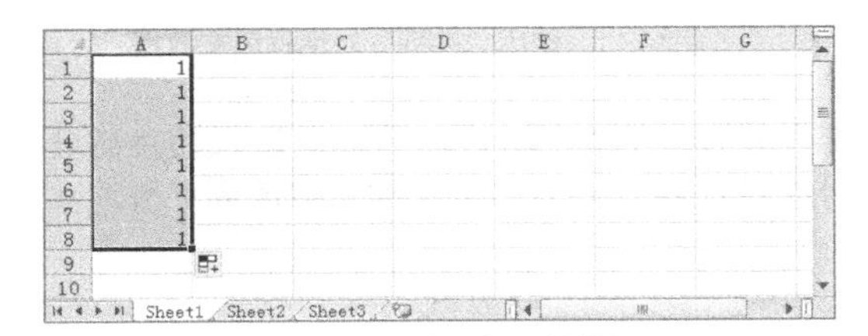

图1-8　快速输入相同的数据

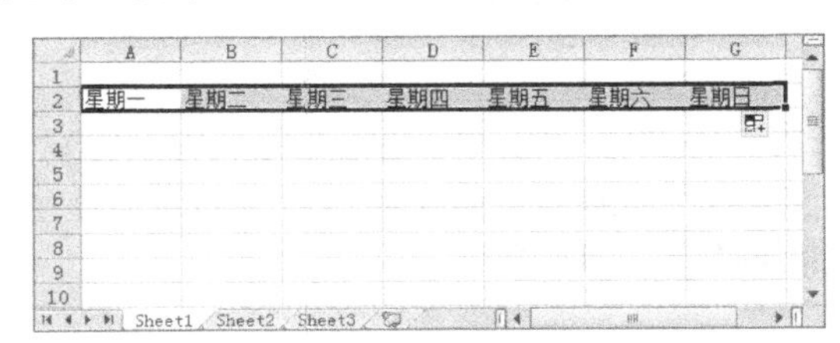

图1-9　快速输入有规律的数据

知识提示

按住鼠标左键拖动控制柄输入数据后，其右下角将出现“自动填充选项”按钮，单击该按钮，在打开的下拉列表中单击选中相应的单选项可根据需要快速填充相应的数据，如单击选中“复制单元格”单选项可填充相同数据，单击选中“填充序列”单选项可填充有规律的数据。

2. 使用鼠标右键拖动控制柄输入

使用鼠标右键拖动控制柄也可快速输入数据，其具体操作如下。

（1）选择起始单元格，输入需要填充的起始数据。

（2）将鼠标光标移至该单元格右下角的控制柄上，此时鼠标光标变为+形状。

（3）按住鼠标右键不放拖动到目标单元格中，释放鼠标，在弹出的快捷菜单中可选择相应的命令，如图1-10所示，此时，即可在起始单元格和目标单元格之间填充相同或有规律的数据。

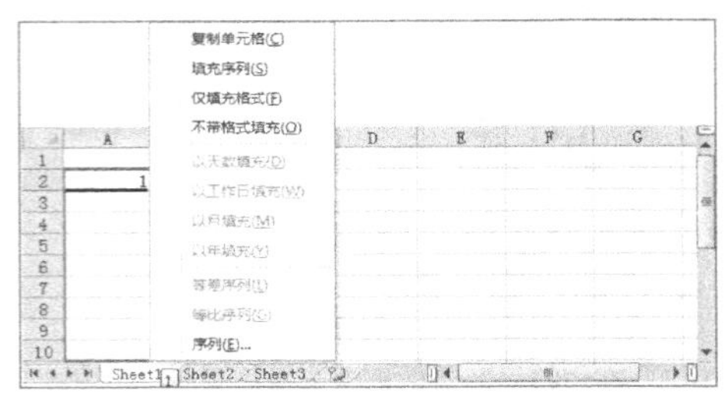

图1-10　使用鼠标右键拖动控制柄输入

知识提示　按住鼠标右键拖动控制柄输入数据时，在打开的下拉列表中的选项会根据起始数据的变化而变化。如在起始单元格中输入文本，则下拉列列表中仅有3种选项供选择；若输入数值，则会多出“等差序列”和“等比序列”等命令。

3. 使用“序列”对话框输入数据

通过“序列”对话框可在表格中输入一个起始数据，然后根据需要设置相应的选项达到快速填充相同或有规律的数据的目的。其具体操作如下。

（1）选择起始单元格，输入需要输入的起始数据。

（2）在【开始】→【编辑】组中单击“填充”按钮，在打开的下拉列表中选择“系列”选项。

（3）在打开的“序列”对话框的“序列产生在”栏中设置填充数据的行或列，在“类型”栏中设置填充数据的类型，在“步长值”文本框中设置序列之间的差值，在“终止值”文本框中设置填充序列的数量，如图1-11所示，完成后单击确定按钮。

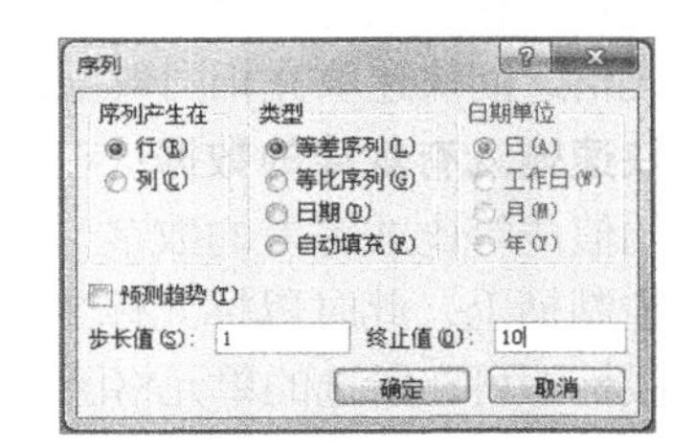

图1-11　使用“序列”对话框填充数据

操作技巧　若同时选择需输入相同数据的多个单元格或单元格区域，然后输入相应的数据，完成后按【Ctrl+Enter】键可同时在所选的多个单元格或单元格区域中输入相同的数据。

1.2.5　课堂案例1——制作“员工信息表”工作簿

本案例要求在Excel中制作一张“员工信息表”工作簿，其中涉及输入数据的相关操作，完成后的参考效果图1-12所示。

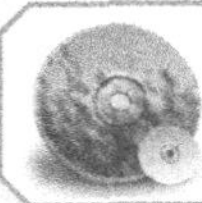
效果所在位置　光盘:\效果文件\第1章\课堂案例1\员工信息表.xlsx

视频演示　光盘:\视频文件\第1章\制作员工信息表工作簿.swf

员工信息表					
编号	姓名	性别	联系方式	籍贯	进入公司时间
001	陶家林	男	1354685****	上海	2005/10/1
002	姬飞羽	男	1313864****	成都	2005/9/10
003	冯伟	男	1594692****	成都	2006/4/10
004	邓斌	男	1304598****	成都	2006/10/1
005	陈德修	男	1387123****	上海	2007/1/10
006	孙静雅	女	1324537****	重庆	2007/8/15
007	王靖宇	女	1359964****	成都	2008/5/25
008	罗雪	女	1593798****	成都	2008/8/18
009	王明霞	女	1315562****	成都	2009/1/20
010	李胜基	男	1335698****	北京	2009/3/10
011	蔡秋凤	女	1314535****	成都	2009/8/15
012	徐军	男	1369458****	重庆	2010/9/20
013	郑亚斌	男	1386868****	成都	2013/5/20
014	王琛	男	1334659****	成都	2013/8/23
015	赵继东	男	1593844****	上海	2014/4/25

图1-12　制作“员工信息表”的参考效果

职业素养

员工信息表属于人力资源表格的一种，属于员工信息管理系统的范围。员工信息管理系统是企业单位科学、全面、高效进行人事管理的系统。内容包括机构的建立和维护、人员信息的录入和输出、工资的调整和发放、各类报表的绘制和输出等功能。在操作上集输入、维护、查询、统计、打印、输出等处理为一体，简便灵活，自动化功能强大。

（1）在桌面左下角单击“开始”按钮，选择【所有程序】→【Microsoft Office】→【Microsoft Excel 2010】菜单命令，启动Excel 2010。

（2）在打开的窗口中选择【文件】→【另存为】菜单命令，如图1-13所示。

（3）打开“另存为”对话框，在左侧的列表框中依次选择保存路径，在顶端左侧的下拉列表框中可查看保存路径，在“文件名”文本框中输入“员工信息表”，单击保存(S)按钮，如图1-14所示，保存工作表。

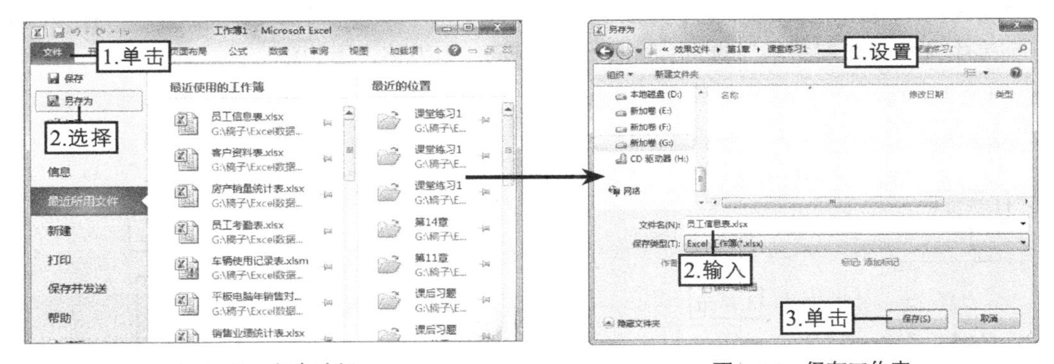

图1-13　保存路径　　图1-14　保存工作表

（4）在单元格中输入相关的文本型和数值型的数据，选择F3单元格，在其中输入“2005-10-1”，如图1-15所示。

（5）按【Enter】键，然后用相同的方法在F4:F17单元格区域中输入其他日期，选择A3单元格，输入“'001”，如图1-16所示。

（6）将鼠标光标移至该单元格右下角的控制柄上，此时鼠标光标变为+形状，按住鼠标右键不放拖动到A17单元格中，释放鼠标，在打开的下拉列表中选择“填充序列”选项，如图1-17所示，即可在起始单元格和目标单元格之间填充相同或有规律的数据，如图1-18所示。

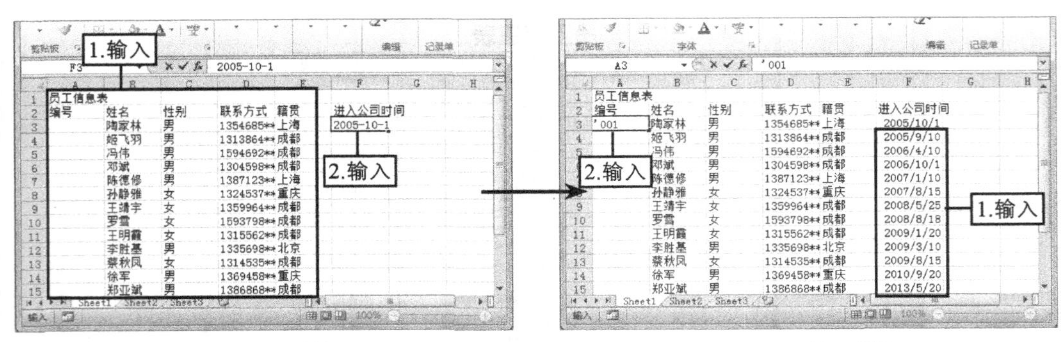

图1-15　输入数据　　图1-16　输入数据

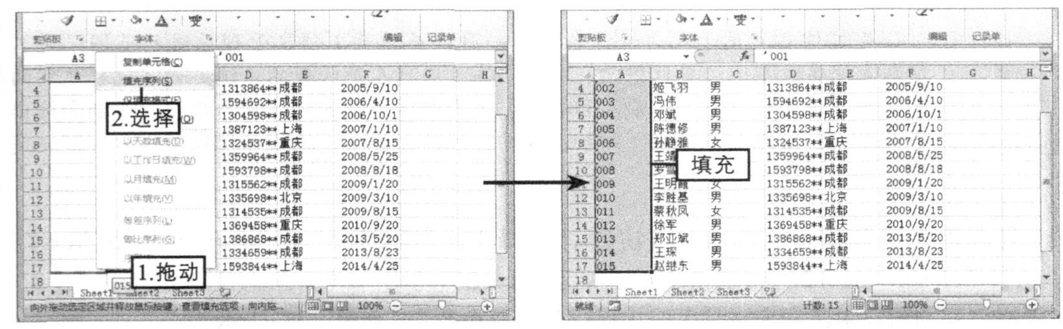

图1-17　选择操作　　图1-18　输入有规律数据

（7）选择A1:F1单元格区域，在【开始】→【对齐方式】组中，单击合并后居中按钮，合并单元格，并设置其文本格式为“微软雅黑，18，加粗”，如图1-19所示。

（8）选择A2:F17单元格区域，在【开始】→【字体】组中单击“下框线”按钮，在弹出的列表中选择“所有框线”选项，如图1-20所示，为表格设置边框。

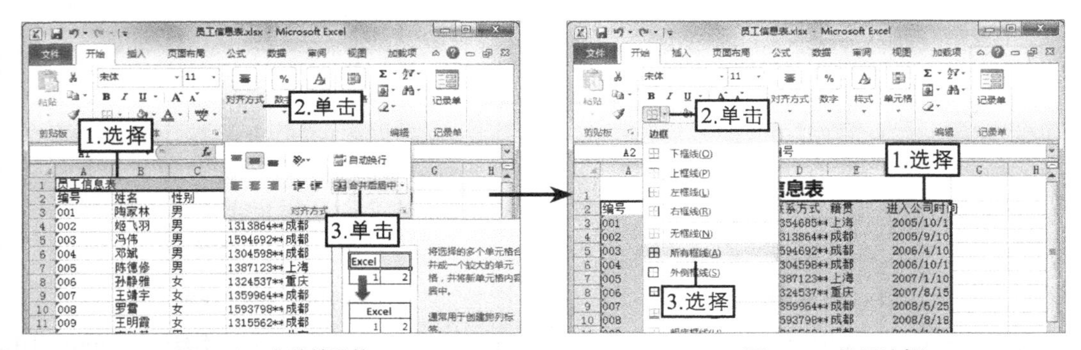

图1-19　合并单元格　　图1-20　设置边框

（9）适当调整各列的列宽，然后保存工作表，完成本例的操作。

1.3　编辑数据

Excel在对数据的处理和分析过程中，除了输入数据外，还需要对数据的格式和样式进行设置，以及更正和验证数据等操作，本节将详细讲解编辑数据的相关知识。

1.3.1 设置基本型数据格式

基本型数据就是文本，设置其格式的方法与在其他Office组件（如Word和PowerPoint）完全相同，主要通过3种方式进行：一是通过“字体”组设置；二是通过“浮动工具栏”设置；三是通过“设置单元格格式”对话框设置。

◎ **通过“字体”组设置：**在工作表中选择要设置字体格式的单元格、单元格区域、文本或字符后，在【开始】→【字体】组中单击相应的按钮或在其下拉列表框中选择相应的选项可快速地设置字体格式。

◎ **通过“浮动工具栏”设置：**通过浮动工具栏也可设置字体、字号、字形、字体颜色等，浮动工具栏中的相应按钮及下拉列表框的作用与“字体”组中相同。

◎ **通过“设置单元格格式”对话框设置：**通过“设置单元格格式”对话框可详细设置字体格式，其方法为：选择单元格或单元格区域后，在【开始】→【字体】组的右下角单击“对话框启动器”按钮，打开“设置单元格格式”对话框的“字体”选项卡，在其中可以设置单元格或单元格区域中数据的字体、字形、字号、下画线、字体颜色，以及字体的特殊效果。

1.3.2 设置数字格式

Excel中的数字格式包括“常规”“数值”“货币”“会计专用”“日期”“百分比”“分数”等类型，用户可根据需要设置所需的数字格式。

1. 通过“数字”组设置

在工作表中选择要设置数字格式的单元格或单元格区域，在【开始】→【数字】组中（见图1-21）单击相应的按钮或在其下拉列表框中选择相应的选项可快速地设置数字格式。

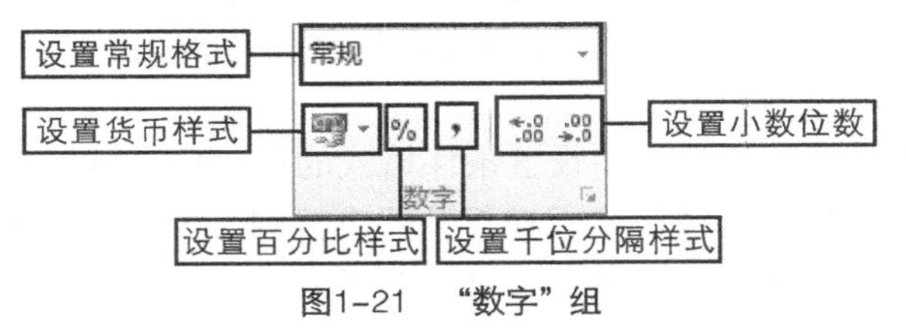

图1-21 “数字”组

“数字”组中相应按钮及下拉列表框的作用如下。

◎ **设置常规格式：**单击“常规”右侧下拉按钮，在打开的下拉列表中可取消设置的数字格式，也可选择其他选项设置数字的货币、日期、时间、百分比和分数等格式。

◎ **设置货币样式：**单击“会计数字格式”按钮，将所选单元格的数据显示为中文的货币样式；单击“会计数字格式”按钮右侧的下拉按钮，在打开的下拉列表中可选择不同国家的货币样式。

◎ **设置百分比样式：**单击“百分比样式”按钮%，将所选单元格的数据显示为百分比样式。

◎ **设置千位分隔样式：**单击“千位分隔符”按钮，，将所选单元格的数据显示为千位分隔符样式。

◎ **设置小数位数：**单击“增加小数位数”按钮，将增加所选单元格中数据的小数位数；单击“减少小数位数”按钮，将减少所选单元格中数据的小数位数。

2. 通过“设置单元格格式”对话框设置

通过“设置单元格格式”对话框不仅可以详细设置不同类型的数字格式，还可以自定义数字格式，其具体操作如下。

（1）选择单元格或单元格区域后，在【开始】→【数字】组的右下角单击“对话框启动器”按钮。

（2）打开“设置单元格格式”对话框的“数字”选项卡，在“分类”列表框中可选择不同的数字格式，如数值、货币、日期等，在右侧可设置数据的具体类型等，而下方的提示文字用于说明所选数字格式的应用范围。如在“分类”列表框中选择“自定义”选项，在右侧的“类型”栏下的列表框中可选择所需的数字格式，也可在其下的文本框中自定义数字格式，如图1-22所示，完成后单击 确定 按钮应用设置。

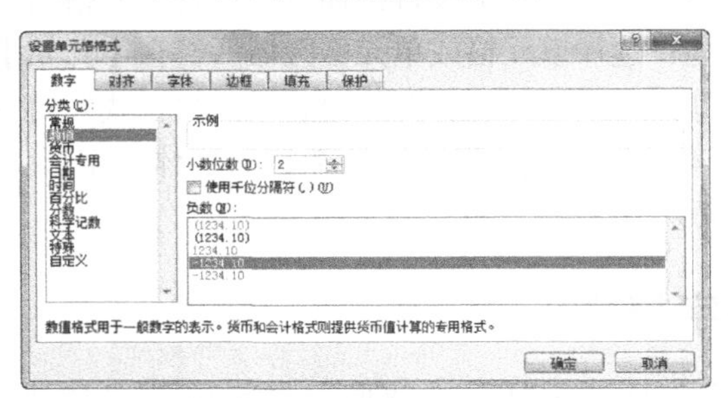

图1-22　通过“设置单元格格式”对话框设置数字格式

1.3.3　设置条件格式

使用条件格式中的突出显示单元格可以突出显示所需数据，强调异常值，数据条可以显示并分析单元格中的值，色阶的深浅颜色可以比较单元格区域数据，图标集可以注释数据并按大小将数据进行等级划分。要设置条件格式，除了应用已有的条件格式外，也可新建条件格式，当不需要时还可将条件格式删除。

◎ **应用已有的条件格式：**选择要设置条件格式的单元格区域，在【开始】→【样式】组中单击“条件格式”按钮，在打开的下拉列表中选择相应的选项进行操作，如图1-23所示。如选择【突出显示单元格规则】→【小于】菜单命令，在打开的“小于”对话框中左侧的文本框中输入设置条件，在“设置为”下拉列表框中选择突出显示颜色，完成后单击 确定 按钮，如图1-24所示，返回工作表中，若单元格中的数据符合设置的条件，则该单元格将显示设置的格式；若不符合其条件，将保持原来的格式。

图1-23　“条件格式”下拉菜单

知识提示

在“条件格式”下拉列表中选择“管理规则”选项，在打开的“条件格式规则管理器”对话框中单击 新建规则(N)... 按钮，可打开“新建格式规则”对话框新建所需的规则，完成后还可对新建的规则进行编辑和删除操作。

图1-24 突出显示小于“2014-9-30”的日期

◎ **新建条件格式：**在“条件格式”下拉列表中选择“新建规则”选项，在打开的“新建格式规则”对话框的“选择规则类型”栏中选择不同的规则类型，此时，在“编辑规则说明”栏中将出现不同的参数设置框，如图1-25所示。如选择“仅对唯一值或重复值设置格式”规则类型，在“编辑规则说明”栏的“全部设置格式”下拉列表框中可选择范围中的数值，单击格式(F)...按钮，在打开的对话框中可设置单元格格式，完成后单击确定按钮。

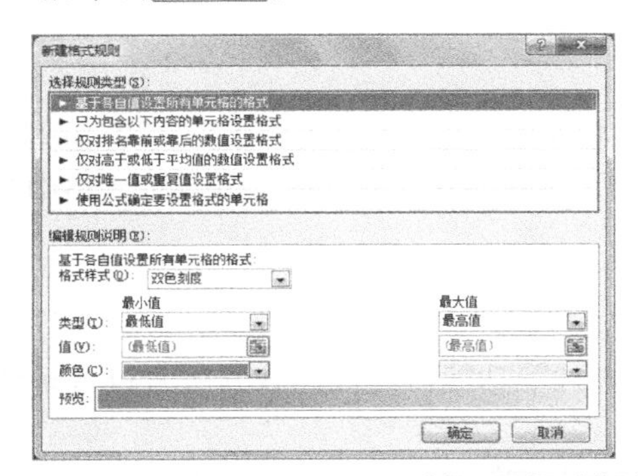

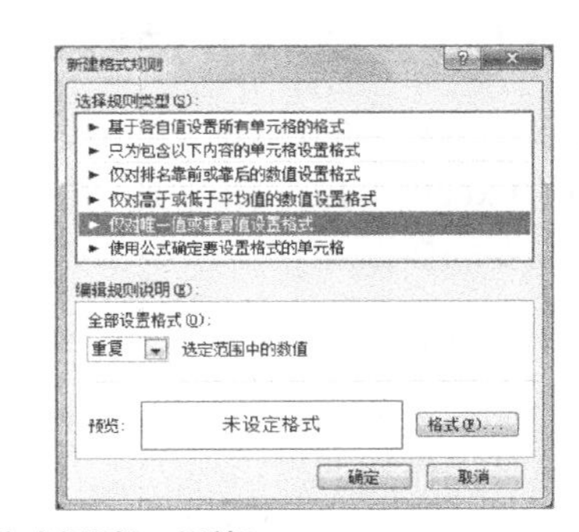

图1-25 选择不同规则类型后的“新建格式规则”对话框

◎ **删除条件格式：**在工作表中选择任意单元格，在“条件格式”下拉列表中选择“清除规则”→“清除整个工作表的规则”选项可以清除整个工作表中的条件格式；选择设置条件格式的某个单元格，在“条件格式”下拉列表中选择“清除规则”→“清除所选单元格的规则”选项可以清除所选单元格的条件格式。

1.3.4 套用表格格式

Excel提供的套用表格格式功能可以快速为表格设置格式，这样不仅保证了表格格式质量，而且提高了工作效率。默认情况下，套用表格格式有浅色、中等深浅和深色3大类型。其具体操作如下。

（1）选择需套用表格格式的单元格区域，在【开始】→【样式】组中单击“套用表格格式”按钮。

（2）在打开的下拉列表框中选择所需的格式，这里选择“表样式中等深浅11”选项，如图1-26所示。

（3）在打开的“套用表格式”对话框中确认套用表格格式的单元格区域，然后单击确定按

钮即可快速套用表格格式。

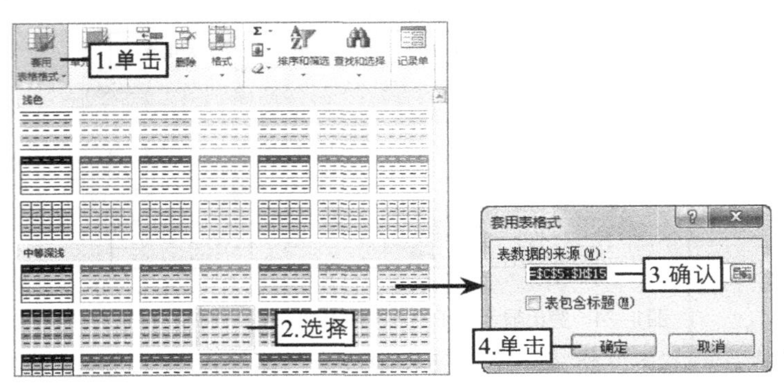

图1-26　套用表格格式

知识提示

选择“套用表格格式”下拉列表中“新建表样式”选项，在打开的“新建表快速样式”对话框中可自己设定并创建表格样式。

1.3.5　查找和替换数据

在数据量较多的Excel表格中，手动查找与替换某个数据不仅浪费时间，且容易出错，此时可利用Excel中的查找和替换功能快速定位到满足查找条件的单元格，并将单元格中的数据替换为需要的数据。

1. 查找数据

在查阅或编辑表格数据时，利用Excel的“查找”功能可以快速找到所有符合条件的数据。其具体操作如下。

（1）在【开始】→【编辑】组中单击“查找和选择”按钮右侧的下拉按钮，在打开的下拉列表中选择“查找”选项。

（2）在打开的“查找和替换”对话框的“查找内容”下拉列表框中输入要查找的内容，单击查找下一个(F)按钮，在工作表中将从所选单元格位置开始查找第一个符合条件的数据所在的单元格，且选择该单元格，如图1-27所示。

（3）若单击查找全部(I)按钮，在“查找和替换”对话框的下方区域将显示所有符合条件的数据，如图1-28所示，完成后单击关闭按钮关闭对话框。

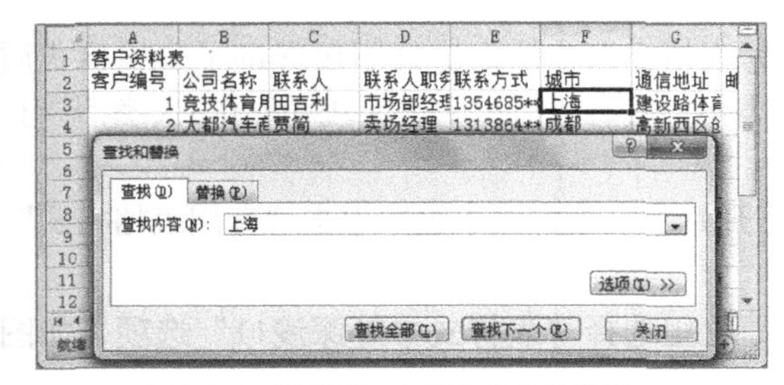

图1-27　查找第一个符合条件的数据

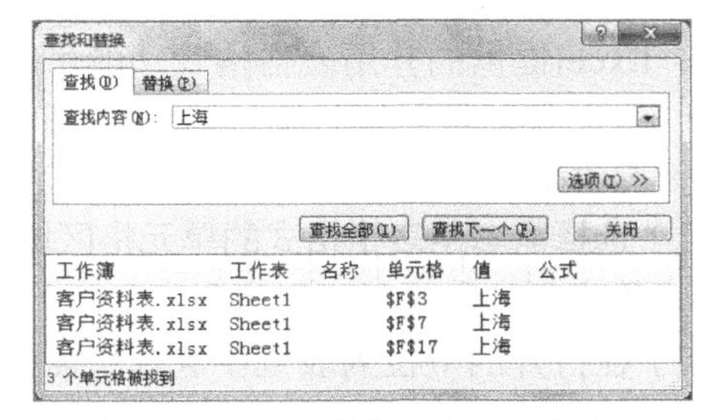

图1-28　查找所有符合条件的数据

2. 替换数据

如果需要修改工作表中查找到的所有数据，可利用Excel的“替换”功能快速地将符合条件的内容替换成指定的内容。具体操作如下。

（1）在【开始】→【编辑】组中单击“查找和选择”按钮右侧的下拉按钮，在打开的下拉列表中选择“替换”选项或查找数据后直接在“查找和替换”对话框中单击“替换”选项卡。

（2）在打开的“查找和替换”对话框的“替换”选项卡的“查找内容”下拉列表框中输入要查找的内容，在“替换为”下拉列表框中输入要替换的内容，这里分别输入“上海、北京”，如图1-29所示，单击替换(R)按钮可替换选择的第一个符合条件的单元格数据；单击全部替换(A)按钮可替换所有符合条件的单元格数据，且在打开的提示对话框中将提示替换的数量，然后单击确定按钮，如图1-30所示。

（3）返回“查找与替换”对话框单击关闭按钮完成替换操作。

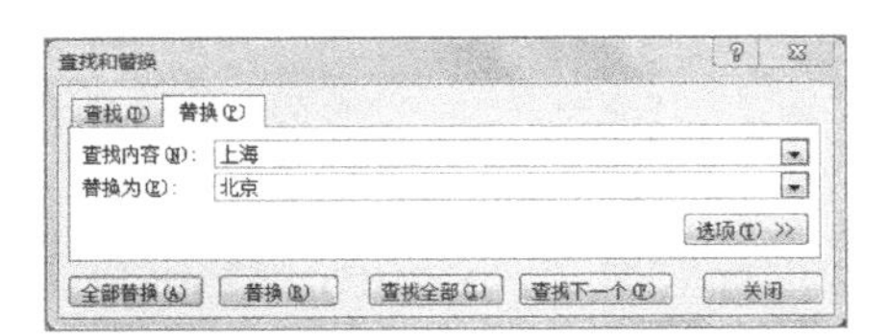

图1-29 输入查找与替换内容

图1-30 提示替换的数量

知识提示

按【Ctrl+F】组合键可快速打开“查找和替换”对话框的“查找”选项卡，按【Ctrl+H】键可快速打开“查找和替换”对话框的“替换”选项卡，在“查找”或“替换”选项卡中单击选项(T) >>按钮，可展开相应的对话框，在其中可进行更详细的设置，如设置查找和替换内容的格式、范围、搜索方式等。

1.3.6 更正数据

在单元格中输入数据后，难免会出现数据输入错误或发生了变化等情况，此时可以清除不需要的数据，并将其修改为所需的数据。

1. 清除数据

当不需要Excel表格中的数据时，可以清除单元格中的数据，而保留单元格。清除数据的方法有以下两种：

◎ 直接按【Delete】键快速清除所选单元格或单元格区域中的数据。

◎ 在【开始】→【编辑】组中单击“清除”按钮，在打开的下拉列表中选择“全部清除”选项表示清除单元格的所有内容和格式；选择“清除格式”选项表示只清除单元格中的数据格式；选择“清除内容”选项表示只清除单元格中的内容；选择“清除批注”选项表示清除单元格中添加的批注；选择“清除超链接”选项表示清除单元格中创建的超链接。

2. 修改数据

在Excel表格中修改数据的方法与输入文本的方法基本相同，其方法有以下3种。

◎ **选择单元格修改全部数据**：选择需修改数据的单元格，在其中重新输入修改后的数据，完成后按【Enter】键。

◎ **双击单元格修改部分数据**：双击需修改数据的单元格，在其中选择需修改的数据，然后输入正确的数据，如图1-31所示，完成后按【Enter】键。

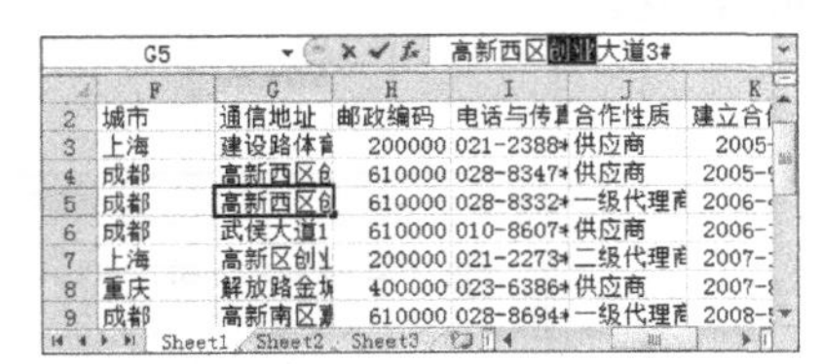

图1-31　双击单元格修改部分数据

◎ **在编辑栏中修改数据**：选择需修改数据的单元格，将文本插入点定位到编辑栏中，然后选择需修改的数据并输入正确的数据，如图1-32所示，完成后按【Enter】键。

图1-32　在编辑栏中修改数据

1.3.7　课堂案例2——制作“工作任务分配时间表”工作簿

本案例要求在Excel中制作一个“工作任务分配时间表”工作簿，其中涉及设置数据格式、条件格式和表格格式的相关操作，完成后的参考效果如图1-33所示。

效果所在位置　光盘:\效果文件\第1章\课堂案例2\工作任务分配时间表.xlsx
视频演示　光盘:\视频文件\第1章\制作工作任务分配时间表工作簿.swf

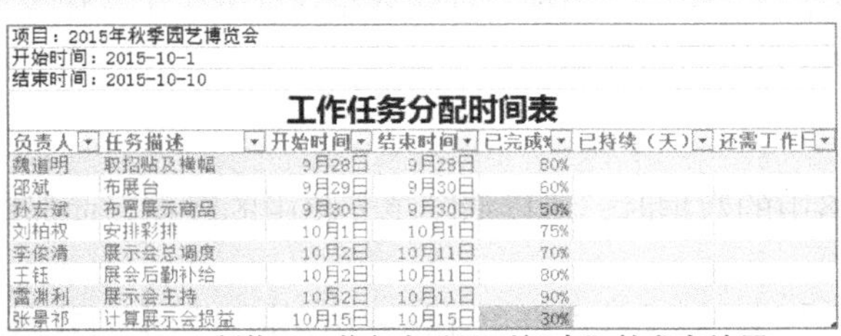

项目：2015年秋季园艺博览会
开始时间：2015-10-1
结束时间：2015-10-10

工作任务分配时间表

负责人	任务描述	开始时间	结束时间	已完成	已持续（天）	还需工作日
魏道明	取招贴及横幅	9月28日	9月28日	80%		
邵斌	布展台	9月29日	9月30日	60%		
孙宏斌	布置展示商品	9月30日	9月30日	50%		
刘柏权	安排彩排	10月1日	10月1日	75%		
李俊清	展示会总调度	10月2日	10月11日	70%		
王钰	展会后勤补给	10月2日	10月11日	80%		
雷渊利	展示会主持	10月2日	10月11日	90%		
张景祁	计算展示会损益	10月15日	10月15日	30%		

图1-33　制作“工作任务分配时间表”的参考效果

（1）启动Excel，新建工作簿，在单元格中输入图1-34所示的数据，选择C6:D13单元格区域，单击鼠标右键，在弹出的快捷菜单中选择“设置单元格格式”命令。

（2）打开“设置单元格格式”对话框，在“数字”选项卡的“分类”列表框中选择“日期”选项，在右侧的“类型”栏下的列表框中选择“3月14日”选项，单击【确定】按钮，如图1-35所示。

（3）选择C6单元格，输入“9-28”，按【Ctrl+Enter】组合键，输入的日期转换为设置的日期格式“9月28日”，如图1-36所示。

（4）使用同样的方法在C6:D13单元格区域中输入其他的日期。

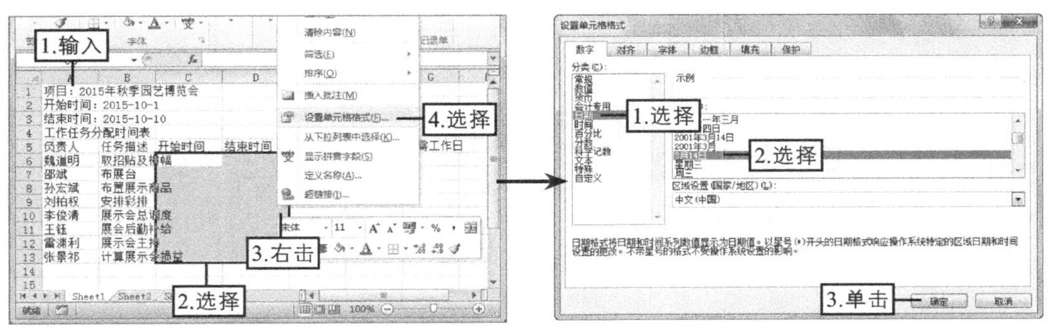

图1-34 输入数据　　图1-35 设置数据格式

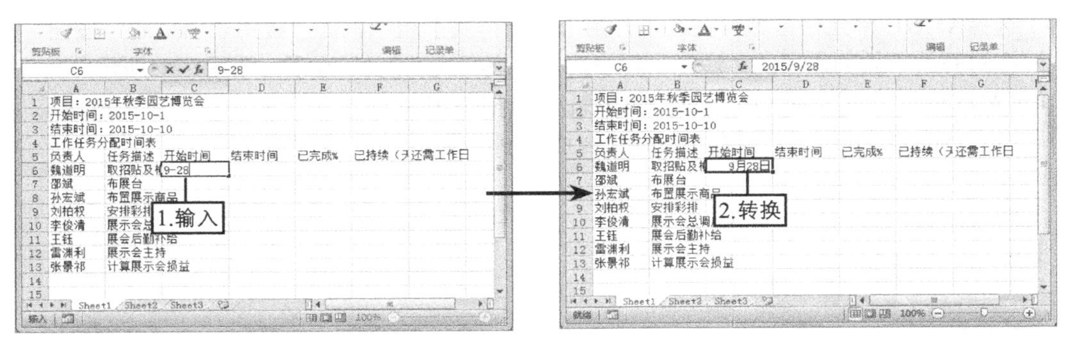

图1-36　输入数据

（5）选择E6:E13单元格区域，单击鼠标右键，在弹出的快捷菜单中选择“设置单元格格式”命令，打开“设置单元格格式”对话框，在“分类”列表框中选择“百分比”选项，在右侧的“小数位数”数值框中输入“0”，单击 确定 按钮，如图1-37所示。

（6）在该区域中输入数值，然后再次选择该区域，在【开始】→【样式】组中单击“条件格式”按钮，在打开的下拉列表中选择“突出显示单元格规则”→“小于”选项，如图1-38所示。

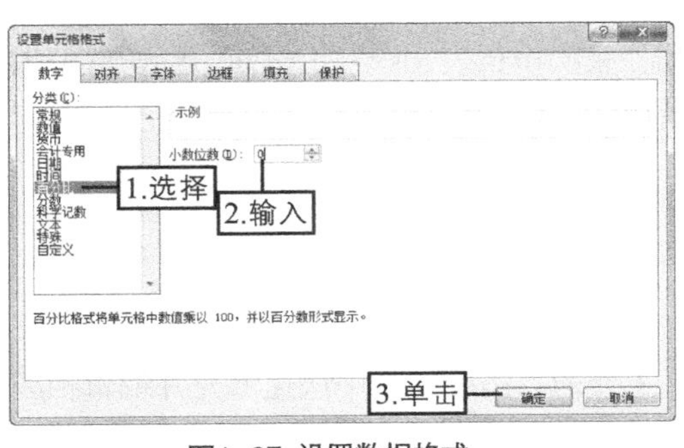

图1-37 设置数据格式

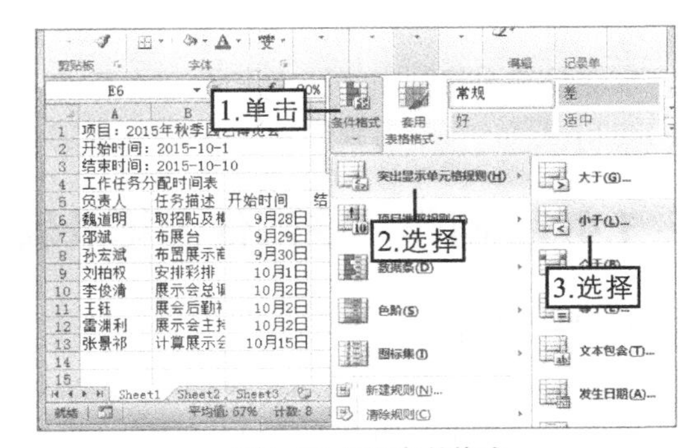

图1-38 设置条件格式

（7）打开“小于”对话框，在“为小于以下值的单元格设置格式”文本框中输入“60%”，在“设置为”下拉列表框中选择“浅红填充色深红色文本”选项，完成后单击 确定 按钮，如图1-39所示。

（8）合并A1:G1、A2:G2、A3:G3单元格区域，设置字体格式为“文本左对齐”，合并A4:G4单元格区域，设置字体格式为“微软雅黑、18、加粗”，如图1-40所示。

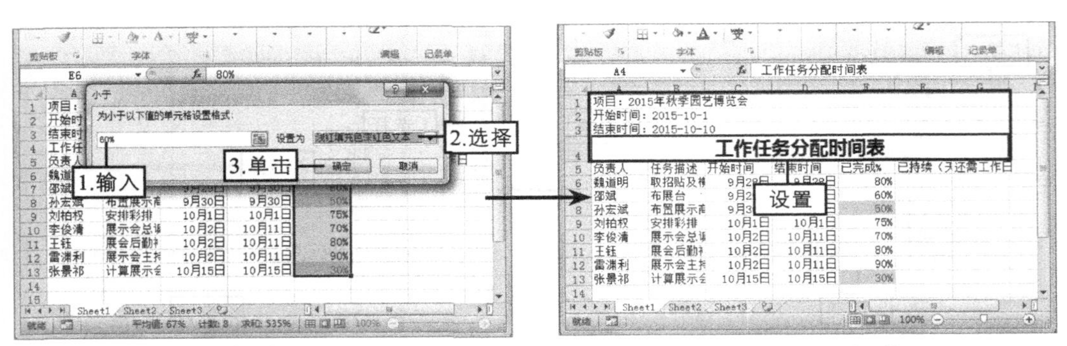

图1-39 设置条件格式　　　　图1-40 合并单元格

（9）选择A5:G13单元格区域，在在【开始】→【样式】组中单击“套用表格格式”按钮，在打开的下拉列表框的“浅色”栏中选择“表样式浅色4”选项，如图1-41所示。

（10）在打开的“套用表格格式”对话框中确认套用表格格式的单元格区域，然后单击确定按钮，如图1-42所示，保存工作簿，完成本例操作。

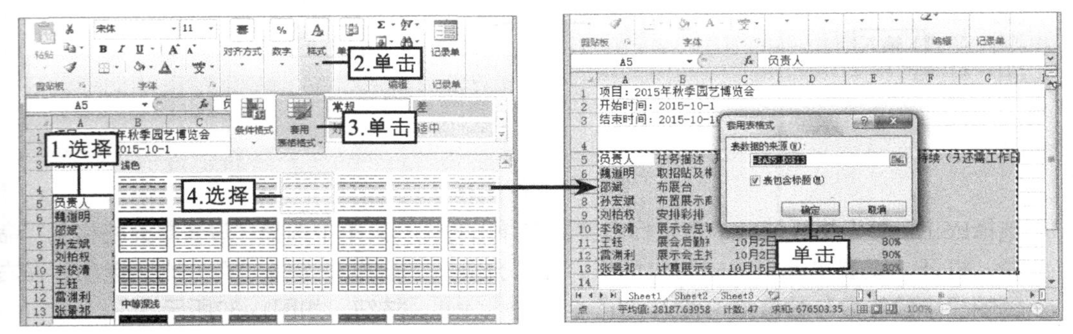

图1-41 选择套用的表格样式　　　　图1-42 套用表格样式

1.4 课堂练习

本课堂练习将制作“往来信函记录表.xlsx”和“采购申请表.xlsx”工作簿，综合练习本章学习的知识点，将学习到输入和编辑数据的具体操作。

1.4.1 制作“往来信函记录表”工作簿

1. 练习目标

本练习的目标是制作“往来信函记录表.xlsx”工作簿，需要在其中快速填充并编辑相应的数据。本练习完成后的参考效果如图1-43所示。

素材所在位置　光盘:\素材文件\第1章\课堂练习\往来信函记录表.xlsx

效果所在位置　光盘:\效果文件\第1章\课堂练习\往来信函记录表.xlsx

视频演示　光盘:\视频文件\第1章\制作往来信函记录表工作簿.swf

往来信函记录表

编号	来函日期	来函单位	来函内容	处理部门	处理人	回函日期	回函内容	备注
1	2015/9/4	云帆科技技术研究所	邀请参加开发项目的研讨会	技术部	蔡明和	2015/9/4	届时将准时出席	★
2	2015/9/10	沃德机械制造	催办安装机组事宜	生产部	罗忆诗	2015/9/12	将尽快办理	★
3	2015/9/15	乔誉科技有限责任公司	商讨生产合作事宜	生产部	赵三进	2015/9/18	请准备更详细的资料	★
4	2015/9/18	飓风国际滏海分部	建议分公司人员重组	人事部	石艳平	2015/9/22	经与高层商讨后决定	★
5	2015/9/20	第一科技大学	组织学员参观工厂	生产部	周心如	2015/9/25	欢迎参观	★
6	2015/9/25	全德科技	商讨合作事宜的若干要求	办公室	王芳芳	2015/9/30	经与高层商讨后决定	★
7	2015/9/26	德福广告公司	催问广告项目设置	办公室	王芳芳	2015/9/30	将尽快办理	★
8	2015/9/27	滏海劳动和社会保障局	关于2015年社保改革的通知	办公室	王旭光	2015/9/27	立即执行	★

图1-43 “往来信函记录表”的参考效果

职业素养

要确保公司及其内部各部门与其他企业、同级单位或上级部门之间的交流是否畅通，那么往来信函、行文、送发公文、表单申请，以及其他各种表格的管理登记等工作将非常重要。往来信函记录表主要用来登记公司及内部各部门与其他企业、同级单位或上级部门之间进行交流的往来信函的相关内容，其中主要内容包括往来信函日期、单位、内容、处理人、回函日期和回函内容等。

2. 操作思路

完成本练习需要先在提供的素材文件中快速填充相应的数据和输入符号，再复制数据、查找与替换数据，然后设置数据格式和套用表格格式等，其操作思路如图1-44所示。

处理人	回函日期	回函内容	备注
蔡明和	2015/9/4	届时将准时出席	★
罗忆诗	2015/9/12	将尽快办理	★
赵三进	2015/9/18	请准备更详细的资料	★
石艳平	2015/9/22	经与高层商讨后决定	★
周心如	2015/9/25	欢迎参观	★
王芳菲			★
王芳菲			★
王旭光	2015/9/27	立即执行	★

① 输入数据

处理部门	处理人	回函日期	回函内容
技术部	蔡明和	2015/9/4	届时将准时出席
生产部	罗忆诗	2015/9/12	将尽快办理
生产部	赵三进	2015/9/18	请准备更详细的资料
人事部	石艳平	2015/9/22	经与高层商讨后决定
生产部	周心如	2015/9/25	欢迎参观
办公室	王芳芳	2015/9/30	经与高层商讨后决定
办公室	王芳芳	2015/9/30	将尽快办理
办公室	王旭光	2015/9/27	立即执行

② 修改数据

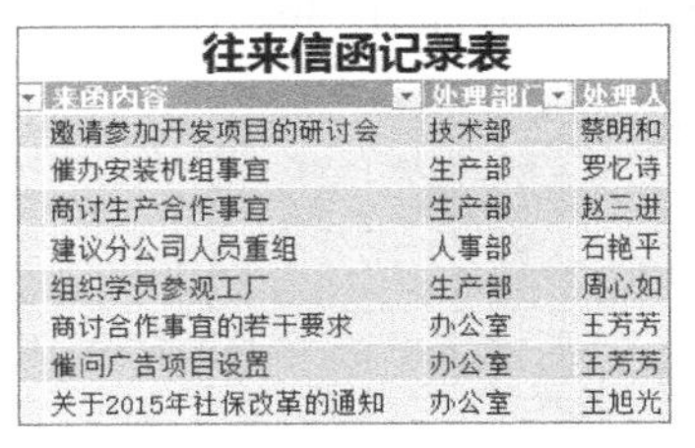

往来信函记录表

来函内容	处理部门	处理人
邀请参加开发项目的研讨会	技术部	蔡明和
催办安装机组事宜	生产部	罗忆诗
商讨生产合作事宜	生产部	赵三进
建议分公司人员重组	人事部	石艳平
组织学员参观工厂	生产部	周心如
商讨合作事宜的若干要求	办公室	王芳芳
催问广告项目设置	办公室	王芳芳
关于2015年社保改革的通知	办公室	王旭光

③ 设置格式

图1-44 制作“往来信函记录表”的制作思路

（1）打开素材文件，在A3和A4单元格中输入“1”和“2”，然后选择A3:A4单元格区域，使用鼠标左键向下拖动控制柄到A10单元格后，释放鼠标快速填充序列数据。

（2）选择I3单元格，在【插入】→【符号】组中单击“符号”按钮Ω，在打开的“符号”对话框的“符号”选项卡下选择“★”符号，单击 插入(I) 按钮插入符号，然后单击 关闭 按钮关闭“符号”对话框，完成后用相同的方法在I4:I10单元格区域插入符号“★”。

（3）打开“查找和替换”对话框，在“查找内容”下拉列表框中输入“王芳菲”，在“替换为”下拉列表框中输入数据“王芳芳”，然后单击 全部替换(A) 按钮。

（4）合并A1:I1单元格区域，设置字体格式为“微软雅黑，18，加粗”。

（5）选择A2:I10单元格区域，在【开始】→【样式】组中单击“套用表格格式”按钮，在打开的下拉列表框的“中等深浅”栏中选择“表样式中等深浅11”选项，完成操作。

1.4.2 制作“采购申请表”工作簿

1. 练习目标

本练习的目标是制作一张“采购申请表.xlsx”工作簿，主要涉及输入和编辑数据的相关知识。完成后的参考效果如图1-45所示。

	A	B	C	D	E	F	G	H	I
1	原料采购申请表								
2	申请部门	销售部	申请日期	2015/8/20					
3	采购原因	库存不足	要求到货日期	2015/9/1					
4	采购清单	序号	原料名称	规格型号	申购数量	库存量	单位	标准用量	供应商
5		1	空调1		18	12	台	30	三菱
6		2	空调2		32	3	台	35	海尔
7		3	空调3		21	9	台	30	日立
8		4	空调4		32	3	台	35	美的
9		5	空调5		13	7	台	20	奥柯玛
10		6	空调6		20	5	台	25	三菱
11		7	空调7		28	2	台	30	美的
12		8	空调8		10	15	台	25	奥柯玛
13		9	空调9		26	4	台	30	三菱
14	合计				200	60		260	
15	经营计划部意见：			签字：			日期：		
16	总经理审批意见：			签字：			日期：		

Sheet1 Sheet2 Sheet3

图1-45 “采购申请表”的参考效果

效果所在位置 光盘:\效果文件\第1章\课堂练习\采购申请表.xlsx
视频演示 光盘:\视频文件\第1章\制作采购申请表工作簿.swf

2. 操作思路

完成本练习需要先计算总分，再为计算的结果设置格式和检查结果，然后计算平均分，其操作思路如图1-46所示。

① 创建表格

② 设置条件格式

③ 套用表格格式

图1-46 制作“采购申请表”的操作思路

（1）启动Excel，在对应的单元格中输入数据，合并A1:I1单元格区域，设置文本格式为“方正大黑简体，18”。

（2）合并A4:A13、D2:I2、D3:I3、A15:C15、A16:C16、D15:F15、D16:F16、G15:I15、G16:I16单元格区域。

（3）将A2:A14、B4、C2:C4、D4:I4对应区域中的文本格式设置为“加粗”。

（4）选择A2:I14单元格区域，在【开始】→【字体】组中单击“下框线”按钮右侧的下拉按钮，在打开的下拉列表的“边框”栏中选择“所有框线”选项，然后再次在该列表中选择“粗匣框线”选项。

（5）选择F5:F13单元格区域，在【开始】→【样式】组中单击“条件格式”按钮，在打开的下拉列表中选择【数据条】→【绿色数据条】菜单命令，在【开始】→【样式】组中单击“条件格式”按钮，在打开列表中选择【突出显示单元格规则】→【小于】菜单命令，打开“小于”对话框，在“为小于以下值的单元格设置格式”文本框中输入“10”，在“设置为”下拉列表框中选择“浅红填充色深红色文本”选项，完成后单击确定按钮。

（6）选择A4:I14单元格区域，在【开始】→【样式】组中单击“套用表格格式”按钮，在

打开的下拉列表框中选择“表样式浅色10”选项，保存工作簿，完成操作。

1.5 拓展知识

下面主要介绍Excel中输入数据的有效性的相关知识。

1. 什么是数据有效性

数据有效性是对Excel的单元格或单元格区域中输入的数据从内容到数量上的限制。对于符合条件的数据，允许输入；对于不符合条件的数据，则禁止输入。这样就可以依靠系统检查数据的正确有效性，避免错误的数据录入。数据有效性功能的特点如下。

◎ 数据有效性功能可以在尚未输入数据时，预先设置，以保证输入数据的正确性。

◎ 一般情况下不能检查已输入的数据。

2. 设置数据有效性

设置数据有效性的操作比较简单，通常都在“数据有效性”对话框中进行，下面以输入考试成绩（0~100，不在此范围内的数据不能输入）为例，具体操作如下。

（1）在工作表中选择需要输入数据的单元格区域，在【数据】→【数据工具】组中单击“数据有效性”按钮。

（2）打开“数据有效性”对话框，在“设置”选项卡的“允许”下拉列表中选择“整数”选项，在“数据”下拉列表中选择“介于”选项，在“最小值”文本框中输入“0”，在“最大值”文本框中输入“100”，如图1-47所示。

（3）单击“出错警告”选项卡，在“样式”下拉列表中选择“停止”选项，在“错误信息”文本框中输入“请输入0到100数据”，如图1-48所示，单击确定按钮。

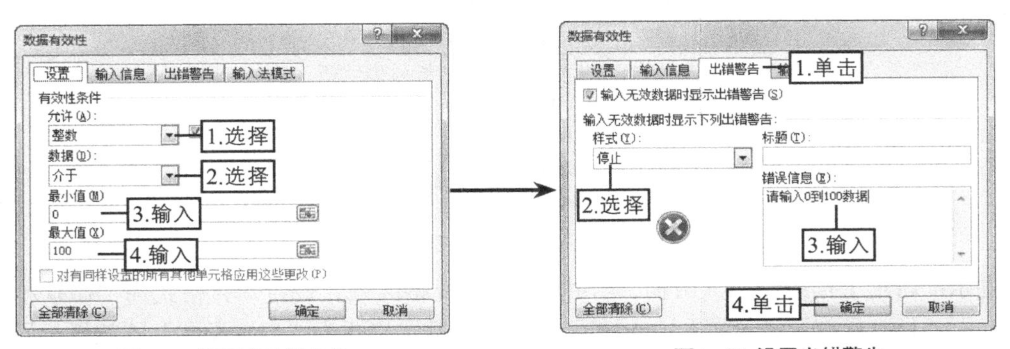

图1-47 设置有效性条件　　图1-48 设置出错警告

（4）若在选择的区域中输入错误的数据，按【Enter】键后，将自动打开提示框，显示错误信息“请输入0到100数据”，单击重试(R)按钮，重新输入有效数据才能继续进行操作。

1.6 课后习题

（1）创建“销量对比表.xlsx”工作簿，在其中输入文本、数字、符号，并快速填充序列数据、设置条件格式、表格格式，完成后的效果如图1-49所示。

云帆科技员工销量对比表					
员工编号	姓名	性别	本月销量	上月销量	与上月同比
YF-3-001	孙铭宇	女	6589	5512	↑
YF-3-002	庄旭	男	3295	4254	↓
YF-3-003	秦陵	女	3550	3550	→
YF-3-004	王金萍	女	2610	1745	↑
YF-3-005	宋敏雅	女	5857	6722	↓
YF-3-006	熊文	男	3947	2532	↑
YF-3-007	向秀丽	女	4403	4403	→
YF-3-008	周勇	男	2525	2745	↓

图1-49 “销量对比表”参考效果

提示：首先创建“销量对比表.xlsx”工作簿，在其中输入表题与表头，合并单元格，设置文本格式，然后在A3:A10单元格区域中快速填充员工编号，在B3:E10单元格区域中依次输入相应的文本与数字，在F3:F10单元格区域中插入相应的符号，为F3:F10单元格区域设置条件格式为“突出显示单元格规则，文本包含，↓，浅红填充色深红色文本”，为A2:F10单元格区域设置表格格式为“表样式中等深浅11”。

效果所在位置 光盘:\效果文件\第1章\课后习题\销量对比表.xlsx
视频演示 光盘:\视频文件\第1章\制作销量对比表工作簿.swf

（2）在Excel中新建工作簿，在其中输入数据、合并单元格、设置数据格式、条件格式、表格格式，最终效果如图1-50所示。

汽车销量排行榜					
排名	车系	品牌	级别	报价（万）	销量
01	新朗逸	上海大众	紧凑型车	8.99-14.29万	367003
02	速腾	一汽大众	紧凑型车	8.77-17.88万	300082
03	轩逸	东风日产	紧凑型车	7.78-14.69万	300058
04	捷达	一汽大众	紧凑型车	5.38-10.58万	296961
05	凯越	上海通用	紧凑型车	6.89-8.78万	293098
06	新桑塔纳	上海大众	紧凑型车	5.93-11.12万	285293
07	科鲁兹	上海通用	紧凑型车	7.49-14.98万	265993
08	朗动	北京现代	紧凑型车	8.52-12.98万	252338
09	新赛欧	上海通用	小型车	5.19-6.99万	244711
10	瑞纳	北京现代	小型车	5.49-8.69万	236024

图1-50 “汽车销量排行榜”参考效果

提示：新建工作簿，输入数据，合并A1:F1单元格区域，设置字体格式为“微软雅黑，18，深红”，设置A3:A12单元格区域的数字格式为“自定义00”的效果，通过右键拖动输入数据，设置A2:F12单元格区域的字体格式为“加粗”，对齐方式为“居中”，边框样式为“所有框线”，设置F3:F12单元格区域的条件格式为“数据条，浅蓝色数据条”，为A2:F12单元格区域应用“表样式中等深浅10”表格格式。

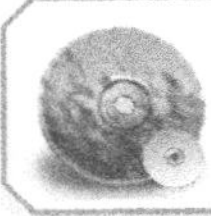

效果所在位置 光盘:\效果文件\第1章\课后习题\汽车销量排行榜.xlsx
视频演示 光盘:\视频文件\第1章\制作汽车销量排行榜工作簿.swf

第2章 使用公式计算数据

使用公式计算数据是体现Excel强大计算功能的主要手段，本章将详细讲解使用公式计算数据的方法，以及检查公式的方法，同时，掌握单元格和单元格区域的引用将有利于公式的计算。

学习要点

◎ 认识公式

◎ 了解公式的运算符和运算顺序

◎ 输入和复制公式

◎ 单元格的各种引用方式

◎ 公式的调试方法

学习目标

◎ 了解公式的基础知识

◎ 掌握公式的基本操作

◎ 掌握引用单元格的操作方法

◎ 掌握调试公式的操作方法

2.1 认 识 公 式

公式是进行数据处理与分析的工具。通俗地讲，公式就是使用数据运算符来处理数值、文本、函数等，从而得到运算结果。本节将详细讲解Excel中公式的基础知识。

2.1.1 什么是公式

Excel中的公式是对工作表中的数据进行计算和操作的等式，它以等号“=”开始，其后是公式表达式，如“=A2+SUM(B2:D2)/3”，如图2-1所示。

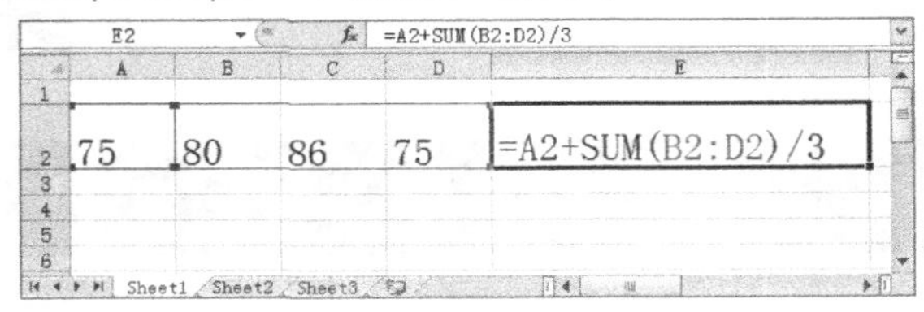

图2-1 公式表达式

公式表达式中包含的元素主要有以下几种。

◎ **常量**：指直接输入公式中的值，如数字“2”、日期“2015-1-9”或文本等。

◎ **运算符**：指对公式中的元素进行特定类型的运算，如“+（加）” “-（减）” “&（文本连接符）”和“,（逗号）”等。

◎ **数值或任意字符串**：包括数字或文本等各类数据，如3、日期、姓名和A001等。

◎ **函数及其参数**：函数及其函数的参数也可作为公式中的基本元素，如公式中包含的函数“=SUM(B2:D2)”。

◎ **单元格引用**：即指定要进行运算的单元格地址，如单元格A2或单元格区域“B2:D2”。

知识提示

表达式或由表达式计算得出的结果虽然也是数字，但是并非为常量。另外，在公式中使用常量而不是对单元格的引用，只有在手动更改公式时，才会更改结果。

2.1.2 公式的运算符

使用公式就离不开运算符，它是Excel公式中的基本元素。因此了解不同运算符的含义与作用对学好公式十分重要，计算运算符分为四种不同类型：算术、比较、文本连接、引用。

1. 算术运算符

能够完成基本的数学运算，包括加法、减法、乘法、乘方和百分比。表2-1所示为算数运算符的含义及示例。

2. 比较运算符

该类运算符能够比较两个或多个数字、文本、单元格内容、函数结果的大小关系，当用这些运算符比较两个值时，结果为逻辑值：TRUE或FALSE。表2-2所示为比较运算符的含义及示例。

表 2-1 算术运算符

运算符	含义	示例	运算结果
+	加号，进行加法运算	3+5	8
−	减号，进行减法运算或负数	7−4	3
*	乘号，进行乘法运算	5*6	30
%	百分号，进行百分比运算	15%	0.15
^	乘方，进行幂运算	3^2	9

表 2-2 比较运算符

运算符	含义	示例	运算结果
=	等于	A1=C1	TRUE
>	大于号	3>1	TRUE
<	小于号	8<7	FALSE
>=	大于或等于	5>=4.9999	TRUE
<=	小于或等于	3.27<=3.269	FALSE
<>	不等于	π <>3.1416	TRUE

3. 文本连接运算符

文本连接运算符只包含一个连接字符“&”，用于连接一个或多个文本字符串，以生成一段文本。例如“North”&“wind”将得出字符串“Northwind”。

4. 引用运算符

可以使用引用运算符对单元格或单元格区域进行合并计算。表2-3所示为引用运算符的含义。

表 2-3 引用运算符

运算符	含义	示例	运算结果
:	冒号，区域运算符，生成对两个引用之间所有单元格的引用	A1:B2	单元格 A1、A2、B1、B2
,	逗号，联合运算符，将多个引用合并为一个引用	A1,B3:E3	单元格 A1、B3、C3、D3、E3
（空格）	交集运算符，生成对两个引用中共有的单元格的引用	B3:E4 C1:C5	单元格 C3 和 C4（两个单元格区域的交叉单元格）

2.1.3 公式的运算顺序

等号与后面的字符将组成一个公式，而这些字符中间又由运算符将其分隔开。当一个公式中包含多个运算符时，就需要按照一定的顺序和规则进行计算，才能保证公式计算结果的单一性。公式的计算顺序与运算符的优先等级有关。通俗地讲，运算符的优先等级决定了在公式中先计算哪一部分，后计算哪一部分。表2-4所示为运算符的优先级别。

表 2-4 运算符的优先级别

优先级别	运算符	优先级别	运算符
1	:、,、(空格)	5	*、/
2	-（负号）	6	+、-（减号）
3	%	7	&
4	^	8	=、<、>、<=、>=、<>

知识提示　在实际运用中，很多情况都需要首选运算优先级别低的运算符。此时，就可以通过括号来实现。如果公式中有括号，会优先计算括号中的内容，如果括号中还有括号，会优先从最里面括号中的内容，依次向外计算。

2.2 输入和编辑公式

公式是数据处理与分析的核心，只有将公式输入到Excel中才能进行运算，本节将对输入与编辑公式的基本方法进行介绍。

2.2.1 输入公式

在Excel中，可以在编辑栏或单元格中通过键盘与鼠标之间的组合来输入公式。下面分别对这两种输入方法进行介绍。

1. 在单元格或编辑栏中输入

在单元格或编辑栏中输入公式只需要将鼠标光标定位到单元格中，然后输入等号和公式即可。输入公式时，输入的公式将会同时显示在选择的单元格和编辑栏中，如图2-2所示。输入完成后，按【Enter】键或单击编辑栏中的“输入”按钮✓，系统会自动计算出结果并显示在单元格中。再次选择该单元格时，在编辑栏中将会显示该单元格输入的公式，而单元格中只会显示计算结果，如图2-3所示。

2. 通过键盘和鼠标输入

当输入的公式中涉及单元格的引用时，可直接用鼠标选择要引用的单元格或单元格区域，让系统自动输入需要涉及运算的地址。方法是选择要输入公式的单元格，输入运算符，再用鼠标选择要引用的单元格或单元格区域，按【Enter】键或单击“输入”按钮✓计算出结果，如图2-4所示。

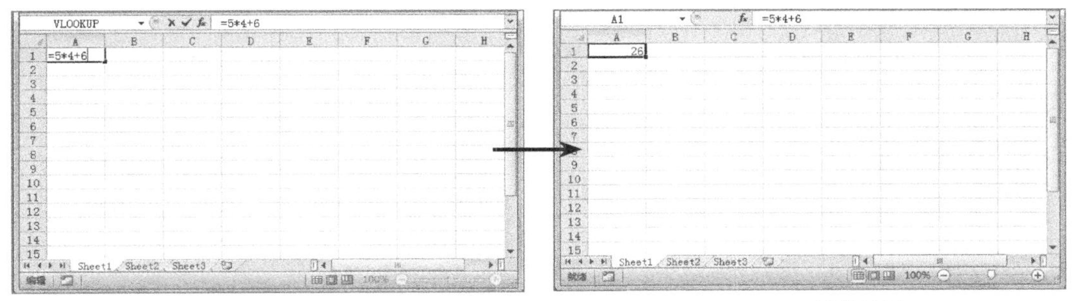

图2-2 输入公式　　　　图2-3 计算结果

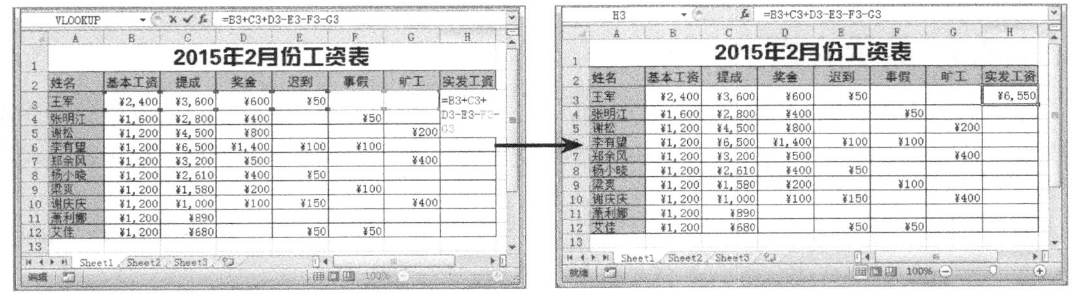

图2-4 通过键盘和鼠标输入公式

2.2.2 复制公式

复制公式是计算同类数据最快捷的方法。在复制公式的过程中，Excel会自动改变引用单元格的地址，这样省去了手动输入大量公式的操作，提高了工作效率。复制公式的方法主要有以下两种。

◎ **拖动控制柄复制公式：**选择包含公式的目标单元格，将鼠标光标移至该单元格右下角的控制柄上，按住鼠标左键不放拖动选择要复制公式的单元格区域，释放鼠标后即可使所选的单元格区域中含有相同的计算公式，并计算出相应的结果，如图2-5所示。

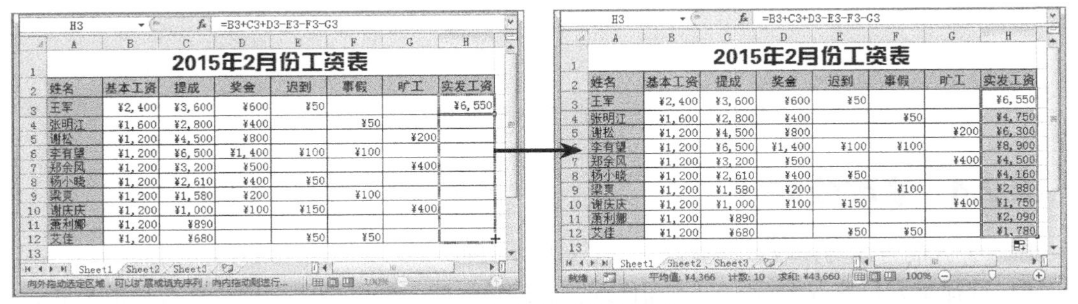

图2-5 拖动控制柄复制公式

◎ **使用快捷键复制公式：**选择包含公式的目标单元格，按【Ctrl+C】组合键复制公式，然后选择要复制公式的单元格或单元格区域，按【Ctrl+V】组合键粘贴公式即可，如图2-6所示。

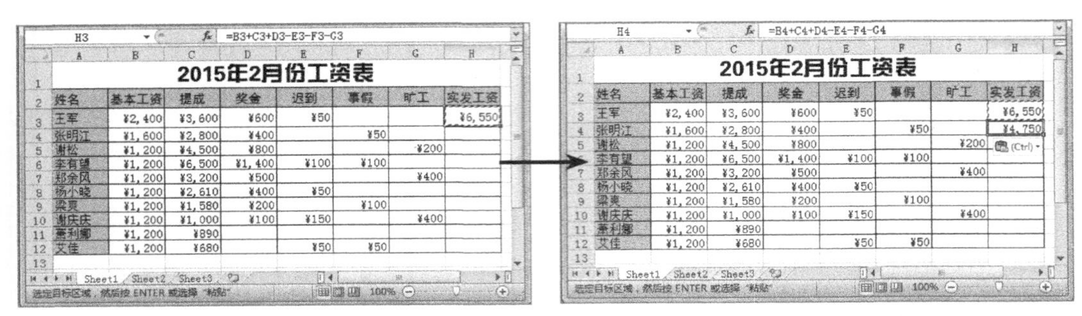

图2-6　使用快捷键复制公式

2.2.3　显示公式

默认情况下，在单元格中完成公式的输入后，单元格中将只显示公式的计算结果，而公式本身则只在编辑栏的文本框中显示。为了方便用户检查公式的正确性，可在单元格中将公式显示出来。显示公式的方法有两种。

◎ 在【公式】→【公式审核】组中单击"显示公式"按钮，即可显示工作表中所有单元格的公式，再次单击该按钮则显示公式的计算结果。

◎ 选择【文件】→【选项】菜单命令，在打开的"Excel选项"对话框中单击"高级"选项卡，在"此工作表的显示选项"栏中单击选中"在单元格中显示公式而非其计算结果"复选框，然后单击"确定"按钮即可显示出公式，如图2-7所示。

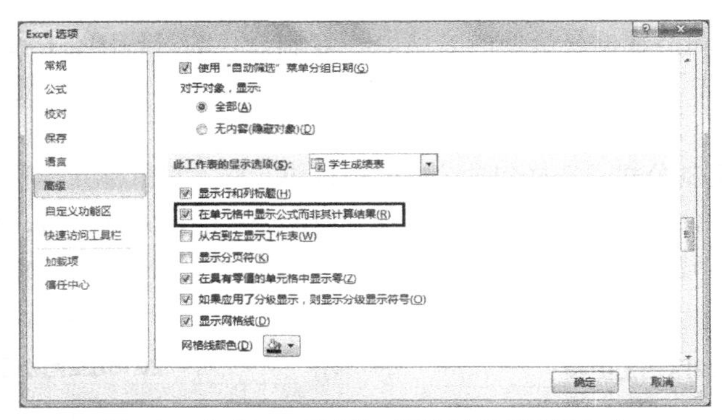

图2-7　在"Excel选项"对话框中设置显示公式

2.2.4　修改公式

修改公式的方法与修改数据类似，主要有以下3种。

◎ **选择单元格修改公式：**选择需修改公式的单元格，在其中重新输入修改后的公式，完成后按【Ctrl+Enter】组合键。

◎ **双击单元格修改公式：**双击需修改公式的单元格，在其中选择需修改的部分公式，然后输入正确的部分公式，完成后按【Ctrl+Enter】组合键。

◎ **在编辑栏中修改公式：**选择需修改公式的单元格，将文本插入点定位到编辑栏中，然后选择需修改的部分公式并输入正确的部分公式，完成后按【Ctrl+Enter】组合键。

操作技巧

在输入公式的同时，单击编辑栏中的“取消”按钮✕可取消输入并删除已输入的公式。另外，选择输入公式的单元格或单元格区域，直接按【Delete】键可删除所选单元格中的公式。

2.2.5 课堂案例1——利用公式计算销量

本案例要求在提供的素材文档中，利用公式计算数据，其中涉及输入和编辑公式的相关操作，完成后的参考效果如图2-8所示。

素材所在位置　光盘:\素材文件\第2章\课堂案例1\房产销量统计表.xlsx

效果所在位置　光盘:\效果文件\第2章\课堂案例1\房产销量统计表.xlsx

视频演示　光盘:\视频文件\第2章\利用公式计算销量.swf

云帆国际房产销量统计表

单位：万元

销售人员	产品类别	第一季度	第二季度	第三季度	第四季度	全年销量
程一身	象山一号	5280	5850	3840	7530	22500
奉贤	如画山水	4160	3680	6040	4630	18510
格罗姆	城南一隅	4160	3400	4960	4160	16680
胡适	108城	3680	4630	5850	7000	21160
康宁	如画山水	3400	6040	9800	6700	25940
凯丽	如画山水	3400	4160	4630	2400	14590
李建成	如画山水	4630	2400	4160	3400	14590
荣兴	北欧.新村	6040	4160	4960	4160	19320
孙建华	岭南风光	7530	5130	3400	5280	21340
石广生	城南一隅	2400	5280	5850	6040	19570
唐生	岭南风光	3680	6700	4630	3680	18690
王慧	象山一号	9800	9800	6040	4630	30270
向伟	北欧.新村	6700	4920	2400	5850	19870
于森	北欧.新村	5850	4960	7530	3840	22180
合计		70710	71110	74090	69300	285210

图2-8　利用公式计算销量的参考效果

职业素养

要统计并分析产品的销售情况，首先应使用公式或函数计算庞大的销售数据，然后再对每个数据进行比较分析，这样既可以使销售数据变得清晰直观，又可以使销售数据的管理与分析工作也变得简单。

（1）打开素材文件“房产销量统计表.xlsx”工作簿，选择G4单元格，输入等号“=”，然后选择需引用单元格地址的C4单元格。

（2）继续在公式后输入“+”，然后选择D4单元格，用相同的方法输入公式表达式“=C4+D4+E4+F4”，如图2-9所示。

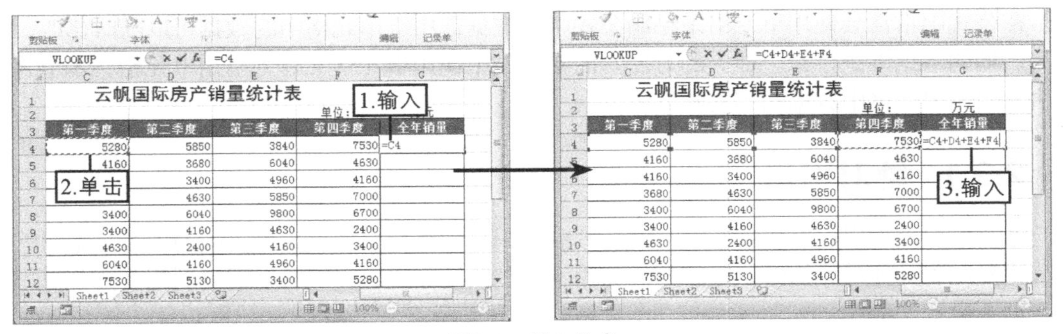

图2-9　输入公式

（3）按【Ctrl+Enter】组合键完成公式的输入，并计算出公式结果，然后将鼠标光标移至该单元格右下角的控制柄上。

（4）按住鼠标左键不放向下拖动选择G5:G17单元格区域，如图2-10所示。

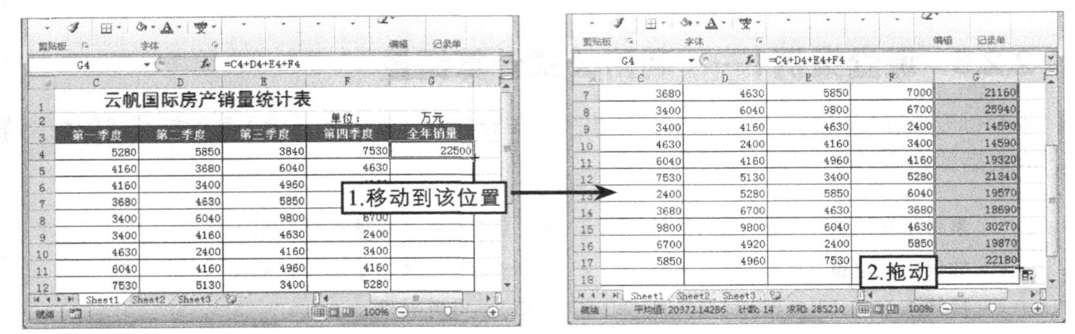

图2-10　复制公式

（5）选择C18单元格，直接在其中输入公式“=C4+C5+C6+C7+C8+C9+C10+C11+C12+C13+C14+C15+C16+C17”，完成后按【Ctrl+Enter】组合键，如图2-11所示。

（6）将鼠标光标移至C18单元格右下角的控制柄上，按住鼠标左键不放向右拖动选择D18:G18单元格区域，释放鼠标后在所选的单元格区域中将复制相应的计算公式，并计算出公式结果，如图2-12所示。

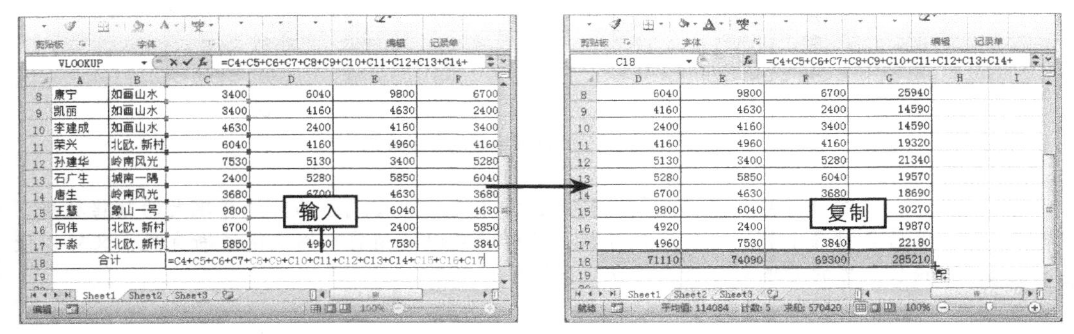

图2-11　输入公式　　　　图2-12　复制公式

2.3 引用单元格

在公式中常常会使用单元格来存储公式中的数据，由于单元格中的数据可以随时修改，从而为后期的数据维护带来了很大的方便。而在公式中使用单元格又称为引用单元格，本节将详细讲解引用单元格中数据的相关知识。

2.3.1 绝对引用

绝对引用是指引用单元格的绝对地址，被引用单元格与引用单元格之间的关系是绝对的。将公式复制到其他单元格时，行和列的应用不会变。简而言之，绝对引用复制的公式计算出来的数据不会变。

绝对引用的格式是在单元格的行和列前面加上“$”符号，如公式“=B3+C3+D3”，写成绝对引用就应该表示为“=$B$3+$C$3+$D$3”，绝对引用的效果如图2-13所示。

E3　=$B$3+$C$3+$D$3　输入公式

学生成绩表				
姓名	语文	数学	英语	总成绩
耿光直	69	64	83	216
侯锦容	88	83	94	
胡谦	83	95	81	
李海波	86	83	97	
梁冰	91	100	83	
钱乐	77	89	81	
孙力建	73	63	89	
王佳	76	91	86	

E4　=$B$3+$C$3+$D$3　复制公式后，其单元格地址不变

学生成绩表				
姓名	语文	数学	英语	总成绩
耿光直	69	64	83	216
侯锦容	88	83	94	216
胡谦	83	95	81	216
李海波	86	83	97	216
梁冰	91	100	83	216
钱乐	77	89	81	216
孙力建	73	63	89	216
王佳	76	91	86	216

图2-13 绝对引用

2.3.2 相对引用

相对引用是指当前单元格与公式所在单元格的相对位置。在默认情况下，相对引用是指复制公式，公式中的单元格地址会随着存放计算结果的单元格位置不同而不同。将公式复制到其他单元格时，单元格中公式的引用位置会有相应的变化，但引用的单元格与包含公式的单元格的相对位置不变。

相对引用的格式为“列字母+行数字”的形式，如图2-14所示，E3单元格中的公式为“=B3+C3+D3”，那么相对引用后D4单元格中的公式则为“=B4+C4+D4”，E5单元格中的公式就应该只为“=B5+C5+D5”，其他的以此类推。

E3　=B3+C3+D3　输入公式

学生成绩表				
姓名	语文	数学	英语	总成绩
耿光直	69	64	83	216
侯锦容	88	83	94	
胡谦	83	95	81	
李海波	86	83	97	
梁冰	91	100	83	
钱乐	77	89	81	
孙力建	73	63	89	
王佳	76	91	86	

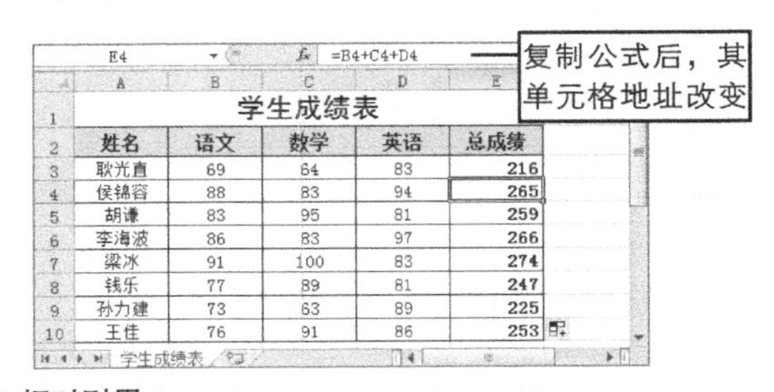

E4　=B4+C4+D4　复制公式后，其单元格地址改变

学生成绩表				
姓名	语文	数学	英语	总成绩
耿光直	69	64	83	216
侯锦容	88	83	94	265
胡谦	83	95	81	259
李海波	86	83	97	266
梁冰	91	100	83	274
钱乐	77	89	81	247
孙力建	73	63	89	225
王佳	76	91	86	253

图2-14 相对引用

知识提示

要将相对引用转换为绝对引用，可直接在需转换的单元格列标和行号之前加入符号“$”；也可在公式的单元格地址前或后按【F4】键，如“=A5”，第1次按【F4】键变为“$A$5”，第2次按【F4】键变为“A$5”，第3次按【F4】键变为“$A5”，第4次按【F4】键变为“A5”。

2.3.3 混合引用

混合引用就是指公式中既有绝对引用又有相对引用，如公式“=$A5+$B$2*C1”就是混合引用。在混合引用中，绝对引用部分将会保持绝对引用的性质，而相对引用部分也会保持相对引用的性质。如图2-15所示，E3单元格的公式为“=$B$3+C3+D3”，复制到E4单元格中，公式将会变为“=$B$3+C4+D4”，复制到E5单元格中，公式将会变为“=$B$3+C5+D5”。

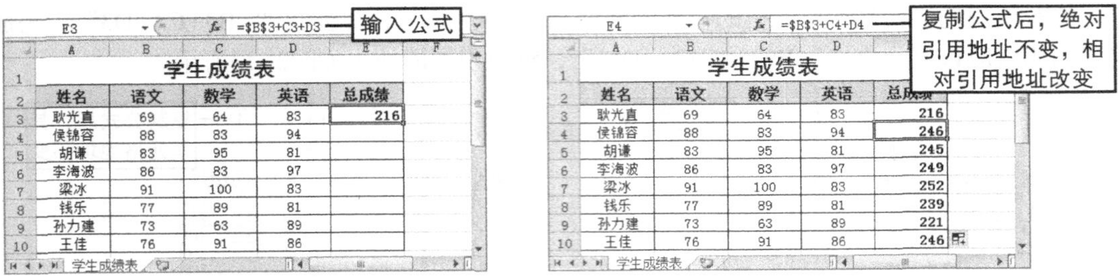

图2-15 混合引用

2.3.4 引用不同工作表中的单元格

在同一工作簿的不同工作表中引用单元格数据，可分为以下两种情况：

◎ **在同一工作簿的另一张工作表中引用单元格数据：**只需在单元格地址前加上工作表的名称和感叹号（!）即可，其格式为：工作表名称！单元格地址。图2-16所示为在Sheet2工作表的A2:F10单元格区域中引用Sheet1工作表的A2:F10单元格区域中的值。

◎ **在同一工作簿的多张工作表中引用单元格数据：**只需在感叹号（!）前面加上工作表名称的范围，其格式为：工作表名称:工作表名称！单元格地址。图2-17所示为在Sheet3工作表的C3单元格中引用Sheet1和Sheet2工作表的C3单元格中的和的值。

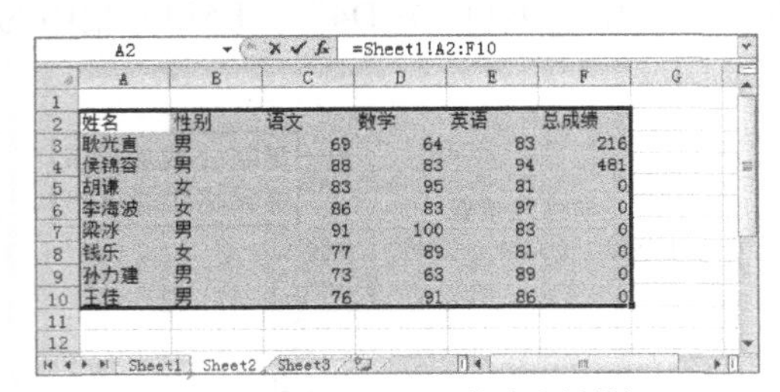

图2-16 引用另一张工作表中的数据

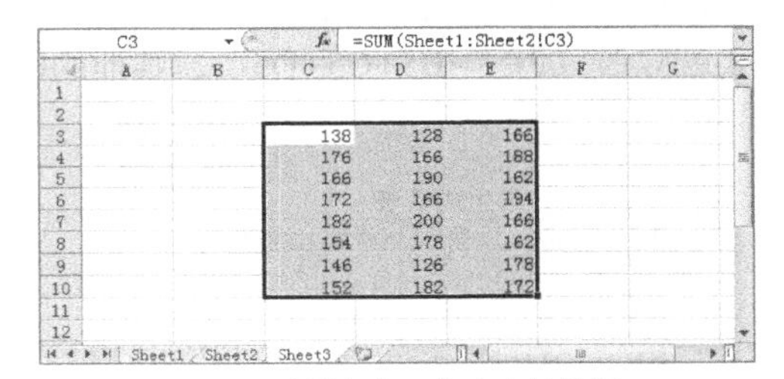

图2-17 引用多张工作表中的数据

2.3.5 引用不同工作簿中的单元格

引用不同工作簿中的单元格数据时，若打开需引用数据的工作簿，则输入公式后单元格的引用格式为=[工作簿名称]工作表名称！单元格地址，如图2-18所示；若关闭需引用数据的工作簿，则公式将自动变为'工作簿存储地址[工作簿名称]工作表名称'！单元格地址，如图2-19所示。

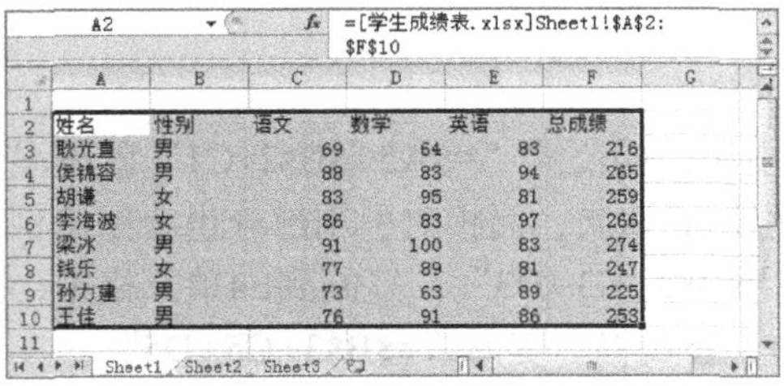

图2-18 打开需引用数据的工作簿的效果

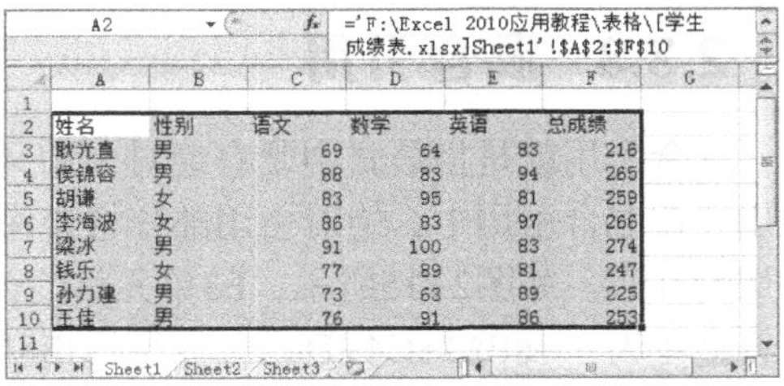

图2-19 关闭需引用数据的工作簿的效果

2.3.6 课堂案例2——引用单元格计算数据

本案例要求在提供的素材文件中计算实际发放的工资，其中涉及单元格引用的相关操作，完成后的参考效果如图2-20所示。

素材所在位置　光盘:\素材文件\第2章\课堂案例2\工资表.xlsx

效果所在位置　光盘:\效果文件\第2章\课堂案例2\工资表.xlsx

视频演示　光盘:\视频文件\第2章\引用单元格计算数据.swf

H12　=B12+C12+D12-E12-F12-G12+$C$14

2015年2月份工资表							
姓名	基本工资	提成	奖金	迟到	事假	旷工	实发工资
王军	¥2,400	¥3,600	¥600	¥50			¥8,550
张明江	¥1,600	¥2,800	¥400		¥50		¥6,750
谢松	¥1,200	¥4,500	¥800			¥200	¥8,300
李有望	¥1,200	¥6,500	¥1,400	¥100	¥100		¥10,900
郑余风	¥1,200	¥3,200	¥500			¥400	¥6,500
杨小晓	¥1,200	¥2,610	¥400	¥50			¥6,160
梁爽	¥1,200	¥1,580	¥200		¥100		¥4,880
谢庆庆	¥1,200	¥1,000	¥100	¥150		¥400	¥3,750
萧利娜	¥1,200	¥890					¥4,090
艾佳	¥1,200	¥680		¥50	¥50		¥3,780
	年终奖金	¥2,000					

图2-20　工资表的参考效果

职业素养

在工资结算表中，要根据工资卡、考勤记录、产量记录及代扣款项等资料按人名填写“应付工资”“代扣款项”“实发金额”三大部分。本节的工资表主要是为了练习引用单元格的操作，所以属于比较简单的表格。

（1）打开素材文件“工资表.xlsx”工作簿，选择B14单元格，输入“年终奖金”，然后选择C14单元格，输入“2000”，设置该单元格格式为“货币”，如图2-21所示。

（2）选择H3单元格，输入公式“=B3+C3+D3-E3-F3-G3+C14”，然后按【F4】键，将“C14”单元格中的数据设置为绝对引用，如图2-22所示。

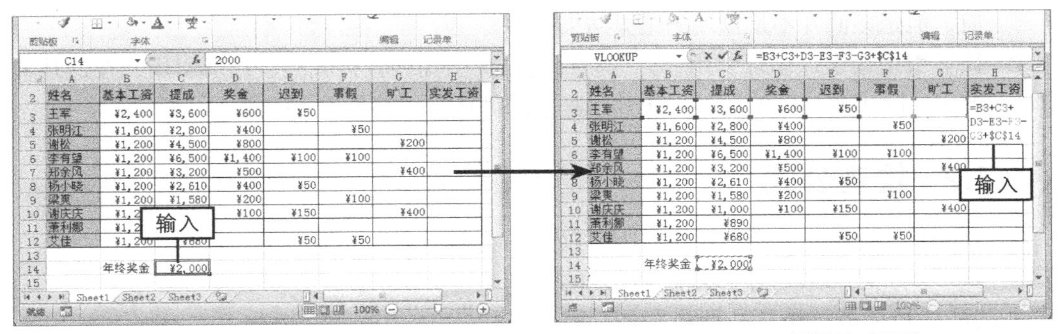

图2-21 输入数据　　图2-22 设置绝对引用

（3）按【Ctrl+Enter】组合键完成公式的输入，并计算出公式结果，然后将鼠标光标移至该单元格右下角的控制柄上。

（4）按住鼠标左键不放向下拖动选择H3:H12单元格区域，释放鼠标后在所选的单元格区域中将复制相应的计算公式，并计算出公式结果，如图2-23所示。

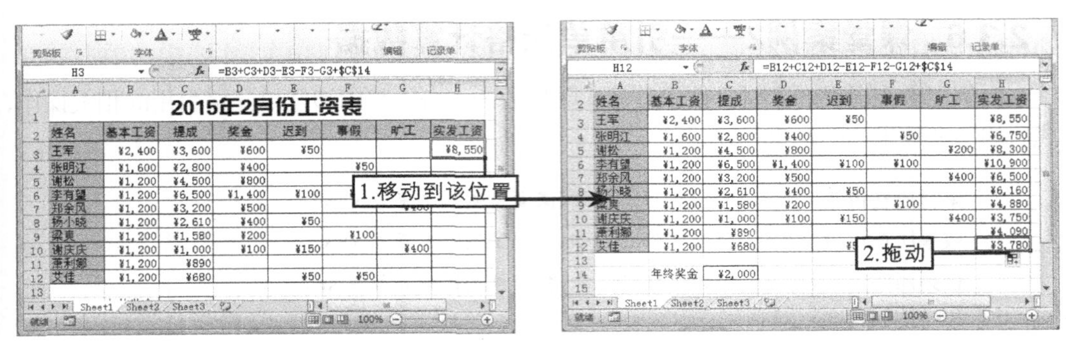

图2-23　复制公式

2.4 调试公式

公式作为Excel数据处理的核心，在使用过程中出错的几率也非常大，那么如何才能有效避免输入的公式报错呢？这就需要对公式进行调试，使公式能够按照预想的方式计算出数据的结果，本节就介绍在Excel中调试公式的相关知识。

2.4.1 使用公式的常见错误

一旦输入的公式发生错误，最直接的后果就是计算结果错误，这会给数据处理和分析造成极大的影响。在使用公式的过程中，公式出错的情况归纳起来有如下几点。

◎ **输入错误**：输入错误是最常见的错误之一，如拼写错误、缺少运算符或括号不匹配等情况都属于输入引发的错误。输入错误，会直接返回“FALSE”错误值，如将公式“=B3+C3+D3−E3−F3−G3+$C$14”输成了“=B3+C3+D3−E3=F3−G3+$C$14”。

◎ **逻辑错误**：编写的公式不符合Excel中公式输入的逻辑关系设定，在按【Enter】键确定后，就会出错。

◎ **引用错误**：在引用单元格时，进行了错误引用，这种情况虽然能够计算出一个正常值，但是该值并不是预期的结算结果。

◎ **循环引用错误**：循环引用可分为有目的循环引用和直接或间接循环引用，在这几种情况中，除了有目的的循环引用外，其余的循环引用都是不正确的。

2.4.2 检查公式

在Excel中，要查询公式错误的原因可以使用“错误检查”功能，该功能可以根据设定的规则对输入的公式自动进行检查。在设定规则时，主要是在“Excel 选项”对话框中的“公式”选项的“错误检查规则”栏中通过单击选中对应的复选框进行设置，如图2-24所示。

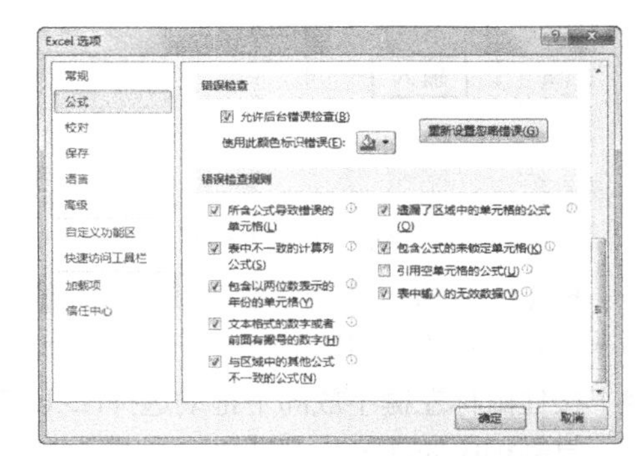

图2-24　“Excel选项”对话框

检查公式的具体操作如下。

（1）选择计算出错的单元格，然后在【公式】→

【公式审核】组中，单击错误检查按钮。

（2）打开“错误检查”对话框，在打开的对话框中显示了公式错误的位置以及错误的原因，单击在编辑栏中编辑(F)按钮，如图2-25所示。

（3）返回工作区中，在编辑栏的公式中输入正确的公式，如图2-26所示，然后单击“错误检查”对话框中的继续(C)按钮。

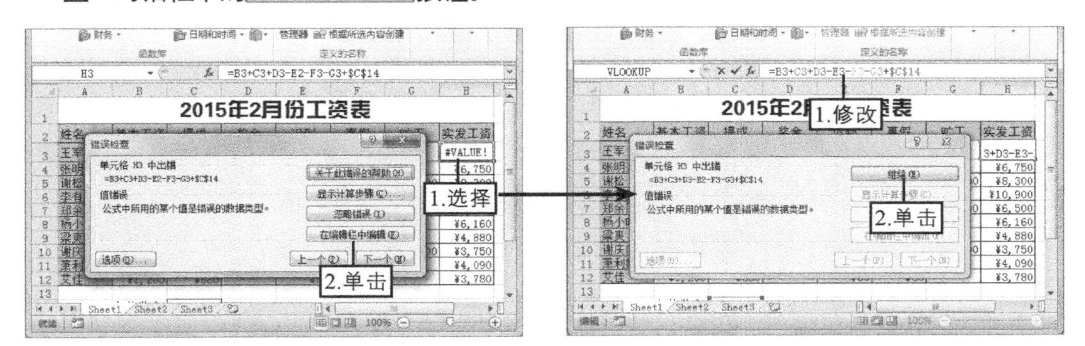

图2-25 编辑检查　　图2-26 修改错误

（4）系统会自动检查表格中的下一个错误，如果表格中已没有公式错误，将会打开提示对话框，提示已经完成对整个工作表的错误检查，单击确定按钮即可完成操作。

2.4.3 实时监视公式

在Excel中，还可以使用“监视窗口”功能对公式进行监视，锁定某个单元格中的公式，显示出被监视单元格的实际情况。

使用“监视窗口”功能很简单，其方法为：在【公式】→【公式审核】组中，单击“监视窗口”按钮，打开“监视窗口”窗格，拖动窗格的标题栏可以将该窗格停靠在窗口的右侧和下侧，如图2-27所示，单击窗格中的添加监视按钮可以添加需要监视的单元格，即便该单元格不在当前窗口，也可以在窗格中查看单元格的公式信息，这样可避免反复切换工作簿或工作表的烦琐操作，如果需要删除监视的单元格，可以选择监视的单元格后单击删除监视按钮。

图2-27 实时监视公式

2.4.4 课堂案例3——检查并修改公式错误

本案例要求检查素材文件中表格是否存在错误，如果有，则更正，涉及公式调试的相关操作，完成后的参考效果如图2-28所示。

素材所在位置 光盘:\素材文件\第2章\课堂案例3\楼盘销售统计表.xlsx
效果所在位置 光盘:\效果文件\第2章\课堂案例3\楼盘销售统计表.xlsx
视频演示 光盘:\视频文件\第2章\检查并修改公式错误.swf

岭南一隅楼盘销售套数统计表（一季度）

销售顾问	户型	一月	二月	三月	总套数
段成己	四期D2	28	42	30	100
吴孔嘉	一期A2	15	8	19	42
刘海	二期B2	21	21	78	120
夏敏	三期C3	32	48	10	90
苏进强	二期B1	24	35	21	80
李永乐	三期C2	30	18	22	70
吴斌	一期A3	28	24	10	62
钟立风	三期C1	50	10	20	80
赵阳	四期D1	48	55	57	160
郭远	一期A1	16	22	8	46
总计		292	283	275	850

图2-28　检查并修改公式错误的参考效果

（1）打开素材文件，选择F5单元格，在【公式】→【公式审核】组中，单击 错误检查 按钮，如图2-29所示。

（2）打开“错误检查”对话框，在打开的对话框中显示了公式错误的位置以及错误的原因，单击 在编辑栏中编辑(F) 按钮，如图2-30所示。

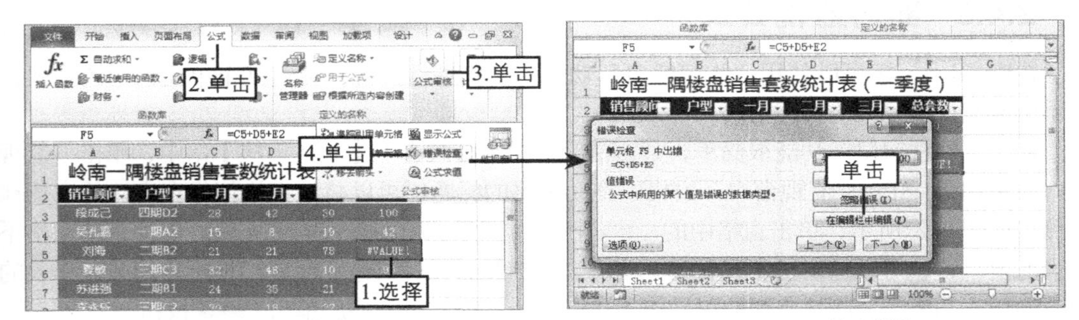

图2-29 选择操作　　　　图2-30 检查错误

（3）返回工作区中，在编辑栏中输入正确的公式，然后单击“错误检查”对话框中的 继续(E) 按钮，如图2-31所示。

（4）系统会自动检查表格中的下一个错误，如果没有，将打开提示对话框，单击 确定 按钮即可完成操作，如图2-32所示。

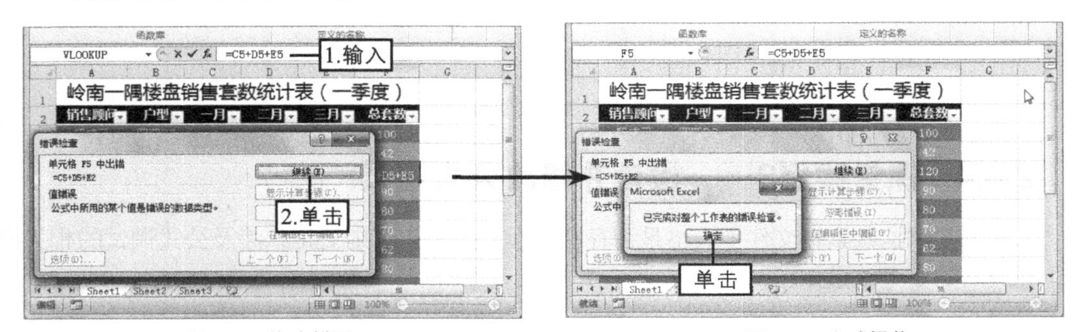

图2-31 修改错误　　　　图2-32 完成操作

2.5 课堂练习

本课堂练习将使用公式计算工资和使用公式计算考试成绩，综合练习本章学习的知识点，从而学习使用公式计算数据的具体操作。

2.5.1 使用公式计算工资

1. 练习目标

本练习的目标是在3月份工资表中利用公式计算实发的工资。在练习过程中主要涉及公式计算和单元格的相对引用的相关知识。本练习完成后的参考效果如图2-33所示。

2015年3月份工资表

姓名	应领工资				应扣工资			工资
	基本工资	提成	奖金	小计	迟到	事假	小计	
王静	¥2,400	¥3,600	¥600	¥6,600	¥50		¥50	¥6,550
朱铭捷	¥1,600	¥2,800	¥400	¥4,800		¥50	¥50	¥4,750
徐苏	¥1,200	¥4,500	¥800	¥6,500			¥0	¥6,500
李游秋	¥1,200	¥6,500	¥1,400	¥9,100	¥100	¥100	¥200	¥8,900
张玉峰	¥1,200	¥3,200	¥500	¥4,900			¥0	¥4,900
杨曦晓	¥1,200	¥2,610	¥400	¥4,210	¥50		¥50	¥4,160
刘松	¥1,200	¥1,580	¥200	¥2,980		¥100	¥100	¥2,880
徐庆秋	¥1,200	¥1,000	¥100	¥2,300	¥150		¥150	¥2,150
薛丽娜	¥1,200	¥890		¥2,090			¥0	¥2,090
李波	¥1,200			¥1,200		¥50	¥50	¥1,150
凌风	¥800			¥800	¥300		¥300	¥500
陈翔图	¥800			¥800			¥0	¥800

结算日期：2015年3月1日—2015年3月31日

图2-33　3月份工资表的参考效果

素材所在位置　光盘:\素材文件\第2章\课堂练习\3月份工资表.xlsx

效果所在位置　光盘:\效果文件\第2章\课堂练习\3月份工资表.xlsx

视频演示　光盘:\视频文件\第2章\使用公式计算工资.swf

2. 操作思路

完成本练习需要先计算应发工资，再计算需要扣除的数据，然后将前面两个数据进行综合处理等，其操作思路如图2-34所示。

① 计算应发工资

② 计算应扣工资

③ 计算实发工资

图2-34　计算工资的制作思路

（1）打开素材文件，在E4单元格中输入“=B4+C4+D4”，然后将公式复制到E5:E15单元格区域中。

（2）在H4单元格中输入“=F4+G4”，然后将公式复制到H5:H15单元格区域中。

（3）在I4单元格中输入“=E4-H4”，然后将公式复制到I5:I15单元格区域中，保存文档。

2.5.2 使用公式计算考试成绩

1. 练习目标

本练习的目标是在期末考试成绩统计表中利用公式计算每个学生的总分和各科成绩的平均分。主要涉及公式计算和单元格相对引用的相关知识。完成后的参考效果如图2-35所示。

期末考试成绩							
姓名	语文	数学	英语	历史	政治	地理	总分
张峰	120	150	110	89	83	98	650
康祥能	115	138	95	86	83	90	607
张志磊	130	149	102	84	82	96	643
郭怡辰	126	150	113	88	88	98	663
杨秀丽	98	120	101	69	69	68	525
薛华	90	114	68	71	78	79	500
陈雅	89	98	58	60	66	65	436
杨曦	110	119	98	80	78	75	560
平均分	109.75	129.75	93.125	78.375	78.375	83.625	573

图2-35 计算考试成绩的参考效果

素材所在位置 光盘:\素材文件\第2章\课堂练习\期末考试成绩统计.xlsx
效果所在位置 光盘:\效果文件\第2章\课堂练习\期末考试成绩统计.xlsx
视频演示 光盘:\视频文件\第2章\使用公式计算考试成绩.swf

2. 操作思路

完成本练习需要先计算总分，再为计算的结果设置格式和检查结果，然后计算平均分，其操作思路如图2-36所示。

① 计算总分

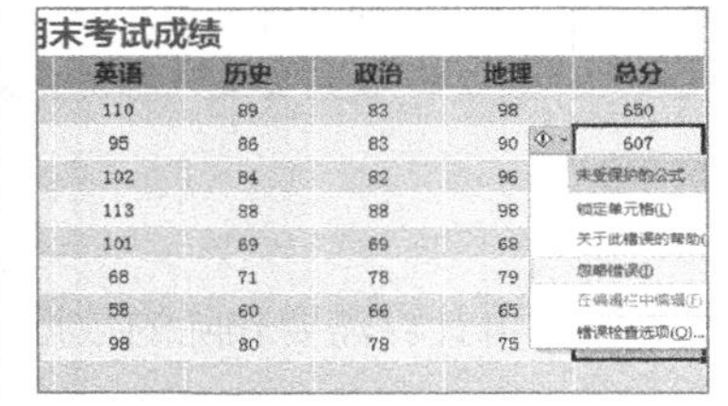

② 检查结果

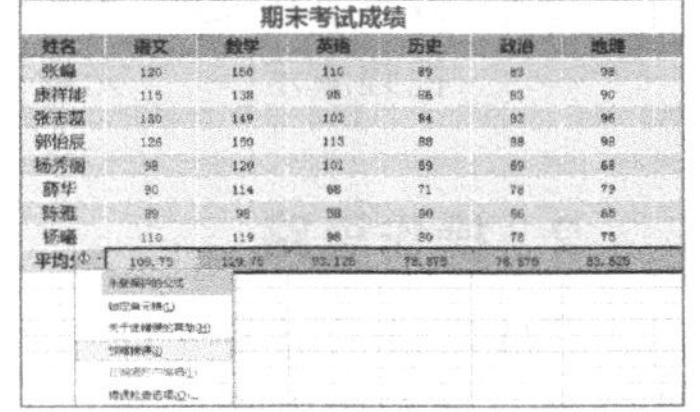

③ 计算平均分

图2-36 计算考试成绩的操作思路

（1）打开素材文件，选择H3单元格，输入公式“=B3+C3+D3+E3+F3+G3”，然后将公式复制到H4:H10单元格区域中。

（2）单击右侧的“自动填充选项”按钮，在打开的列表中单击选中“不带格式填充”单选项，选择H3:H10单元格区域，单击左侧的按钮，在打开的列表中选择“忽略错误”选项。

（3）选择B11单元格，输入公式“=(B3+B4+B5+B6+B7+B8+B9+B10)/8”，然后将公式复制到C11:H11单元格区域中。

（4）单击右侧的“自动填充选项”按钮，在打开的列表中单击选中“不带格式填充”单选项，选择B11:H11单元格区域，单击左侧的按钮，在打开的列表中选择“忽略错误”选项。

（5）保存文档，完成操作。

2.6 拓展知识

下面主要介绍数组和A1引用与R1C1引用的相关知识。

2.6.1 数组

数组就是单元的集合或一组处理的值集合。数组作为数学概念被应用到计算机领域后更是得到了广泛的运用。在Excel中，数组不仅扩展了Excel对数据的处理与分析能力，而且简化了很多运算，实现了常规公式和函数无法实现的计算。

1. 数组的分类

在Excel中，数据元素将会以行和列的形式形成一个数据矩阵，根据构成元素的不同，可以把数组分为常量数组和单元格区域数组，分别如下。

◎ **常量数组：**常量数组用“{}”将构成数组的常量括起来，可以同时包含多种数据类型。一行中的元素用逗号“,”分隔，行之间用分号“;”分隔，如数组{1,2,3,4,5}为一个1行5列的数组，而数组{1,2,3;4,5,6}则为一个2行3列的数组。

◎ **单元格区域数组：**单元格区域数组是通过对一组连续的单元格区域进行引用而得到的数组。在数组公式中{A1:B4}是一个4行2列的单元格区域数组。

知识提示

在常量数组中的数据元素不能包含其他数组、公式或函数。如果在Excel中输入{1,2,A1:D4} 或 {1,2,SUM(Q2:Z8)}公式，Excel将会显示警告消息。另外，数值中不能包含百分号、货币符号、逗号或圆括号。

2. Excel中数组的维数

在Excel的公式中，数组最高只支持二维数组，也就是只由行和列构成的数组。但是数组作为数据的组织形式，其本身可以是多维的。Excel中引用数组的函数为index，其语法结构为：

index(array,row_num,column_num)

该函数中有行和列两个参数，而没有引用高于二维数组的参数。

3. 在单元格中输入数组

在实际工作中，常常需要将数组输入到每个单元格中进行运算。在单元格中输入数组，需先选择一个显示数组的单元格区域，然后在编辑栏中输入数组公式，最后按【Ctrl+Shift+Enter】组合键完成输入。

虽然在单元格中输入数组的方法很简单，但是在输入过程中仍然有许多需要注意的地方，具体注意事项如下。

◎ 如果选择显示数组的单元格区域大于数组中的元素个数，多余的单元格将会显示“#N/A”错误值。

◎ 如果选择显示数组的单元格区域小于数组中的元素个数，将只显示选择了的单元格对应的元素。如有一个数组为{1,2,3,4,5,6}，而只选中了A1:C1单元格区域，则会只显示{1,2,3}。

◎ 在单元格中输入数组时，数组将会按照横向从左向右、纵向从上向下的顺序显示。

◎ 确认输入时，必须按【Ctrl+Shift+Enter】组合键才能正常输入，如果按【Ctrl+Enter】组合键、【Shift+Enter】组合键或【Enter】键都会失败。

◎ 输入一维横向或纵向数组的方法与输入二维数组的方法完全相同。

4. 输入数组公式

与在单元格中输入数组一样，输入数组公式同样需要按【Ctrl+Shift+Enter】组合键来实现。这也是Excel为了区别输入常规公式函数，设定的不同确认方式。下面利用数组计算课堂练习1中的销量，其具体操作如下。

（1）打开素材文件“房产销量统计表.xlsx”工作簿，选择G4:G17单元格区域，输入等号“=”，并在编辑栏中输入公式“=C4:C17+D4:D17+E4:E17+F4:F17”。

（2）按【Ctrl+Shift+Enter】组合键确认输入，计算结果将显示在选择的单元格区域中，如图2-37所示。

SUM =C4:C17+D4:D17+E4:E17+F4:F17

2.输入　1.选择

云帆国际房产销量统计表　单位：万元

销售人员	产品类别	第一季度	第二季度	第三季度	第四季度	全年销量
程一身	象山一号	5280	5850	3840	7530	4:E17+F4:F17
奉贤	如画山水	4160	3680	6040	4630	
格罗姆	城南一隅	4160	3400	4960	4160	
胡适	108城	3680	4630	5850	7000	
康宁	如画山水	3400	6040	9800	6700	
凯丽	如画山水	3400	4160	4630	2400	
李建成	如画山水	4630	2400	4160	3400	
荣兴	北欧.新村	6040	4160	4960	4160	
孙建华	岭南风光	7530	5130	3400	5280	
石广生	城南一隅	2400	5280	5850	6040	
唐生	岭南风光	3680	6700	4630	3680	
王慧	象山一号	9800	9800	6040	4630	
向伟	北欧.新村	6700	4920	2400	5850	
于淼	北欧.新村	5850	4960	7530	3840	
合计						

G4 {=C4:C17+D4:D17+E4:E17+F4:F17}

云帆国际房产销量统计表　单位：万元

销售人员	产品类别	第一季度	第二季度	第三季度	第四季度	全年销量
程一身	象山一号	5280	5850	3840	7530	22500
奉贤	如画山水	4160	3680	6040	4630	18510
格罗姆	城南一隅	4160	3400	4960	4160	16680
胡适	108城	3680	4630	5850	7000	21160
康宁	如画山水	3400	6040	9800	6700	25940
[illegible]	如画山水	3400	4160	4630	2400	14590
李建成	如画山水	4630	2400	4160	3400	14590
荣兴	北欧.新村	6040	4160	4960	4160	19320
孙建华	岭南风光	7530	5130	3400	5280	21340
石广生	城南一隅	2400	5280	5850	6040	19570
唐生	岭南风光	3680	6700	4630	3680	18690
王慧	象山一号	9800	9800	6040	4630	30270
向伟	北欧.新村	6700	4920	2400	5850	19870
于淼	北欧.新村	5850	4960	7530	3840	22180
合计						

图2-37　利用数组公式计算数据

操作技巧

在没有套用表格样式的情况下，则需要按【Ctrl+Shift+Enter】组合键来确认计算结果，同时单元格中的数组公式前后也会加上大括号。如果套用了表格样式，则直接按【Enter】键即可得到数组计算结果。

5. 编辑数组公式

在Excel中，会将存储了数组或数组公式的单元格区域作为一个整体。在对其中的数组公式进行编辑时，只能进行整体编辑而不能对其中的一个单元格进行编辑。常见编辑数组或数组公式的方法如下。

◎ **修改数组或数组公式：**选择任意一个单元格或整个单元格区域，然后在编辑栏中修改数组或数组公式，完成后按【Ctrl+Shift+Enter】组合键确认。

◎ **移动单元格区域：**选择整个单元格区域后，按照移动常规公式的方法进行移动。

◎ **删除数组或数组公式：**选择整个单元格区域，然后按【Delete】键。

◎ **修改数组或数组公式区域范围：**选择原来的数组或数组公式区域，删除后，重新选择新数组区域，然后输入新的数组或数组公式。

◎ **修改数组公式为常规公式：**选择整个单元格区域后，删除该区域的数组公式，然后重新输入新的常规公式。

2.6.2 A1引用与R1C1引用

A1引用与R1C1引用都是一种引用样式，下面将对两种引用样式的使用方法进行讲解。

◎ **A1引用样式：**通过引用字母和数字标识，即可在工作表中查找与其纵横相交的单元格。例如A3单元格表示引用的是A列第3行交叉处的单元格。若要引用单元格区域，先输入区域左上角第一个单元格标识，后面跟一个冒号，接着输入区域右下角的最后一个单元格标识，如C3:F6引用的是从C3到F6所在区域之间的所有单元格。

◎ **R1C1引用样式：**是指将行和列均使用数字标识，即“R”加行数字和“C”加列数字来确定单元格的位置，例如，R4C6引用的是第4行和第6列交叉处的单元格，R2C3:R4C7引用的是第2行3列到第4行7列之间的所有单元格。

A1引用是Excel中采用的默认引用类型，而R1C1引用在Excel中录制一些命令时常常会使用到。R1C1引用中带有“[]”符号的表示为相对引用，相反则是绝对引用，其具体的含义如表2-5所示。

表 2-5 R1C1 引用的含义

引用方式	含义
R[-1]C1	位于活动单元格上一行，第 1 列的单元格，属于混合引用
R5C5	位于第 5 行第 5 列的单元格，属于绝对引用
RC[-5]	与活动单元格位于同一行，并在其前面第 5 列的单元格，属于混合引用
R[-1]	在活动单元格所在行上面一行的多个单元格

2.7 课后习题

（1）打开“员工销售业绩表.xlsx”工作簿，利用前面讲解的利用公式计算数据的方法计算其中的数据。最终效果如图2-38所示。

员工销售业绩表

姓名	职务	第一季度	第二季度	第三季度	第四季度	平均值
贾诩明	经理	￥34,354.00	￥34,745.50	￥34,308.50	￥33,804.00	￥34,303.00
林蒲封	副经理	￥36,134.50	￥38,798.00	￥33,840.00	￥37,870.00	￥36,660.63
邓涛	业务员	￥25,404.50	￥23,408.00	￥27,107.00	￥24,140.50	￥25,015.00
陈祥	业务员	￥24,683.00	￥23,700.00	￥21,407.00	￥23,273.50	￥23,265.88
罗阳镇	业务员	￥22,289.50	￥22,459.50	￥23,500.00	￥24,092.00	￥23,085.25
罗琳娜	业务员	￥19,207.00	￥20,120.00	￥19,010.00	￥22,452.50	￥20,197.38
罗瑞	业务员	￥15,671.00	￥19,138.50	￥15,271.50	￥20,049.00	￥17,532.50
郭宇	业务员	￥14,782.00	￥13,708.00	￥14,371.50	￥18,875.50	￥15,434.25

图2-38 员工销售业绩表参考效果

提示：在G3单元格中输入“=(C3+D3+E3+F3)/4”，并将该公式复制到G4:G10单元格区域中，注意复制完成后，需要设置格式为“不带格式填充”。然后，删除G3:G10单元格区域中的数据，并使用数组计算该区域的数据，选择G3:G10单元格区域，输入公式“=(C3:C10+D3:D10+E3:E10+F3:F10)/4”，按【Ctrl+Shift+Enter】组合键，最后查看结果和前面的方法计算出来的是否一致。

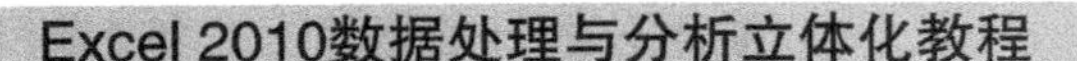

素材所在位置　光盘:\素材文件\第2章\课后习题\员工销售业绩表.xlsx
效果所在位置　光盘:\效果文件\第2章\课后习题\员工销售业绩表.xlsx
视频演示　光盘:\视频文件\第2章\计算员工销售业绩表.swf

（2）打开“销售业绩统计表.xlsx”工作簿，利用前面讲解的利用公式计算数据的方法计算其中的数据，注意要使用到绝对引用的相关操作。最终效果如图2-39所示。

年度销售业绩统计							
姓名	职务	第一季度	第二季度	第三季度	第四季度	总计	净收益
杜娟	经理	834726.00	256155.00	788754.00	151179.00	2030814.00	1972054.00
陈明开	业务员	650911.00	426972.00	730572.00	234584.00	2043039.00	1984279.00
李爱	业务员	137626.00	697641.00	362784.00	219792.00	1417843.00	1359083.00
刘景	业务员	247305.00	129620.00	83190.00	937144.00	1397259.00	1338499.00
薛灿	经理	239096.00	147826.00	73426.00	97624.00	557972.00	499212.00
张美凤	业务员	961757.00	385210.00	366697.00	537519.00	2251183.00	2192423.00
高阳	业务员	689699.00	768486.00	361724.00	694371.00	2514280.00	2455520.00
邓玉芬	业务员	495060.00	325259.00	583700.00	312106.00	1716125.00	1657365.00
谢光	经理	404968.00	595611.00	740648.00	28975.00	1770202.00	1711442.00
何天琪	业务员	293455.00	967806.00	910255.00	66122.00	2237638.00	2178878.00
杨萌	业务员	103271.00	217265.00	388527.00	318036.00	1027099.00	968339.00
关静	业务员	776517.00	144447.00	772934.00	569584.00	2263482.00	2204722.00
陈鹏飞	经理	497018.00	794842.00	195353.00	505642.00	1992855.00	1934095.00
张建翔	业务员	25135.00	246872.00	419649.00	615014.00	1306670.00	1247910.00
江俊	业务员	533655.00	192420.00	304940.00	667855.00	1698870.00	1640110.00
姜绍阳	业务员	210357.00	59793.00	427281.00	429961.00	1127392.00	1068632.00
李晨	经理	720752.00	979414.00	197813.00	452518.00	2350497.00	2291737.00
叶宇	业务员	772240.00	659853.00	238689.00	992932.00	2663714.00	2604954.00
敬丹	业务员	847693.00	979875.00	96638.00	329739.00	2253945.00	2195185.00
齐宽	业务员	910013.00	46271.00	36662.00	764609.00	1757555.00	1698795.00
总计		10351254.00	9021638.00	8080236.00	8925306.00	36378434.00	35203234.00

图2-39　“销售业绩统计表”参考效果

提示： 在G3单元格中输入“=C3+D3+E3+F3”，并将该公式复制到G4:G23单元格区域中，在H3单元格中输入“=G3-$C$26-$D$26-$E$26-$F$26”，并将该公式复制到H4:H23单元格区域中，在C23单元格中输入“=C3+C4+C5+C6+C7+C8+C9+C10+C11+C12+C13+C14+C15+C16+C17+C18+C19+C20+C21+C22”，并将该公式复制到D23:F23单元格区域和H23单元格中。

素材所在位置　光盘:\素材文件\第2章\课后习题\销售业绩统计表.xlsx
效果所在位置　光盘:\效果文件\第2章\课后习题\销售业绩统计表.xlsx
视频演示　光盘:\视频文件\第2章\计算销售业绩统计表工作簿.swf

第3章 使用函数计算数据

使用函数计算数据是Excel的另外一项强大的计算功能，本章将详细讲解函数的基本知识，以及定义与使用名称的方法，同时掌握输入函数的相关操作。

学习要点

◎ 函数的结构和参数的类型

◎ 输入、编辑、嵌套函数

◎ 常用函数

◎ 名称的含义

◎ 定义与使用名称

学习目标

◎ 了解函数的基础知识

◎ 掌握输入与编辑函数的基本操作

◎ 掌握定义名称的操作方法

3.1 认识函数

函数是Excel中强大的功能之一，在数据处理与分析方面尤为重要。利用函数可很容易地完成各种复杂数据的处理工作，本节将详细讲解Excel中函数的基础知识。

3.1.1 函数的结构

函数是一种在需要时可直接调用的表达式，通过使用参数的特定数值来按特定的顺序或结构进行计算。如SUM函数可计算满足条件的单元格的和；PMT函数可计算在固定利率下，贷款的等额分期偿还额等。

函数也是以等号“=”开始，但其后是函数名称和函数参数。函数的结构为：=函数名(参数1,参数2,…)，其中函数参数用括号括起来，且用逗号隔开，如图3-1所示。

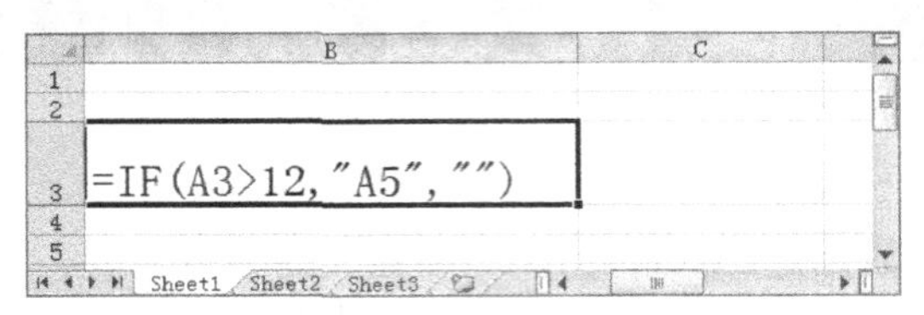

图3-1 函数的结构

函数的一般结构为“函数名(参数1,参数2,…)”，其中各部分的含义如下。

◎ **函数名**：即函数的名称，每个函数都有唯一的函数名，如求和函数（SUM）和条件函数（IF）等。

◎ **参数**：指函数中用来执行操作或计算的值，参数的类型与多少，与对应的函数有关。

知识提示

如果函数名称后面带一组空括号，则不需要任何参数，但是使用函数时必须加上括号；同公式一样，在创建函数时，所有左括号和右括号必须成对出现。

3.1.2 函数参数的类型

函数的指定参数都必须为有效参数值，可指定为函数参数的类型有以下几种。

◎ **常量**：指在计算过程中不会发生改变的值，如数字“123”、文本“金额”等。

◎ **逻辑值**：即真值（TRUE）或假值（FALSE）。

◎ **错误值**：即形如“#NUM!”和“#N/A”等错误值。

◎ **单元格引用**：与公式表达式中单元格引用的含义相同。

◎ **数组**：用来建立可生成多个结果，或对行和列中排列的一组参数进行计算的单个公式。

◎ **嵌套函数**：指将某个公式或函数的返回值作为另一个函数的参数使用，Excel中的公式最多可以使用64个函数进行嵌套。

知识提示

按参数的数量和使用方式区分，函数有不带参数、只有一个参数、参数数量固定、参数数量不固定和具有可选参数之分。

3.1.3 函数的类型

Excel中提供了多种函数类别，如文本函数、日期和时间函数、查找与引用函数、数字和三角函数、财务分析函数、逻辑函数等。不同的函数类别，其作用也各不相同，按函数的功能来划分，各函数类别的作用如下。

◎ **文本处理函数**：用来处理公式中的文本字符串。如LEFT函数可返回文本字符串中第一个字符或前几个字符；TEXT函数可将数值转换为文本。

◎ **日期与时间函数**：用来分析或处理公式中与日期和时间有关的数据。如DATE函数可返回代表特定日期的序列号；TIME函数可返回某一特定时间的小数值等。

◎ **查找与引用函数**：用来查找或引用列表或表格中的指定值。如LOOKUP函数可从单行或单列区域，或者从一个数组查找值；ROW函数用来返回引用的行号等。

◎ **数学与三角函数**：用来计算数学和三角方面的数据，其中三角函数采用弧度作为角的单位，而不是角度。如ABS函数可返回数字的绝对值；RADIANS函数可以把角度转换为弧度。

◎ **财务分析函数**：用来计算财务方面的相应数据。如DB函数可返回固定资产的折旧值；FV函数可返回某项投资的未来值；IPMT可返回投资回报的利息部分等。

◎ **逻辑函数**：用来测试是否满足某个条件，并判断逻辑值。该类函数共包含7个函数，如AND、FALSE、IF、IFERROR、NOT、OR和TRUE函数，其中IF函数的使用最广泛。

◎ **其他函数**：在Excel中还列出了很多其他类别的函数，如统计函数用来统计分析一定范围内的数据；工程函数用来处理复杂的数字，并在不同的记数体系和测量体系中进行转换；多维数据集用来计算多维数据集合中的数据；信息函数用来帮助用户鉴定单元格中的数据所属的类型或单元格是否为空等。

3.2 输入与编辑函数

在Excel中使用函数计算数据时，需要掌握的函数基本操作主要有输入函数、编辑函数、嵌套函数等。

3.2.1 输入函数

在输入函数时，若对所使用的函数及其参数类型非常熟悉时，可直接手动输入，否则可通过以下方法输入所需的函数。

◎ **选择函数类别快速插入函数**：选择需输入函数的单元格，在【公式】→【函数库】组中列出了各类函数，单击所需的函数类别旁的下拉按钮▾，在打开的下拉列表中选择需要输入的函数，然后根据提示设置函数参数，完成后在所选的单元格中即可查看计算结果。

◎ **通过“插入函数”对话框插入函数**：选择需输入函数的单元格，在“编辑栏”中单击“插入函数”按钮f_x或在【公式】→【函数库】组中单击“插入函数”按钮f_x，在打开的“插入函数”对话框中选择函数类别和所需的函数，如图3-2所示，然后单击[确定]按钮，在打开的“函数参数”对话框中根据提示设置函数参数，如图3-3所示，完成后单击确定按钮即可得到计算结果。

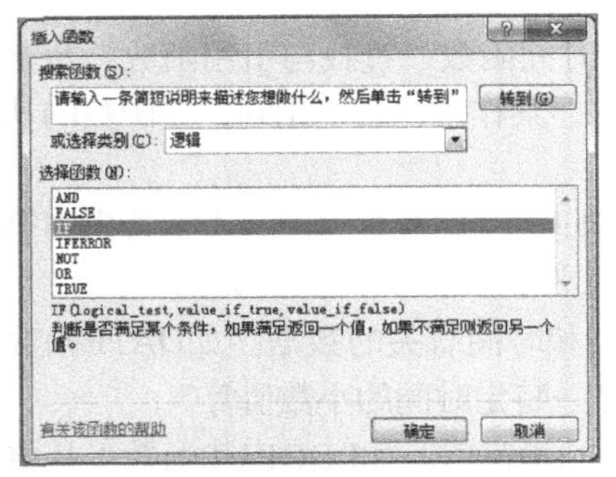

图3-2　选择函数类别和所需的函数

图3-3　设置函数参数

知识提示

在“插入函数”对话框的“搜索函数”文本框中输入需要的计算目标，然后单击其右侧的转到(G)按钮，Excel会自动推荐相应的函数供用户使用。另外，选择相应的函数后，在对话框左下角单击“有关该函数的帮助”超链接，可查看相应函数的功能及操作方法。

3.2.2　自动求和

自动求和是应用函数的功能之一，其操作方便，但只能对同一行、同一列中的数字进行求和，不能跨行、跨列、行列交错求和。自动求和的方法为：选择要自动求和的单元格或单元格区域，在【开始】→【编辑】组或【公式】→【函数库】组中单击“自动求和”按钮Σ，系统将自动插入求和函数对所选单元格对应的行或列中包含数值的单元格进行求和，如图3-4所示。

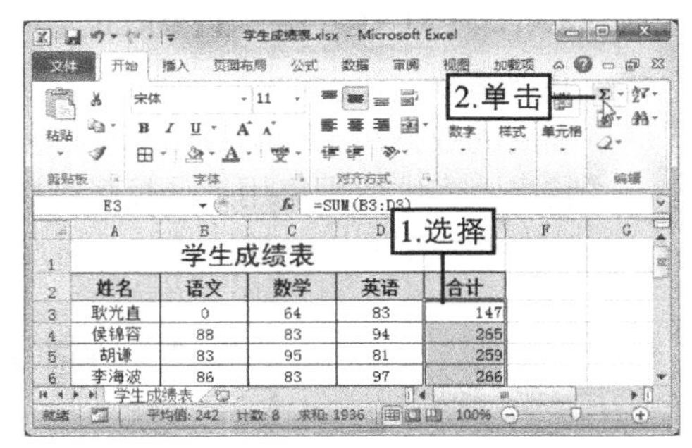

图3-4　自动求和

知识提示

单击“自动求和”按钮Σ右侧的下拉按钮，在打开的下拉列表中还可选择平均值、计数、最大值、最小值函数。

3.2.3　编辑函数

编辑函数与编辑公式的方法基本相同，如复制与显示函数只需选择所需的单元格执行相应的操作，而修改函数则需选择所需的单元格后将文本插入点定位在相应的单元格或编辑栏中进行修改操作即可。

3.2.4　嵌套函数

在处理某些复杂数据时，使用嵌套函数可简化函数参数。当嵌套函数作为参数使用时，它返回的数值类型必须与参数使用的数值类型相同。如参数值为TRUE或FALSE值时，那么嵌套

函数也必须返回TRUE或FALSE值，否则Excel将提示出错。使用嵌套函数的具体操作如下。

（1）选择要输入嵌套函数的目标单元格。

（2）在原函数的参数位置处插入Excel自带的一种函数，也可直接输入嵌套的函数，如函数“=IF(B3>0,SUM(B3+C3),C3)”表示如果B3单元格的值大于0，则继续使用SUM函数计算B3和C3单元格的和，否则返回C3单元格的值，如图3-5所示。

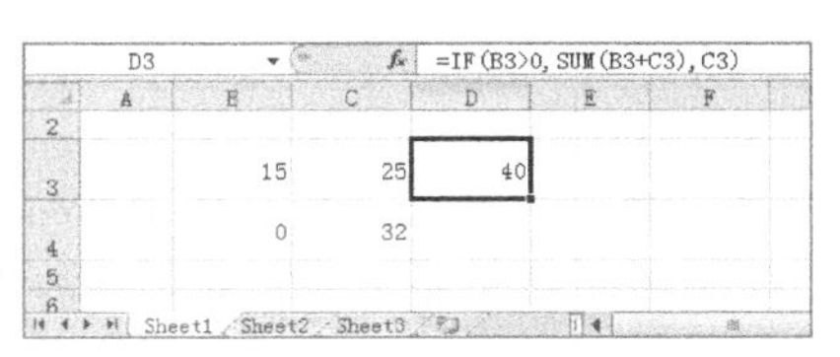

图3-5　嵌套函数

（3）按【Enter】键计算出结果。

3.2.5　常用函数的使用

由于Excel中提供了多种函数，每个函数的功能、语法结构及其参数的含义各不相同，下面介绍几种常用函数的使用，如表3-1所示。

表3-1　常用函数

函数	作用	语法结构及其参数	举例
SUM函数（即求和函数）	用来计算所选单元格区域内所有数字之和	SUM(number1,[number2],...)，number1,number2,... 为1到255个需要求和的数值参数	“=SUM(A1:A3)”表示计算A1:A3单元格区域中所有数字的和；“=SUM(B3,D3,F3)”表示计算B3、D3、F3单元格中的数字之和
AVERAGE函数（即平均值函数）	用来计算所选单元格区域内所有数据的平均值	AVERAGE(number1,[number2],...)，number1,number2,…为1到255个需要计算平均值的数值参数	“=AVERAGE(A2:E2)”表示计算A2:E2单元格区域中的数字的平均值
COUNT函数（即计数函数）	用来计算包含数字的单元格以及参数列表中数字的个数	COUNT(value1,[value2],...)，value1,value2,…为1到255个需要计算数字个数的数值参数	“=COUNT(B3:B8)”表示计算B3:B8单元格区域中包含数字的单元格的个数
MAX函数（即最大值函数）	用来计算所选单元格区域内所有数据的最大值	MAX(number1,[number2],...),number1,number2,…为1到255个需要计算最大值的数值参数	“=MAX(A2:E2)”表示计算A2:E2单元格区域中的数字的最大值
MIN函数（即最小值函数）	它是MAX函数的反函数，用来计算所选单元格区域中所有数据的最小值	MIN(number1,[number2],...)，number1,number2,…为1到255个需要计算最小值的数值参数	“=MIN(A2:E2)”表示计算A2:E2单元格区域中的数字的最小值

续表

函数	作用	语法结构及其参数	举例
IF函数（即条件函数）	用来执行真假值的判断，并根据逻辑计算的真假值返回不同结果	IF(logical_test,[value_if_true],[value_if_false])，其中logical_test表示计算结果为TRUE或FALSE的任意值或表达式；value_if_true表示logical_test为TRUE时要返回的值，可以是任意数据；value_if_false表示logical_test为FALSE时要返回的值，也可以是任意数据	“=IF(A3<=150,"预算内","超出预算")”表示如果A3单元格中的数字小于等于150，其结果将返回“预算内”；否则，返回“超出预算”

知识提示

SUM、AVERAGE、MAX、MIN函数参数中number1是必需的，number2,...后续数值是可选的；COUNT函数参数中value1是必需的，value2,...后续数值是可选的；IF函数参数中logical_test是必需的，value_if_true和value_if_false是可选的。

3.2.6 课堂案例1——利用函数计算工资

本案例要求在提供的素材文档中，利用函数计算数据，其中涉及SUM和IF两种函数的相关操作，完成后的参考效果如图3-6所示。

2015年3月份工资表

姓名	应领工资				应扣工资			工资	个人所得税	税后工资
	基本工资	提成	奖金	小计	迟到	事假	小计			
王静	¥2,400	¥3,600	¥600	¥6,600	¥50		¥50	¥6,550	¥200.00	¥6,350.00
朱铭捷	¥1,600	¥2,800	¥400	¥4,800		¥50	¥50	¥4,750	¥37.50	¥4,712.50
徐苏	¥1,200	¥4,500	¥800	¥6,500			¥0	¥6,500	¥195.00	¥6,305.00
李游我	¥1,200	¥6,500	¥1,400	¥9,100	¥100	¥100	¥200	¥8,900	¥255.00	¥8,645.00
张玉峰	¥1,200	¥3,200	¥500	¥4,900			¥0	¥4,900	¥42.00	¥4,858.00
杨曦晓	¥1,200	¥2,610	¥400	¥4,210	¥50		¥50	¥4,160	¥19.80	¥4,140.20
刘松	¥1,200	¥1,580	¥200	¥2,980		¥100	¥100	¥2,880	¥0.00	¥2,880.00
徐庆秋	¥1,200	¥1,000	¥100	¥2,300	¥150		¥150	¥2,150	¥0.00	¥2,150.00
薛丽卿	¥1,200	¥890		¥2,090			¥0	¥2,090	¥0.00	¥2,090.00
李波	¥1,200			¥1,200		¥50	¥50	¥1,150	¥0.00	¥1,150.00
凌风	¥800			¥800	¥300		¥300	¥500	¥0.00	¥500.00
陈翔图	¥800			¥800			¥0	¥800	¥0.00	¥800.00

结算日期：2015年3月1日—2015年3月31日

图3-6 利用函数计算工资的参考效果

素材所在位置 光盘:\素材文件\第3章\课堂案例1\工资表.xlsx
效果所在位置 光盘:\效果文件\第3章\课堂案例1\工资表.xlsx
视频演示 光盘:\视频文件\第3章\利用函数计算工资.swf

职业素养

个人所得税率是个人所得税税额与应纳税所得额之间的比例，个人所得税率是由国家相应的法律法规规定的根据个人的收入计算的一种税种。2011年6月30日，十一届全国人大常委会第二十一次会议6月30日表决通过了个税法修正案，将个税起征点由现行的2000元提高到3500元，适用超额累进税率为3%至45%，自2011年9月1日起实施。意思是，就个人所得税而言，免征额一般是3500元，超过3500元的则根据超出额的多少按表3-2所示的现行工资、薪金所得适用的个税税率进行计算。

表3-2 7级超额累进税率表

级数	全月应纳税所得额	税率	速算扣除数（元）
1	全月应纳税额不超过 1500 元部分	3%	0
2	全月应纳税额超过 1500~4500 元部分	10%	105
3	全月应纳税额超过 4500~9000 元部分	20%	555
4	全月应纳税额超过 9000~35000 元部分	25%	1005
5	全月应纳税额超过 35000~55000 元部分	30%	2755
6	全月应纳税额超过 55000~80000 元部分	35%	5505
7	全月应纳税额超过 80000 元	45%	13505

（1）打开素材文件“工作表.xlsx”工作簿，选择E4单元格，在“编辑栏”中单击“插入函数”按钮fx，如图3-7所示。

（2）打开“插入函数”对话框，在“选择函数”列表框中选择“SUM”选项，单击确定按钮，如图3-8所示。

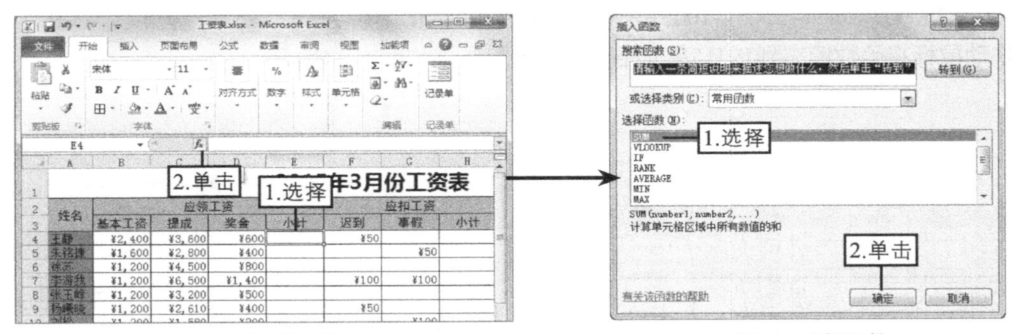

图3-7 选择单元格　　图3-8 选择函数

（3）打开“函数参数”对话框，单击“SUM”栏的“Number1”参数框右侧的按钮，如图3-9所示。

（4）“函数参数”对话框自动折叠，拖动鼠标选择B4:D4单元格区域，参数框中自动显示选择的区域，单击参数框右侧的按钮，如图3-10所示。

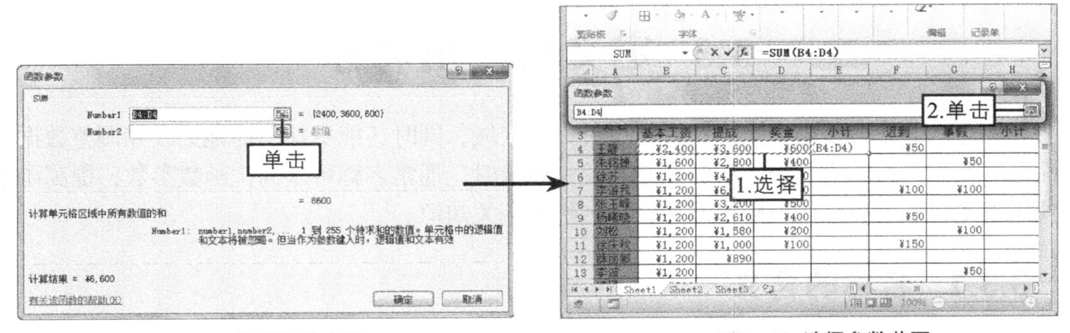

图3-9 设置函数参数　　图3-10 选择参数范围

（5）展开“函数参数”对话框，单击确定按钮，Excel将利用设置的函数在E4单元格中计算出相应的结果，拖动鼠标将函数填充到E5:E15单元格区域，计算结果如图3-11所示。

（6）用同样的方法计算H4:H15单元格区域中的数据，选择I4单元格，在其中直接输入函数“=SUM(E4-H4)”，如图3-12所示。

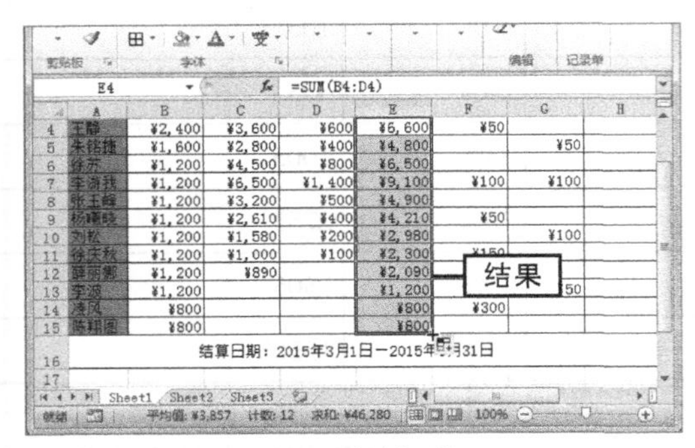

图3-11 复制函数

图3-12 直接输入函数

（7）按【Ctrl+Enter】组合键计算出结果，拖动鼠标将函数填充到I5:I15单元格区域，选择J4单元格，在其中直接输入函数“=IF(I4-3500<0,0,IF(I4-3500<1500,0.03*(I4-3500)-0,IF(I4-3500<4500,0.1*(I4-3500)-105,IF(I4-3500<9000,0.15*(I4-3500)-555,IF(I4-3500<35000,0.2*(I4-3500)-1005)))))”，如图3-13所示。

（8）拖动鼠标将函数填充到J5:J15单元格区域，计算结果如图3-14所示。

图3-13 输入IF函数

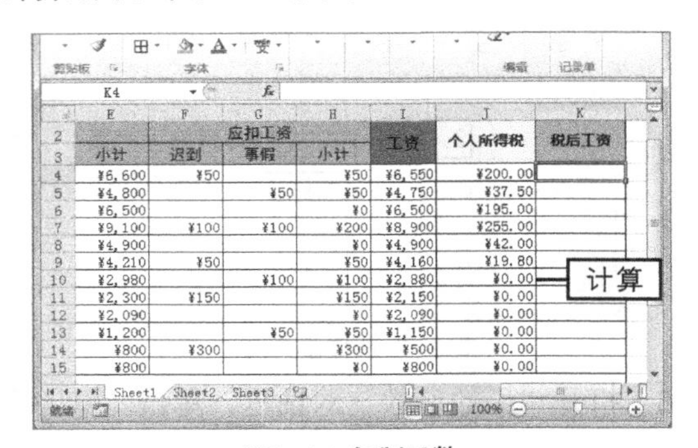

图3-14 复制函数

（9）选择K4单元格，在其中直接输入函数“=SUM(I4-J4)”，并将函数复制到K5:K15单元格区域，保存工作簿，完成本例操作。

3.3 定义与使用名称

名称可以非常方便地表示出单元格或单元格区域，同时还能更加快捷地更改和调整数据，从而提高数据分析的工作效率，特别是在使用函数时，通常名称可以简化函数参数，提高函数的使用效率。本节将详细讲解定义与使用名称的相关知识。

3.3.1 名称的含义

名称是一个简略表示方法，主要作用就是方便用户了解单元格引用和常量等的用途。简单

来说，就是将单元格或单元格区域进行命名，然后通过命名的名称进行一系列的数据处理。

例如，在图3-15所示的工作簿中，F3单元格中的公式原本应该为“=SUM(A3:E3)”，而通过将A3:E3单元格区域的名称定义为“小计”，那么该单元格中的公式则可以用“=SUM(小计)”代替。

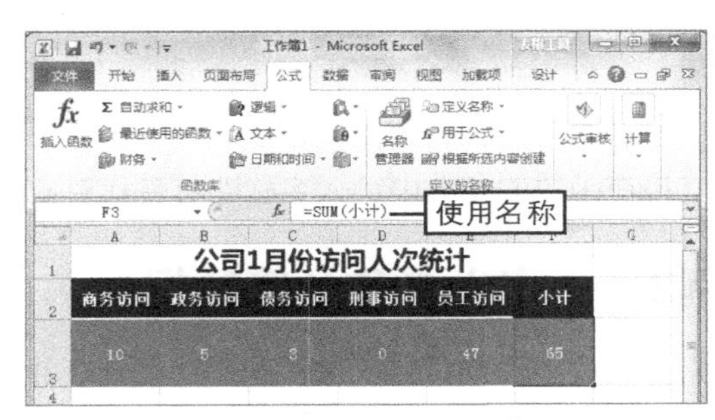

图3-15 定义并使用名称

3.3.2 定义名称

定义名称是指为单元格或单元格区域命名，在定位或引用单元格及单元格区域时就可通过定义的名称时来操作相应的单元格。

在定义单元格或单元格区域名称时必须遵循以下规则。

◎ 名称中第一个字符必须是字母、文字或小数点。如果名称中包含字母，可以不区分大小写。

◎ 定义的名称最多可以包含255个字符，但不允许有空格。

◎ 名称不能使用类似单元格引用地址的格式以及Excel中的一些固定词汇，如C$10、H3:C8、函数名和宏名等。

◎ 除了R或C外，可以只使用一个字符定义名称。

定义名称的具体操作如下。

（1）打开需要定义名称的工作簿，在【公式】→【定义的名称】组中，单击定义名称按钮。

（2）打开“新建名称”对话框，在“名称”文本框中输入定义的名称，在“范围”下拉列表框中选择定义名称的范围，在“备注”文本框中输入名称的备注信息，单击“引用位置”文本框右侧的按钮。

（3）打开“新建名称-引用位置”对话框，拖动鼠标选择定义名称的单元格或单元格区域，单击对话框右侧的按钮，返回“新建名称”对话框，单击确定按钮，即可为选择的单元格或单元格区域定义名称，如图3-16所示。

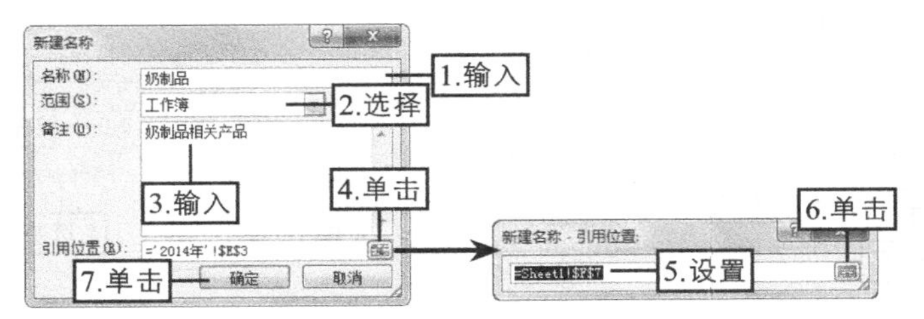

图3-16 定义名称

操作技巧

在定义名称时，也可以先选择单元格或单元格区域，然后再打开“新建名称”对话框定义名称。另外，定义的单元格或单元格区域不仅用于函数，还可用于公式的计算中，同时还可以降低错误引用单元格的几率。

3.3.3 使用名称

为单元格或单元格区域定义名称后，就可通过定义的名称方便、快速地查找和引用该单元格或单元格区域。使用时直接在函数的参数中输入名称即可替代对应的单元格或单元格区域。

3.3.4 课堂案例2——定义名称计算数据

本案例要求在提供的素材文件中计算总的销量，使用公式计算非常复杂，使用函数和定义名称组合计算则比较简单，完成后的参考效果如图3-17所示。

素材所在位置　光盘:\素材文件\第3章\课堂案例2\文具销量统计表.xlsx
效果所在位置　光盘:\效果文件\第3章\课堂案例2\文具销量统计表.xlsx
视频演示　　　光盘:\视频文件\第3章\定义名称计算数据.swf

C8　=SUM(总计)

一季度文具销量统计表（笔类）

	铅笔	钢笔	圆珠笔	毛笔	签字笔	绘图笔	水彩笔
1月份	675	108	368	5	122	42	1078
2月份	500	221	215	124	108	88	654
3月份	1065	358	600	78	215	64	1288
	总计	7976	只				

图3-17　定义名称计算数据的参考效果

（1）打开素材文件“文具销量统计表.xlsx”工作簿，在B8和D8单元格中输入文本，然后选择C8单元格，如图3-18所示。

（2）在【公式】→【定义的名称】组中，单击 定义名称 按钮，打开“新建名称”对话框，在“名称”文本框中输入“总计”，在“范围”下拉列表框中选择“Sheet1”选项，在“备注”文本框中输入“一季度所有笔的销量”，单击“引用位置”文本框右侧的按钮，如图3-19所示。

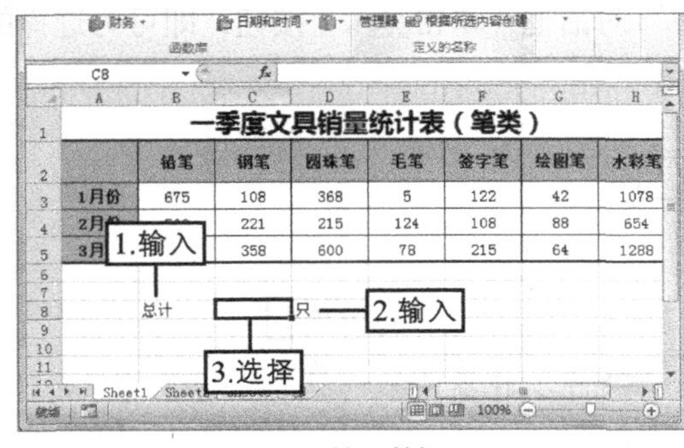

图3-18 输入数据

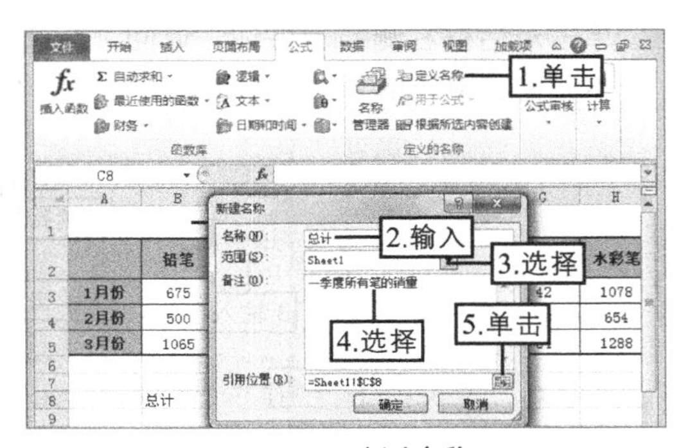

图3-19 新建名称

（3）打开“新建名称-引用位置”对话框，拖动鼠标选择B3:H5单元格区域，单击对话框右侧的按钮，如图3-20所示，返回“新建名称”对话框，单击确定按钮，即可为选择的单元格或单元格区域定义名称。

（4）选择C8单元格，输入“=SUM(总计)”，按【Ctrl+Enter】组合键，即可计算出需要的数据，如图3-21所示。

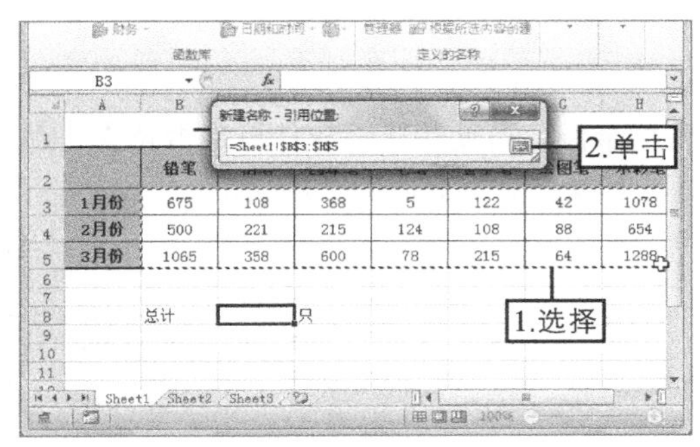

图3-20 设置引用位置

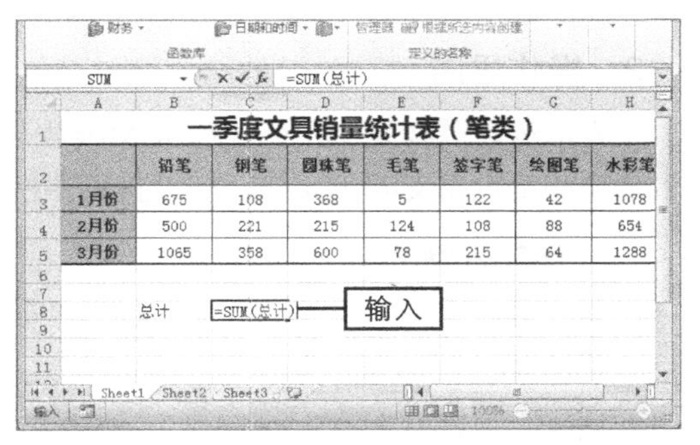

图3-21 输入函数

3.4 课堂练习

本课堂练习将使用函数计算日常费用和使用公式计算考试成绩，综合练习本章学习的知识点，学习使用函数计算数据的具体操作。

3.4.1 使用函数计算日常费用

1. 练习目标

本练习的目标是在日常费用计算表中计算数据。在练习过程中主要涉及函数的计算和使用条件格式的相关知识。本练习完成后的参考效果如图3-22所示。

日常费用计算表			
费用科目	本月预算	本月实用	余额
办公费	¥ 1,000.00	¥ 1,080.00	¥ -80.00
交通费	¥ 3,000.00	¥ 2,650.00	¥ 350.00
通讯费	¥ 1,000.00	¥ 860.00	¥ 140.00
宣传费	¥ 1,500.00	¥ 1,680.00	¥ -180.00
其他费	¥ 2,000.00	¥ 2,250.00	¥ -250.00
合计	¥8,500.00	¥8,520.00	¥ -20.00
费用是否超支	超支		

图3-22 日常费用计算表的参考效果

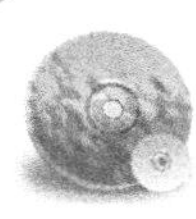

素材所在位置　光盘:\素材文件\第3章\课堂练习\日常费用计算表.xlsx

效果所在位置　光盘:\效果文件\第3章\课堂练习\日常费用计算表.xlsx

视频演示　光盘:\视频文件\第3章\使用函数计算日常费用.swf

职业素养

为了加强公司财务管理，控制费用开支，每个公司可以根据实际情况在每月底根据下月工作计划制定本部门费用开支预算，通过管理人员的审核后，即可对公司当月的费用开支进行计算，并下达各部门费用开支指标。公司费用开支都留有活动空间，可根据实施情况进行调整和变更。一般情况下，公司的日常费用主要包括：通信费、交通费、差旅费、办公费、业务招待费、邮寄费、水电费、修理费、福利费等。

2. 操作思路

完成本练习需要先使用公式和SUM函数计算费用余额，再使用IF函数计算是否超支，然后对于余额和是否超支的单元格区域设置条件格式等，其操作思路如图3-23所示。

日常费用计算表

费用科目	本月预算	本月实用	余额
办公费	¥ 1,000.00	¥ 1,080.00	¥ -80.00
交通费	¥ 3,000.00	¥ 2,650.00	¥ 350.00
通讯费	¥ 1,000.00	¥ 860.00	¥ 140.00
宣传费	¥ 1,500.00	¥ 1,680.00	¥ -180.00
其他费	¥ 2,000.00	¥ 2,250.00	¥ -250.00
合计	¥ 8,500.00	¥ 8,520.00	¥ -20.00
费用是否超支			

① 利用函数和公式计算

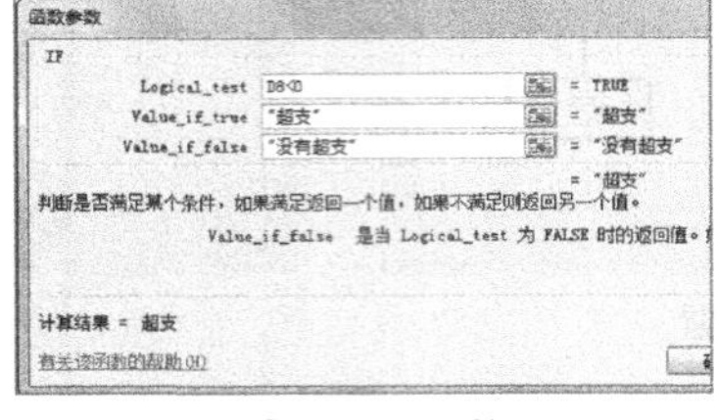

② 使用IF函数

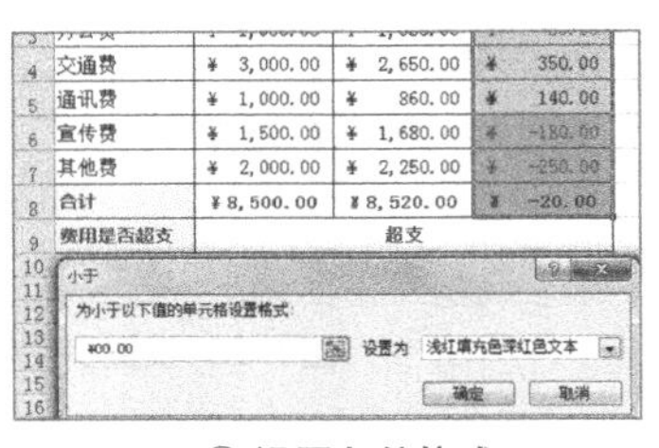

③ 设置条件格式

图3-23 使用函数计算日常费用的制作思路

（1）打开素材文件“日常费用计算表.xlsx”工作簿，选择D3单元格，输入公式“=B3-C3”，然后计算出结果，并将公式复制到D4:D7单元格区域中。

（2）选择B8单元格，通过“插入函数”按钮 fx，插入SUM函数，参数区域为B3:B7单元格区域，同样将函数复制到C8和D8单元格中。

（3）选择合并后的B9单元格，通过“插入函数”按钮 fx，插入IF函数，并设置其参数Logical_test为“D8<0”，Value_if_true为“超支”，Value_if_false为“没有超支”。

（4）选择D3:D8单元格区域，设置条件格式为“小于0，浅红填充色深红色文本”，选择B9单元格，设置条件格式为“超支，浅红填充色深红色文本”。

3.4.2 为盘点统计表定义名称

1. 练习目标

本练习目标是在盘点统计表中通过定义名称来计算其中的数据。主要涉及定义名称、公式计算、设置单元格格式和条件格式的相关操作。完成后的参考效果如图3-24所示。

盘点统计表

物品类别：

物品名称	单位	单价	数量			金额			备注
			实盘	账面	差量	实盘	账面	差额	
微波炉	件	¥ 483.00	140	135	-5	¥ 67,620.00	¥ 65,205.00	¥ -2,415.00	
42寸LED电视	件	¥ 1,972.00	500	503	3	¥ 986,000.00	¥ 991,916.00	¥ 5,916.00	
电磁炉	件	¥ 627.00	820	680	-140	¥ 514,140.00	¥ 426,360.00	¥ -87,780.00	
加湿器	件	¥ 389.00	180	205	25	¥ 70,020.00	¥ 79,745.00	¥ 9,725.00	
吸尘器	件	¥ 408.00	640	650	10	¥ 261,120.00	¥ 265,200.00	¥ 4,080.00	
1P空调	件	¥ 1,204.00	80	80	0	¥ 96,320.00	¥ 96,320.00	¥ -	
空气净化器	件	¥ 1,124.00	340	360	20	¥ 382,160.00	¥ 404,640.00	¥ 22,480.00	

图3-24 定义名称盘点统计的参考效果

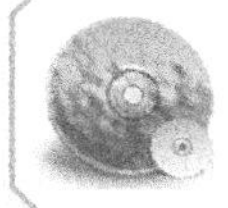

素材所在位置	光盘:\素材文件\第3章\课堂练习\盘点统计表.xlsx
效果所在位置	光盘:\效果文件\第3章\课堂练习\盘点统计表.xlsx
视频演示	光盘:\视频文件\第3章\为盘点统计表定义名称.swf

2. 操作思路

完成本练习需要先为指定的单元格区域定义名称，再通过名称计算数据，然后设置单元格格式和条件格式，其操作思路如图3-25所示。

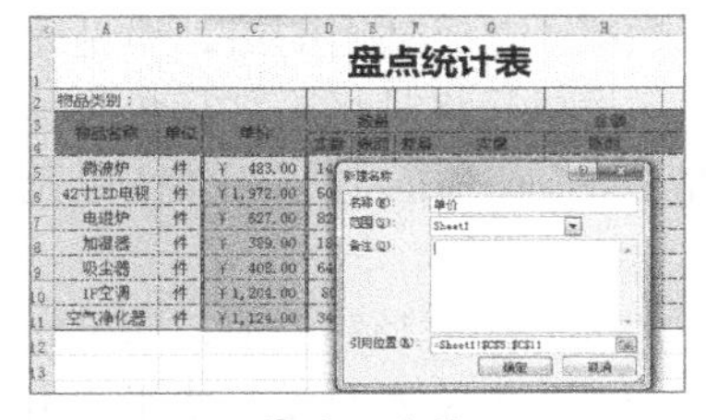

① 定义名称

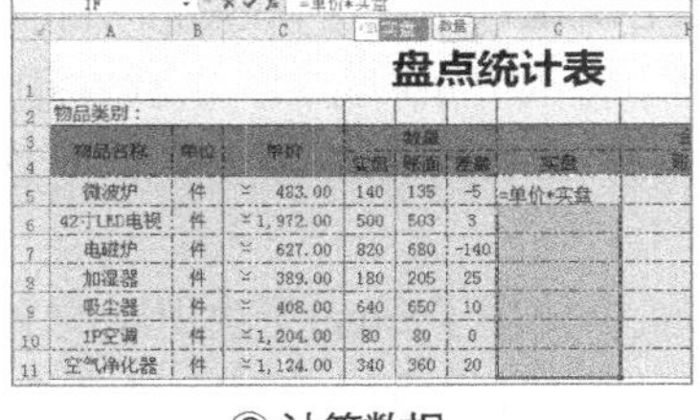

② 计算数据

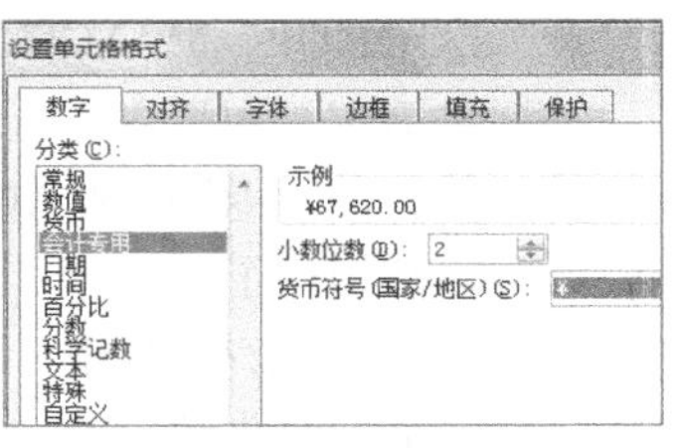

③ 设置格式

图3-25 盘点统计的操作思路

（1）打开素材文件“盘点统计表.xlsx”工作簿，选择C5:C11单元格区域，为其新建名称，并定义名称为“单价”，范围为“Sheet1”。

（2）选择D5:D11单元格区域，为其新建名称，定义名称为“实盘”，范围为“Sheet1”，备注为“数量”；选择E5:E11单元格区域，为其新建名称，定义名称为“账面”，范围为“Sheet1”，备注为“数量”；选择F5:F11单元格区域，为其新建名称，定义名称为“差量”，范围为“Sheet1”，备注为“数量”。

（3）选择G5:G11单元格区域，输入公式“=单价*实盘”，按【Ctrl+Enter】组合键，计算出结果；选择H5:H11单元格区域，输入公式“=单价*账面”，按【Ctrl+Enter】组合键，计算出结果；选择I5:I11单元格区域，输入公式“=单价*差量”，按【Ctrl+Enter】组合键，计算出结果。

（4）同时选择C5:C11和G5:I11单元格区域，设置单元格格式的分类为“会计专用”，小数位数为“2”，货币符号为“¥”。

（5）选择I5:I11单元格区域，设置条件格式为“小于¥0.00，浅红填充色深红色文本”。

3.5 拓展知识

下面主要介绍公式与函数常见错误的原因及处理方法，以及工程函数的相关知识。

3.5.1 公式与函数的常见错误

在Excel中输入公式和函数，可能出现的常见错误值有：####、#NUM!、#N/A、#NAME?、#REF!、#VALUE!等。下面分别介绍显示各错误值的原因，并提出处理方法。

◎ **“####”错误**：出现该错误值最常见的原因就是单元格的列宽不够，无法完全显示单元格中的内容，或者单元格的日期和时间公式产生了一个负值。遇见此种情况可以通过以下两种方法处理：一是增加单元格列宽，在【开始】→【单元格】组中，单击

"格式"按钮，在打开的下拉列表中选择"自动调整列宽"选项；二是通过在列标上拖动列标线进行手动调整列宽，使单元格中的数据正常显示。

◎ **"#DIV/0!"错误：**当除数为零时会显示此错误值，例如公式"=7/0"。遇见此种情况，应先确定函数或公式中的除数不为零或空白单元格，如除数为零就将除数更改为非零值；如引用的单元格为空白单元格，就必须引用其他单元格的引用或在单元格中输入不为零的数值。

◎ **"#N/A"错误：**产生该错误值表示公式中所引用的单元格没有可用数值或HLOOKUP、LOOKUP、MATCH、VLOOKUP函数的lookup_value参数赋予了不适当的值，遇见此种情况，可以在单元格中输入"#N/A"，公式在引用这类单元格时将不进行数值计算，而是返回#N/A或检查lookup_value参数值的类型是否正确，如应该引用值或单元格却引用了区域。

◎ **"#NAME?"错误：**公式中使用了Excel无法识别的文本时才会出现该错误值，遇见此种情况时先确认公式中函数、名称输入正确；查看公式中输入的文本有没有使用双引号，若没使用双引号，那么Excel默认为是名称，所以必须将其加上双引号；工作簿和工作表的名字中包含非字母字符和空格的必须用单引号引起来。

◎ **"#NULL!"错误：**当指定并不相交的两个区域的交点时，就会产生该种错误值，产生错误的原因是使用了不正确的区域运算符。遇到此种情况，必须检查在引用连续单元格时，是否用英文状态下的冒号分隔引用的单元格区域中的第一个单元格和最后一个单元格，如未分隔或引用不相交的两个区域则一定使用逗号分隔开来。

◎ **"#NUM!"错误：**通常在公式或函数中使用无效数值时，会出现这种错误。产生错误的原因是在需要数字参数的函数中使用了无法接受的参数。遇到这种情况，我们首先必须确保函数中使用的参数是数字，所以即使要输入的值是"¥1000"，也应在公式中输入"1000"。

◎ **"#REF!"错误：**引用无效的单元格时就会出现该错误值，原因是删除其他公式所引用的单元格，或将已移动的单元格粘贴到其他公式所引用的单元格中，遇到此情况，需更改公式和在删除或粘贴单元格之后恢复工作表中的单元格。

◎ **"#VALUE!"错误：**公式自动更正功能无法更正公式或使用的参数和操作数类型错误都会出现该错误值。遇见此种情况时，首先确认公式和函数所需的运算符或参数是否正确，然后查看公式引用的单元格中是否包含有效的数值。

3.5.2 工程函数

工程函数就是用于工程分析的函数，它与统计函数类似，属于比较专业的函数。Excel提供的工程函数，可以协助用户计算某些工程值，并在不同的数字基数之间转换，如进制转换、复数运算、误差函数计算等。下面将介绍几种常见的工程函数。

1. 贝塞尔函数

贝赛尔函数是工程函数中应用最广泛的一种函数，在理论物理研究、应用数学、大气科学以及无线电等工程领域都有广泛的应用。

在Excel中提供了4个贝塞尔函数，其中BESSELJ和BESSELY函数用于返回贝塞尔函数值，

BESSELI和BESSELK函数用于返回修正贝塞尔函数值，其语法结构为。

BESSELJ(x,n)

BESSELY(x,n)

BESSELI(x,n)

BESSELK(x,n)

在这4个函数中，包含了两种相同的参数，其具体含义如下。

◎ x：用以进行函数计算的值。

◎ n：是函数的阶数。如果n不是整数，则截尾取整。

2. 进制函数

进制函数是Excel中工程函数的重要组成部分，Excel提供了二进制、八进制、十进制与十六进制之间的数值转换函数。进制函数主要包括以下四种。

◎ **二进制转换函数：**BIN2OCT表示将二进制数转换为八进制数；BIN2DEC表示将二进制数转换为十进制数；BIN2HEX表示将二进制转换为十六进制数。

◎ **八进制转换函数：**OCT2BIN表示将八进制数转换成二进制数；OCT2DEC表示将八进制数转换为十进制数；OCT2HEX表示将八进制数转换为十六进制数。

◎ **十进制转换函数：**DEC2BIN表示将十进制数转换为二进制数；DEC2OCT表示将十进制数转换为八进制数；DEC2BIN表示将十进制数转换为十六进制数。

◎ **十六进制转换函数：**HEX2BIN表示将十六进制数转换为二进制数；HEX2OCT表示将十六进制数转换为八进制数；HEX2DEC表示将十六进制数转换为十进制数。

进制函数的语法结构十分类似，主要分为以下两种。

◎ **将不同进制的数值转化为十进制的语法结构：**函数（number），“number”表示待转换的某种进制数。

◎ **将不同进制转换为其他进制的数值的语法结构：**函数（number,places），“number”表示待转换的数；“places”表示所要使用的字符数，当需要在返回的数值前置零时，“places”尤其有用。当参数“places”不是整数时，将截尾取整；当参数“places”为非数值型时，进制函数将返回错误值“#VALUE！”；当参数“places”为负值时，则返回错误值“#NUM！”。

3. 复数函数

在Excel中还提供了许多与复数运算有关的函数。一般情况下，工程函数中前缀为IM的函数就是与复数运算有关的函数，复数函数主要包括以下几种。

◎ COMPLEX：将实系数和虚系数转换为复数，其语法结构为COMPLEX(real_num,i_num,[suffix])。参数“real_num”表示复数的实部；“i_num”表示复数的虚部；“suffix”表示复数中虚部的后缀，如果省略，则认为它为“i”。

◎ IMABS：返回复数的绝对值，其语法结构为IMABS(inumber)。参数“inumber”表示需要计算其绝对值的复数。

◎ IMAGINARY：返回复数的虚系数，其语法结构为IMAGINARY(inumber)。参数“inumber”表示需要计算其虚系数的复数。

◎ IMARGUMENT：返回一个以弧度表示的角，其语法结构为IMARGUMENT

(inumber)。“inumber”表示需要计算其幅角的复数。

◎ IMCONJUGATE：返回复数的共轭复数，其语法结构为IMCONJUGATE(inumber)。参数“inumber”表示需要计算其共轭数的复数。

◎ IMCOS：返回复数的余弦，其语法结构为IIMCOS(inumber)。参数“inumber”表示需计算其余弦的复数，可以是操作、事件、方法、属性、过程提供信息的值。

◎ IMDIV：返回两个复数的商，其语法结构为IMDIV(inumber1,inumber2)。参数“inumber1”表示复数分子；参数“inumber2”复数分母。

◎ IMEXP：返回复数的指数，其语法结构为IMEXP(inumber)。参数“inumber”表示需要计算其指数的复数。

◎ IMLN：返回复数的自然对数，其语法结构为IMLN(inumber)。参数“inumber”表示需要计算其自然对数的复数。

◎ IMLOG10：返回复数的常用对数，其语法结构为IMLOG10(inumber)。“inumber”表示需要计算其常用对数的复数。

◎ IMLOG2：返回复数的以“2”为底数的对数，其语法结构为IMLOG2(inumber)。参数“inumber”表示需要计算以“2”为底数的对数值的复数。

◎ IMPOWER：返回复数的整数幂，其语法结构为IMPOWER(inumber,number)。参数“inumber”表示需要计算其幂值的复数；“number”表示需要对复数应用的幂次，可以为整数、分数或负数。如果“number”为非数值型，函数IMPOWER返回错误值“#VALUE!”。

◎ IMPRODUCT：可以用来返回两个复数的乘积，其语法结构为IMPRODUCT(inumber1,[inumber2],...)。参数“inumber1,[inumber2],...”表示1到255个要相乘的复数。

◎ IMREAL：返回复数的实系数，其语法结构为IMREAL(inumber)。参数“inumber”表示需要计算其实系数的复数。

◎ IMSIN：返回复数的正弦，其语法结构为IMSIN(inumber)。参数“inumber”表示需要计算其正弦的复数。

◎ IMSQRT：返回复数的平方根，其语法结构为IMSQRT(inumber)。参数“inumber”表示需要计算其平方根的复数。

◎ IMSUB：返回两个复数的差，其语法结构为IMSUB(inumber1,inumber2)。参数“inumber1”表示被减数。“inumber2”表示减数。

◎ IMSUM：返回两个复数的和，其语法结构为IMSUM(inumber1,[inumber2],...)。参数“inumber1,[inumber2],...”表示1到255个要相加的复数。

4. 其他函数

除了贝塞尔函数、进制函数、复数函数，工程函数中还包括一些具有特定功能的函数。主要包括以下几种。

◎ IERF：返回误差函数在上下限之间的积分，其语法结构为ERF(lower_limit,upper_limit)。参数“lower_limit”表示ERF函数的积分下限；“upper_limit”表示ERF函数的积分上限。

◎ IERFC：返回从x到无穷积分的ERF函数的补余误差函数，其语法结构为ERFC（x）。

参数“x”表示ERF函数的积分下限。

◎ IGESTEP：用来筛选数据，其语法结构为GESTEP（number,step）。参数“number”表示待测试的数值；“step”表示阈值。如果省略“step”，则默认其为“0”。

◎ ICONVERT：将数字从一个度量系统转换到另一个度量系统中，其语法结构为CONVERT（number,from_unit,to_unit）。参数“number”表示以“from_units”为单位的需要进行转换的数值；“from_unit”表示数值“number”的单位；“to_unit”表示结果的单位。

◎ ICONVERT：将数字从一个度量系统转换到另一个度量系统中，其语法结构为CONVERT（number,from_unit,to_unit）。参数“number”表示以“from_units”为单位的需要进行转换的数值；“from_unit”表示数值“number”的单位；“to_unit”表示结果的单位。

◎ IDELTA：检验两个值是否相等，相等时，将返回“1”，否则返回“0”。其语法结构为DELTA（number1,number2）。参数“number1,number2”表示参数值。

3.6 课后习题

（1）打开“员工培训成绩表.xlsx”工作簿，利用前面讲解的使用函数计算数据的方法计算单元格的数据。最终效果如图3-26所示。

员工培训成绩表

编号	姓名	所属部门	办公软件	财务知识	法律知识	英语口语	职业素养	人力管理	总成绩	平均成绩	排名	等级
CM001	蔡云帆	行政部	60	85	88	70	80	82	465	77.5	11	合格
CM002	方艳芸	行政部	62	60	61	50	63	61	357	59.5	13	不合格
CM003	谷城	行政部	99	92	94	90	91	89	555	92.5	3	优
CM004	胡哥飞	研发部	60	54	55	58	75	55	357	59.5	13	不合格
CM005	蒋京华	研发部	92	90	89	96	99	92	558	93	1	优
CM006	李哲明	研发部	83	89	96	89	75	90	522	87	5	良
CM007	龙泽苑	研发部	83	89	96	89	75	90	522	87	5	良
CM008	詹姆斯	研发部	70	72	60	95	84	90	471	78.5	9	合格
CM009	刘畅	财务部	60	85	88	70	80	82	465	77.5	11	合格
CM010	姚凝香	财务部	99	92	94	90	91	89	555	92.5	3	优
CM011	汤家桥	财务部	87	84	95	87	78	85	516	86	7	良
CM012	唐萌梦	市场部	70	72	60	95	84	90	471	78.5	9	合格
CM013	赵飞	市场部	60	54	55	58	75	55	357	59.5	13	不合格
CM014	夏侯铭	市场部	92	90	89	96	99	92	558	93	1	优
CM015	周玲	市场部	87	84	95	87	78	85	516	86	7	良
CM016	周宇	市场部	62	60	61	50	63	61	357	59.5	13	合格

Sheet1 Sheet2 Sheet3

图3-26 “员工培训成绩表”参考效果

提示： 在“员工培训成绩表”工作簿中首先选择J3:J18单元格区域输入公式“=SUM(D3:I3)”，然后选择K3:K18单元格区域输入公式“=AVERAGE(D3:I3)”计算平均值，再选择L3:L18单元格区域输入公式“=RANK.EQ(K3,$K$3:$K$18)”计算排名，完成后选择M3:M18单元格区域输入公式“=IF(K3<60,"差",IF(K3<80,"一般",IF(K3<90,"良","优")))”计算等级。

素材所在位置	光盘:\素材文件\第3章\课后习题\员工培训成绩表.xlsx
效果所在位置	光盘:\效果文件\第3章\课后习题\员工培训成绩表.xlsx
视频演示	光盘:\视频文件\第3章\计算员工培训成绩表中的数据.swf

知识提示

RANK.EQ函数用来返回一个数字在数字列表中的排位，其语法结构为RANK.EQ(number,ref,[order])，number是必需的，用来指明需要找到排位的数字；Ref也是必需的，用来指明数字列表数组或对数字列表的引用；Order是可选的，用来指明数字排位的方式，如果order为0（零）或省略时，Excel对数字的排位将基于ref按照降序排列，如果order不为零，则基于ref按照升序排列。本例中“=RANK.EQ(K3,$K$3:$K$18)”表示K3单元格中的值在K3:K18单元格区域中按降序排列的排位。

（2）打开“销售记录表.xlsx”工作簿，利用前面讲解的使用函数计算数据的方法计算其中的数据，主要使用到定义名称的方式来完成相关操作。最终效果如图3-27所示。

超市销售记录表（3月）				
编号	商品名称	单价	销售量	销售额
1	矿泉水	￥1.50	356	￥534.00
2	牛奶	￥2.50	462	￥1,155.00
3	饼干	￥3.50	492	￥1,722.00
4	牛肉干	￥4.00	685	￥2,740.00
5	花生奶	￥2.00	862	￥1,724.00
6	卫生纸	￥12.00	135	￥1,620.00
7	牙膏	￥5.50	95	￥522.50
8	水杯	￥6.00	60	￥360.00
9	冰淇淋	￥1.50	682	￥1,023.00
10	圆珠笔	￥2.00	320	￥640.00
11	方便面	￥1.50	543	￥814.50
12	大米	￥1.50	493	￥739.50
最大销售额				￥2,740.00
最小销售额				￥360.00

图3-27 “销售记录表”参考效果

提示：为C3:C14单元格区域添加名称为“单价”，范围为“销售记录”，为D3:D14单元格区域添加名称为“销售量”，范围为“销售记录”，为E3:E14单元格区域添加公式“=单价*销售量”，选择E15单元格，插入MAX函数，参数区域为E3:E14，选择E16单元格，插入MIN函数，参数区域为E3:E14。

素材所在位置 光盘:\素材文件\第3章\课后习题\销售记录表.xlsx
效果所在位置 光盘:\效果文件\第3章\课后习题\销售记录表.xlsx
视频演示 光盘:\视频文件\第3章\计算“销售记录表”.swf

第4章 文本函数

文本函数是在Excel中使用最多的函数类型之一，本章将详细讲解使用文本函数进行查找文本、转换文本、编辑字符串和返回响应值等操作。

学习要点

◎ 求字符串和字符位置的函数
◎ 转换数字与字符、大小写、字节、数字格式、货币符号的函数
◎ 合并字符串、判断字符串异同的函数
◎ 替换文本和字符串、清除空格、求长度、指定位数取整的函数
◎ 返回左右两侧和中间字符、重复显示文本的函数

学习目标

◎ 掌握查找字符的文本函数的基本操作
◎ 掌握转换文本的文本函数的基本操作
◎ 掌握编辑字符串的文本函数的基本操作
◎ 掌握返回相应值的文本函数的基本操作

4.1 查找字符

文本处理函数的主要功能就是截取、查找、搜索文本中的某个特殊字符，从而实现字符查找、文本转换以及编辑字符串等功能。本节将详细讲解使用文本处理函数查找字符的操作。

4.1.1 求字符串位置——FIND和FINDB函数

函数FIND和FINDB用于在第二个文本字符串中求出第一个文本字符串，并返回第一个文本字符串的起始位置的值，该值从第二个文本字符串的第一个字符算起。其语法结构为：

FIND(find_text,within_text,start_num)

FINDB(find_text,within_text,start_num)

各参数的含义如下。

◎ find_text：指要查找的文本。

◎ within_text：指包含要查找文本的源文本。

◎ start_num：指定要从文本起始位置查找的字符。

FIND和FINDB函数都是用于查找字符串在单元格中的位置，不过FIND函数使用的是单字节字符集（SBCS）语言，该函数始终将每个字符按1计算。使用该函数查找某个字符的位置，图4-1所示为在B5单元格中查找“干”字符的位置，返回结果为“2”。

而如果使用FINDB函数，返回的结果则为“3”，如图4-2所示。因为FINDB函数使用的是双字节字符集（DBCS）语言，启用该语言后，会将每个字符按2计算。

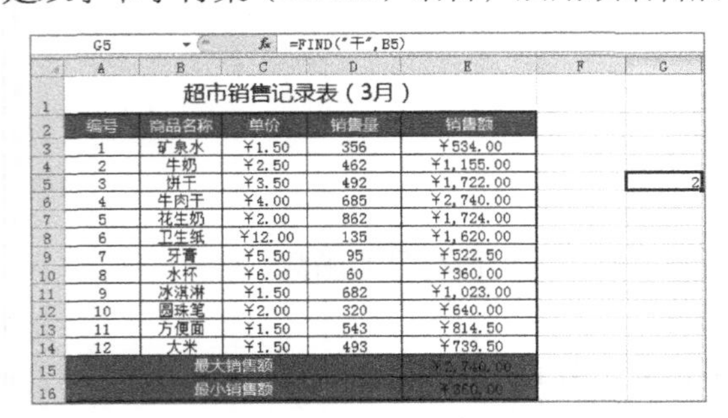

G5 =FIND("干",B5)

超市销售记录表（3月）				
编号	商品名称	单价	销售量	销售额
1	矿泉水	¥1.50	356	¥534.00
2	牛奶	¥2.50	462	¥1,155.00
3	饼干	¥3.50	492	¥1,722.00
4	牛肉干	¥4.00	685	¥2,740.00
5	花生奶	¥2.00	862	¥1,724.00
6	卫生纸	¥12.00	135	¥1,620.00
7	牙膏	¥5.50	95	¥522.50
8	水杯	¥6.00	60	¥360.00
9	冰淇淋	¥1.50	682	¥1,023.00
10	圆珠笔	¥2.00	320	¥640.00
11	方便面	¥1.50	543	¥814.50
12	大米	¥1.50	493	¥739.50
最大销售额				¥2,740.00
最小销售额				¥360.00

G5: 2

图4-1　FIND函数

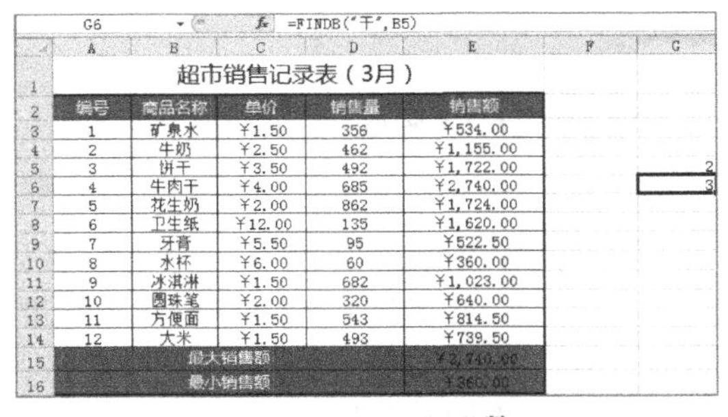

G6 =FINDB("干",B5)

超市销售记录表（3月）				
编号	商品名称	单价	销售量	销售额
1	矿泉水	¥1.50	356	¥534.00
2	牛奶	¥2.50	462	¥1,155.00
3	饼干	¥3.50	492	¥1,722.00
4	牛肉干	¥4.00	685	¥2,740.00
5	花生奶	¥2.00	862	¥1,724.00
6	卫生纸	¥12.00	135	¥1,620.00
7	牙膏	¥5.50	95	¥522.50
8	水杯	¥6.00	60	¥360.00
9	冰淇淋	¥1.50	682	¥1,023.00
10	圆珠笔	¥2.00	320	¥640.00
11	方便面	¥1.50	543	¥814.50
12	大米	¥1.50	493	¥739.50
最大销售额				¥2,740.00
最小销售额				¥360.00

G5: 2
G6: 3

图4-2　FINDB函数

知识提示

一般情况，可以笼统地认为FIND函数是以字符为单位，而FINDB函数是以字节为单位。

4.1.2 求字符位置——SEARCH和SEARCHB函数

SEARCH和SEARCHB函数用于在第二个文本字符串中定位第一个文本字符串，并返回第一个文本字符串的起始位置的值，该值从第二个文本字符串的第一个字符算起。其语法结构为：

SEARCH(find_text,within_text,start_num)

SEARCHB(find_text,within_text,start_num)

各参数的含义如下。

◎ find_text：指要查找的文本。

◎ within_text：指是要在其中搜索find_text的文本。

◎ start_num：指 within_text中开始搜索的字符编号。

使用SEARCH和SEARCHB函数查找特定字符串时，可以使用问号“？”代替查找任意单个字符，使用星号“*”代替查找任意字符序列。而如果需要查找实际的问号与星号，则需要在该字符前面输入“~”符号。

G4 =SEARCH("名称",B2)

超市销售记录表（3月）

编号	商品名称	单价	销售量	销售额	G
1	矿泉水	¥1.50	356	¥534.00	
2	牛奶	¥2.50	462	¥1,155.00	3
3	饼干	¥3.50	492	¥1,722.00	
4	牛肉干	¥4.00	685	¥2,740.00	
5	花生奶	¥2.00	862	¥1,724.00	
6	卫生纸	¥12.00	135	¥1,620.00	
7	牙膏	¥5.50	95	¥522.50	
8	水杯	¥6.00	60	¥360.00	
9	冰淇淋	¥1.50	682	¥1,023.00	
10	圆珠笔	¥2.00	320	¥640.00	
11	方便面	¥1.50	543	¥814.50	
12	大米	¥1.50	493	¥739.50	
最大销售额				¥2,740.00	
最小销售额				¥360.00	

图4-3 SEARCH函数

G5 =SEARCHB("名称",B2)

超市销售记录表（3月）

编号	商品名称	单价	销售量	销售额	G
1	矿泉水	¥1.50	356	¥534.00	
2	牛奶	¥2.50	462	¥1,155.00	3
3	饼干	¥3.50	492	¥1,722.00	5
4	牛肉干	¥4.00	685	¥2,740.00	
5	花生奶	¥2.00	862	¥1,724.00	
6	卫生纸	¥12.00	135	¥1,620.00	
7	牙膏	¥5.50	95	¥522.50	
8	水杯	¥6.00	60	¥360.00	
9	冰淇淋	¥1.50	682	¥1,023.00	
10	圆珠笔	¥2.00	320	¥640.00	
11	方便面	¥1.50	543	¥814.50	
12	大米	¥1.50	493	¥739.50	
最大销售额				¥2,740.00	
最小销售额				¥360.00	

图4-4 SEARCHB函数

知识提示

可以使用IF以及其他函数来将符合查找条件的字符串显示在其他单元格中，不需要确定字符串的位置，而这些函数将会在后面的章节中讲解到。

4.2 转换文本

转换文本也是文本函数最常见的一种操作，如转换字符与数字、大小写、格式以及货币符号等，下面将对转换文本类函数进行详细讲解。

4.2.1 转换数字与字符——CHAR和CODE函数

CHAR函数用于将其他类型计算机文件中的代码转换为字符。而CODE函数用于返回文本字符串中第一个字符的数字代码，返回的代码对应于计算机当前使用的字符集（一般为ANSI字符集）。两个函数的语法结构为：

CHAR(number)

CODE(text)

各参数的含义如下。

◎ number：用于转换的字符代码，介于1到255之间。使用的是当前计算机字符集中的字符，如Windows操作系统为ANSI。

◎ text：为需要得到其第一个字符代码的文本字符串，也可是引用其他单元格中的文本字符串。

CHAR函数可以将计算机识别的ASCII代码还原为能识别的常规字符，图4-5所示为将销售量的数字转换为字符的效果。图4-6所示为使用CODE函数转换文本字符串中第一个字符的数字代码。

G4 =CHAR(D10)

	A	B	C	D	E	F	G
1	超市销售记录表（3月）						
2	编号	商品名称	单价	销售量	销售额		
3	1	矿泉水	¥1.50	356	¥534.00		
4	2	牛奶	¥2.50	462	¥1,155.00		<
5	3	饼干	¥3.50	492	¥1,722.00		
6	4	牛肉干	¥4.00	685	¥2,740.00		
7	5	花生奶	¥2.00	862	¥1,724.00		
8	6	卫生纸	¥12.00	135	¥1,620.00		
9	7	牙膏	¥5.50	95	¥522.50		
10	8	水杯	¥6.00	60	¥360.00		
11	9	冰淇淋	¥1.50	682	¥1,023.00		
12	10	圆珠笔	¥2.00	320	¥640.00		
13	11	方便面	¥1.50	543	¥814.50		
14	12	大米	¥1.50	493	¥739.50		
15	最大销售额				¥2,740.00		
16	最小销售额				¥360.00		

图4-5　CHAR函数

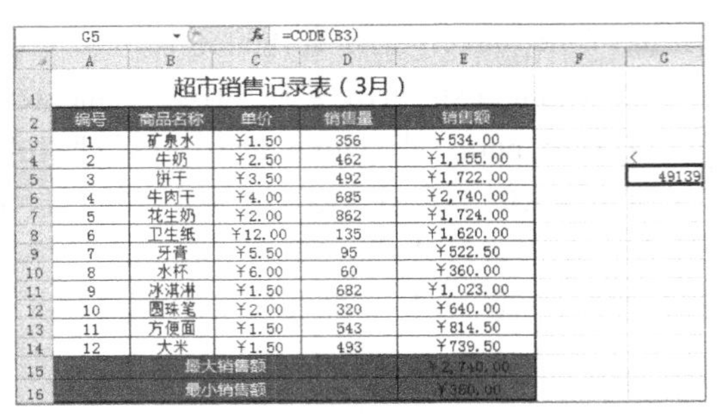

G5 =CODE(B3)

	A	B	C	D	E	F	G
1	超市销售记录表（3月）						
2	编号	商品名称	单价	销售量	销售额		
3	1	矿泉水	¥1.50	356	¥534.00		
4	2	牛奶	¥2.50	462	¥1,155.00		<
5	3	饼干	¥3.50	492	¥1,722.00		49139
6	4	牛肉干	¥4.00	685	¥2,740.00		
7	5	花生奶	¥2.00	862	¥1,724.00		
8	6	卫生纸	¥12.00	135	¥1,620.00		
9	7	牙膏	¥5.50	95	¥522.50		
10	8	水杯	¥6.00	60	¥360.00		
11	9	冰淇淋	¥1.50	682	¥1,023.00		
12	10	圆珠笔	¥2.00	320	¥640.00		
13	11	方便面	¥1.50	543	¥814.50		
14	12	大米	¥1.50	493	¥739.50		
15	最大销售额				¥2,740.00		
16	最小销售额				¥360.00		

图4-6　CODE函数

4.2.2　转换大小写——LOWER、UPPER和PROPER函数

LOWER、UPPER和PROPER函数虽然都能实现大小写的转换，但转换的方式有所不同，其语法结构为：

LOWER(text)

UPPER(text)

PROPER(text)

其中“text”指要转换的大小写字母文本，“text”可以为引用或文本字符串。

在使用这三个函数转换大小写时，LOWER函数是将一个文本字符串中的所有大写字母转换为小写字母，如图4-7所示；UPPER函数是将文本转换成大写形式，该函数不改变文本中的非字母的字符，如图4-8所示；而PROPER函数是将文本字符串的首字母及任何非字母字符之后的首字母转换成大写，将其余的字母转换成小写，如图4-9所示。

B2 =LOWER(A2)

	A	B
1	名称	转换为小写
2	Cai	cai
3	Hurricane	hurricane
4	HIV	hiv
5	miss	miss
6	Yunfan	yunfan
7	HI man	hi man

图4-7　LOWER函数

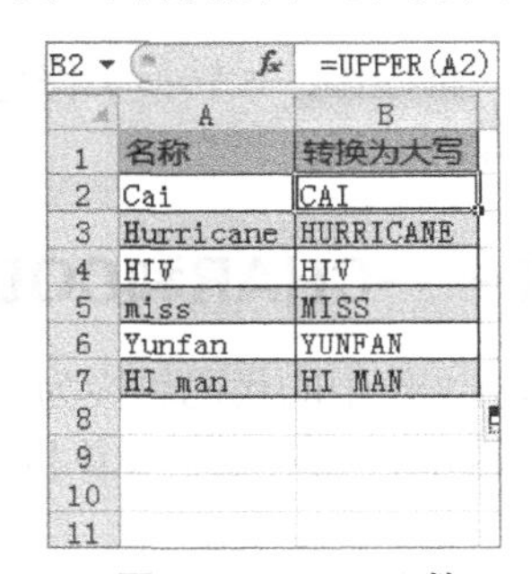

B2 =UPPER(A2)

	A	B
1	名称	转换为大写
2	Cai	CAI
3	Hurricane	HURRICANE
4	HIV	HIV
5	miss	MISS
6	Yunfan	YUNFAN
7	HI man	HI MAN

图4-8　UPPER函数

B2 =PROPER(A2)

	A	B
1	名称	首字母大写
2	Cai	Cai
3	Hurricane	Hurricane
4	HIV	Hiv
5	miss	Miss
6	Yunfan	Yunfan
7	HI man	Hi Man

图4-9　PROPER函数

4.2.3　转换字节——ASC和WIDECHAR函数

ASC与WIDECHAR函数都需与双字节字符集（DBCS）语言一起使用，其中ASC函数将全角（双字节）字符更改为半角（单字节）字符；而WIDECHAR函数可将半角（单字节）字符转换为全角（双字节）字符。其语法结构为：

ASC(text)

WIDECHAR(text)

其中的“text”为文本或对包含要更改文本的单元格的引用。简单地说，转换字节也是全角与半角之间的转换，图4-10所示为使用ASC函数和WIDECHAR函数的效果。如果文本中不

包含任何全角字母，则文本不会更改。

B2 =WIDECHAR(A2)

	A	B
1	名称	转换为双字节
2	Cai	Ｃａｉ
3	Hurricane	Ｈｕｒｒｉｃａｎｅ
4	HIV	ＨＩＶ
5	miss	ｍｉｓｓ
6	Yunfan	Ｙｕｎｆａｎ
7	HI man	ＨＩ　ｍａｎ

C2 =ASC(B2)

	A	B	C
1	名称	转换为双字节	转换为单字节
2	Cai	Ｃａｉ	Cai
3	Hurricane	Ｈｕｒｒｉｃａｎｅ	Hurricane
4	HIV	ＨＩＶ	HIV
5	miss	ｍｉｓｓ	miss
6	Yunfan	Ｙｕｎｆａｎ	Yunfan
7	HI man	ＨＩ　ｍａｎ	HI man

图4-10　ASC函数和WIDECHAR函数

4.2.4　转换数字格式——TEXT函数

TEXT函数用于将数值转换为按指定数字格式表示的文本，其语法结构为：

TEXT(value,format_text)

各参数的含义如下。

◎ value：表示要进行转换的数值，可以为数值、对包含数字值的单元格的引用或计算结果为数字值的公式。

◎ format_text：指要转换的数字格式，可以为“单元格格式”对话框的“数字”选项卡中“分类”列表框中的文本形式的数值格式，它不能包含星号“*”。

如图4-11所示为TEXT函数的应用效果。

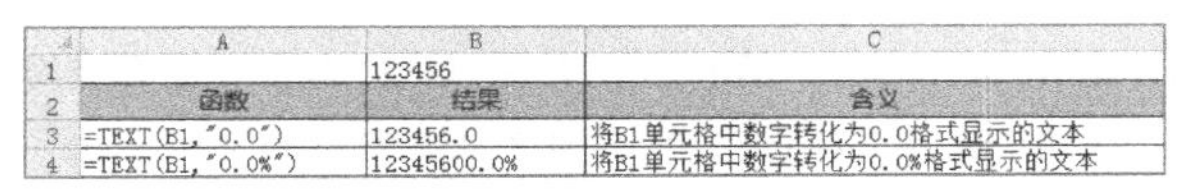

	A	B	C
1		123456	
2	函数	结果	含义
3	=TEXT(B1,"0.0")	123456.0	将B1单元格中数字转化为0.0格式显示的文本
4	=TEXT(B1,"0.0%")	12345600.0%	将B1单元格中数字转化为0.0%格式显示的文本

图4-11　TEXT函数

4.2.5　将表示数字的文本转换为数字——VALUE函数

将代表数字的文本字符串转换成数字，其语法结构为：

VALUE(text)

其中参数“text”为代表数字的文本，或对需要进行文本转换的单元格的引用，可以是Excel中可识别的任意常数、日期或时间格式。如果“text”不是这些格式，则函数VALUE返回错误值#VALUE!，图4-12所示为使用VALUE函数进行数值转换的效果。

	A	B	C
1	2015-4-1	16:21:43	¥2200
2	函数	结果	含义
3	=VALUE(A1)	42095	将A1中的字符串转化为数字，日期的相应数字为序列号
4	=VALUE(B1)	0.681747685	将B1中的字符串转化为数字，时间的相应数字为序列号
5	=VALUE(C1)	2200	将C1中的字符串转化为数字

图4-12　VALUE函数

4.2.6　转换货币符号——DOLLAR和RMB函数

DOLLAR与RMB函数可以依照货币格式将小数四舍五入到指定的位数并转换成文本，使用的格式为($#,##0.00)，其语法结构为：

DOLLAR(number,decimals)

RMB(number,decimals)

其中“number”为数字、包含数字的单元格引用或是计算结果为数字的公式；

"decimals"为十进制数的小数位数。图4-13所示为使用RMB函数计算的总计金额，结果会自动加上"¥"符号。图4-14所示为使用DOLLAR函数转换为的美元金额，结果会自动加上"$"符号。

=RMB(MAX(E3:E14))

超市销售记录表（3月）				
编号	商品名称	单价	销售量	销售额
1	矿泉水	¥1.50	356	¥534.00
2	牛奶	¥2.50	462	¥1,155.00
3	饼干	¥3.50	492	¥1,722.00
4	牛肉干	¥4.00	685	¥2,740.00
5	花生奶	¥2.00	862	¥1,724.00
6	卫生纸	¥12.00	135	¥1,620.00
7	牙膏	¥5.50	95	¥522.50
8	水杯	¥6.00	60	¥360.00
9	冰淇淋	¥1.50	682	¥1,023.00
10	圆珠笔	¥2.00	320	¥640.00
11	方便面	¥1.50	543	¥814.50
12	大米	¥1.50	493	¥739.50
最大销售额				¥2,740.00
最小销售额				

图4-13 RMB函数

=DOLLAR(MIN(E3:E14)/6.2206)

这里输入了人民币与美元的汇率

编号	商品名称	单价	销售量	销售额
1	矿泉水	¥1.50	356	¥534.00
2	牛奶	¥2.50	462	¥1,155.00
3	饼干	¥3.50	492	¥1,722.00
4	牛肉干	¥4.00	685	¥2,740.00
5	花生奶	¥2.00	862	¥1,724.00
6	卫生纸	¥12.00	135	¥1,620.00
7	牙膏	¥5.50	95	¥522.50
8	水杯	¥6.00	60	¥360.00
9	冰淇淋	¥1.50	682	¥1,023.00
10	圆珠笔	¥2.00	320	¥640.00
11	方便面	¥1.50	543	¥814.50
12	大米	¥1.50	493	¥739.50
最大销售额				¥2,740.00
最小销售额				$57.87

图4-14 DOLLAR函数

4.2.7 课堂案例1——利用文本函数转换文本

本案例要求在提供的素材文档中，利用文本处理函数RMB和DOLLAR将数值转换为人民币和美元的格式，完成后的参考效果如图4-15所示。

素材所在位置 光盘:\素材文件\第4章\课堂案例1\轿车出口销量表.xlsx

效果所在位置 光盘:\效果文件\第4章\课堂案例1\轿车出口销量表.xlsx

视频演示 光盘:\视频文件\第4章\利用文本函数转换文本.swf

轿车出口销售数据表								
品牌	销售量	市场占有率	交易额	个人比例	单位比例	业务员	人民币	美元
福莱尔	23	1.91%	737650	86.96%	13.04%	郑武	¥737,650.00	$118,581.81
吉利	28	2.33%	1112100	100.00%	0.00%	黎嘉迅	¥1,112,100.00	$178,776.97
哈飞赛豹	10	0.83%	1234000	100.00%	0.00%	殷明	¥1,234,000.00	$198,373.15
长安奥拓	28	2.33%	1347309	100.00%	0.00%	岳阳	¥1,347,309.00	$216,588.27
奇瑞A3	10	1.83%	1748571	80.00%	20.00%	魏克愚	¥1,748,571.00	$281,093.62
松花江	38	3.16%	2538577	100.00%	0.00%	殷明	¥2,538,577.00	$408,091.98
红旗	18	1.50%	3004650	83.33%	16.67%	殷明	¥3,004,650.00	$483,016.11
金杯	37	3.06%	3240275	72.97%	27.03%	魏克愚	¥3,240,275.00	$520,894.29
中华H230	11	0.92%	3301571	81.82%	18.18%	郑武	¥3,301,571.00	$530,748.00
奇瑞瑞虎	14	1.16%	3619000	100.00%	0.00%	殷明	¥3,619,000.00	$581,776.68
长安奔奔	46	3.83%	3874417	95.65%	4.35%	岳阳	¥3,874,417.00	$622,836.54
宝骏730	32	2.66%	4208000	100.00%	0.00%	郑武	¥4,208,000.00	$676,462.08
长城C30	60	4.99%	6431100	100.00%	0.00%	郑武	¥6,431,100.00	$1,033,839.18
长城C50	18	1.50%	7184571	100.00%	0.00%	丁宝臣	¥7,184,571.00	$1,154,964.31
中华H330	11	0.92%	7400250	100.00%	0.00%	魏克愚	¥7,400,250.00	$1,189,636.05
长城H5	67	5.77%	7459722	95.52%	4.48%	丁宝臣	¥7,459,722.00	$1,199,196.54
长城H6	52	4.33%	7837885	100.00%	0.00%	黎嘉迅	¥7,837,885.00	$1,259,988.59
中华V5	126	10.48%	7893600	100.00%	0.00%	魏克愚	¥7,893,600.00	$1,268,945.12
长安逸动	59	5.09%	8457860	89.83%	10.17%	殷明	¥8,457,860.00	$1,359,653.41
中华H530	38	3.16%	9371644	100.00%	0.00%	黎嘉迅	¥9,371,644.00	$1,506,549.85
总计	726		92002752				¥92,002,752.00	$14,790,012.54
							美元与人民币的汇率	6.2206

图4-15 利用文本函数转换文本的参考效果

职业素养

"汇率"是一种货币兑换另一种货币的比率，是以一种货币表示另一种货币的价格。由于世界各国（各地区）货币的名称不同，币值不一，所以一种货币对其他国家（或地区）的货币要规定一个兑换率。汇率可能每天都有变化，所以在Excel中涉及汇率的单元格，最好使用绝对引用的方式。

（1）打开素材文件"轿车出口销量表.xlsx"工作簿，选择H3单元格，单击"插入函数"按钮 fx ，打开"插入函数"对话框，在"或选择类别"下拉列表框中选择"文本"选项，在"选择函数"列表框中选择"RMB"选项，单击 确定 按钮，如图4-16所示。

（2）打开“函数参数”对话框，在“Number”文本框中输入“D3”，单击确定按钮，如图4-17所示，将D3单元格中的数据转化为人民币格式。

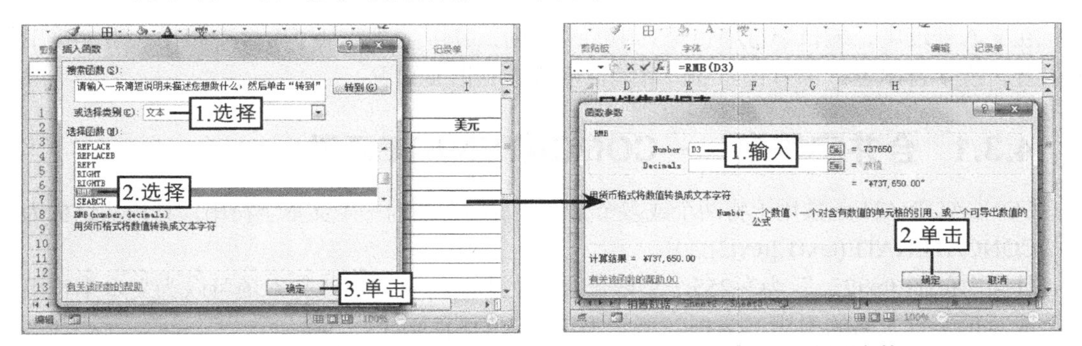

图4-16　选择函数　　　　图4-17　设置参数

（3）将函数复制到H4:H22单元格区域中，在H25单元格中输入“美元与人民币的汇率”，在I25单元格中输入“6.2206”，如图4-18所示。

（4）选择I3单元格，插入函数“DOLLAR”，在“Number”文本框中输入“D3/I25”，按【F4】键，将I25变为绝对引用格式，单击确定按钮，如图4-19所示。

图4-18　输入数据

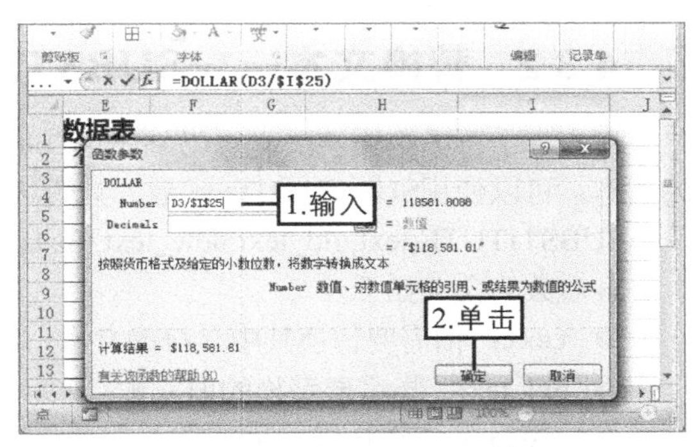

图4-19　使用DOLLAR函数

（5）将函数复制到I4:I22单元格区域，选择H23单元格，插入函数“RMB”，打开“函数参数”对话框，在“Number”文本框中输入“D23”，单击确定按钮，如图4-20所示。

（6）选择I23单元格，插入函数“DOLLAR”，在“Number”文本框中输入“D23/I25”，按【F4】键，将I25变为绝对引用格式，单击确定按钮，如图4-21所示，完成操作。

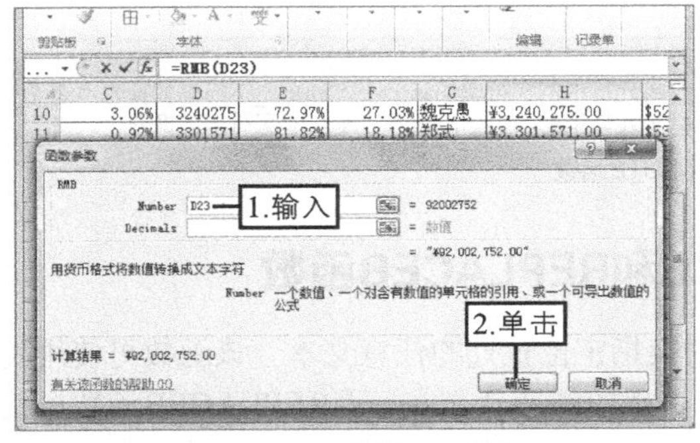

图4-20　使用RMB函数

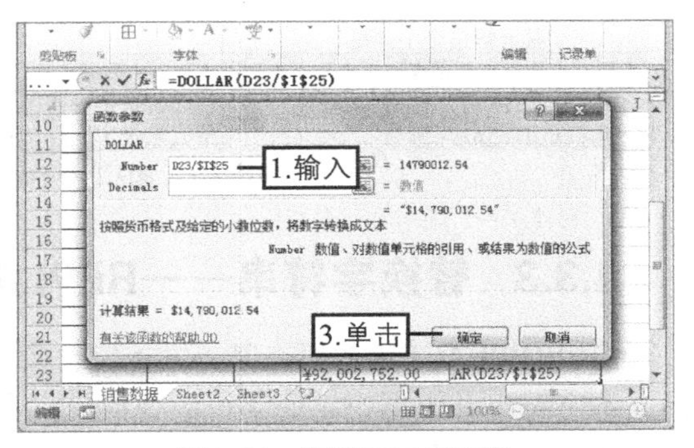

图4-21　使用DOLLAR函数

4.3 编辑字符串

在文本处理中，编辑字符串也是其中的一方面，其中主要包括了合并字符串、求字符串长度以及替换字符串等，本节将详细讲解编辑字符串的相关知识。

4.3.1 合并字符串——CONCATENATE函数

CONCATENATE函数用于将两个或多个文本字符串合并为一个文本字符串，其语法结构为：

CONCATENATE(text1,[text2],...)

其中"text1,text2,..."为2~255个将要合并的文本字符串。这些文本项可以为文本字符串、数字或对单个单元格的引用，图4-22所示为该函数的相关应用。

	A	B	C
1	蔡云帆	是个	小帅哥
2	函数	结果	含义
3	=CONCATENATE("我","爱","你！")	我爱你！	将三个字符串合并
4	=CONCATENATE(A1,B1,C1,"！")	蔡云帆是个小帅哥！	将三个单元格中的字符串合并
5	="我"&"爱"&"你！"	我爱你！	使用"&"符号连接字符串

图4-22　CONCATENATE函数

4.3.2 替换文本——SUBSTITUTE函数

在文本字符串中用"new_text"替代"old_text"。如果需要在某一文本字符串中替换指定的文本，可以使用SUBSTITUTE函数，其语法结构为：

SUBSTITUTE(text,old_text,new_text,[instance_num])

各参数的含义如下。

◎ text：指需要替换其中字符的文本，或对含有文本的单元格的引用。

◎ old_text：指需要替换的旧文本。

◎ new_text：指用于替换old_text的文本，如果不指定，则用空文本表示。

◎ instance_num：为一个数值，用来指定以new_text替换第几次出现的old_text。如果指定了instance_num，则只有满足要求的old_text被替换；否则将用new_text替换text中出现的所有old_text。

图4-23所示为该函数的相关应用。

	A	B	C
1	蔡云帆是个小帅哥！		
2	函数	结果	含义
3	=SUBSTITUTE(A1,"帅哥","邋遢",1)	蔡云帆是个小邋遢！	将A1单元格中的字符串的第一个"帅哥"字符串替换为"邋遢"
4	=SUBSTITUTE(A1,"帅哥","美女")	蔡云帆是个小美女！	将A1单元格中的字符串的所有"帅哥"字符串替换为"美女"

图4-23　SUBSTITUTE函数

4.3.3 替换字符串——REPLACE和REPLACEB函数

使用REPLACE函数可在某一文本字符串中替换指定位置处的任意文本。该函数可使用其他文本字符串并根据指定的字符数替换某文本字符串中的部分文本。而REPLACEB函数可使用其他文本字符串并根据所指定的字节数替换某文本字符串中的部分文本。语法结构为：

REPLACE(old_text,start_num,num_chars,new_text)

REPLACEB(old_text,start_num,num_bytes)

各参数的含义如下。

◎ old_text：指要在其中替换字符的文本。

◎ start_num：指要用new_text替换的old_text中字符的位置。

◎ num_chars：指希望REPLACE使用new_text 替换old_text 中字符的个数。

◎ num_bytes：指希望REPLACEB使用new_text替换old_text中字节的个数。

◎ new_text：指要用于替换old_text中字符的文本。

图4-24所示为这两个函数的相关应用。

	A	B	C
1	蔡云帆是个小帅哥!	Hurracane	
2	函数	结果	含义
3	=REPLACE(A1,7,2,"邋遢")	蔡云帆是个小邋遢!	将A1单元格中的字符串的第7个字符开始的两个字符替换为“邋遢”
4	=REPLACE(B1,5,1,"i")	Hurricane	将B1单元格中的字符串的第5个字符开始的1个字符替换为“i”
5	=REPLACEB(A1,13,4,"邋遢")	蔡云帆是个小邋遢!	将A1单元格中的字符串的第13个字节开始的4个字节替换为“邋遢”
6	=REPLACEB(B1,5,1,"i")	Hurricane	将B1单元格中的字符串的第5个字节开始的1个字节替换为“i”

图4-24　REPLACE函数和REPLACEB函数

知识提示

函数REPLACE面向使用单字节字符集（SBCS）的语言，而函数REPLACEB面向使用双字节字符集（DBCS）的语言。不管是单字节还是双字节，函数REPLACE始终将每个字符按1计数。

4.3.4 清除空格——TRIM函数

TRIM函数可以清除文本中多余的空格，解决了手动删除多余空格的烦琐操作。但该函数只能对除英文单词之间的单个空格进行清除，其语法结构为：

TRIM(text)

其中“text”是指需要清除其中空格的文本。

知识提示

使用TRIM函数处理中文文本时还是会保留一个空格，如果中文文本中没有空格，也不会增加一个空格。而对于英文文本，不管单词与单词之间有多少空格，都将会保留1个空格。所以该函数常常用于处理英文文本，而不是中文文本。

4.3.5 求长度——LEN和LENB函数

LEN函数用于返回文本字符串中的字符数，LENB函数用于返回文本字符串中用于代表字符的字节数。函数LEN面向使用单字节字符集（SBCS）的语言，而函数LENB面向使用双字节字符集（DBCS）的语言。语法结构为：

LEN(text)

LENB(text)

其中“text”是要查找其长度的文本，图4-25所示为这两个函数的相关应用。

	A	B	C
1	蔡云帆是个小帅哥!		
2	函数	结果	含义
3	=LEN(A1)	9	返回A1单元格中字符串的长度
4	=LEN(" ")	1	空格也作为字符进行计数
5	=LEN("蔡云帆")	3	返回字符串“蔡云帆”的长度
6	=LENB(A1)	18	返回A1单元格中字符串的字节数
7	=LENB(" ")	1	返回一个空格的字节数
8	=LENB("蔡云帆")	6	返回字符串“蔡云帆”的字节数

图4-25　LEN函数和LENB函数

4.3.6 判断字符串异同——EXACT函数

该函数用于检测两个字符串是否完全相同，如果它们完全相同，则返回“TRUE”，否则返回“FALSE”。函数EXACT区分大小写，但忽略格式上的差异。利用EXACT函数可以测试在文档内输入的文本。语法结构为：

EXACT(text1,text2)

其中“text1”为待比较的第一个字符串，“text2”为待比较的第二个字符串。图4-26所示为使用EXACT函数比较两个文本字符串的效果。

	A	B	C
1	蔡云帆	TOM	tom
2	**蔡云帆**	t om	**tom**
3	函数	结果	含义
4	=EXACT(A1,A2)	TRUE	字体字号不同，返回true
5	=EXACT(B1,C1)	FALSE	大小写不同，返回false
6	=EXACT(C1,B2)	FALSE	B2单元格中含有空格，返回false
7	=EXACT(C1,C2)	TRUE	字体不同，返回true

图4-26 EXACT函数

操作技巧

Excel中，可以使用双等号“= =”比较运算符代替EXACT函数来进行精确比较。如“=A1= =B1”与“=EXACT(A1,B1)”返回的值相同。

4.3.7 指定位数取整——FIXED函数

将数字按指定的小数位数进行取整，利用句号和逗号，以小数格式对该数进行格式设置，并以文本形式返回结果。语法结构为：

FIXED(number,decimals,no_commas)

各参数的含义如下。

◎ number：指进行四舍五入并转换为文本字符串的数字。

◎ decimals：唯一数值，用于指定小数点右边的小数位数，如果为负数，表示四舍五入到小数点左侧。

◎ no_commas：为一个逻辑值，如果为“TRUE”，则会禁止FIXED函数在返回的文本中包含逗号。

图4-27所示为FIXED函数的相关应用。

	A	B	C
1	32859.458		
2	函数	结果	含义
3	=FIXED(A1,2)	32,859.46	对A1单元格中的数据对小数点右侧两位取整，包含逗号
4	=FIXED(A1,2,TRUE)	32859.46	对A1单元格中的数据对小数点右侧两位取整，不包含逗号
5	=FIXED(A1,-1,TRUE)	32860	对A1单元格中的数据对小数点左侧一位取整，不包含逗号

图4-27 FIXED函数

4.3.8 课堂案例2——利用文本函数取整

本案例要求在提供的素材文件中利用文本函数对数据取整，其中涉及FIXED函数的相关知识，完成后的参考效果如图4-28所示。

素材所在位置 光盘:\素材文件\第4章\课堂案例2\年度销售统计表.xlsx
效果所在位置 光盘:\效果文件\第4章\课堂案例2\年度销售统计表.xlsx
视频演示 光盘:\视频文件\第4章\利用文本函数取整.swf

年度总销售额			
产品名称	销售额		销售额
手机	¥	570,000.00	57万元
MP4	¥	271,072.00	27.1万元
电脑	¥	1,777,398.00	177.7万元
电视机	¥	2,356,200.00	235.6万元
微波炉	¥	158,182.00	15.8万元
数码相机	¥	770,400.00	77万元
冰箱	¥	793,638.00	79.4万元
洗衣机	¥	805,752.00	80.6万元
空调	¥	728,220.00	72.8万元

图4-28　利用文本处理函数取整的参考效果

（1）打开素材文件“年度销售统计表.xlsx”工作簿，选择C3单元格，单击“插入函数”按钮 *fx*，打开“插入函数”对话框，在“或选择类别”下拉列表框中选择“文本”选项，在“选择函数”列表框中选择“FIXED”选项，单击 确定 按钮，如图4-29所示。

（2）打开“函数参数”对话框，在“Number”文本框中输入“B3”，在“Decimals”文本框中输入“-3”，在“No_commas”文本框中输入“true”，单击 确定 按钮，如图4-30所示。

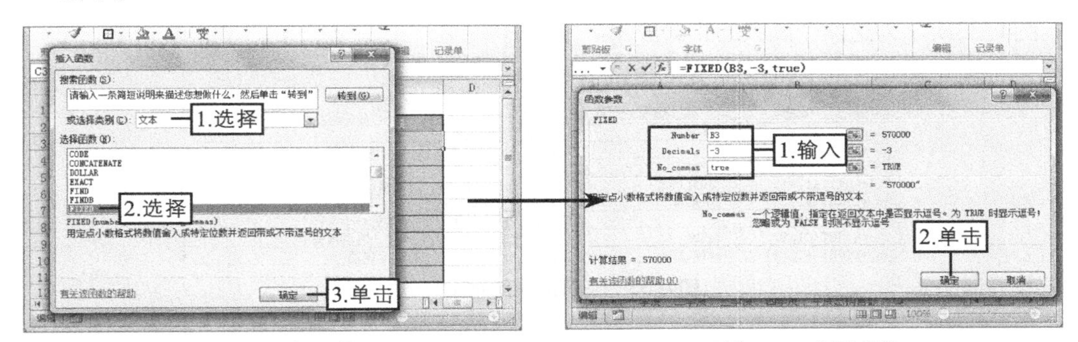

图4-29　选择函数　　图4-30　设置参数

（3）继续选择C3单元格，在编辑栏的函数右侧继续输入“/10000&"万元"”，如图4-31所示。

（4）按【Enter】键计算出结果，并将C3单元格中的公式复制到C4:C11单元格区域中，如图4-32所示。

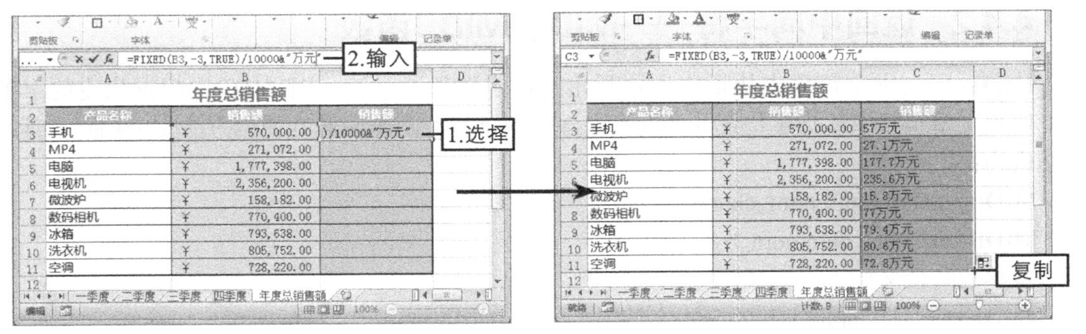

图4-31　编辑函数公式　　图4-32　复制函数公式

（5）单击右侧的 按钮，在弹出的列表中单击选中“不带格式填充”单选项，选择C3:C11单元格区域，在【开始】→【对齐方式】组中，单击“文本右对齐”按钮，完成本例的操作。

4.4 返回相应值

在前面讲解了许多文本函数的运用，除此之外，还有一些返回相应值类的文本函数。下面将对这些函数进行详细介绍。

4.4.1 返回左右两侧字符——LEFT和RIGHT函数

根据所指定的字符数，LEFT函数返回文本字符串中第一个字符或前几个字符。RIGHT函数返回文本字符串中最后一个字符或几个字符。其语法结构为：

LEFT(text,num_chars)

RIGHT(text,num_chars)

各参数的含义如下。

◎ text：指包含要提取的字符的文本字符串。

◎ num_chars：指定要由LEFT或RIGHT函数提取的字符的数量，必须大于或等于零，如果“num_chars”大于文本长度，则返回全部文本。

图4-33所示为这两个函数的相关应用。

	A	B	C
1	蔡云帆小朋友	Hurricane	a7b8c9
2	函数	结果	含义
3	=LEFT(A1,3)	蔡云帆	返回A1单元格中的前三个字符
4	=LEFT(B1)	H	省略num_chars，默认返回第一个字符
5	=LEFT(C1,8)	a7b8c9	参数num_chars大于文本长度，返回所有文本
6	=LEFT(A1,-1)	#VALUE!	参数num_chars小于0，返回错误值
7	=RIGHT(A1,3)	小朋友	返回A8单元格中的后三个字符
8	=RIGHT(B1)	e	省略num_chars，默认返回最后一个字符
9	=RIGHT(C1,8)	a7b8c9	参数num_chars大于文本长度，返回所有文本
10	=RIGHT(A1,-1)	#VALUE!	参数num_chars小于0，返回错误值

图4-33　LEFT函数和RIGHT函数

知识提示

用于返回字符串左右指定字符的函数还有LEFTB和RIGHTB函数，它们的参数由“num_chars”变成了“num_bytes”，只是按字节指定要由LEFTB或RIGHTB函数提取的字符的数量。

4.4.2 返回中间字符——MID和MIDB函数

MID返回文本字符串中从指定位置开始的指定数目的字符。而MIDB则根据指定的字节数，返回文本字符串从指定位置开始的指定数目的字符。两个函数的使用方法完全相同，其语法结构为：

MID(text,start_num,num_chars)

MIDB(text,start_num,num_bytes)

各参数的含义如下。

◎ text：是要提取字符的文本字符串。

◎ start_num：是文本中要提取的第一个字符的位置。文本中第一个字符为“1”，以此类推。

◎ num_chars：指定希望MID从文本中返回字符的个数。

◎ num_bytes：指定希望MIDB从文本中按字节返回字符的个数。

图4-34所示为这两个函数的相关应用。

	A	B	C
1	蔡云帆小朋友	Hurricane	
2	函数	结果	含义
3	=MID(A1,2,5)	云帆小朋友	返回A1单元格中第2个字符起的5个字符
4	=MID(B1,6,4)	cane	返回B1单元格中第6个字符起的4个字符
5	=MID(A1,-1,3)	#VALUE!	参数start_num小于0，返回错误值
6	=MID(B1,1,-1)	#VALUE!	参数num_chars小于0，返回错误值
7	=MIDB(A1,3,9)	云帆小朋	返回A1单元格中第3个字节起的9个字节
8	=MIDB(B1,5,4)	ican	返回B1单元格中第5个字节起的4个字节

图4-34　MID函数和MIDB函数

4.4.3　重复显示文本——REPT函数

REPT函数按指定次数重复显示文本。可以通过函数REPT来不断地重复显示某一文本字符串，对单元格进行填充，其语法结构为：

REPT(text,number_times)

各参数的含义如下。

◎ text：指需要重复显示的文本。

◎ number_times：指指定文本重复次数的正数。

图4-34所示为这个函数的相关应用。

	A	B	C
1	函数	结果	含义
2	=REPT("蔡云帆",3)	蔡云帆蔡云帆蔡云帆	将字符串"蔡云帆"重复3遍
3	=REPT("蔡云帆",12555)	#VALUE!	函数的结果大于32767个字符，返回错误值

图4-35　REPT函数

知识提示

如果"number_times"为"0"，则返回空文本，如果"number_times"不是整数，则将按小数点前的整数进行计算，且REPT函数的结果不能大于32767个字符。

4.4.4　显示文本——T函数

T函数用于返回单元格的文本值，其语法结构为：

T(value)

其中value是要进行检测的值，如果值是文本或引用了文本，T将返回值。如果值未引用文本，T将返回空文本。图4-36所示为使用T函数的相关应用。

	A	B	C	D
1	例子	函数	结果	含义
2	蔡云帆	=T(A2)	蔡云帆	返回A2单元格中的文本值
3	caiyunfan蔡云帆	=T(A3)	caiyunfan蔡云帆	返回A3单元格中的文本值
4	1024	=T(A4)		A4单元格中无文本值，返回空文本
5	2015/1/20　0:00:00	=T(A5)		A5单元格中无文本值，返回空文本

图4-36　T函数

4.4.5　课堂案例3——利用文本函数返回字符

本案例要求利用文本函数MID，通过表格中的身份证号码，显示出对应的出生日期，完成

后的参考效果如图4-37所示。

客户生日记录表		
姓名	身份证号码	出生日期
罗源	721148198302220027	1983年02月22日
齐芳	61247819900824003X	1990年08月24日
李俊	322614199212130015	1992年12月13日
徐媛	426668197804050028	1978年04月05日
蔡云帆	511124201101140099	2011年01月14日

图4-37　利用文本处理函数返回字符的参考效果

素材所在位置　光盘:\素材文件\第4章\课堂案例3\客户生日记录表.xlsx

效果所在位置　光盘:\效果文件\第4章\课堂案例3\客户生日记录表.xlsx

视频演示　光盘:\视频文件\第4章\利用文本函数返回字符.swf

（1）选择B3:B7单元格区域，单击鼠标右键，在弹出的快捷菜单中选择“设置单元格格式”命令，如图4-38所示。

（2）打开“设置单元格格式”对话框，在“数字”选项卡的“分类”列表框中选择“文本”选项，单击[确定]按钮，如图4-39所示。

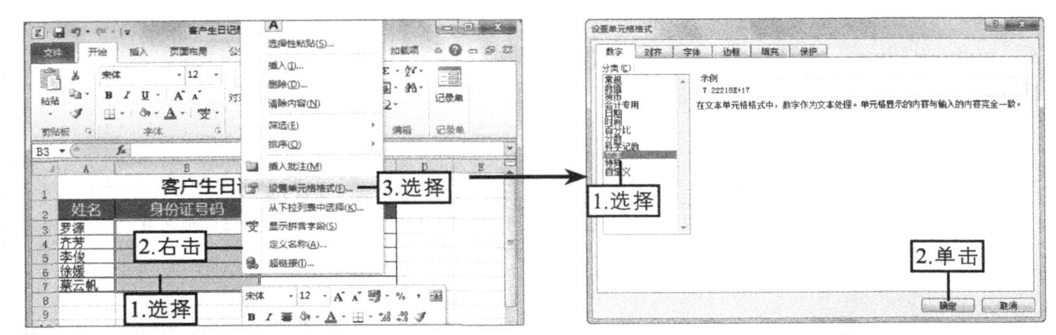

图4-38 选择操作　　图4-39 设置单元格格式

知识提示

在Excel中输入身份证号的时候不会正确地显示身份证号码，显示的而是一串没用的乱码，如图4-40所示。这是因为身份证号属于数字串，若直接输入，计算机就会认为它是一个数值型数据，当数据的位数超过11位后，常规格式下的Excel就会将其记为科学记数法（如321123456显示成3.21E8）。所以，在Excel中输入身份证号码前，需要先将单元格格式设置为“文本”类型。

（3）在B3:B7单元格区域中输入身份证号码，选择C3单元格，单击“插入函数”按钮，如图4-41所示。

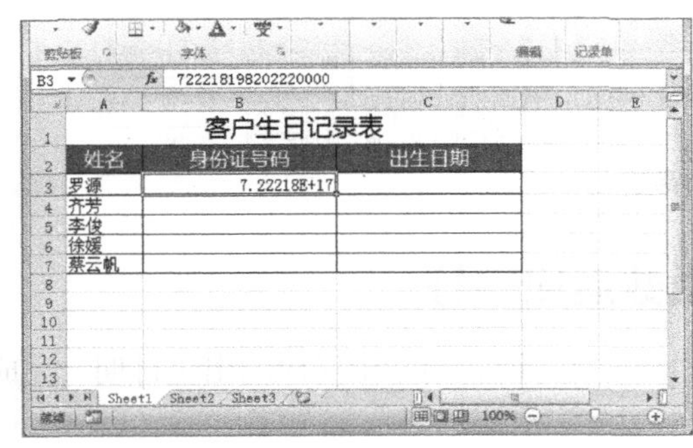

图4-40 常规状态下输入身份证号码

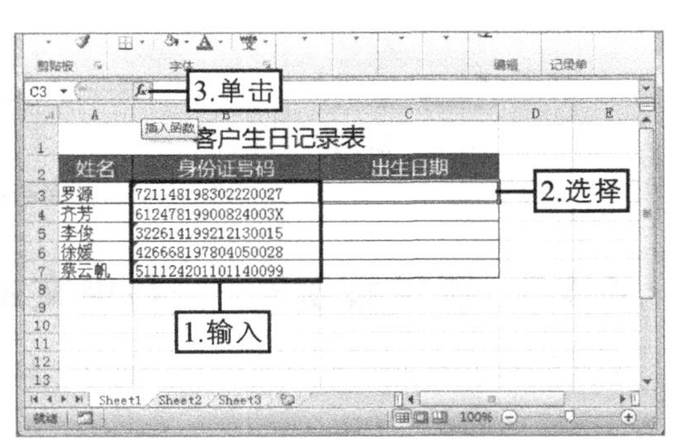

图4-41 输入正常身份证号码

（4）打开“插入函数”对话框，在“或选择类别”下拉列表框中选择“文本”选项，在“选择函数”列表框中选择“MID”选项，单击 确定 按钮，如图4–42所示。

（5）打开“函数参数”对话框，在“Text”文本框中输入“B3”，在“Start _ num”文本框中输入“7”，在“Num _ chars”文本框中输入“4”，单击 确定 按钮，如图4–43所示。

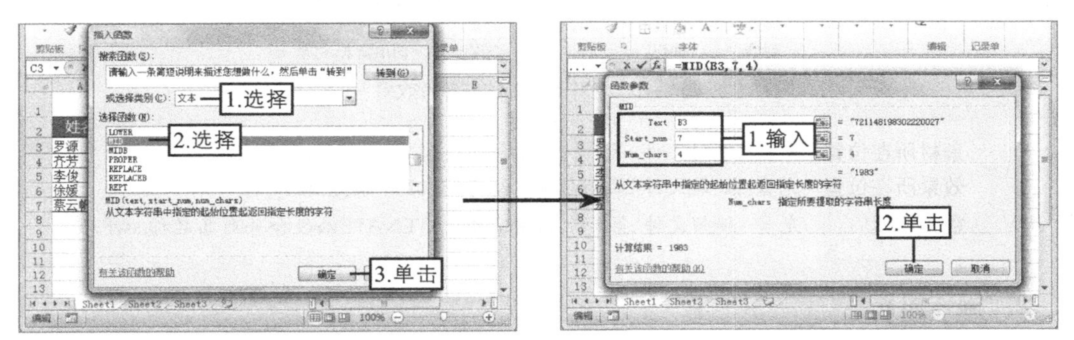

图4–42　选择函数　　图4–43　设置参数

（6）继续选择C3单元格，在编辑栏的函数右侧继续输入“&"年"&MID(B3,11,2)&"月"&MID(B3,13,2)&"日"”，如图4–44所示。

（7）按【Enter】键计算出结果，并将C3单元格中的公式复制到C4:C7单元格区域中，如图4–45所示，完成本例的操作。

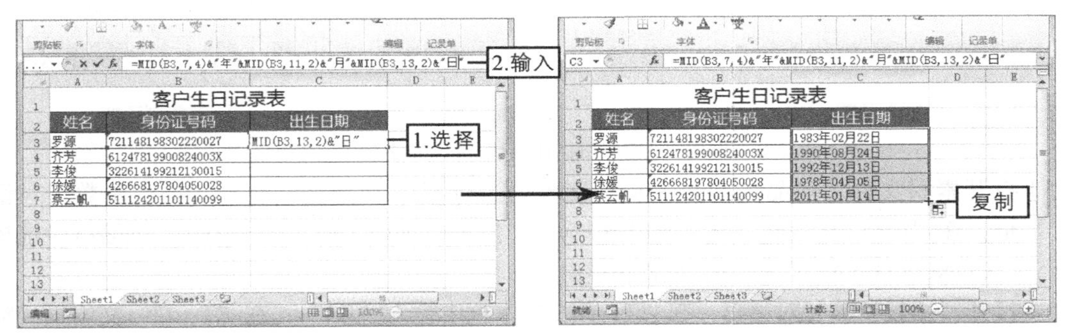

图4–44　编辑函数公式　　图4–45　复制函数公式

4.5 课堂练习

本课堂练习将使用CONCATENATE函数和RIGHT函数，综合练习本章学习的知识点，学习使用文本函数的具体操作。

4.5.1 利用CONCATENATE函数合并商品名称

1. 练习目标

本练习的目标是在表格中利用函数合并表格中商品的名称，在练习过程中将主要涉及使用CONCATENATE函数的相关知识。本练习完成后的参考效果如图4–46所示。

销售大米类型				
商品ID	产地	名称	精米度	商品名
S2SA	湖南	长粒米	白米	湖南长粒米-白米
S2SB	东北	珍珠米	无洗米	东北珍珠米-无洗米
S2SC	四川	崇州大米	白米	四川崇州大米-白米
S2SD	陕西	贡米	白米	陕西贡米-白米
S2SE	陕西	黑糯米	玄米	陕西黑糯米-玄米
S2SF	四川	糯米	白米	四川糯米-白米

图4-46　合并商品名称的参考效果

素材所在位置	光盘:\素材文件\第4章\课堂练习\商品名称表.xlsx
效果所在位置	光盘:\效果文件\第4章\课堂练习\商品名称表.xlsx
视频演示	光盘:\视频文件\第4章\利用CONCATENATE函数合并商品名称.swf

2. 操作思路

完成本练习需要先插入函数，再计算设置函数的参数，然后将函数公式复制到其他单元格中，其操作思路如图4-47所示。

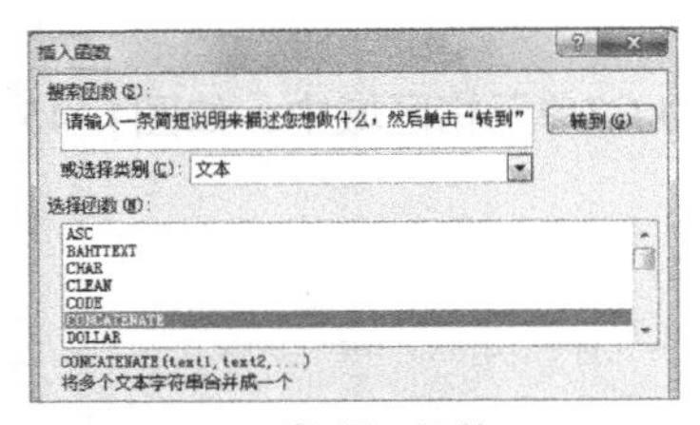

① 插入函数

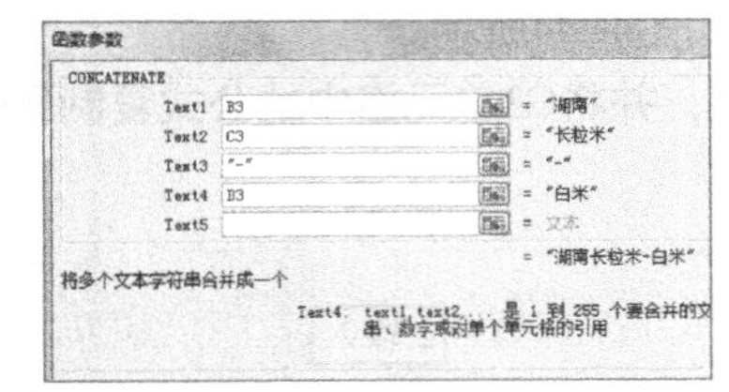

② 设置参数

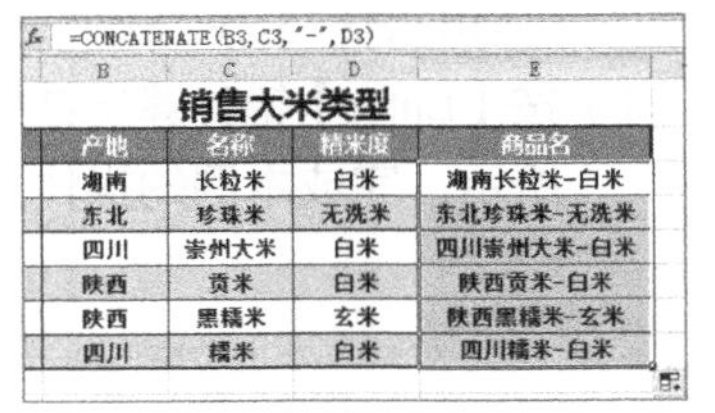

③ 复制函数

图4-47　利用CONCATENATE函数合并商品名称的制作思路

（1）打开素材文件“商品名称表.xlsx”工作簿，选择E3单元格，打开“插入函数”对话框，在“或选择类别”下拉列表框中选择“文本”选项，在“选择函数”列表框中选择“CONCATENATE”选项，插入该函数。

（2）打开“函数参数”对话框，在“Text1”文本框中输入“B3”，在“Text2”文本框中输入“C3”，在“Text3”文本框中输入“-”，在“Text4”文本框中输入“D3”。

（3）按【Enter】键得出结果，然后将该函数复制到E4:E8单元格区域中，单击“自动填充选项”按钮右侧的下拉按钮，在打开的列表中单击选中“不带格式填充”单选项，保存文档。

4.5.2 利用LEFT和RIGHT函数判断客户性别

1. 练习目标

本练习的目标是在客户登记表中，通过客户的身份证号码，利用函数判断客户的性别。主要涉及LEFT、RIGHT、MOD和IF函数的相关知识。完成后的参考效果如图4-48所示。

素材所在位置	光盘:\素材文件\第4章\课堂练习\客户登记表.xlsx
效果所在位置	光盘:\效果文件\第4章\课堂练习\客户登记表.xlsx
视频演示	光盘:\视频文件\第4章\利用LEFT和RIGHT函数判断客户性别.swf

客户登记表			
姓名	身份证号码	住 址	性别
陈倩	510775XXXXXXXXXX21	江苏省扬州市	女
陈达美	531772XXXXXXXXXX52	江苏省无锡市	男
褚冰冰	510681XXXXXXXXXX23	西藏自治区拉萨市	女
黄建	510736XXXXXXXXXX30	湖北省武汉市	男
黄秀玲	510682XXXXXXXXXX25	四川省成都市	女
霍玲	510682XXXXXXXXXX23	江西省南昌市	女
李琴素	510731XXXXXXXXXX21	浙江省温州市	女
刘艳丽	510728XXXXXXXXXX66	四川省宜宾市	女
罗琴	510131XXXXXXXXXX21	四川省德阳市	女
马倩	510723XXXXXXXXXX42	广东省潮州市	女
薛逸凡	510743XXXXXXXXXX32	吉林省长春市	男
徐勇	510786XXXXXXXXXX18	四川省绵阳市	男
叶明	510765XXXXXXXXXX32	四川省西昌市	男
张巧云	510733XXXXXXXXXX42	广东省惠州市	女
周洲	510725XXXXXXXXXX15	四川省乐山市	男
吉米	510621XXXXXXXXXX11	福建省厦门市	男

图4-48　判断客户性别的参考效果

职业素养

居民身份证的号码是按照国家的标准编制的，由18位组成：前六位为行政区划代码，第七至第十四位为出生日期码，第15至17位为顺序码，第17位代表性别（奇数为男，偶数为女），第18位为校验码。

2. 操作思路

完成本练习需要先通过RIGHT函数返回字符，再通过LEFT函数将RIGHT函数返回的字符返回一个字符，然后使用MOD和IF函数判断性别，其操作思路如图4-49所示。

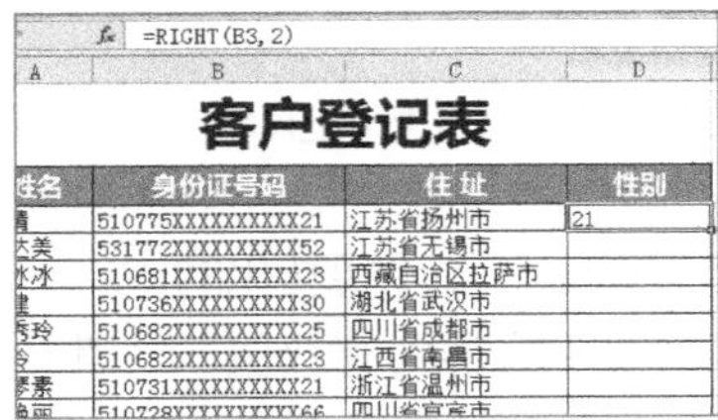

① 使用RIGHT函数

② 使用LEFT函数

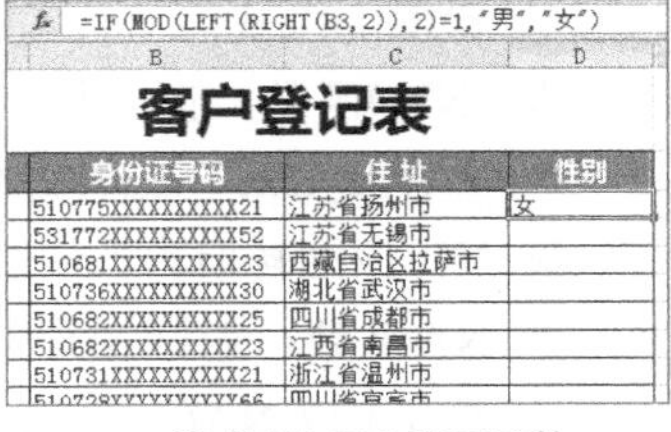

③ 使用MOD和IF函数

图4-49　利用LEFT和RIGHT函数判断客户性别的操作思路

（1）打开素材文件“客户登记表.xlsx”工作簿，选择D3单元格，打开“插入函数”对话框，在“或选择类别”下拉列表框中选择“文本”选项，在“选择函数”列表框中选择“RIGHT”选项，插入该函数。

（2）打开“函数参数”对话框，在“Text”文本框中输入“B3”，在“Num _ chars”文本框中输入“2”。

（3）选择D3单元格，输入公式“=LEFT(RIGHT(B3,2))”，为RIGHT函数嵌套LEFT函数。

（4）选择D3单元格，输入公式“=IF(MOD(LEFT(RIGHT(B3,2)),2)=1,"男","女")”，继续嵌套MOD和IF函数，判断出性别。

（5）然后将该函数公式复制到D4:D18单元格区域中，保存文档，完成操作。

知识提示

MOD函数用于返回两个数相除后的余数，格式为MOD(number,divisor)，number表示被除数，divisor表示除数，该函数的具体内容将在后面的章节中详细讲解。这里最终公式表示的意思是，使用LEFT和RIGHT返回的字符除以2，如果得到的余数等于1，表示身份证倒数第二位为奇数，则返回“男”，如果不等于1，表示身份证倒数第二位为偶数，则返回“女”。

4.6 拓展知识

下面主要介绍信息函数的相关知识，信息函数用于返回某些指定单元格或区域等的信息，比如单元格的内容、格式、个数等。信息函数包含一组称为IS的工作表函数，在单元格满足条件时返回TRUE。

1. 返回信息类函数

返回信息的相关函数主要包括CELL函数、ERROR.TYPE函数、INFO函数、N函数、NA函数及TYPE函数，分别介绍如下。

◎ **CELL函数：**返回某一引用区域的左上角单元格的格式、位置或内容等信息，其语法结构为CELL(info_type,reference)。参数“info_type”为一个文本值，用于指定所需的单元格信息类型；“reference”表示要获取有关信息的单元格，如果指定reference参数时引用的是某个单元格区域，则CELL函数将返回该单元格区域最左上角的单元格的信息。

◎ **ERROR. TYPE函数：**返回Excel中某一错误值的数字，如果没有，则会返回#N/A，其语法结构为ERROR.TYPE(error_val)。参数“error_val”为需要得到其标号的一个错误值，可以是一个实际的错误值，但它通常为一个单元格引用，而此单元格中包含需要检测的公式。

◎ **INFO函数：**返回与当前操作环境有关的信息，其语法结构为INFO（type_text）。参数“type_text”表示文本，用于指定要返回的信息类型。

◎ **N：**返回转换为数值后的值，其语法结构为N(value)。参数“value”表示要转化的值。

◎ **NA函数：**返回错误值“#N/A”，错误值“#N/A”表示“无法得到有效值”，其语法结构为NA( )。NA 函数语法没有参数。在函数名后面必须包括括号，否则，Excel无法识别该函数，也可直接在单元格中键入“#N/A”。

◎ **TYPE函数：**返回数值的类型。当某一个函数的计算结果取决于特定单元格中数值的类型时，就可使用TYPE函数，其语法结构为TYPE(value)。参数“value”可以为任意Excel数值，如数字、文本、逻辑值等。

◎ **ISEVEN函数：**测试一个值是否为偶数，其语法结构为ISEVEN(number)。参数“number”表示待测试的数值。

◎ **ISODD函数：**测试一个值是否为奇数，其语法结构为ISODD(number)。参数“number”表示待测试的数值。

2. IS类函数

IS类函数主要用来检验数值或引用类型的工作表函数，可以检验数值的类型并根据参数取值返回TRUE或FALSE，各IS类函数的使用方法如下。

◎ **ISBLANK函数：**判断“value”的值是否引用了空白单元格，其语法结构为ISBLANK(value)。参数“value”表示需要进行检验的内容。如果参数“value”为无数据的空白时，ISBLANK函数将返回TRUE，否则返回FALSE。利用ISBLANK函数还可以将空白单元格转换为其他的值。

◎ ISERROR函数：检测指定单元格中的值是否为任意错误值，其语法结构为ISERROR(value)。参数“value”表示需要进行检验的数值。

◎ ISERR函数：检测除“#N/A”错误之外的任何错误值，其语法结构为ISERR(value)。参数value表示要进行检验的内容。

◎ ISLOGICAL函数：判断参数或指定单元格中的值是否为逻辑值，其语法结构为ISLOGICAL(value)。参数“value”表示需要进行检验的数值。如果值为逻辑值，将返回TRUE；否则返回FAISE。

◎ ISNA函数：检测参数或指定单元格中的值是否为错误值“#N/A”，其语法结构为ISNA(value),“value”表示需要进行检验的数值。如果值为错误值，将返回TRUE，否则返回FALSE。

◎ ISNONTEXT函数：判断引用的参数或指定单元格中的内容是否为非字符串，其语法结构为ISNONTEXT(value)，参数“value”表示需要进行检验的数值。

◎ ISNUMBER函数：判断引用的参数或指定单元格中的值是否为数字，其语法结构为ISNUMBER(value)，参数“value”表示需要进行检验的内容，如果检验的内容为数字时，将返回TRUE，否则返回FALSE。

◎ ISREF函数：判断指定单元格中的值是否为引用，其语法结构为ISREF(value)，参数“value”表示需要进行检验的内容，如果测试的内容为引用时，将返回TRUE；否则返回FALSE。

◎ ISTEXT函数：判断引用的值是否为文本，其语法结构为ISTEXT(value)，参数“value”表示待测试的内容。如果测试的内容为文本，将返回TRUE，否则返回FALSE。

4.7 课后习题

（1）打开“公司通信录.xlsx”工作簿，利用前面讲解的文本函数的相关知识，利用函数为表格中的电话号码从11位升至12位，要求凡是13X开头的手机号码，X如果是奇数，升位为“131X”，X如果是偶数，升位为“132X”。最终效果如图4-50所示。

公司通信录

姓名	住址	电话	升位后的电话号码
张倩	成都市金牛区	1355689XXXX	13155689XXXX
陈冠宇	成都市武侯区	1384879XXXX	13284879XXXX
李晓玲	成都市金牛区	1368283XXXX	13268283XXXX
王宇	成都市龙泉驿区	1378087XXXX	13178087XXXX
吴亚馨	成都市成华区	1396869XXXX	13196869XXXX
龙俊亨	成都市锦江区	1329945XXXX	13229945XXXX
罗小梅	成都市温江区	1317322XXXX	13117322XXXX
郭钟岳	成都市双流县	1357985XXXX	13157985XXXX
刘雪萍	成都市青牛区	1364576XXXX	13264576XXXX
徐锋	成都市成华区	1326932XXXX	13226932XXXX
翟凌	成都市都江堰市	1358725XXXX	13158725XXXX
杨静梦	成都市龙泉驿区	1338573XXXX	13138573XXXX

图4-50 “公司通信录”参考效果

提示：根据升位的要求，可以使用REPLACE函数，将手机号码的前两位数字替换为131或者132，替换的过程中需要使用IF函数对号码的前三位数字进行奇数和偶数的判断，可以使用MOD函数，另外，判断前三位数字可以使用MID函数或者LEFT

函数，这里使用MID函数，选择D3单元格，输入公式“=IF(MOD(MID(C3,1,3),2)=1,REPLACE(C3,1,2,"131"),REPLACE(C3,1,2,"132"))”，可以试试使用LEFT函数（LEFT(C3,3)），看看最终的效果是否一样。

素材所在位置　光盘:\素材文件\第4章\课后习题\公司通信录.xlsx
效果所在位置　光盘:\效果文件\第4章\课后习题\公司通信录.xlsx
视频演示　光盘:\视频文件\第4章\利用文本函数为电话升位.swf

（2）打开“学生成绩表.xlsx”工作簿，利用前面讲解的文本函数的相关知识，将学生按个人的各种成绩为一个条目的方式进行打印。最终效果如图4-51所示。

学生成绩表								
姓名	语文	数学	英语	化学	物理	总成绩	平均分	
宋平	80.00	99.00	85.00	91.00	87.00	442.00	88.40	姓名:宋平 语文:80 数学:99 英语:85 化学:91 物理:87 总成绩:442 平均分:88.4
杨晓阳	91.00	85.00	65.00	86.00	90.00	417.00	83.40	姓名:杨晓阳 语文:91 数学:85 英语:65 化学:86 物理:90 总成绩:417 平均分:83.4
黄清安	75.00	90.00	86.00	95.00	77.00	423.00	84.60	姓名:黄清安 语文:75 数学:90 英语:86 化学:95 物理:77 总成绩:423 平均分:84.6
纪连海	88.00	76.00	73.00	78.00	85.00	400.00	80.00	姓名:纪连海 语文:88 数学:76 英语:73 化学:78 物理:85 总成绩:400 平均分:80
刘信甫	95.00	90.00	81.00	91.00	84.00	441.00	88.20	姓名:刘信甫 语文:95 数学:90 英语:81 化学:91 物理:84 总成绩:441 平均分:88.2
黄妙珠	86.00	88.00	79.00	80.00	92.00	425.00	85.00	姓名:黄妙珠 语文:86 数学:88 英语:79 化学:80 物理:92 总成绩:425 平均分:85
吕苗苗	71.00	80.00	82.00	89.00	86.00	408.00	81.60	姓名:吕苗苗 语文:71 数学:80 英语:82 化学:89 物理:86 总成绩:408 平均分:81.6
李阿齐	80.00	64.00	95.00	66.00	77.00	382.00	76.40	姓名:李阿齐 语文:80 数学:64 英语:95 化学:66 物理:77 总成绩:382 平均分:76.4
武勋	76.00	85.00	89.00	62.00	85.00	397.00	79.40	姓名:武勋 语文:76 数学:85 英语:89 化学:62 物理:85 总成绩:397 平均分:79.4
郑平	65.00	72.00	78.00	74.00	69.00	358.00	71.60	姓名:郑平 语文:65 数学:72 英语:78 化学:74 物理:69 总成绩:358 平均分:71.6
吕健	92.00	66.00	68.00	85.00	65.00	376.00	75.20	姓名:吕健 语文:92 数学:66 英语:68 化学:85 物理:65 总成绩:376 平均分:75.2
冯雷	76.00	92.00	72.00	91.00	78.00	409.00	81.80	姓名:冯雷 语文:76 数学:92 英语:72 化学:91 物理:78 总成绩:409 平均分:81.8
学科平均分	81.25	82.25	79.42	82.33	81.25			

图4-51　“学生成绩表”参考效果

提示： 由于需要将学生的各种成绩按工资条的方式进行打印，所以需要将学生的各种成绩合并到一起，这时可以利用CONCATENATE函数，所以在文件中选择I3单元格，输入函数公式“=CONCATENATE($A$2,":",A3," ",$B$2,":",B3," ",$C$2,":",C3," ",$D$2,":",D3," ",$E$2,":",E3," ",$F$2,":",F3," ",$G$2,":",G3," ",$H$2,":",H3)”，由于每个学生的成绩单独成行，所以各学科项目都是使用绝对引用的方式，另外，在每个项目间增加了“:”符号，各项目间增加了空格。

素材所在位置　光盘:\素材文件\第4章\课后习题\学生成绩表.xlsx
效果所在位置　光盘:\效果文件\第4章\课后习题\学生成绩表.xlsx
视频演示　光盘:\视频文件\第4章\制作打印用学生成绩表工作簿.swf

第5章 时间与日期函数

在Excel中，时间与日期函数是指在公式中用来分析和处理日期值和时间值的函数，本章将详细讲解使用时间与日期函数显示当前时间与日期、求特定时间与日期，以及返回特定的时间与日期的相关知识。

学习要点

◎　返回日期、时间和文本日期序列号的函数
◎　返回年、月、日、时、分、秒的函数
◎　返回当前时间和日期的函数
◎　求日期差、天数比、星期几、特定日期与月末日期的函数
◎　求工作日、特定工作日日期的函数

学习目标

◎　掌握返回类函数的基本操作
◎　掌握显示当前时间与日期的函数的基本操作
◎　掌握求特定时间与日期的函数的操作方法

5.1 认识Excel中的时间与日期

时间与日期函数用于分析或操作公式中与时间和日期有关的值。在Excel中，日期是一个序列值，而Excel支持1900年和1904年两种日期系统，如有需要，可以通过设置改变默认的日期系统。这两种日期系统使用了不同的日期作为参照基础，其差异如下。

◎ **1900年日期系统：** 支持1900年1月1日到9999年12月31日范围的日期，规定1900年1月1日的日期系列编号为1，而9999年12月31日的日期系列编号为2958465。

◎ **1904年日期系统：** 支持1904年1月1日到9999年12月31日范围的日期，规定1904年1月1日的日期系列编号为0，而9999年12月31日的日期系列编号为2957003。

知识提示

在Excel中，系统默认为1900年日期系统，如果需要将其转换为1904年日期系统，需要在Excel操作界面中选择【文件】→【选项】命令，打开“Excel选项”对话框，在左侧的列表框中单击“高级”选项，在右侧的列表框的“计算此工作簿时”栏中单击选中“使用1904日期系统”复选框，单击确定按钮即可。

5.2 返回类函数

返回类函数的使用非常简单。通过该类函数可以计算出详细的天数，因为在Excel中，时间和日期都是以序列号进行保存的。本节将介绍返回类函数的相关知识。

5.2.1 返回日期序列号——DATE函数

在Excel中，时间和日期是以数值方式存储的，且具有连续性，因此也可以说日期是一个“序列号”，使用DATE函数可方便地将指定的年、月、日合并为序列号，其语法结构为：

DATE（year,month,day）

其中各参数的含义分别如下。

◎ year：表示年份，可以是1至4位的数字。

◎ month：表示月份。

◎ day：表示天。

图5-1所示为DATE函数在两种日期系统下求得的完全不同的序列号。

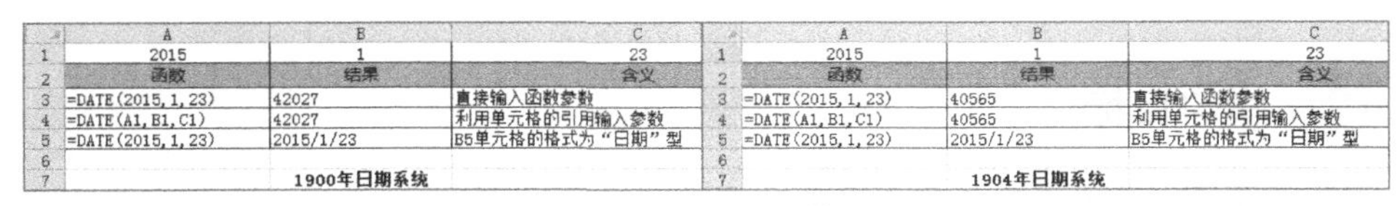

	A	B	C
1	2015	1	23
2	函数	结果	含义
3	=DATE(2015,1,23)	42027	直接输入函数参数
4	=DATE(A1,B1,C1)	42027	利用单元格的引用输入参数
5	=DATE(2015,1,23)	2015/1/23	B5单元格的格式为“日期”型
6			
7		1900年日期系统	

	A	B	C
1	2015	1	23
2	函数	结果	含义
3	=DATE(2015,1,23)	40565	直接输入函数参数
4	=DATE(A1,B1,C1)	40565	利用单元格的引用输入参数
5	=DATE(2015,1,23)	2015/1/23	B5单元格的格式为“日期”型
6			
7		1904年日期系统	

图5-1 DATE函数

在使用DATE函数时，除了需注意选择的日期系统外，还应注意年、月份和日期的溢出问题，下面分别进行讲解。

◎ **年份溢出：** 在1900年日期系统中，如果输入或引用的“year”参数值位于“0～1899”之间时，Excel会自动在年份上加上“1900”再进行计算；如果“year”参数值小于“0”或大于等于“10000”，则将返回错误值“#NUM！”。在1904年日期系统中，当“year”参数位于“4～1899”之间时，Excel会自动在年份值上加上“1900”后再进行计算；如果“year”参数值小于“4”或大于等于“10000”，或位于“1900～1903”年之间，则函数将返回错误值“#NUM！”。

◎ **月份溢出**：如果“month”参数大于“12”，系统将从指定年份的下一年的1月份开始往上加，推算出确切的年份和月份；如果“month”参数等于或小于“0”，则系统会从指定年份的上一年的12月开始往下减，推算出确切的年份和月份，如图5-2所示。

◎ **日期溢出**：如果“day”参数大于该月份的实际天数，将从指定月份的下一月的第一天往上累加，推算出确切的月份和日期；如果“day”参数等于或小于“0”，则系统将从指定月份的前一月的最后一天开始往下减，推算出确切的日期，如图5-3所示。

	A	B	C
1	函数	结果	含义
2	=DATE(2005, 18, 9)	38877	返回2006年6月9日的日期序列号
3	=DATE(2006, 6, 9)	38877	返回2006年6月9日的日期序列号
4	=DATE(2005, -3, 9)	38239	返回2004年9月9日的日期序列号
5	=DATE(2004, 9, 9)	38239	返回2004年9月10日的日期序列号

图5-2 月份溢出

	A	B	C
1	函数	结果	含义
2	=DATE(2006, 5, 55)	38892	返回2006年6月24日的日期序列号
3	=DATE(2006, 6, 24)	38892	返回2006年6月24日的日期序列号
4	=DATE(2006, 4, -24)	38783	返回2006年3月7日的日期序列号
5	=DATE(2006, 3, 7)	38783	返回2006年3月7日的日期序列号

图5-3 日期溢出

5.2.2 返回时间序列号——TIME和TIMEVALUE函数

TIME函数可以将指定的小时、分钟和秒合并为时间，而TIMEVALUE函数可以将以字符串表示的时间字符串转换为该时间的序列数字，其语法结构为：

TIME(hour,minute,second)

TIMEVALUE(time_text)

两个函数中包含的参数含义分别如下。

◎ hour：表示小时，为0~32767的数值，如果是大于23的数值，则除以24，将其余数视为小时数。

◎ minute：表示分，为0~32767的数值，如果是大于59的数值，则将其进位转换为小时和分钟。

◎ second：表示秒，为0~32767的数值，如果是大于59的数值，则将其进位转换为小时、分钟和秒。

◎ time_text：以Excel时间格式表示的时间，只要是Excel能够识别的时间格式都可以进行转换。

图5-4所示为TIME和TIMEVALUE函数的应用效果。

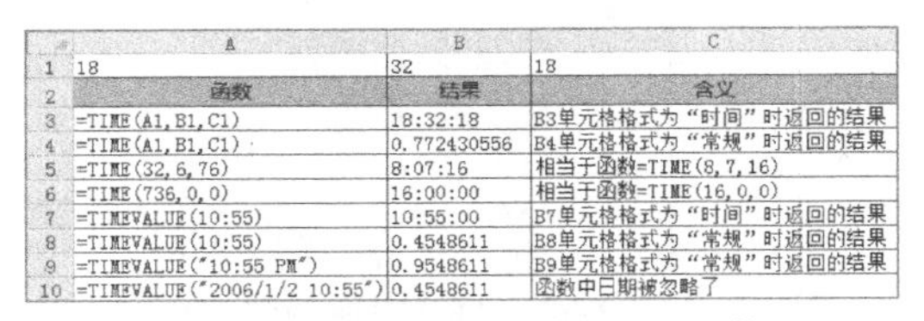

	A	B	C
1	18	32	18
2	函数	结果	含义
3	=TIME(A1,B1,C1)	18:32:18	B3单元格格式为“时间”时返回的结果
4	=TIME(A1,B1,C1)	0.772430556	B4单元格格式为“常规”时返回的结果
5	=TIME(32, 6, 76)	8:07:16	相当于函数=TIME(8,7,16)
6	=TIME(736, 0, 0)	16:00:00	相当于函数=TIME(16,0,0)
7	=TIMEVALUE(10:55)	10:55:00	B7单元格格式为“时间”时返回的结果
8	=TIMEVALUE(10:55)	0.4548611	B8单元格格式为“常规”时返回的结果
9	=TIMEVALUE("10:55 PM")	0.9548611	B9单元格格式为“常规”时返回的结果
10	=TIMEVALUE("2006/1/2 10:55")	0.4548611	函数中日期被忽略了

图5-4 TIME函数和TIMEVALUE函数

知识提示

TIME函数和TIMEVALUE函数返回的都是一个0到0.999999之间的数值，表示从00:00:00到23:59:59之间的某一个时间。

5.2.3 返回文本日期序列号——DATEVALUE函数

DATEVALUE函数用于将日期值从字符串转换为序列数，常用于计算两个日期之间的日期差，其语法结构为：

DATEVALUE (date_text)

该函数中的“date_text”参数表示要转换为编号方式显示的日期的文本字符串。在使用Windows操作系统中的默认日期系统时，“date_text”参数必须表示1900年1月1日到9999年12月31日之间的一个日期；而在使用1904年日期系统时，“date_text”参数必须表示1904年1月1日到9999年12月31日之间的一个日期。如果超出上述范围，则会返回错误值“#VALUE！”。

图5-5所示为DATEVALUE函数的应用效果。

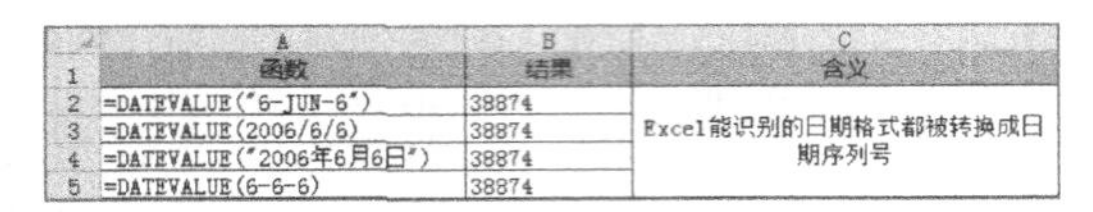

	A	B	C
1	函数	结果	含义
2	=DATEVALUE("6-JUN-6")	38874	Excel能识别的日期格式都被转换成日期序列号
3	=DATEVALUE(2006/6/6)	38874	
4	=DATEVALUE("2006年6月6日")	38874	
5	=DATEVALUE(6-6-6)	38874	

图5-5 DATEVALUE函数

操作技巧

date_text参数只能对表示日期的文本字符串进行引用，而不能以引用单元格的方式进行引用，在使用时只能手动输入或复制。

5.2.4 返回年、月、日——YEAR、MONTH和DAY函数

YEAR函数表示返回日期的年份值，返回值为1900~9999之间的整数，MONTH函数代表返回日期的月份数，返回值为1~12之间的整数，而DAY函数是用来返回一个月中的第几天的数值，介于整数1到31之间，其语法结构为。

YEAR(serial_number)

MONTH(serial_number)

DAY(serial_number)

在这三个函数中，都有一个共同的参数为serial_number，分别表示需要计算的年份或月份或要查找的那一天日期。

图5-6所示为三个函数的应用效果。

A	B	C
	2015-1-23	
函数	结果	含义
=YEAR("2015年1月23日")	2015	参数为文本格式显示的结果
=YEAR(B1)	2015	参数为单元格引用显示的结果
=YEAR(TODAY())	2015	参数为函数显示的结果
=MONTH("2015年2月14日")	2	返回2015年2月14日的月数
=MONTH(38561)	7	返回距离1900年1月1日38561天的日期中的月数
=MONTH(B1)	1	返回B1单元格中日期的月数
=DAY("2015年1月31日")	31	返回2015年1月31日的日在月中代表的天数
=DAY(38561)	28	返回距离1900年1月1日38561天的日期中的日在月中代表的天数
=DAY(B1)	23	返回B1单元格中的日期的日在月中代表的天数
=DAY("15-8-12")	12	返回2015年8月12日的日在月中代表的天数

图5-6 YEAR函数、MONTH函数和DAY函数

5.2.5 返回时、分、秒——HOUR、MINUTE和SECOND函数

HOUR函数可以返回某一时间值或代表时间的序列数所对应的小时数，即一个介于0~23之间的整数，MINUTE函数可以返回某一时间值或代表时间的序列数字所对应的分钟数，而

SECOND函数用来计算某一时间值或代表时间的序列数字所对应的秒数，是一个0~59之间的整数，三个函数的语法结构为：

HOUR(serial_number)

MINUTE(serial_number)

SECOND(serial_number)

三个函数中都只具有一个“serial_number”参数，表示将要返回小时数的时间、分钟数以及秒数。返回时、分、秒三个函数的使用方法与返回年、月、日函数的方法相同，可以参考前面讲解的返回年、月、日函数来学习，这里不再进行详细讲解。

知识提示

Excel系统能识别的时间格式有很多，如带引号的文本字符串"6:45 PM"、十进制数0.78125表示6:45 PM、其他公式或函数的结果TIMEVALUE("6:45 PM")。在输入12小时制时间时，需要在AM或PM之前加上空格，否则Excel不能识别。

5.2.6 课堂案例1——利用时间与日期函数计算使用年限

本案例要求在提供的素材文档中，利用时间与日期函数计算车辆的使用年限，其中涉及YEAR函数和MONTH函数的相关操作，完成后的参考效果如图5-7所示。

车辆使用年限表

车牌号	型号	使用部门	投入使用时间	至今使用年限	使用月数
381SD	小轿车	总经理	2013/8/10	1	17
8S626	小轿车	财务部	2011/1/14	4	48
7D283	商务车	销售部	2010/10/9	4	51
AB327	小轿车	销售部	2008/8/15	6	77
S635L	小轿车	销售部	2008/8/15	6	77
J2158	小轿车	销售部	2010/9/15	4	52
9S6B0	小货车	后勤部	2008/3/21	6	82
BW344	商务车	后勤部	2010/10/9	4	51

图5-7　利用时间与日期函数计算使用年限的参考效果

素材所在位置　光盘:\素材文件\第5章\课堂案例1\车辆使用年限表.xlsx

效果所在位置　光盘:\效果文件\第5章\课堂案例1\车辆使用年限表.xlsx

视频演示　光盘:\视频文件\第5章\利用时间与日期函数计算使用年限.swf

职业素养

使用年限在制作固定资产折旧表时使用较多，除国务院财政、税务主管部门另有规定外，固定资产计算折旧的最低年限如下：①房屋、建筑物，为20年；②飞机、火车、轮船、机器、机械和其他生产设备，为10年；③与生产经营活动有关的器具、工具、家具等，为5年；④飞机、火车、轮船以外的运输工具，为4年；⑤电子设备，为3年。

（1）打开素材文件“车辆使用年限表.xlsx”工作簿，选择E3单元格，单击“插入函数”按钮 *fx*，打开“插入函数”对话框，在“或选择类别”下拉列表框中选择“日期与时间”选项，在“选择函数”列表框中选择“YEAR”选项，单击 确定 按钮，如图5-8所示。

（2）打开“函数参数”对话框，在“Serial _ number”文本框中输入“TODAY()-D3”，单击 确定 按钮，如图5-9所示。

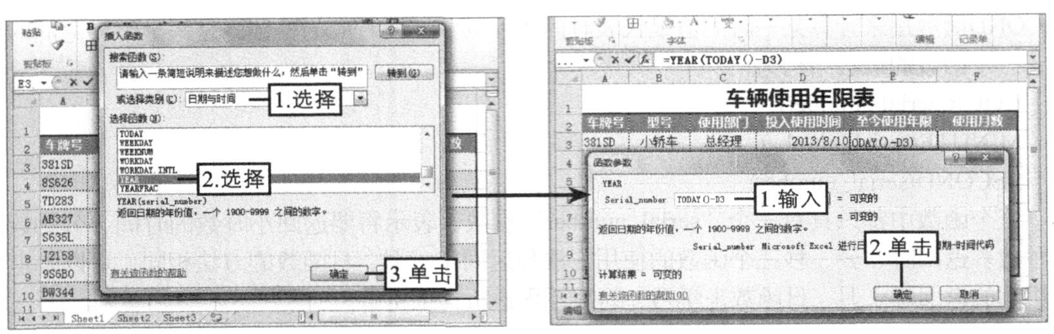

图5-8　选择函数　　　　图5-9　设置参数

（3）继续选择E3单元格，在编辑栏的函数右侧继续输入“-1900”，如图5-10所示。

（4）按【Enter】键计算出结果，并将E3单元格中的公式复制到E4:E10单元格区域中，单击右侧的按钮，在弹出的列表中单击选中“不带格式填充”单选项，如图5-11所示。

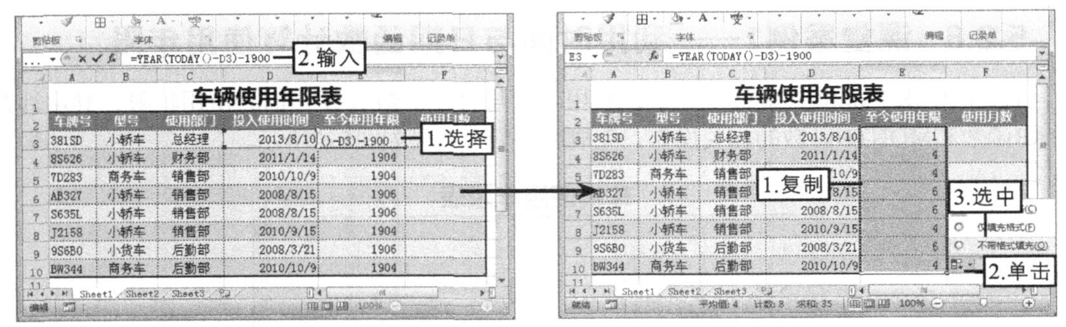

图5-10　编辑函数公式　　　　图5-11　复制函数公式

（5）选择F3单元格，插入MONTH函数，打开“函数参数”对话框，设置函数参数为“TODAY()-D3”，单击确定按钮，如图5-12所示。

（6）继续选择F3单元格，在编辑栏的函数右侧继续输入“+E3*12-1”，按【Enter】键计算出结果，并将F3单元格中的公式复制到F4:F10单元格区域中，如图5-13所示，单击“自动填充选项”按钮右侧的下拉按钮，在打开的列表中单击选中“不带格式填充”单选项。

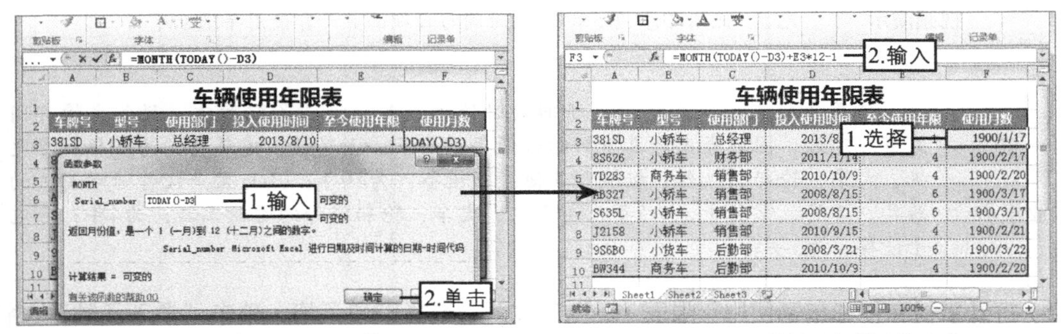

图5-12　插入和设置函数　　　　图5-13　编辑和复制函数公式

（7）选择F3:F10单元格区域，单击鼠标右键，在弹出的快捷菜单中选择“设置单元格格式”命令，打开“设置单元格格式”对话框，在“数字”选项卡的“分类”列表框中选择“常规”选项，单击确定按钮，将单元格区域中的日期转换为常规格式，完成本例操作。

知识提示

本例中使用TODAY函数用于返回当前日期的序列号，其语法结构和应用将在5.3节中详细讲解。

5.3 显示当前时间与日期

显示当前的时间和日期是时间和日期类函数的最基础、最简单的函数之一，其主要包括了NOW函数与TODAY函数，下面分别对其进行详细讲解。

5.3.1 显示当前时间——NOW函数

NOW函数可以返回计算机系统内部时钟的当前日期和时间，其语法结构为：

NOW()

NOW函数没有参数，且如果包含公式的单元格格式设置不同，则返回的日期和时间的格式也不相同，图5-14所示为应用NOW函数的返回结果。

	A	B	C
1	函数	结果	含义
2	=NOW()	2015/1/23 15:18	采用函数自定义的格式显示的结果
3	=NOW()	42027.63858	采用“常规”格式显示的结果

图5-14 NOW函数

在使用NOW函数时，函数不会随时更新，只有在重新计算工作表或执行含有此函数的宏时才改变。

5.3.2 显示当前日期——TODAY函数

TODAY函数可以返回日期格式的当前日期，其语法结构为：

TODAY()

TODAY函数与NOW函数一样都没有参数，如果将包含公式的单元格的格式设置得不同，则返回的日期格式也不同，图5-15所示为应用TODAY函数的返回结果。

	A	B	C
1	函数	结果	含义
2	=TODAY()	2015/1/23	采用“日期”格式显示的结果
3	=TODAY()	42027	采用“常规”格式显示的结果

图5-15 TODAY函数

5.3.3 课堂案例2——利用时间与日期函数计算还贷金额

本案例要求在提供的素材文件中计算当前日期需要还贷的金额，其中涉及TODAY函数和DATEVALUE函数的相关知识，完成后的参考效果如图5-16所示。

素材所在位置 光盘:\素材文件\第5章\课堂案例2\还贷预算表.xlsx

效果所在位置 光盘:\效果文件\第5章\课堂案例2\还贷预算表.xlsx

视频演示 光盘:\视频文件\第5章\利用时间与日期函数计算还贷金额.swf

还贷预算表				
贷款总金额	固定利息/天	贷款日期	已贷时间（天）	现在应还款
¥50,000.00	0.0193%	2014/6/12	225	¥52,171.25

图5-16　利用TODAY函数计算数据的参考效果

职业素养

利率就是一定期限内利息与贷款资金总额的比率，是贷款价格的表达形式。即：利率*贷款本金=利息额。利率分为日利率、月利率、年度利率，贷款人依据各国相关法规所公布的基准利率、利率浮动空间，而与该贷款银行确定贷款利率。

（1）打开素材文件“还贷预算表.xlsx”工作簿，选择D3单元格，单击“插入函数”按钮fx，打开“插入函数”对话框，在“或选择类别”下拉列表框中选择“日期与时间”选项，在“选择函数”列表框中选择“TODAY”选项，单击确定按钮，如图5-17所示。

（2）打开“函数参数”对话框，由于TODAY函数没有参数，直接单击确定按钮，如图5-18所示。

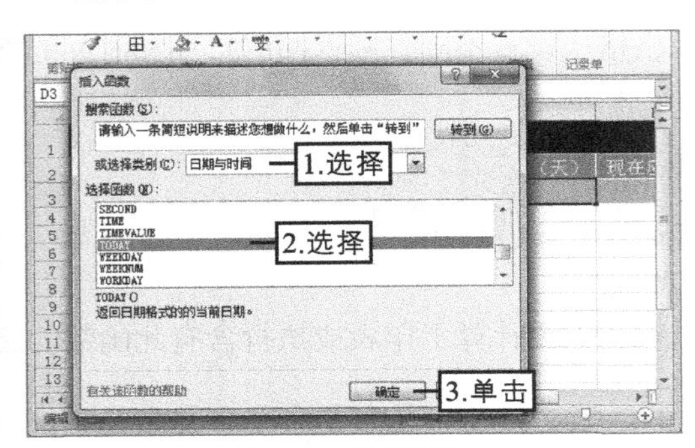

图5-17　选择函数

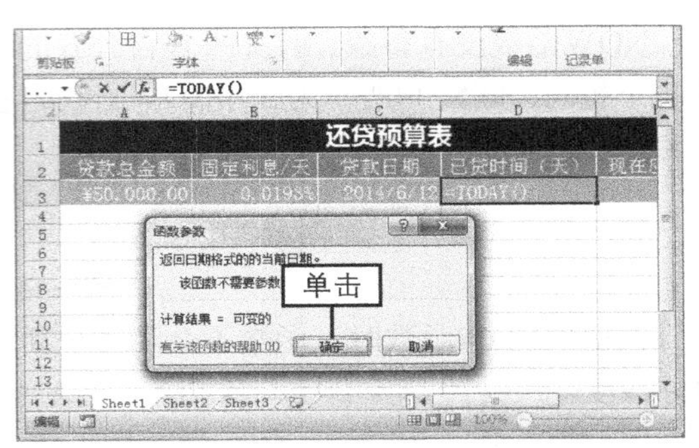

图5-18　设置参数

（3）继续选择D3单元格，在编辑栏的函数右侧继续输入“-DATEVALUE("2014/6/12")”，如图5-19所示。

（4）在D3单元格上单击鼠标右键，在弹出的快捷菜单中选择“设置单元格格式”命令，打开“设置单元格格式”对话框，在“数字”选项卡的“分类”列表框中选择“常规”选项，单击确定按钮，转换单元格格式。

（5）选择E3单元格，在编辑栏中输入公式“=A3*B3*D3+A3”，如图5-20所示，按【Enter】键计算出结果，完成本例的操作。

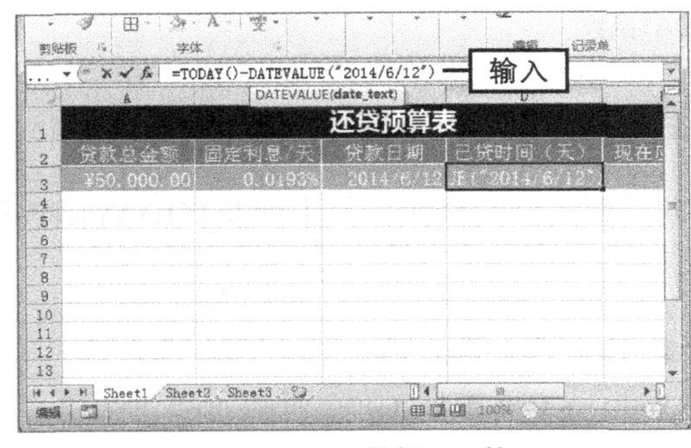

图5-19　继续插入函数

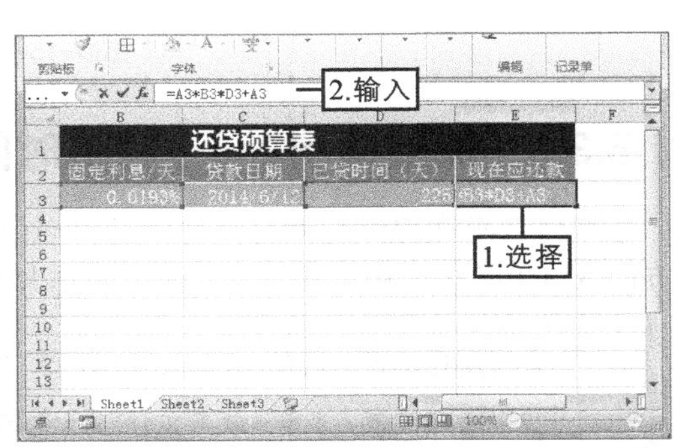

图5-20　输入公式

操作技巧

在默认情况下，打开或修改工作簿后，Excel都会自动更新TODAY函数返回的日期，如果要使其停留在最后一次保存时返回的日期上，可以在“Excel 选项”对话框的“公式”选项卡的“计算选项”栏中单击选中“手动重算”单选项实现。

5.4 求特定时间与日期

在实际工作中，常常需要在特定的时间或日期内进行某项工作，在前面已经讲解了返回年月日和时分秒的相应知识，而在Excel中还提供了一些函数用于求特定的时间和日期，下面将对这些相关的知识进行详细讲解。

5.4.1 求日期差——DAYS360函数

DAYS360函数是按照一年360天的算法，其计算规则为每月以30天计，一年共计12个月。DAYS360函数返回的是两日期之间相差的天数，常用于一些会计计算中，语法结构为：

DAYS360(start_date,end_date,method)

该函数中包含了3个参数，其含义分别如下。

◎ start_date：代表计算期间天数的起始日期。

◎ end_date：代表计算期间天数的终止日期。

◎ method：为一个逻辑值，指定了在计算中是采用欧洲方法还是美国方法。

操作技巧

method参数指定了采用的计算方法，当其值为TRUE时，将采用欧洲算法。如果起始日期与终止日期为一个月的31号，都将认为其等于本月的30号；当其值为FALSE或者省略时，将会采用美国算法，表示起始日期是一个月的31号。如果终止日期是一个月的最后一天，且起始日期早于30号，则终止日期等于下一个月的1号，否则，终止日期等于本月的30号。

图5-21所示为函数的应用效果。

	A	B	C
1	函数	结果	含义
2	=DAYS360("2004-3-12","2005-8-31")	529	采用美国算法计算出的相差天数
3	=DAYS360("2004年3月12日","2005年8月31日",TRUE)	528	采用欧洲算法计算出的相差天数
4	=DAYS360("2008/10/1","2005/9/30")	-1081	开始日期比终止日期晚，计算结果为负
5	=DAYS360(2653,3879)	1208	参数为日期编号计算出的相差天数

图5-21　DAYS360函数

5.4.2 求天数比——YEARFRAC函数

YEARFRAC函数主要用于计算指定时间内的天数占全年天数的百分比，其语法结构为：

YEARFRAC(start_date,end_date,basis)

该函数中包含了3个参数，其具体含义如下。

◎ start_date：代表计算期间天数的起始日期。

◎ end_date：代表计算期间天数的终止日期。

◎ basis：用于设置计数的基准类型，即计算百分比的设置方式。

YEARFRAC函数在实际的工作中常用于根据收益来计算一项投资的可行性，该函数中的basis参数可以设置为0、1、2、3、4，如果该参数的值不在该范围内，将会返回错误值

“#NUM！”，其具体的取值含义如表5-1所示。

表 5-1 参数 basis 取值的含义

参数取值	含义
0 或省略	按照每月 30 天，全年 360 天的美国计数的方式进行计算
1	该时间段内的天数与全年的天数都以实际天数为准
2	该时间段内的天数以实际天数为准，全年天数按 360 天计算
3	该时间段内的天数以实际天数为准，全年天数按 365 天计算
4	按照每月 30 天，全年 360 天的欧洲计数的方式进行计算

图5-22所示为函数的应用效果。

	A	B	C
1	函数	结果	含义
2	=YEARFRAC("2007-1-1","2007-7-30",2)	0.583333333	两个日期之间的天数占全年（全年按360天计算）的百分比
3	=YEARFRAC("2007-1-1","2007-7-30",3)	0.575342466	两个日期之间的天数占全年（全年按365天计算）的百分比
4	=YEARFRAC("2008-1-1","2008-7-30",1)	0.576502732	两个日期之间的天数占全年（全年实际天数为366天，2个日期之间包含润2月）的百分比

图5-22 YEARFRAC函数

5.4.3 求星期几——WEEKDAY函数

WEEKDAY函数主要是用于计算一周中的第几天，默认情况下，其值为1（星期天）到7（星期六）之间的整数，该函数的语法结构为：

WEEKDAY(serial_number,return_type)

该函数中包含了2个参数，其含义分别如下。

◎ serial_number：表示要查找的那一天的日期。

◎ return_type：为确定返回值类型的数字。

其中的“return_type”参数具体取值的含义如表5-2所示。

表 5-2 参数 return _ type 取值的含义

参数取值	含义
1 或者省略	返回数字 1 表示是星期日，数字 7 表示是星期六
2	返回数字 1 表示是星期一，数字 7 表示是星期日
3	返回数字 0 表示是星期一，数字 6 表示是星期日

图5-23所示为函数的应用效果。

	A	B	C
1		2006年1月2日	星期一
2	函数	结果	含义
3	=WEEKDAY(B1)	2	参数省略时返回的值
4	=WEEKDAY(B1,1)	2	参数为1时返回的值
5	=WEEKDAY(B1,2)	1	参数为2时返回的值
6	=WEEKDAY(B1,3)	0	参数为3时返回的值

图5-23 WEEKDAY函数

5.4.4 求特定日期与月末日期——EDATE与EOMONTH函数

EDATE函数主要用于求某个特定的日期，而这个特定的日期需要在一个指定的日期前或后，如需要求元旦2个月之后的日期，就可以使用该函数。而EOMONTH函数主要用于求一个指定的日期前或后的某月的最后一天。语法结构为：

EDATE(start_date,months)

EOMONTH(start_date,months)

该函数中包含了两个参数，两个函数中的意义与使用方法都相同，其具体含义分别如下。

◎ start_date：指设置的开始日期。

◎ months：用于指定与指定日期之间相隔的月数，当为正值时，表示计算的是未来的日期；当为负值时，表示计算的是过去的日期。

这两个函数的使用并不多，操作方法也比较简单。在函数中，如果“start_date”参数不是有效日期，函数将会返回错误值“#VALUE”。如果“months”参数的值不是整数，系统会自动截尾取整，然后再进行计算。

5.4.5 求工作日——NETWORKDAYS函数

NETWORKDAYS函数能够计算出在连续时间之内，排除周末和指定假期后剩余的工作日天数，其语法结构为：

NETWORKDAYS(start_date,end_date,holidays)

该函数中包含了3个参数，各参数含义如下。

◎ start_date：指需要计算的时间段的开始日期。

◎ end_date：指需要计算的时间段的结束日期。

◎ holidays：只用于设置该时间段内的假期，可以为一个或多个日期所构成的可选区域。如果忽略该参数，表示在该时间段没有假期。

5.4.6 求特定工作日日期——WORKDAY函数

WORKDAY函数在用于计算特定的工作日期时，只能返回指定日期前或后相隔指定的某一日期，其语法结构为：

WORKDAY(start_date,days,holidays)

在该函数中包含了3个参数，其具体含义如下。

◎ start_date：用于指定开始的日期。

◎ days：用于指定相隔的工作日天数。

◎ holidays：用于设定不计算为工作日的假期日期。

5.4.7 课堂案例3——使用日期与时间函数进行进度控制

本案例要求对某公司的一项工程进行进度控制，要求在300天内完成整个项目，而在整个过程中的第100、200和280个工作日时对项目进度进行一次汇报，以便于对整个工作进度进行控制，涉及使用WORKDAY函数的相关操作，完成后的参考效果如图5-24所示。

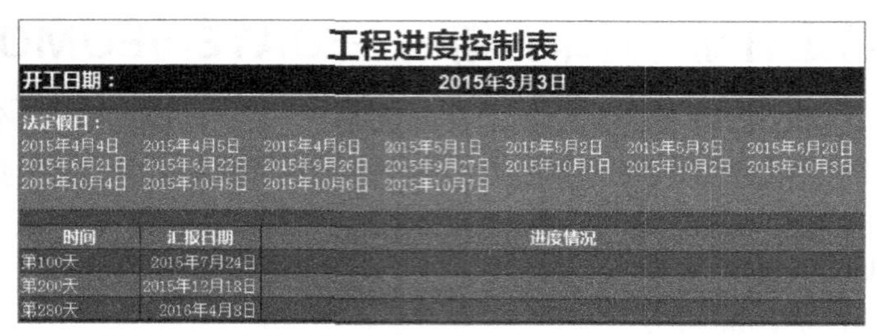
工程进度控制表

开工日期：	2015年3月3日					
法定假日：						
2015年4月4日	2015年4月5日	2015年4月6日	2015年5月1日	2015年5月2日	2015年5月3日	2015年6月20日
2015年6月21日	2015年6月22日	2015年9月26日	2015年9月27日	2015年10月1日	2015年10月2日	2015年10月3日
2015年10月4日	2015年10月5日	2015年10月6日	2015年10月7日			
时间	汇报日期	进度情况				
第100天	2015年7月24日					
第200天	2015年12月18日					
第280天	2016年4月8日					

图5-24　使用日期与时间函数进行进度控制的参考效果

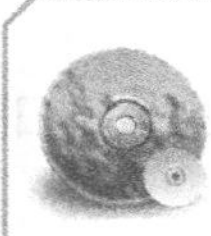

素材所在位置　光盘:\素材文件\第5章\课堂练习3\工程进度控制表.xlsx

效果所在位置　光盘:\效果文件\第5章\课堂练习3\工程进度控制表.xlsx

视频演示　光盘:\视频文件\第5章\使用日期与时间函数进行进度控制.swf

（1）打开素材文件“工程进度控制表.xlsx”工作簿，选择B11单元格，单击“插入函数”按钮，打开“插入函数”对话框，在“或选择类别”下拉列表框中选择“日期与时间”选项，在“选择函数”列表框中选择“WORKDAY”选项，单击确定按钮，如图5-25所示。

（2）打开“函数参数”对话框，在“Start_date”文本框中输入“B2”，在“Days”文本框中输入“100”，在“Holidays”文本框中输入“A5:G8”，单击确定按钮，如图5-26所示。

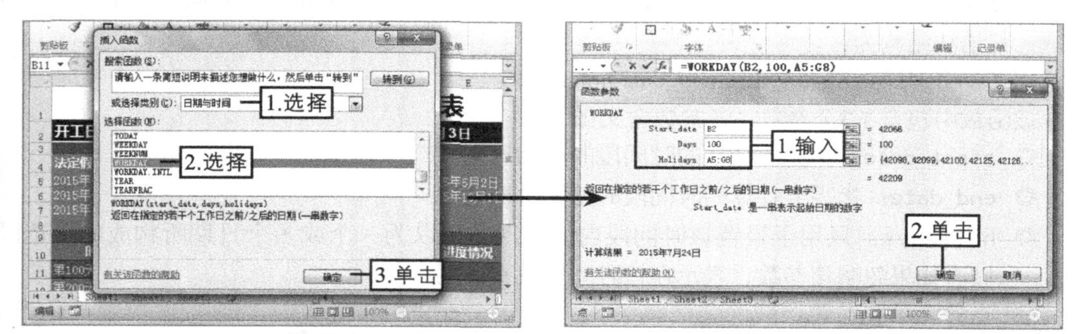

图5-25　选择函数　　图5-26　设置参数

（3）使用相同的方法在B12单元格中插入函数，公式为“=WORKDAY(B2,200,A5:G8)”，如图5-27所示。

（4）在B13单元格中插入函数，公式为“=WORKDAY(B2,280,A5:G8)”，完成本例的操作，如图5-28所示。

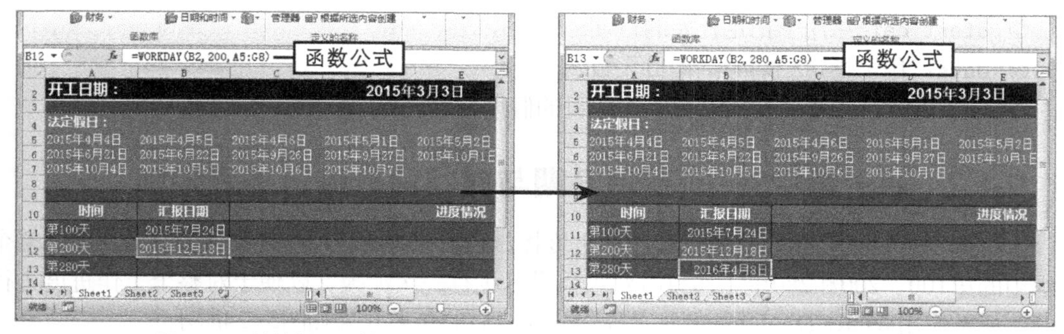

图5-27　继续插入函数　　图5-28　完成操作

知识提示

本例中由于WORKDAY函数返回的是数值，所以在制作表格时，应该把对应日期的单元格（本例中为B11:B13单元格区域）设置格式为“日期”。

5.5 课堂练习

本课堂练习将使用时间与日期函数计算停车收费和使用公式计算考试成绩，综合练习本章学习的知识点，学习使用日期与时间函数的方法进行具体操作。

5.5.1 使用日期与时间函数计算停车费用

1. 练习目标

本练习的目标是在计时停车收费表中计算停车费用。在练习过程中主要涉及日期与时间函数的相关知识。本练习完成后的参考效果如图5-29所示。

云帆国际商厦地下停车场计时收费表

时间： 2015年2月11日

车牌号	停车时间	离开时间	累计时间				应收费用
			分钟	小时	天数	累积小时数	
帆A32856	2015/2/11 8:50	2015/2/11 12:35	45	3	0	4	¥20.00
帆A8S626	2015/2/11 8:52	2015/2/11 17:20	28	8	0	9	¥42.50
帆A381SD	2015/2/11 9:08	2015/2/11 17:56	48	8	0	9	¥45.00
帆A377Q1	2015/2/11 11:12	2015/2/11 13:11	59	1	0	2	¥10.00
帆A0D000	2015/2/11 11:13	2015/2/11 15:40	27	4	0	5	¥22.50
帆A37P11	2015/2/11 11:18	2015/2/11 13:06	48	1	0	2	¥10.00
帆B62530	2015/2/11 11:58	2015/2/11 17:32	34	5	0	6	¥30.00
帆F37763	2015/2/11 12:00	2015/2/11 15:03	3	3	0	3	¥15.00
帆A474Y1	2015/2/11 12:32	2015/2/11 14:21	49	1	0	2	¥10.00
帆AAW001	2015/2/11 13:50	2015/2/11 18:09	19	4	0	5	¥22.50
帆A695S6	2015/2/11 14:11	2015/2/11 15:23	12	1	0	1	¥5.00
帆A56DE4	2015/2/11 15:52	2015/2/11 19:47	55	3	0	4	¥20.00
帆A2E356	2015/2/11 16:00	2015/2/11 17:30	30	1	0	2	¥10.00
帆A9785D	2015/2/11 16:00	2015/2/11 20:16	16	4	0	5	¥22.50
帆A06680	2015/2/11 16:16	2015/2/11 16:37	21	0	0	1	¥2.50
				停车总计：		总计	¥287.50
员工签名						日期	
经理签名						日期	

图5-29 计时停车收费表的参考效果

素材所在位置 光盘:\素材文件\第5章\课堂练习\计时停车收费表.xlsx

效果所在位置 光盘:\效果文件\第5章\课堂练习\计时停车收费表.xlsx

视频演示 光盘:\视频文件\第5章\使用日期与时间函数计算停车费用.swf

职业素养

收费类表格是一种针对性较强的工作簿，具有直观、简洁、一目了然等特点，在日常生活中应用广泛。而对于表格的要求，没有固定的格式，只需要版式简洁、条理清晰即可。停车收费计时表的内容应包括车牌号、停车时间、离开时间、应收金额等，根据停车场的不同还可以增加固定停车、临时停车、车位号、剩余车位数、当天的进出车辆总数、当天的停车收费总金额等项目。

2. 操作思路

完成本练习需要先利用函数计算停车的时间，再根据前面得出的结果累计一个整停车时间数值，然后通过这个数值来计算停车的费用，其操作思路如图5-30所示。

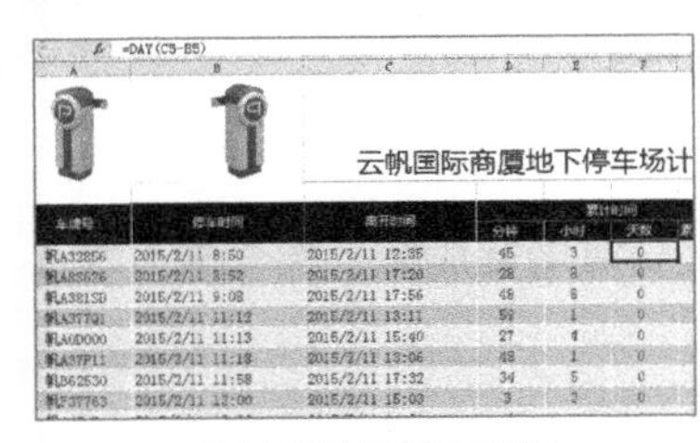

① 计算实际停车时间

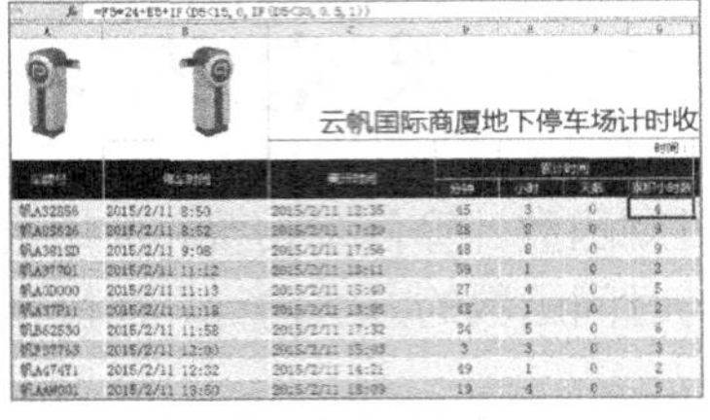

② 汇总停车时间

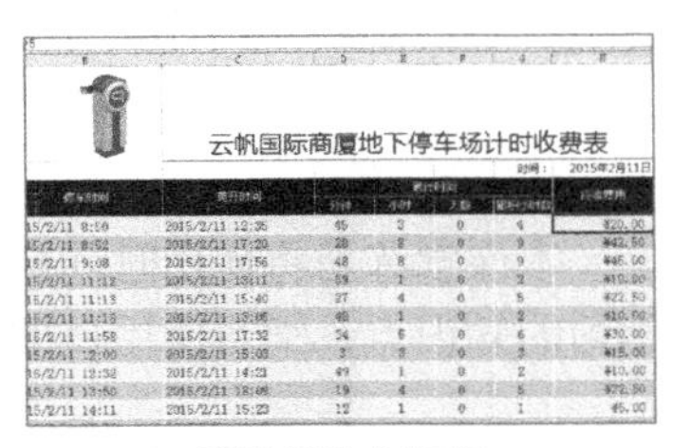

③ 计算停车费用

图5-30　使用时间与日期函数计算停车费用的制作思路

（1）打开素材文件“计时停车收费表.xlsx”工作簿，在D5单元格中插入MINUTE函数，公式为“=MINUTE(C5-B5)”，然后将函数复制到D6:D19单元格区域中。

（2）在E5单元格中插入HOUR函数，公式为“=HOUR(C5-B5)”，然后将函数复制到E6:E19单元格区域中。

（3）在F5单元格中插入DAY函数，公式为“=DAY(C5-B5)”，然后将函数复制到F6:F19单元格区域中。

（4）在G5单元格中输入公式“=F5*24+E5+IF(D5<15,0,IF(D5<30,0.5,1))”，然后将公式复制到G6:G19单元格区域中。

（5）在H5单元格中输入公式“=G5*5”，然后将公式复制到H6:H19单元格区域中。

（6）在H20单元格中插入SUM函数，公式为“=SUM(H5:H19)”，完成本例操作。

5.5.2 使用日期与时间函数计算考核时间

1. 练习目标

本练习的目标是在考核计时表中计算考核的时间。主要涉及TIME函数等日期与时间函数的相关知识。完成后的参考效果如图5-31所示。

2015年春季技能考核							
						开始时间：	9:30:00
工号	姓名	所属部门	完成时间	小时	分钟	累计分钟	累计用时
YF256	朱艳梅	销售部	10:21:30	0	51	51	0:51:30
YF446	刘海	人力资源部	10:55:12	1	25	85	1:25:12
YF355	莫天全	市场部	10:13:00	0	43	43	0:43:00
YF323	吴传峰	市场部	10:02:36	0	32	32	0:32:36
YF251	吴邦宪	销售部	10:18:59	0	48	48	0:48:59
YF491	马晓旭	人力资源部	10:07:46	0	37	37	0:37:46
YF261	车永莉	销售部	10:12:40	0	42	42	0:42:40
YF312	林新强	市场部	10:02:12	0	32	32	0:32:12
YF412	朱晓婷	人力资源部	10:10:25	0	40	40	0:40:25
YF466	王帆飞	人力资源部	10:12:15	0	42	42	0:42:15

图5-31　使用日期与时间函数计算考核时间的参考效果

素材所在位置　光盘:\素材文件\第5章\课堂练习\考核计时表.xlsx
效果所在位置　光盘:\效果文件\第5章\课堂练习\考核计时表.xlsx
视频演示　光盘:\视频文件\第5章\使用日期与时间函数计算考核时间.swf

2. 操作思路

完成本练习需要先计算总分，再为计算的结果设置格式，然后计算平均分，其操作思路如图5−32所示。

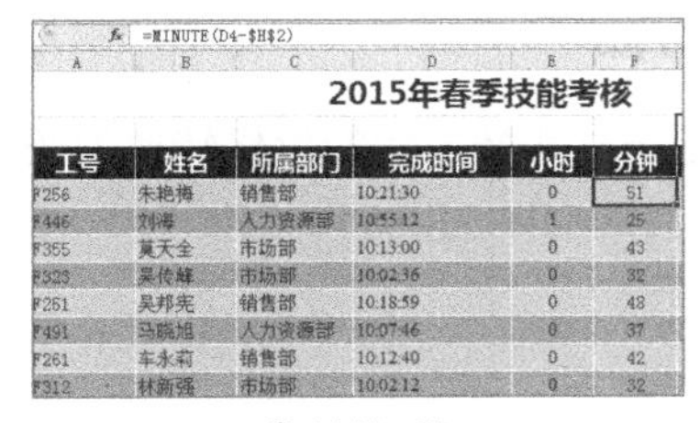

=MINUTE(D4-$H$2)

2015年春季技能考核

工号	姓名	所属部门	完成时间	小时	分钟
F256	朱艳梅	销售部	10:21:30	0	51
F446	刘海	人力资源部	10:55:12	1	25
F355	莫天全	市场部	10:13:00	0	43
F325	吴传峰	市场部	10:02:36	0	32
F251	吴邦宪	销售部	10:18:59	0	48
F491	马晓旭	人力资源部	10:07:46	0	37
F261	车永莉	销售部	10:12:40	0	42
F312	林新强	市场部	10:02:12	0	32

① 计算时间

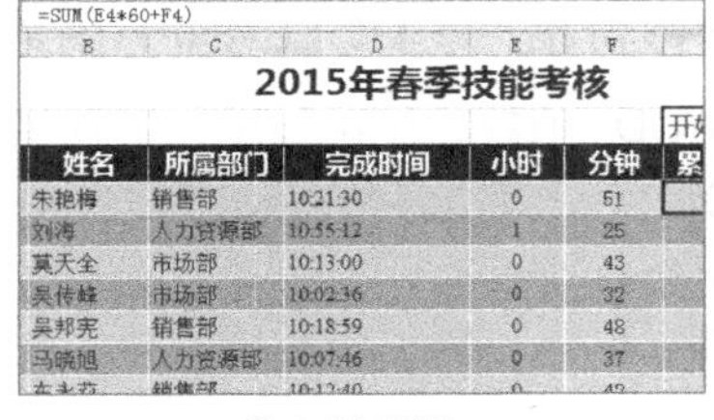

=SUM(E4*60+F4)

2015年春季技能考核

姓名	所属部门	完成时间	小时	分钟	累
朱艳梅	销售部	10:21:30	0	51	
刘海	人力资源部	10:55:12	1	25	
莫天全	市场部	10:13:00	0	43	
吴传峰	市场部	10:02:36	0	32	
吴邦宪	销售部	10:18:59	0	48	
马晓旭	人力资源部	10:07:46	0	37	
车永莉	销售部	10:12:40	0	42	

② 汇总时间

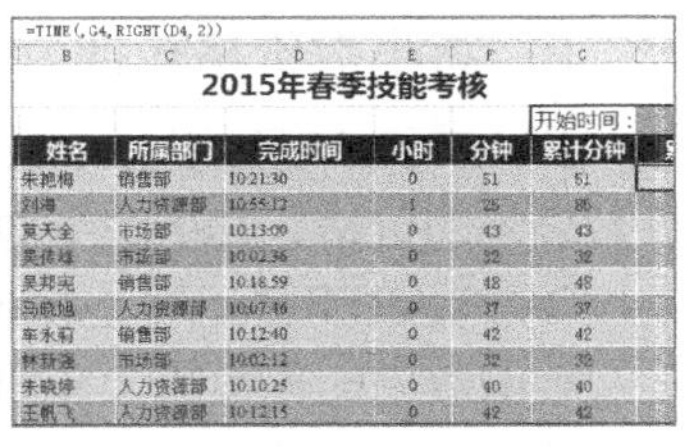

=TIME(,G4,RIGHT(D4,2))

2015年春季技能考核

开始时间：

姓名	所属部门	完成时间	小时	分钟	累计分钟
朱艳梅	销售部	10:21:30	0	51	51
刘海	人力资源部	10:55:12	1	25	85
莫天全	市场部	10:13:00	0	43	43
吴传峰	市场部	10:02:36	0	32	32
吴邦宪	销售部	10:18:59	0	48	48
马晓旭	人力资源部	10:07:46	0	37	37
车永莉	销售部	10:12:40	0	42	42
林新强	市场部	10:02:12	0	32	32
朱晓婷	人力资源部	10:10:25	0	40	40
王帆飞	人力资源部	10:12:15	0	42	42

③ 累计时间

图5−32 使用日期与时间函数计算考核时间的操作思路

（1）打开素材文件“考核计时表.xlsx”工作簿，在E4单元格中插入HOUR函数，公式为“=HOUR(D4−¥H¥2)”，然后将函数复制到E5:E13单元格区域中。

（2）在F4单元格中插入MINUTE函数，公式为“=MINUTE(D4−¥H¥2)”，然后将函数复制到F5:F13单元格区域中。

（3）在G4单元格中插入SUM函数，公式为“=SUM(E4*60+F4)”，然后将函数复制到G5:G13单元格区域中。

（4）在H4单元格中插入TIME和RIGHT函数，公式为“=TIME(,G4,RIGHT(D4,2))”，然后将函数复制到H5:H13单元格区域中。

（5）保存文档，完成操作。

5.6 拓展知识

下面主要介绍将分数价格转换为小数价格的函数和计算国库券的函数的相关知识。

1. 将分数价格转换为小数价格——DOLLARDE函数

DOLLARDE函数可以将按分数表示的价格转换为按小数表示的价格，如使用分数表示的证券价格，转换为按小数表示的数字，其语法结构为：

DOLLARDE(fractional_dollar,fraction)

在该函数中的各参数的含义如下。

◎ fractional_dollar：以分数表示的数字。

◎ fraction：分数中的分母，为一个整数且不能小于或等于0。

其中的参数fraction有以下注意事项。

◎ 如果fraction不是整数，将被截尾取整。

◎ 如果fraction小于0，函数DOLLARDE返回错误值#NUM!。

◎ 如果fraction 为0，函数DOLLARDE返回错误值#DIV/0!。

图5−33所示为函数的应用效果。

函数	结果	含义
=DOLLARDE(1.02,16)	1.125	将按分数表示的价格（读着一又十六分之二）转换为按小数表示的价格（1.125）
=DOLLARDE(1.1,32)	1.3125	将按分数表示的价格（读着一又三十二分之十）转换为按小数表示的价格（1.3125）

图5−33 DOLLARDE函数

知识提示

在实际工作中，DOLLARDE函数常常用于需要进行两个数据相除的情况下，一般不进行单独转换。

2. 将小数价格转换为分数价格——DOLLARFR函数

DOLLARFR函数与DOLLARDE函数的作用相反，主要用于将按小数表示的价格转换为按分数表示的价格，其语法结构为：

DOLLARFR(decimal_dollar,fraction)

该函数中的各参数含义如下。

◎ decimal_dollar：为小数。

◎ fraction：分数的分母，为一个整数且不能小于或等于0。

图5-34所示为函数的应用效果。

	A	B	C
1	函数	结果	含义
2	=DOLLARFR(1.5,20)	1.1	将按小数表示的价格转换为按分数表示的价格（读着一又二十分之一）
3	=DOLLARFR(2.1,10)	2.1	将按小数表示的价格转换为按分数表示的价格（读着一又十分之一）

图5-34 DOLLARFR函数

知识提示

转换为分数后仍会以小数的形式显示，但是将其读为分数的方法有所不同，其中分母由函数中的fraction参数决定。

3. 计算国库券等效收益——TBILLEQ函数

TBILLEQ函数主要用于计算面值为￥100国库券的等效收益率，其语法结构为：

TBILLEQ(settlement,maturity,discount)

该函数中的各参数的含义如下。

◎ settlement：为国库券的结算日。即在发行日之后，国库券卖给购买者的日期。

◎ maturity：为国库券的到期日。到期日是国库券有效期截止时的日期。

◎ discount：为国库券的贴现率。

例如在2014年3月1日购买了国库券，该证券在2015年3月1日到期，贴现率为8.88%，图5-35所示为通过TBILLEQ函数计算出的最终结果。

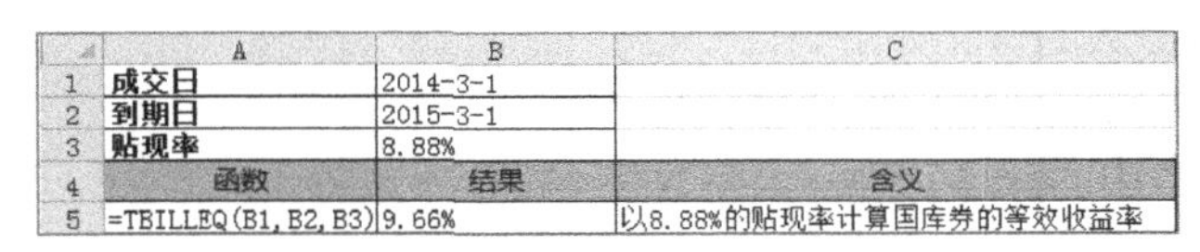

	A	B	C
1	成交日	2014-3-1	
2	到期日	2015-3-1	
3	贴现率	8.88%	
4	函数	结果	含义
5	=TBILLEQ(B1,B2,B3)	9.66%	以8.88%的贴现率计算国库券的等效收益率

图5-35 TBILLEQ函数

知识提示

国库券的结果需要手动设置单元格的格式为百分比格式。另外，成交日与到期日不能大于12个月，否则将返回错误值“#UNUM!”。

4. 计算国库券价格——TBILLPRICE函数

TBILLPRICE函数主要用于计算面值为￥100的国库券的价格，其语法结构为：

TBILLPRICE(settlement,maturity,discount)

该函数中的各参数的含义与TBILLEQ函数中的各参数含义相同。例如，在2014年3月1日购买了国库券，该证券在2015年3月1日到期，贴现率为8.88%，图5-36所示为使用TBILLPRICE函数计算出的最终结果。

	A	B	C
1	成交日	2014-3-1	
2	到期日	2015-3-1	
3	贴现率	8.88%	
4	函数	结果	含义
5	=TBILLPRICE(B1,B2,B3)	¥91.00	以8.88%的贴现率计算国库券的价格

图5-36　TBILLPRICE函数

知识提示

国库券的价格结果需要手动设置单元格的格式为货币格式。

5. 计算国库券收益率——TBILLYIELD函数

TBILLYIELD函数主要用于计算国库券的收益率。其语法结构为。

TBILLYIELD(settlement,maturity,pr)

在该函数中的pr参数的表示面值￥100的国库券的价格，其余的参数与TBILLPRICE函数中的参数含义相同。例如，2014年3月1日购买了国库券，该证券在2015年3月1日到期，国库券价格为￥90.97，图5-37所示为通过TBILLYIELD函数计算出的最终结果。

	A	B	C
1	成交日	2014-3-1	
2	到期日	2015-3-1	
3	价格	¥90.00	
4	函数	结果	含义
5	=TBILLYIELD(B1,B2,B3)	10.96%	以90元的价格计算国库券的收益率

图5-37　TBILLYIELD函数

知识提示

TBILLYIELD函数是将一年当作360天来计算，并指定成交日与到期日相隔不超过一年。

5.7 课后习题

（1）打开“倒计时.xlsx”工作簿，利用前面讲解的日期与时间函数的相关知识制作一个高考倒计时的天数表格。最终效果如图5-38所示。

提示： 在合并后的F5单元格中插入DATE函数和TODAY函数，输入公式为“=DATE(2015,6,7)-TODAY()&"天"”，按【Ctrl+Enter】组合键，看看结果和最终效果是否一致。

素材所在位置	光盘:\素材文件\第5章\课后习题\倒计时.xlsx
效果所在位置	光盘:\效果文件\第5章\课后习题\倒计时.xlsx
视频演示	光盘:\视频文件\第5章\制作高考倒计时.swf

图5-38 “倒计时”参考效果

（2）打开“员工考勤表.xlsx”素材文件，利用前面学习的TIMEVALUE函数来计算员工考勤表中迟到的时间。最终效果如图5-39所示。

	A	B	C	D	E
1	员工考勤表				
2				规定考勤时间	9:00
3	考勤日期	员工	出勤时间	误差时间	显示迟到时间
4	2015/1/28	李梅	9:32	32	32
5	2015/1/28	刘松	10:05	65	65
6	2015/1/28	李波	8:47	-13	没迟到
7	2015/1/28	蔡玉婷	8:05	-55	没迟到
8	2015/1/28	蔡云帆	8:55	-5	没迟到
9	2015/1/28	姚妮	8:50	-10	没迟到
10	2015/1/28	袁晓东	9:05	5	5
11	2015/1/28	卫利	9:01	1	1
12	2015/1/28	蒋伟	8:58	-2	没迟到
13	2015/1/28	朱建兵	9:21	21	21
14	2015/1/28	杜泽平	8:32	-28	没迟到

图5-39 “员工考勤表”参考效果

提示： 在D4单元格中插入函数TIMEVALUE函数，输入公式“=(TIMEVALUE(C4)-TIMEVALUE($E$2))*24*60”，并将该公式复制到D5:D14单元格区域中；在E4单元格中插入函数TIMEVALUE函数，输入公式“=IF((TIMEVALUE(C4)-TIMEVALUE($E$2))*24*60<=0,"没迟到",(TIMEVALUE(C4)-TIMEVALUE($E$2))*24*60)”，并将该公式复制到E5:E14单元格区域中。

素材所在位置 光盘:\素材文件\第5章\课后习题\员工考勤表.xlsx
效果所在位置 光盘:\效果文件\第5章\课后习题\员工考勤表.xlsx
视频演示 光盘:\视频文件\第5章\计算员工考勤表工作簿.swf

第6章 查找与引用函数

查找与引用函数用于在数据清单或者工作表中查找特定的数值，或者查找某一个单元格引用。查找与引用函数是Excel中比较常用的一类函数。本章将详细讲解在Excel中常见的查找与引用函数的功能和基本用法。

学习要点

◎ 查找数据、水平查找和垂直查找的函数

◎ 查找元素位置和在列表中选择值的函数

◎ 显示引用地、偏移引用位置和快速跳转的函数

◎ 返回引用的列标、行号、行数、列数的函数

◎ 返回区域数量、指定内容和显示引用的函数

学习目标

◎ 掌握查找函数的基本操作

◎ 掌握引用函数的基本操作

6.1 查找函数

查找函数主要用于在数据清单或工作表中查找特定数值。在Excel中，查找又分为了水平查找、垂直查找以及查找元素位置等查找方式，而这些不同的查找方式都需要不同的函数去执行。本节将对Excel中几个常用查找函数的使用方法进行介绍。

6.1.1 查找数据——LOOKUP函数

LOOKUP函数用于查找数据，它有两种语法形式：向量形式和数组形式。不同形式的语法结构也不相同，在使用方法上也有所差异。

1. LOOKUP函数的向量形式

LOOKUP函数的向量形式是在单行区域或单列区域（向量）中查找数值，然后返回第二个单行区域或单列区域中相同位置的数值，当要查找的值列表较大或值可能会随时间发生改变时，可以使用该向量形式，其语法结构为：

LOOKUP(lookup_value,lookup_vector,result_vector)

LOOKUP函数的向量形式包含3个参数，其含义分别如下。

◎ lookup_value：表示在第1个向量中查找的数值，可引用数字、文本或逻辑值等。

◎ lookup_vector：表示第1个包含单行或单列的区域，可以是文本、数字或逻辑值。

◎ result_vector：表示第2个包含单行或单列的区域，它指定的区域大小与“lookup_vector”必须相同。

知识提示

“lookup_vector”中的值必须以升序顺序放置，否则LOOKUP可能无法提供正确的值。如果LOOKUP找不到“lookup_value”，则它与“lookup_vector”中小于或等于“lookup_value”的最大值匹配。

图6-1所示为LOOKUP函数的向量形式的应用效果。

	A	B	C
1	2	1212	
2	5.5	1.333	
3	6.4	45	
4	函数	结果	含义
5	=LOOKUP(5.5,A1:A3,B1:B3)	1.333	在单元格区域A1:A3中查找5.5，并返回区域B1:B3中相应位置的值
6			
7			
8			

图6-1 LOOKUP函数的向量形式

2. LOOKUP函数的数组形式

LOOKUP的数组形式在数组的第一行或第一列中查找指定的值，并返回数组最后一行或最后一列内同一位置的值，其语法结构为：

LOOKUP(lookup_value,array)

LOOKUP函数的数组形式包含两个参数，其含义分别如下。

◎ lookup_value：表示在数组中搜索的值，它可以是数字、文本、逻辑值、名称或绝对值的引用。

◎ array：表示与“lookup_value”进行比较的数组。

在LOOKUP函数的数组形式中，如果找不到对应的值，那么会返回数组中小于或等于“lookup_value”参数的最大值；如果“lookup_value”小于第一行或第一列中的最小值，函数将会返回“#N/A”。

知识提示　当要匹配的值位于数组的第一行或第一列时，会使用LOOKUP的数组形式。当要指定列或行的位置时，则通常使用LOOKUP的向量形式。LOOKUP的数组形式还可以与其他工作簿程序兼容，其中的lookup_vector参数可以不区分大小写。

图6-2所示为LOOKUP函数的数组形式的应用效果。

	A	B	C
1	函数	结果	含义
2	=LOOKUP("c",{"a","b","c","d";1,2,3,4})	3	在数组的第一行中查找“C”，并返回同一列中最后一行的值
3	=LOOKUP("bump",{"a",1;"b",2;"c",3})	2	在数组的第一行中查找“bump”，并返回同一列中最后一行的值
4			
5			

图6-2　LOOKUP函数的数组形式

6.1.2　水平查找——HLOOKUP函数

HLOOKUP函数可以在数据库或数值数组的首行查找指定的数值，并在表格或数组中指定行的同一列中返回一个数值，其语法结构为：

HLOOKUP(lookup_value,table_array,row_index_num,range_lookup)

HLOOKUP函数中包含了4个参数，其含义分别如下。

◎ lookup_value：表示需要在数组第1行中查找的数值，可以为数值、引用或文本字符串。

◎ table_array：表示需要在其中查找数据的数据表，其第一行的数值可以为文本、数字或逻辑值。

◎ row_index_num：表示“table_array”中待返回的匹配值的行序号。当行序号小于1时，函数会返回错误值“#VALUE!”；而当其大于“table_array”的行数时，则会返回错误值“#REF!”。

◎ range_lookup：指明HLOOKUP函数在查找时是精确匹配，还是近似匹配。“range_lookup”参数可以为“TRUE”或“FALSE”，也可省略，其取值的意义如表6-1所示。

表 6-1　参数 range_lookup 的取值意义

range _ lookup 输入的值	表达的意义
TRUE 或省略	返回近似匹配值，如果找不到精确匹配值，则返回小于 lookup __ value 的最大数值，此时数据表中第一行的数据必须按升序排列，否则会出现错误
FALSE	函数将查找精确匹配值，如果找不到则返回错误值“#N/A！”，此时对数据表中第一行的数据不必进行排序

图6-3所示为HLOOKUP函数的应用效果。

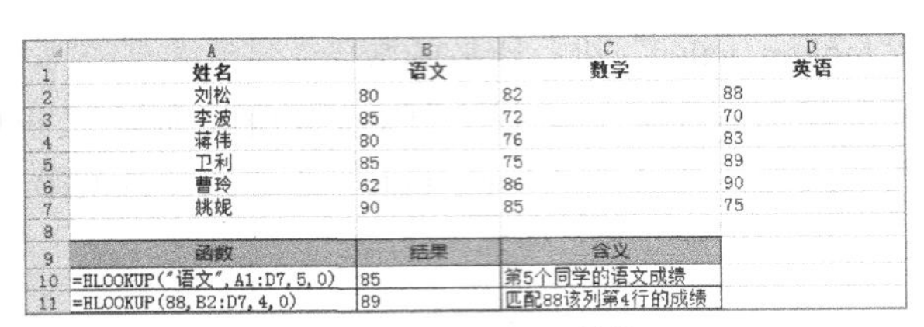

	A	B	C	D
1	姓名	语文	数学	英语
2	刘松	80	82	88
3	李波	85	72	70
4	蒋伟	80	76	83
5	卫利	85	75	89
6	曹玲	62	86	90
7	姚妮	90	85	75
8				
9	函数	结果	含义	
10	=HLOOKUP("语文",A1:D7,5,0)	85	第5个同学的语文成绩	
11	=HLOOKUP(88,B2:D7,4,0)	89	匹配88该列第4行的成绩	

图6-3 HLOOKUP函数

6.1.3 垂直查找——VLOOKUP函数

VLOOKUP函数可以在数据库或数值数组的首列查找指定的数值，并由此返回数据库或数组当前行中指定列的数值，其语法结构为：

VLOOKUP(lookup_value,table_array,col_index_num,range_lookup)

VLOOKUP函数中包含了4个参数，其含义分别如下。

◎ lookup_value：表示需要在数组第1列中查找的数值。

◎ table_array：表示需要在其中查找数据的数据表。

◎ col_index_num：表示"table_array"中待返回的匹配值的列序号。

◎ range_lookup：指定在查找时使用精确匹配还是近似匹配。

图6-4所示为VLOOKUP函数的应用效果。

	A	B	C
1	0.35	45	48
2	0.5	12	52
3	0.8563	56	61
4	1.568	50	71
5	5.258	15	75
6			
7	函数	结果	含义
8	=VLOOKUP(1.568,A1:C5,3)	71	在第一列中查找1.568，返回同行第3列的值
9	=VLOOKUP(0.6,A1:C5,2,FALSE)	#N/A	在第一列中查找0.6，找不到返回错误值

图6-4 VLOOKUP函数

知识提示

VLOOKUP函数与HLOOKUP、LOOKUP的数组形式非常相似。区别在于：HLOOKUP在第一行中搜索，VLOOKUP在第一列中搜索，而LOOKUP根据数组进行搜索。通常当比较值位于数据表的首行，并且要查找下面给定行中的数据时，可以使用函数HLOOKUP；当比较值位于要查找的数据左边的一列时，使用函数VLOOKUP则更加便捷。

6.1.4 查找元素位置——MATCH函数

MATCH函数可以在指定方式下返回与指定数值匹配的数组中元素的相应位置，其语法结构为：

MATCH(lookup_value,lookup_array,match_type)

MATCH函数中包含了3个参数，其含义分别如下。

◎ lookup_value：表示需要在数据表中查找的数值，可以是数字、文本或逻辑值或对数字、文本和逻辑值的单元格引用。

◎ lookup_array：表示可能包含所要查找的数值的连续单元格区域。

◎ match_type：用于指明以何种方式在“lookup_array”参数中查找“lookup_value”，应为数字“-1”、“0”或“1”，其取值的意义如表6-2所示。

表 6-2 参数 match_type 的取值意义

match_type 输入的值	表达的意义
-1	函数将查找大于或者等于 lookup_value 的最小数值，lookup_array 必须按降序排列
0	函数将查找等于 lookup_value 的第一数值，lookup_array 可以按任意顺序排列
1 或者省略	函数将查找小于或者等于 lookup_value 的最大数值，lookup_array 必须按升序排列

MATCH函数只能返回“lookup_array”中目标值的位置，而不是数值本身。查找文本值时，其不区分大小写字母。如果查找不成功，则返回错误值“#N/A”。如果“match_type”为“0”且“lookup_value”为文本，可以在“lookup_value”中使用通配符、问号和星号，该函数常与IF函数结合使用。

图6-5所示为MATCH函数的应用效果。

	A	B	C
1	产品名称	价格	
2	显示器	2000	
3	主机	1000	
4	机箱	800	
5			
6	函数	结果	含义
7	=MATCH(1000,B2:B4,0)	2	返回区域中等于1000值的位置
8	=MATCH(40,B2:B4,-1)	3	查找区域中大于40的值的最小的值的位置
9			

图6-5 MATCH函数

知识提示

如果需要查找的是匹配元素的位置，则应该使用MATCH函数；如果查找的是匹配元素本身，则应该使用LOOKUP函数。

6.1.5 在列表中选择值——CHOOSE函数

CHOOSE函数是根据给定的索引值，从参数列表中选出相应的值或操作。语法结构为：

CHOOSE(index_num,value1,value2,⋯)

CHOOSE函数包含2个参数，其含义分别如下。

◎ index_num：表示指定的参数值，它必须是1~254的数字，或者是值为1~254的公式或单元格引用。

◎ value：表示待选数据，其数量是可选的，为1~254个数值参数，可以为数字、单元格引用、定义名称、公式、函数或文本。

CHOOSE函数可基于索引号返回多达254个基于“index number”待选数值中的任一数值，如果“index_num”为“1”，函数CHOOSE将返回“value1”；如果为“2”，将返回“value2”，以此类推，如果“index_num”参数为一个数组，则将计算出每一个值。

如果“index_num”指定返回的“value”正好是单元格区域，得到的结果与公式的输入方式及选择存放结果的单元格数量有关，各输入方式的含义如下。

◎ **用常规方式输入**：如果CHOOSE函数的“index_num”参数指定的“value”是对单列单元格区域的引用，将返回该列单元格区域最上面一个单元格中的数据；如果“index_num”指定的“value”是对多列单元格区域的引用，将返回错误值“#VALUE”。

◎ **用数组方式输入**：如果“index_num”参数指定的“value”是对多列单元格区域的引用，但只选择了一个单元格存放结果时，按【Ctrl+Shift+Enter】组合键将得到该区域的第一个数据；如果选择了多个单元格存放结果时，以数组公式方式输入将返回对应的数组。

图6-6所示为CHOOSE函数的应用效果。

	A	B	C
1	1st	Jack	
2	2nd	Apple	
3	3rd	Tom	
4	完成	Hurricane	
5			
6	函数	结果	含义
7	=CHOOSE(2,A1,A2,A3,A4)	2nd	第二个参数的值
8	=CHOOSE(4,B1,B2,B3,B4)	Hurricane	第四个参数的值
9			

图6-6　CHOOSE函数

6.1.6　课堂案例1——利用查找函数查询员工信息

本案例要求在提供的素材文档中，利用查找函数查询员工的信息，其中涉及VLOOKUP函数的相关操作，完成后的参考效果如图6-7所示。

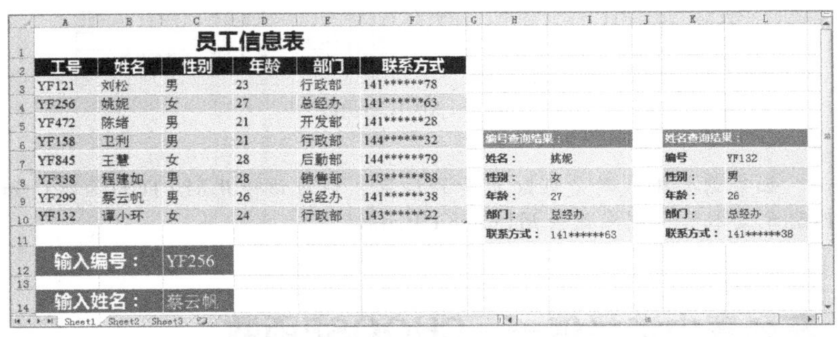
员工信息表

工号	姓名	性别	年龄	部门	联系方式
YF121	刘松	男	23	行政部	141******78
YF256	姚妮	女	27	总经办	141******63
YF472	陈绪	男	21	开发部	141******28
YF158	卫利	男	21	行政部	144******32
YF845	王慧	女	28	后勤部	144******79
YF338	程建如	男	28	销售部	143******88
YF299	蔡云帆	男	26	总经办	141******38
YF132	谭小环	女	24	行政部	143******22

输入编号：YF256
输入姓名：蔡云帆

编号查询结果：
姓名：姚妮
性别：女
年龄：27
部门：总经办
联系方式：141******63

姓名查询结果：
编号 YF132
性别：男
年龄：26
部门：总经办
联系方式：141******38

Sheet1 Sheet2 Sheet3

图6-7　利用查找函数查询员工信息的参考效果

素材所在位置　光盘:\素材文件\第6章\课堂案例1\员工信息表.xlsx

效果所在位置　光盘:\效果文件\第6章\课堂案例1\员工信息表.xlsx

视频演示　光盘:\视频文件\第6章\利用查找函数查询员工信息.swf

（1）打开素材文件“员工信息表.xlsx”工作簿，在C12单元格中输入要查找的员工编号“YF256”，选择I7单元格，单击“插入函数”按钮 fx，打开“插入函数”对话框，在“或选择类别”下拉列表框中选择“查找与引用”选项，在“选择函数”列表框中选择“VLOOKUP”选项，单击 确定 按钮，如图6-8所示。

（2）打开“函数参数”对话框，在“Lookup_value”文本框中输入“C12”，在“Table_

array”文本框中输入“A3:B10”，在“Col_index_num”文本框中输入“2”，在“Range_lookup”文本框中输入“0”，单击 确定 按钮，如图6-9所示。

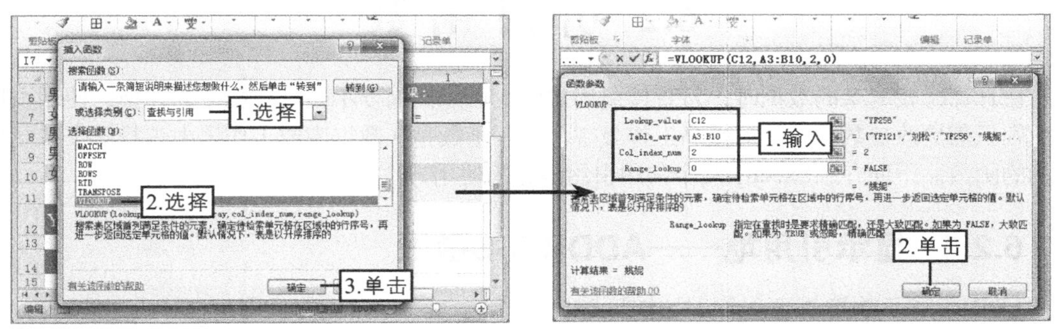

图6-8 选择函数　　图6-9 设置参数

（3）选择I8单元格，继续插入VLOOKUP函数，参数设置如图6-10所示。

（4）选择I9单元格，继续插入VLOOKUP函数，参数设置如图6-11所示。

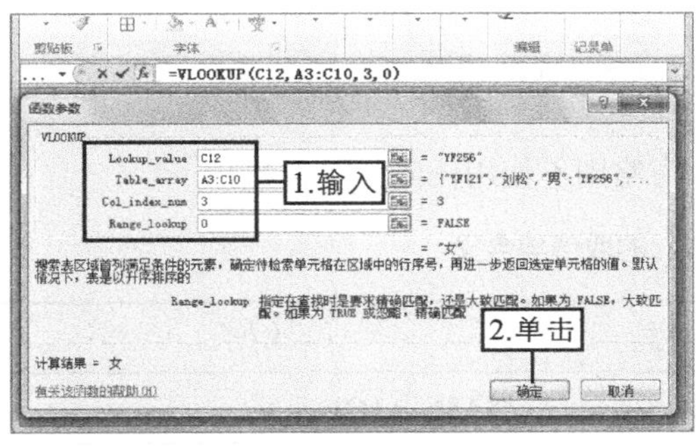

图6-10 设置I8单元格函数参数

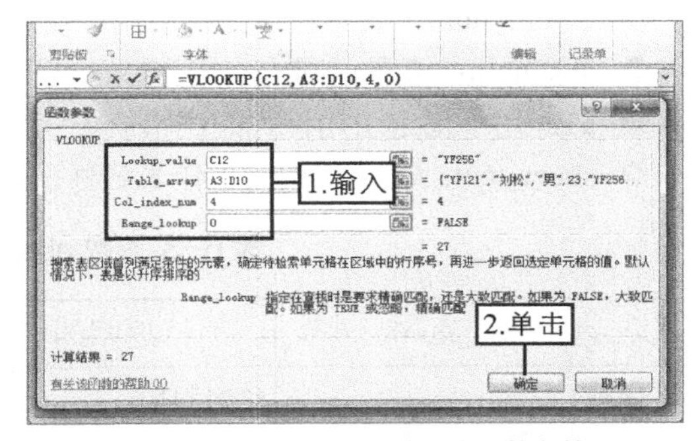

图6-11 设置I9单元格函数参数

（5）用同样的方法在I10和I11单元格中插入VLOOKUP函数，函数公式分别为“=VLOOKUP(C12,A3:E10,5,0)”和“=VLOOKUP(C12,A3:F10,6,0)”。

（6）在C14单元格中输入要查找的员工姓名“蔡云帆”，选择L7单元格，继续插入VLOOKUP函数，设置参数如图6-12所示。

（7）选择L8单元格，继续插入VLOOKUP函数，参数设置如图6-13所示。

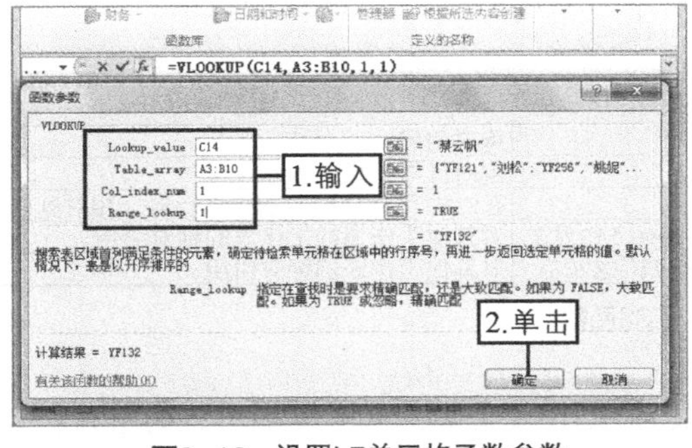

图6-12 设置L7单元格函数参数

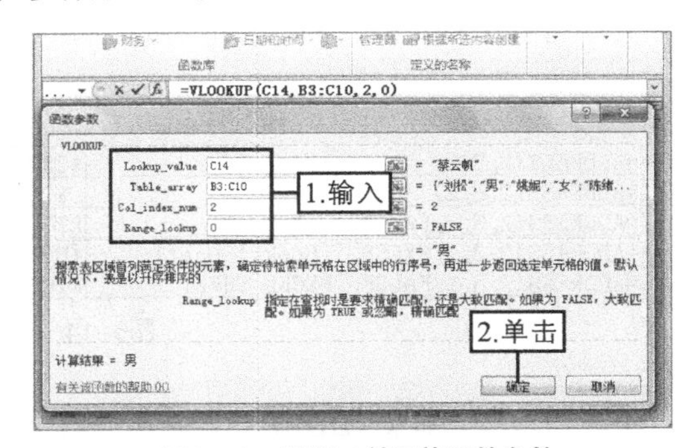

图6-13 设置L8单元格函数参数

（8）用同样的方法在L9、L10和L11单元格中插入VLOOKUP函数，函数公式分别为“=VLOOKUP(C14,B3:D10,3,0)”“=VLOOKUP(C14,B3:E10,4,0)”和

"=VLOOKUP(C14,B3:F10,5,0)"，保存文档，完成本案例的操作。

6.2 引用函数

在计算比较复杂的数据时，若直接引用数值，可能会需要不断进行相应的转换，使用引用函数则只需更改参数值，从而提高工作效率。引用函数是在数据库或工作表中查找某个单元格引用的函数。下面介绍Excel中几个常用引用函数的使用方法。

6.2.1 显示引用地——ADDRESS函数

ADDRESS函数指创建一个以文本方式对工作簿中某一个单元格的引用，其语法结构为：ADDRESS(row_num,column_num,abs_num,a1,sheet_text)

ADDRESS函数中包含了5个参数，其含义分别如下。

◎ row_num：表示在单元格引用中使用的行号。

◎ colum_num：表示在单元格引用中使用的列标。

◎ abs_num：表示返回的引用类型，其取值与含义如表6-3所示。

◎ a1：用于指定引用样式的逻辑值。

◎ sheet_text：表示引用的工作表名称，如果省略则不使用任何工作表名。

表 6-3 参数 abs_num 的取值与含义

参数 abs_num	返回的引用类型	例子
1 或省略	绝对引用	$A$1, R1C1
2	绝对引用，相对列标	A$1, R1C[1]
3	相对引用，绝对列标	$A1, R[1]C1
4	相对引用	A1, R[1]C[1]

如函数为"=ADDRESS(3,2)"，返回的结果将会是第3行第2列的单元格绝对地址，而如果函数为"=ADDRESS(3,2,3,FALSE)"，返回的结果将会是该单元格的R1C1格式的混合引用地址，其中行号是相对的，列标是绝对的。图6-14所示为ADDRESS函数的应用效果。

	A	B	C
1	函数	结果	含义
2	=ADDRESS(2,3)	$C$2	绝对引用
3	=ADDRESS(2,3,2)	C$2	绝对行号，相对列标
4	=ADDRESS(2,3,2,FALSE)	R2C[3]	在R1C1引用样式中的绝对行号，相对列标
5	=ADDRESS(2,3,1,FALSE,"[Book1]Sheet1")	[Book1]Sheet1!R2C3	对其他工作簿或工作表的绝对引用
6	=ADDRESS(2,3,1,FALSE,"EXCEL SHEET")	EXCEL SHEET'!R2C3	对其他工作表的绝对引用

图6-14 ADDRESS函数

知识提示

如果ADDRESS函数的"a1"参数为TRUE或省略，将返回A1样式的引用；如果"a1"为FALSE，则返回R1C1样式的引用。

6.2.2 返回引用的列标、行号——COLUMN、ROW函数

COLUMN函数、ROW函数分别用于返回引用的列标、行号，其语法结构为：

COLUMN(reference)

ROW(reference)

在这两个函数中都有一个共同的参数“reference”，该参数表示需要得到其列标、行号的单元格。在使用该函数时，“reference”参数可以引用单元格，但是不能引用多个区域，当引用的是单元格区域时，将返回引用区域第1个单元格的列标。

图6-15所示为两个函数的应用效果。

	A	B	C
1	函数	结果	含义
2	=COLUMN(B7)	2	单元格B7位于第2列
3	=COLUMN(A5)	1	单元格A5位于第1列
4			
5	=ROW()	5	函数所在行的行号
6	=ROW(C11)	11	引用C11单元格所在行的行号

图6-15 COLUMN函数和ROW函数

操作技巧

如果在A1单元格中输入函数“=COLUMN(A1:C1)”，按【Enter】键后，再选择A3:C3单元格区域并按【F2】键，接着再按【Ctrl+Shift+Enter】组合键，可以在A3:C3单元格区域中一次返回A1:C1单元格区域的列号。

6.2.3 返回引用的行数、列数——COLUMNS、ROWS函数

COLUMNS函数、ROWS函数分别用于返回引用或数组的列数、行数，其语法结构为：

COLUMNS(array)

ROWS(array)

在这两个函数中都有一个共同的参数“array”，该参数表示需要得到其列数或行数的数组、数组公式或对单元格区域的引用。COLUMNS函数与ROWS函数的使用方法与COLUMN函数与ROW函数相同，图6-16所示为两个函数的应用效果。

	A	B	C
1	函数	结果	含义
2	=COLUMNS(B7)	1	单元格B7占一列
3	=COLUMNS(A5:B7)	2	单元格区域A5:B7占两列
4			
5	=ROWS(C7)	1	单元格C7占一行
6	=ROWS(C7:F11)	5	单元格区域C7:F11占五行

图6-16 COLUMNS函数和ROWS函数

6.2.4 返回区域数量——AREAS函数

AREAS函数可以返回引用中涉及的区域个数，其语法结构为：

AREAS(reference)

在该函数中的“reference”参数表示对某个单元格或单元格区域的引用，也可以是对多个区域的引用。如果“reference”参数需要将几个引用指定为一个参数，则必须用括号括起来，否则Excel将提示输入太多的参数。

图6-17所示为AREAS函数的应用效果。

	A	B	C
1	函数	结果	含义
2	=AREAS(C2:D4)	1	引用中包含1个区域
3	=AREAS((C2:D4,E5,F6:I9))	3	引用中包含3个区域
4	=AREAS(C2:D4 D3)	1	引用中包含1个区域

图6-17　AREAS函数

6.2.5 返回指定内容——INDEX函数

INDEX函数分为数组型和引用型两种形式，不同形式的函数，其语法结构不相同，在使用方法上也有所差异，下面分别进行介绍。

1. INDEX函数的数组形式

INDEX函数的数组形式用于返回列表或数组中的指定值，语法结构为：

INDEX(array,row_num,column_num)

INDEX函数的数组形式包含3个参数，其含义分别如下。

◎ array：表示单元格区域或数组常量。

◎ ow_num：表示数组中的行序号。

◎ colum_num：表示数组中的列序号。

图6-18所示为INDEX函数的数组形式的应用效果。

	A	B	C
1	苹果	菠萝	1
2	香蕉	桃子	2
3			
4	函数	结果	含义
5	=INDEX(A1:A2,2)	香蕉	因为只有一列，返回第2行的值
6	=INDEX(A1:B2,2,2)	桃子	返回第2行第2列的值
7	=INDEX(A1:B2,3,1)	#REF!	因为只有两行，返回错误值
8	=INDEX({2,8,3;2,5,6},2,2)	5	返回第2行第2列的值
9	=INDEX({2,8,3;2,5,6},0,2)	{8;5}	返回数组中第2列的值

图6-18　INDEX函数的数组形式

知识提示

以数组形式输入INDEX函数时，如果数组有多行，将“column_num”参数设为“0”，则返回的是数组中的整行；如果数组有多列，并将“row_num”参数设为“0”，则返回的是数组中的整列；如果数组有多行和多列，将“row_num”和“column_num”参数均设为“0”，则返回的是整个数组的对应数值。

2. INDEX函数的引用形式

INDEX函数的引用形式也用于返回列表和数组中的指定值，但通常返回的是引用，其语法结构为：

INDEX(reference,row_num,colum_num,area_num)

INDEX函数的引用形式中包含了4个参数，其含义分别如下。

◎ reference：表示对一个或多个单元格区域的引用。

◎ row_num：表示引用中的行序号。

◎ colum_rum：表示引用中的列序号。

◎ area_num：当“reference”有多个引用区域时，用于指定从其中某个引用区域返回指定值。该参数如果省略，则默认为第1个引用区域。

在该函数中，如果“reference”参数需要将几个引用指定为一个参数时，必须用括号括起来，第一个区域序号为1，第二个为2，以此类推。如函数“=INDEX((A1:C6,A5:C11),1,2,2)”中，参数“reference”由两个区域组成，就等于“(A1:C6, A5:C11)”，而参数“area_num”的值为2，指第二个区域（A5:C11），然后求该区域第1行第2列的值，最终返回的将是B5单元格的值。图6-19所示为INDEX函数的引用形式的应用效果。

	A	B	C
1	苹果	菠萝	1
2	香蕉	桃子	2
3			
4	函数	结果	含义
5	=INDEX(A1:B2,1,2)	菠萝	返回区域中第1行第2列中的数据
6	=INDEX((A1:B2,B1:C2),2,2,1	桃子	返回第1个区域中第2行第2列中的数据
7	=INDEX((A1:B2,C2),2,0,1)	{"香蕉";"桃子"}	以数组形式返回第1个引用区域的第2行的值
8			

图6-19　INDEX函数的引用形式

6.2.6 返回显示引用——INDIRECT函数

INDIRECT函数用于返回由文本字符串指定的引用，并立即对引用进行计算，显示其内容，其语法结构为：

INDIRECT(ref_text,a1)

INDIRECT函数中包含2个参数，其含义分别如下。

◎ ref_text：表示对单元格的引用。

◎ a1：输入为逻辑值，表示指定返回的引用样式。

在该函数的参数中，如果ref_texf是对另一个工作簿数据的引用，则该工作簿必须打开，否则将返回错误值#REF!；如果ref_text不是合法的单元格引用时，也会返回错误值#REF!。当a1参数为TRUE或省略时，ref_text被解释为A1样式的引用；如果a1为FALSE，则被解释为R1C1样式的引用。图6-20所示为INDIRECT函数的应用效果。

	A	B	C
1	B1	812	
2	B2	1.324	
3	B3	36	
4			
5	函数	结果	含义
6	=INDIRECT($A$1)	812	单元格A1中的引用值
7	=INDIRECT($A$2)	1.324	单元格A2中的引用值
8			

图6-20　INDIRECT函数

6.2.7 偏移引用位置——OFFSET函数

OFFSET函数能够以指定的引用为参照系，通过给定的偏移量得到新的引用，其语法结构为：

OFFSET(reference,rows,cols,height,width)

OFFSET函数中包含了5个参数，其含义分别如下。

◎ reference：表示作为偏移量参照系的引用区域。

◎ rows：表示相对偏移量参照系左上角的单元格上（下）偏移的行数。

◎ cols：表示相对偏移量参照系左上角的单元格左（右）偏移的列数。

◎ height：表示返回的引用区域的行数。

◎ width：表示返回的引用区域的列数。

图6-21所示为OFFSET函数的应用效果。

6	函数	结果	含义
7	=OFFSET(C3,2,3,1,1)	0	显示单元格F5中的值
8	=SUM(OFFSET(C3:E5,-1,0,3,3)	0	对数据区域C2:E4求和
9	=OFFSET(C3:E5,0,-3,3,3)	#REF!	返回错误值，因为引用的区域不在工作表中

图6-21　OFFSET函数

知识提示

OFFSET函数的使用范围比较局限，常与其他函数结合使用，而且方法非常简单，大家不必花过多时间深入学习。

6.2.8 快速跳转——HYPERLINK函数

HYPERLNK函数可以为存储在网络服务器、Intranet或主机中的文件创建一个超级链接，其语法结构为：

HYPERLINK(link_location,friendly_name)

HYPERLNK函数包含2个参数，其含义分别如下。

◎ link_location：表示文档的路径和文件名。可以是存储在硬盘驱动器中的文件，也可以是服务器或者Internet或者Intranet上的路径，甚至可以是指向文档中的某个更为具体的位置。

◎ friendly_name：表示单元格中显示的跳转文本值或数字值。单元格的内容为蓝色并带有下画线，如果省略此参数，单元格则将link_location显示为跳转文本。

图6-22所示为HYPERLINK函数的应用效果。

	A	B	C
1	函数	结果	含义
2	=HYPERLINK("http://www.baidu.com/","进入百度网站")	进入百度网站	链接到百度网站
3	=HYPERLINK("G:\稿子\Excel数据处理与分析应用教程\第6章.indd","第6章")	第6章	计算机G盘中的文件“第6章”

图6-22　HYPERLINK函数

知识提示

若要删除超级链接以及表示超链接的文字，只需在包含超级链接的单元格上单击鼠标右键，在弹出的快捷菜单中选择“清除内容”命令。

6.2.9 课堂案例2——利用引用函数跳转到网址

本案例要求在提供的素材文件中利用引用函数创建超级链接，其中涉及HYPERLINK函数的相关操作，完成后的参考效果如图6-23所示。

素材所在位置　光盘:\素材文件\第6章\课堂案例2\Excel学习网站推荐.xlsx

效果所在位置　光盘:\效果文件\第6章\课堂案例2\Excel学习网站推荐.xlsx

视频演示　光盘:\视频文件\第6章\利用引用函数跳转到网络.swf

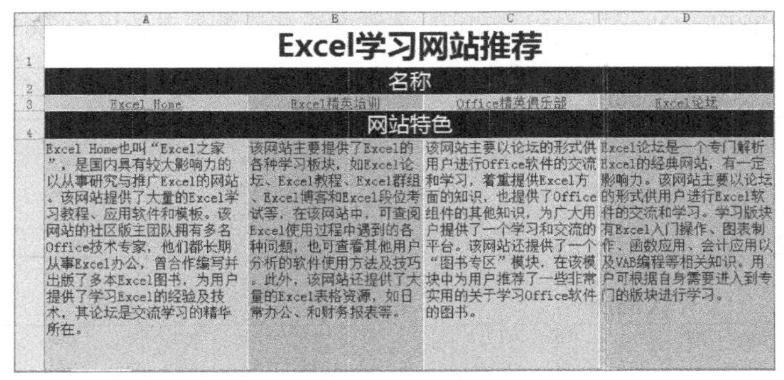

Excel学习网站推荐			
名称			
Excel Home	Excel精英培训	Office精英俱乐部	Excel论坛
网站特色			
Excel Home也叫“Excel之家”，是国内具有较大影响力的以从事研究与推广Excel的网站。该网站提供了大量的Excel学习教程、应用软件和模板。该网站的社区版主团队拥有多名Office技术专家，他们都长期从事Excel办公，曾合作编写并出版了多本Excel图书，为用户提供了学习Excel的经验及技术，其论坛是交流学习的精华所在。	该网站主要提供了Excel的各种学习板块，如Excel论坛、Excel教程、Excel群组、Excel博客和Excel段位考试等，在该网站中，可查阅Excel使用过程中遇到的各种问题，也可查看其他用户分析的软件使用方法及技巧。此外，该网站还提供了大量的Excel表格资源，如日常办公、和财务报表等。	该网站主要以论坛的形式供用户进行Office软件的交流和学习，着重提供Excel方面的知识，也提供了Office组件的其他知识，为广大用户提供了一个学习和交流的平台。该网站还提供了一个“图书专区”模块，在该模块中为用户推荐了一些非常实用的关于学习Office软件的图书。	Excel论坛是一个专门解析Excel的经典网站，有一定影响力。该网站主要以论坛的形式供用户进行Excel软件的交流和学习。学习版块有Excel入门操作、图表制作、函数应用、会计应用以及VAB编程等相关知识。用户可根据自身需要进入到专门的版块进行学习。

图6-23　利用引用函数跳转到网络的参考效果

（1）打开素材文件“Excel学习网站推荐.xlsx”工作簿，选择A3单元格，单击“插入函数”按钮 *fx*，打开“插入函数”对话框，在“或选择类别”下拉列表框中选择“查找与引用”选项，在“选择函数”列表框中选择“HYPERLNK”选项，单击 确定 按钮，如图6-24所示。

（2）打开“函数参数”对话框，在“Link_location”文本框中输入““http://www.excelhome.net/”，在“Friendly_name”文本框中输入“Excel Home”，单击 确定 按钮，如图6-25所示。

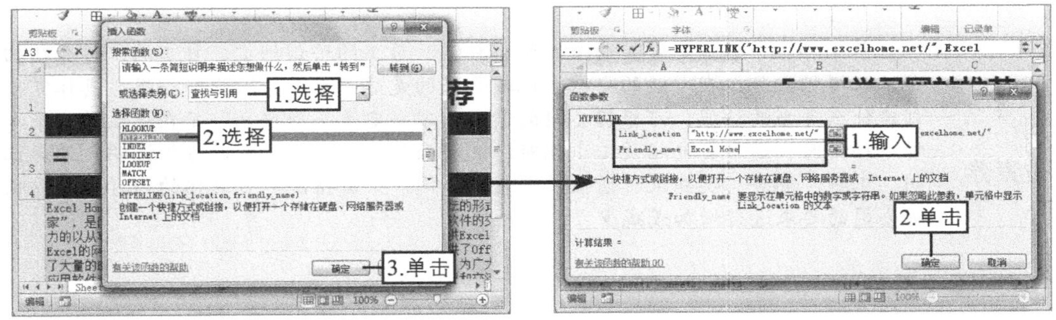

图6-24　选择函数　　图6-25　设置函数参数

（3）用同样的方法在B3、C3和D3单元格中插入HYPERLNK函数，函数公式分别为“=HYPERLINK("http://www.excelpx.com/","Excel精英培训")”、“=HYPERLINK("http://www.officefans.net/","Office精英俱乐部")”和“=HYPERLINK("http://www.exceljy.com/","Excel论坛")”，保存文档，完成本例操作。

6.3 课堂练习

本课堂练习将使用查找与引用函数制作个人简历和评定员工等级，综合练习本章学习的知识点，学习使用查找与引用函数的具体操作。

6.3.1 使用查找与引用函数制作个人简历

1. 练习目标

本练习的目标是利用员工个人资料档案来制作个人简历。在练习过程中主要涉及IF函数、

VLOOKUP函数和ISERROR函数的相关知识。本练习完成后的参考效果如图6-26所示。

个人简历					
姓名	李波	性别	男	年龄	28
籍贯	四川	工号	YF324	部门	销售部
毕业院校	上海财经大学		学历	本科	
专业	工商管理		入职时间	2008/6/1	
联系电话	141******23				

个人简历					
姓名	蔡云帆	性别	男	年龄	21
籍贯	上海	工号	YF227	部门	人事部
毕业院校	复旦大学		学历	硕士	
专业	人力资源管理		入职时间	2009/11/1	
联系电话	142******42				

个人简历					
姓名	姚妮	性别	女	年龄	24
籍贯	四川	工号	YF112	部门	总经办
毕业院校	四川大学		学历	硕士	
专业	工商管理		入职时间	2008/3/1	
联系电话	145******50				

个人简历					
姓名	刘松	性别	男	年龄	28
籍贯	重庆	工号	YF587	部门	技术部
毕业院校	上海财经大学		学历	博士	
专业	软件开发		入职时间	2010/5/1	
联系电话	147******79				

图6-26　个人简历的参考效果

素材所在位置　光盘:\素材文件\第6章\课堂练习\员工档案.xlsx

效果所在位置　光盘:\效果文件\第6章\课堂练习\员工档案.xlsx

视频演示　光盘:\视频文件\第6章\使用查找与引用函数制作个人简历.swf

职业素养

员工档案一般分为员工的个人资料档案、员工的培训档案、员工的工作业绩档案、人事档案等。在一般的公司中比较普遍的是建立员工个人资料档案，具体需要创建什么类型的档案，可根据公司的需求，不一定要全部建立。而在建立员工个人资料档案时，通常会包括员工求职时给的个人简历，入职人员的身份证明、学历证明、工种、职务、奖罚表、请假单、员工合同、家庭情况等。具体的内容则需要根据公司的要求进行增加或减少。

2. 操作思路

完成本练习需要先在个人简历对应的单元格中输入基本的函数公式，再在其他单元格中输入函数公式，并通过输入姓名来得出整个简历表格，然后复制简历，并修改其中的函数公式等，其操作思路如图6-27所示。

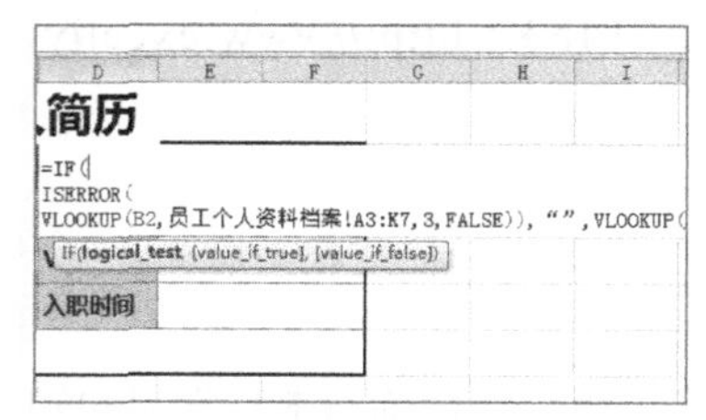

① 输入基本公式

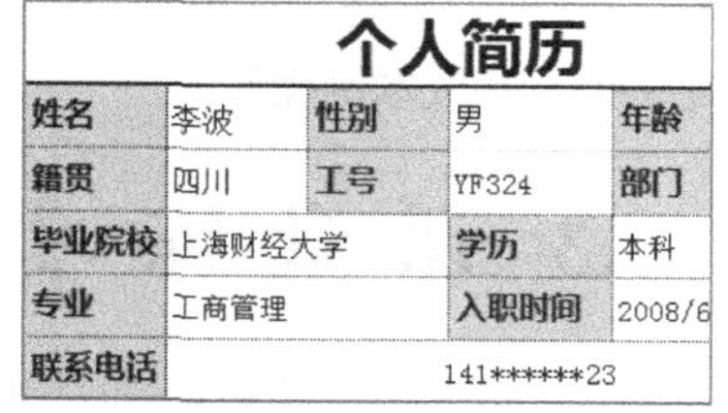

② 完成基本简历

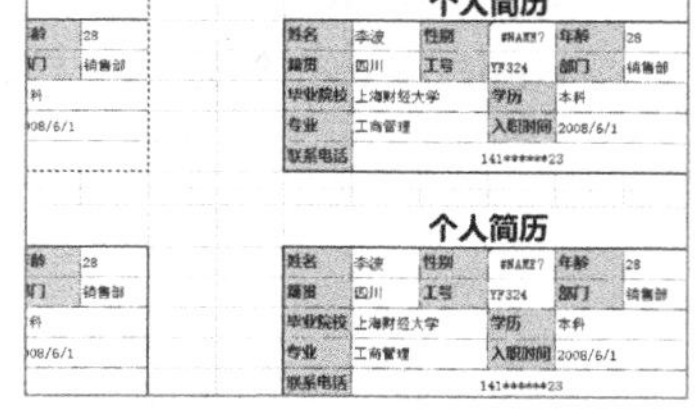

③ 复制单元格

图6-27　使用查找与引用函数制作个人简历的制作思路

（1）打开素材文件“员工档案.xlsx”工作簿，选择“简历”工作表，在D2单元格中输入函数“=IF(ISERROR(VLOOKUP(B2,员工个人资料档案!￥A￥3:￥K￥9,3,FALSE)),"",VLOOKUP(B2,员工个人资料档案!￥A￥3:￥K￥9,3,FALSE))”，按【Enter】键显示返回的结果。

知识提示

公式“=IF(ISERROR(VLOOKUP(B2,员工个人资料档案!A3:K9,3,FALSE)),"",VLOOKUP(B2,员工个人资料档案!A3:K9,3,FALSE))”表示如果VLOOKUP(B2,员工个人资料档案！A3:K9,3,FALSE)返回的值错误，则返回空文本，否则就返回VLOOKUP(B2,员工个人资料档案！A3:K9,3,FALSE)的值。嵌套公式VLOOKUP(B2,员工个人资料档案！A3:K9,3,FALSE)表示在“员工个人资料档案”工作表的A3至K9单元格中查找与个人简历中B2单元格对应的数据。

（2）在F2单元格中输入“=IF(ISERROR(VLOOKUP(¥B¥2,员工个人资料档案!¥A¥3:¥K¥9,4,FALSE)),"",VLOOKUP(¥B¥2,员工个人资料档案!¥A¥3:¥K¥9,4,FALSE))”。

（3）在F3单元格中输入“=IF(ISERROR(VLOOKUP(¥B¥2,员工个人资料档案!¥A¥3:¥K¥9,2,FALSE)),"",VLOOKUP(¥B¥2,员工个人资料档案!¥A¥3:¥K¥9,2,FALSE))”。

（4）在D3单元格中输入“=IF(ISERROR(VLOOKUP(¥B¥2,员工个人资料档案!¥A¥3:¥K¥9,5,FALSE)),"",VLOOKUP(¥B¥2,员工个人资料档案!¥A¥3:¥K¥9,5,FALSE))”。

（5）在B3单元格中输入“=IF(ISERROR(VLOOKUP(¥B¥2,员工个人资料档案!¥A¥3:¥K¥9,6,FALSE)),"",VLOOKUP(¥B¥2,员工个人资料档案!¥A¥3:¥K¥9,6,FALSE))”。

（6）在B4单元格中输入“=IF(ISERROR(VLOOKUP(¥B¥2,员工个人资料档案!¥A¥3:¥K¥9,7,FALSE)),"",VLOOKUP(¥B¥2,员工个人资料档案!¥A¥3:¥K¥9,7,FALSE))”。

（7）在B5单元格中输入“=IF(ISERROR(VLOOKUP(¥B¥2,员工个人资料档案!¥A¥3:¥K¥9,8,FALSE)),"",VLOOKUP(¥B¥2,员工个人资料档案!¥A¥3:¥K¥9,8,FALSE))”。

（8）在B6单元格中输入“=IF(ISERROR(VLOOKUP(¥B¥2,员工个人资料档案!¥A¥3:¥K¥9,11,FALSE)),"",VLOOKUP(¥B¥2,员工个人资料档案!¥A¥3:¥K¥9,11,FALSE))”。

（9）在E4单元格中输入“=IF(ISERROR(VLOOKUP(¥B¥2,员工个人资料档案!¥A¥3:¥K¥9,9,FALSE)),"",VLOOKUP(¥B¥2,员工个人资料档案!¥A¥3:¥K¥9,9,FALSE))”。

（10）在E5单元格中输入“=IF(ISERROR(VLOOKUP(¥B¥2,员工个人资料档案!¥A¥3:¥K¥9,10,FALSE)),"",VLOOKUP(¥B¥2,员工个人资料档案!¥A¥3:¥K¥9,10,FALSE))”。

（11）在B2单元格中输入正确的员工姓名（都在“员工个人资料档案”工作表中），在前面这些输入了函数公式的单元格中将会显示对应的信息。

（12）选择A1:F6单元格区域，将其复制到A9、I1和I9单元格，并设置10～14行的行高为“25”。

（13）修改新建的3个简历表格中的函数公式，A9:F14单元格区域中用于定位的数值是B10和¥B¥10，I1:N6单元格区域中用于定位的数值是J2和¥J¥2，I9:N14单元格区域中用于定位的数值是J10和¥J¥10。

知识提示

ISERROR函数（语法结构为ISERROR(value)）用于测试函数返回的数值是否有错，如果有错，该函数返回TRUE，反之返回FALSE。

6.3.2 使用查找与引用函数评定员工等级

1. 练习目标

本练习的目标是在员工等级评定表中计算员工的等级，主要涉及HLOOKUP函数的相关知识。完成后的参考效果如图6-28所示。

D7 =HLOOKUP(B7,B2:F4,3,TRUE)

	A	B	C	D	E	F
1	员工等级评定表					
2	销售额上限	￥15,000	￥20,001	￥40,001	￥60,001	￥80,001
3	销售额下限	￥20,000	￥40,000	￥60,000	￥80,000	￥100,000
4	员工等级	★	★★	★★★	★★★★	★★★★★
5						
6						
7	输入员工销售额	45000	员工等级	★★★		

图6-28　员工等级评定后的参考效果

素材所在位置　光盘:\素材文件\第6章\课堂练习\员工等级评定表.xlsx
效果所在位置　光盘:\效果文件\第6章\课堂练习\员工等级评定表.xlsx
视频演示　光盘:\视频文件\第6章\使用查找与引用函数评定员工等级.swf

2. 操作思路

完成本练习需要先输入函数，再输入评定等级的条件，然后计算等级，其操作思路如图6-29所示。

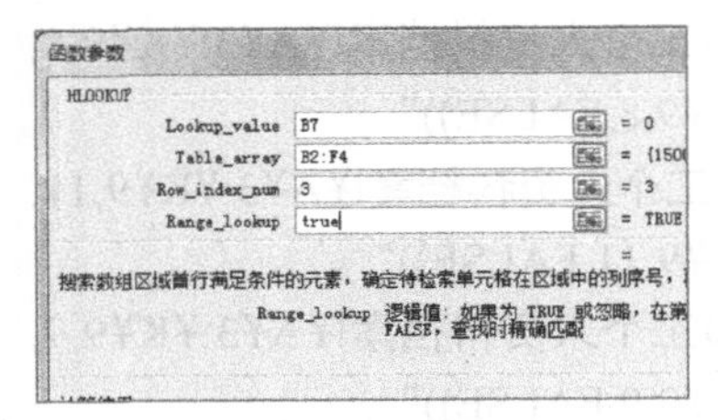

① 输入函数

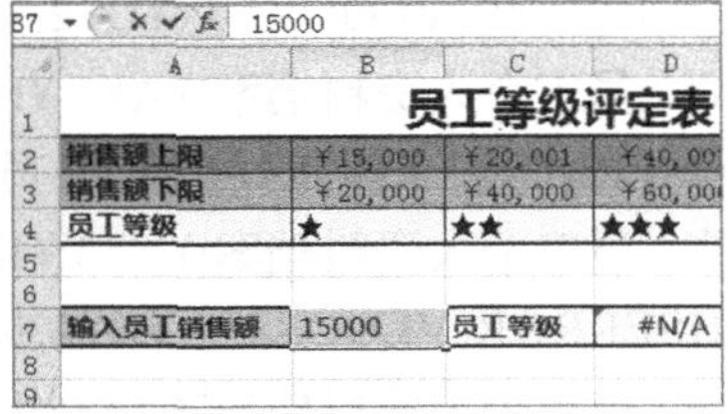

② 输入条件

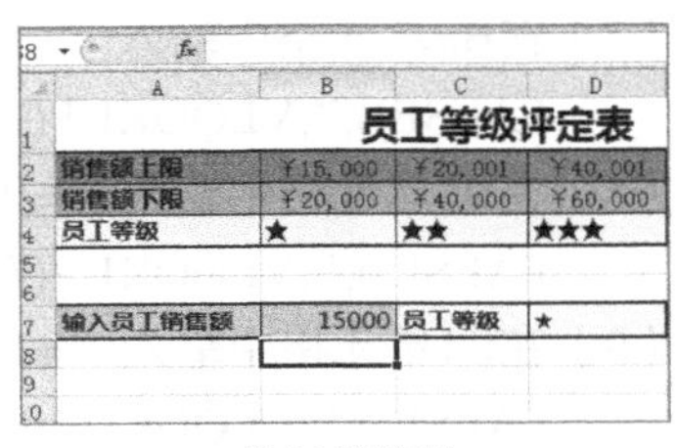

③ 计算等级

图6-29　使用查找与引用函数评定员工等级的操作思路

（1）打开素材文件“员工等级评定表.xlsx”工作簿，选择D7单元格，插入函数HLOOKUP。
（2）设置HLOOKUP函数的参数，“Lookup_value”为“B7”，“Table_array”为“B2:F4”，“Row_index_num”为“3”，“Range_lookup”为“true”。
（3）在B7单元格中输入某个员工的销售额，按【Enter】键，在D7单元格中即可显示员工的等级，保存文档，完成操作。

6.4 拓展知识

下面主要介绍其他一些查找与引用函数的相关知识。

1. 读取实时数据——RTD函数

RTD可用于从支持COM自动化的程序中检索出实时数据，其语法结构为：

RTD(ProgID,server,topic1,topic2,...)

RTD函数包含的3个参数的含义分别如下。

◎ ProgID：表示已安装在本地计算机上、经过注册的COM自动化的“ProgID”名称，该名称用引号引起来。

◎ server：即运行加载宏的服务器的名称。如果没有服务器，程序是在本地计算机上运行，那么该参数为空白；否则，需用引号将服务器的名称引起来。

◎ topic1, topic2, ···：为1~253个参数，这些参数放在一起代表一个唯一的实时数据。

在本地计算机上创建并注册RTD COM自动化加载宏。如果未安装实时数据服务器，则在试图使用RTD函数时将在单元格中出现一则错误消息。如果服务器继续更新结果，那么与其他函数不同，RTD公式将在Microsoft Excel处于自动计算模式下进行更改。

2. 提取数据——GETPIVOTDATA函数

GETPIVOTDATA函数可返回存储在数据透视表中的数据。如果报表中的汇总数据可见，GETPIVOTDATA则可以从中检索汇总数据。语法结构为：

GETPIVOTDATA(data_field,pivot_table,field1,item1,field2,item2,···)

GETPIVOTDATA函数中的各参数含义分别如下。

◎ data_field：包含要检索的数据的数据字段的名称，用引号引起。

◎ pivot_table：在数据透视表中对任何单元格、单元格区域或定义的单元格区域的引用。该信息用于决定哪个数据透视表包含要检索的数据。

◎ field1, item1, field2, item2：为1~126对用于描述要检索的数据的字段名和项名称，能够以任何次序排列。字段名和项名称用引号引起来。

GETPIVOTDATA函数主要用于提取存储在数据透视表中的数据，而数据透视表的相关知识将会在后面的章节中进行讲解。在输入函数时，同样可以使用引用单元格的方法输入，该函数的计算中可以包含计算字段、计算项及自定义计算方法。

3. 转置单元格区域——TRANSPOSE函数

TRANSPOSE函数可用来返回转置单元格区域，即将一行单元格区域转置成一列单元格区域，反之相同。语法结构为：

TRANSPOSE(array)

在该函数中，只有“array”一个参数，用于表示需要进行转置的数组或工作表中的单元格区域。使用TRANSPOSE函数可在工作表中转置数组的垂直和水平方向，如果在行列数分别与需要转换的行列数相同的区域中，必须将TRANSPOSE输入数组公式。

知识提示

数组的转置就是，将数组的第一行作为新数组的第一列，数组的第二行作为新数组的第二列，以此类推。

6.5 课后习题

（1）打开“员工个人信息表.xlsx”工作簿，利用前面讲解的LOOKUP函数的向量形式的使用方法查询员工的个人信息。最终效果如图6-30所示。

提示：先选择B3:B16单元格区域，在【开始】→【编辑】组中单击“排序和筛选”按钮，在打开的列表中选择“升序”选项，将表格中的数据升序排列。然后在B20、B21和B22单元格中分别插入函数，公式为“=LOOKUP(B19,B3:B16,C3:C16)”、

“=LOOKUP(B19,B3:B16,F3:F16)”和“=LOOKUP(B19,B3:B16,H3:H16)”。

素材所在位置　光盘:\素材文件\第6章\课后习题\员工个人信息表.xlsx

效果所在位置　光盘:\效果文件\第6章\课后习题\员工个人信息表.xlsx

视频演示　光盘:\视频文件\第6章\查询员工个人信息.swf

公司员工个人信息表

入职日期	员工姓名	性别	出生日期	籍贯	学历	基本工资	所属职位	联系电话	级别
2006/2/9	蔡云帆	男	1981/9/3	四川成都	中专	￥ 1,200.00	销售代表	1497429****	★★
2004/9/8	陈绪	女	1978/9/4	四川乐山	本科	￥ 1,200.00	行政助理	1489540****	★
2005/1/3	陈怡曼	女	1980/2/7	浙江杭州	本科	￥ 1,200.00	财务人员	1430756****	★
2002/8/9	崔天天	男	1978/5/7	北京	本科	￥ 1,200.00	技术员	1421514****	★
2000/4/8	胡建军	男	1980/4/9	上海	大专	￥ 1,500.00	运输员	1434786****	★★
2006/9/1	黄颖	女	1984/5/8	湖南长沙	本科	￥ 1,200.00	技术员	1410753****	★
1999/2/5	李波	男	1975/8/2	四川简阳	本科	￥ 2,400.00	行政主任	1454589****	★★★
2005/3/7	李廷相	男	1982/1/8	湖北武汉	本科	￥ 1,200.00	技术员	1472508****	★
2004/6/7	刘松	男	1981/5/6	四川成都	大专	￥ 2,400.00	销售经理	1494563****	★★★
2000/7/4	马鑫	女	1976/3/6	贵州贵阳	本科	￥ 2,400.00	财务主管	1464295****	★★★
2005/1/8	瑞雯	女	1982/9/9	浙江永嘉	本科	￥ 1,200.00	业务员	1467024****	★
2005/8/5	徐辉	男	1974/1/2	重庆	高中	￥ 800.00	后勤人员	1475813****	★
2003/8/8	杨静	女	1979/2/8	四川自贡	大专	￥ 1,200.00	业务员	1454130****	★
2003/7/2	袁晓东	男	1979/5/3	四川乐山	大专	￥ 1,500.00	运输员	1496765****	★★

需查询的员工信息

员工姓名	黄颖
性别	女
学历	本科
职位	技术员

图6-30　查询员工个人信息参考效果

知识提示

使用LOOKUP函数时，要求查询条件按照升序排列，否则返回的值可能会出现错误。

（2）打开“销售等级评定表.xlsx”工作簿，利用前面讲解的VLOOKUP函数来进行等级评定。最终效果如图6-31所示。

提示：在G4单元格中插入VLOOKUP函数，函数公式为“=VLOOKUP(F4,$A$4:$C$8,3)”，并将该公式复制到G5:G13单元格区域中。

素材所在位置　光盘:\素材文件\第6章\课后习题\销售等级评定表.xlsx

效果所在位置　光盘:\效果文件\第6章\课后习题\销售等级评定表.xlsx

视频演示　光盘:\视频文件\第6章\评定员工销售等级.swf

销售等级评定表

等级评定标准 单位：万元				3月份员工实际销售业绩 单位：万元		
业绩上限	业绩下限	等级		姓名	实际业绩	等级
0	60	销售员		徐文明	23.36	销售员
61	75	销售师		程建如	59.23	销售员
76	85	高级销售师		吴庆才	87.88	销售总监
86	95	销售总监		李国春	45.89	销售员
96	200	业务董事		王玉娟	90.29	销售总监
				唐雪梅	97.26	业务董事
				郑亚斌	77.88	高级销售师
				陈青云	96.3	业务董事
				李波	115.28	业务董事
				王毅	68.69	销售师

图6-31　销售等级评定表参考效果

第7章 数学与三角函数

使用Excel进行数据处理与分析时，不可避免地会遇到各种数学计算，为了提高运算速度和丰富运算的方法，就需要使用数学与三角函数。因此，本章将详细讲解在Excel中常见的数学与三角函数的功能和基本用法。

学习要点

◎ 取数字的绝对值、求组合数、获取数字的正负号的函数

◎ 计算指数的乘幂、对数、余数、乘积、随机数的函数

◎ 按条件求和、求平方和的函数

◎ 计算数值和、分类汇总、对数平方差之和、对数平方和之和的函数

◎ 计算弧度值、正弦值、反正弦值、余弦值、反余弦值、正切值、反正切值的函数

学习目标

◎ 掌握基本数学函数的常用操作

◎ 掌握求和函数的基本操作

◎ 掌握三角函数的基本操作

7.1 基本数学函数

数学函数主要用于数学计算，如求和、数字取整和四舍五入等，同时也可以进行较为复杂的数学计算，如求某个单元格区域中满足多个给定条件的数值总和等。本节将详细讲解最常用的基本数学函数的基础知识。

7.1.1 取数字的绝对值——ABS函数

ABS函数用来返回数字的绝对值，其中绝对值没有符号。语法结构为：

ABS(number)

参数“number”表示为需要计算其绝对值的实数。图7-1所示为ABS函数的应用效果。

	A	B	C	D
1		24	-36	
2	函数		结果	含义
3	=ABS(800)		800	正数的绝对值是它本身
4	=ABS(-800)		800	负数的绝对值去掉负号
5	=ABS(C1)		36	参数可以是单元格的引用
6	=ABS(C1-B1)		60	参数可以是表达式

图7-1　ABS函数

7.1.2 求组合数——COMBIN函数

COMBIN函数用来计算从给定数目的对象集合中提取若干对象的组合数，利用函数COMBIN可以确定一组对象所有可能的组合数。语法结构为：

COMBIN(number,numbe_chosen)

该函数各参数的含义如下。

◎ number：表示项目的数量。

◎ number_chosen：表示每一组合中项目的数量。

知识提示

组合数与对象内部的排列顺序无关，对象组合只是对象整体的任意集合或子集。组合数与排列数不同，排列数与对象内部的顺序有关。

在参数的使用过程中应该注意以下几点。

◎ COMBIN函数的参数只能是正数数值，并且数字参数截尾取整。

◎ 如果参数为非数值型，则函数COMBIN返回错误值“#VALUE!”。

◎ 如果“number<0”“number_chosen<0”“number<number_chosen”，COMBIN返回错误值“#NUM!”。

图7-2所示为COMBIN函数的应用效果。

	A	B	C
1	函数	结果	含义
2	=COMBIN(5,2)	10	从5中选2个组合数
3	=COMBIN(5.2,2.2)	10	参数为小数，计算时截尾取整
4	=COMBIN(-5,2)	#NUM!	参数值为小数
5	=COMBIN(5,A1)	#VALUE!	参数为非数值型

图7-2　COMBIN函数

7.1.3 计算指数的乘幂——EXP函数

EXP函数用来返回e的n次幂。常数e等于2.71828182845904，是自然对数的底数。语法结构为：

EXP(number)

其中参数“number”为应用于底数e的指数。图7-3所示为EXP函数的应用效果。

	A	B	C
1		3.6	
2	函数	结果	含义
3	=EXP(1)	2.718282	返回e的近似值
4	=EXP(B1)	36.59823	参数为单元格的引用
5	=EXP(2.3)	9.974182	e的2.3次方

图7-3　EXP函数

知识提示

EXP函数是计算自然对数LN函数的反函数，LN函数的相关知识将在接下来的小节中详细讲解。

7.1.4 计算对数——LN、LOG和LOG10函数

在Excel中，计算对数的数学函数有LN、LOG、LOG10三种，下面分别进行介绍。

1. LN函数

LN函数的功能是计算某个数的自然对数，其语法结构为：

LN(number)

其中参数“number”是用于计算其自然对数的正实数，自然对数以常数项e为底，LN函数是求幂函数EXP的反函数。图7-4所示为LN函数的应用效果。

	A	B	C
1		-2	
2	函数	结果	含义
3	=LN(1)	0	1的自然对数为0
4	=LN(2.718281828)	1	指数与底数相同的对数为1
5	=LN(10)	2.302585	10的自然对数
6	=LN(B1)	#NUM!	指数为负，返回错误信息

图7-4　LN函数

2. LOG函数

LOG函数的功能是根据指定的底数返回某个数的对数，语法结构为：

LOG(number,base)

其中参数“number”是用于计算对数的正实数，base为对数的底数，如果省略底数，则认为其值为10。图7-5所示为LOG函数的应用效果。

	A	B	C
1		-2	
2	函数	结果	含义
3	=LOG(1,2)	0	底数为1的对数为0
4	=LOG(10,10)	1	指数与底数相同的对数为1
5	=LOG(10)	1	默认以10为底数
6	=LOG(B1)	#NUM!	指数为负，返回错误信息

图7-5　LOG函数

3. LOG10函数

LOG10函数的功能是计算以10为底的对数，语法结构为：

LOG10(number)

其中参数“number”是表示用于常用对数计算的正实数。图7-6所示为LOG10函数的应用效果。

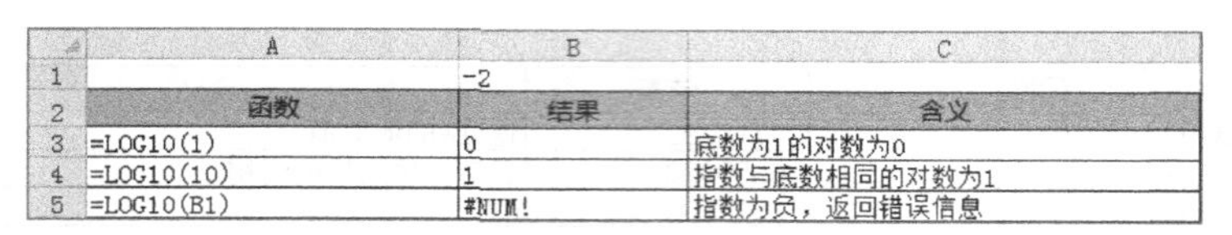

	A	B	C
1		-2	
2	函数	结果	含义
3	=LOG10(1)	0	底数为1的对数为0
4	=LOG10(10)	1	指数与底数相同的对数为1
5	=LOG10(B1)	#NUM!	指数为负，返回错误信息

图7-6　LOG10函数

7.1.5　计算余数——MOD函数

MOD函数用来返回两数相除后的余数，结果的正负号与除数相同，语法结构为：

MOD(number,divisor)

各参数的含义如下。

◎ number：表示被除数。

◎ divisor：表示除数。

如果divisor为“0”，函数MOD将返回错误值“#DIV/0！”。图7-7所示为MOD函数的应用效果。

	A	B	C
1	函数	结果	含义
2	=MOD(26,6)	2	26除以6的余数为2
3	=MOD(26,-6)	-4	26除以-6的余数为-4
4	=MOD(-26,-6)	-2	(-26)除以-6的余数为-2

图7-7　MOD函数

7.1.6　计算乘积——PRODUCT函数

PRODUCT函数将所有以参数形式给出的数字相乘，并返回乘积值。语法结构为：

PRODUCT(number1,number2,…)

其中参数是要相乘的1到255个数字，也可以是单元格区域。图7-8所示为PRODUCT函数的应用效果。

	A	B	C	D	E
1		3	6	9	
2	函数		结果		含义
3	=PRODUCT(2,5,12)		120		计算2,5和12的乘积
4	=PRODUCT(B1:D1)		162		参数为单元格的引用
5	=PRODUCT(4,B1:D1)		648		参数为单元格的引用和数值
6	=PRODUCT("3",6)		18		将文本型数据转换为数值
7	=PRODUCT(TRUE,5,2)		10		忽略不能转换为数值的文本
8	=PRODUCT(TRUE,"3")		#NAME?		不能转换为数字的文本，返回错误值

图7-8　PRODUCT函数

知识提示

当参数为数字、逻辑值或者数字的文字表达式时，可以被计算；当参数为错误值或者不能转换成数字的文字时，将导致错误。如果参数为数组或者引用，则只有其中的数字被计算，数组或者引用中的空白单元格、逻辑值、文本或者错误值将被忽略。

7.1.7 获取数字的正负号——SIGN函数

SIGN函数用来返回数字的符号，其语法结构为：

SIGN(number)

其中参数“number”为任意实数。当“number”为正数时返回“1”，为零时返回“0”，为负数时返回“-1”。

7.1.8 计算随机数——RAND函数

RAND函数返回大于等于0及小于1的均匀分布随机实数，每次计算工作表时都将返回一个新的随机实数。语法结构为：

RAND()

该函数没有参数，由于返回的数值具有随机性，因此同一公式返回的值并不相同，而且只要对工作表内容进行过任何修改，该函数都会随机返回一个新的数值取代原来的数值。

如果要把随机数返回0~100之间的随机实数，可使用RAND函数。图7-9所示为RAND函数的应用效果。

	A	B	C
1	函数	结果	含义
2	=RAND()	0.346185004	返回0到1之间的随机数
3	=RAND()	0.256723842	返回0到1之间的随机数
4	=RAND()*(7-3)+3	4.387518547	返回3到7之间的随机数

图7-9　RAND函数

知识提示

如果工作表中使用了随机函数，当对工作表内容有所改动时，所有使用了该函数的单元格的值会再随机产生一次，并替换当前值。如想生成的随机数变成固定值，可以在编辑栏中输入“=RAND()”后保持编辑状态，然后按【F9】键，将公式永久性地改为随机数。该操作相当于使用“选择性粘贴”功能将公式转换成数值。

7.1.9 课堂案例1——利用数学函数分析股票信息

本案例要求在提供的素材文档中，利用数学函数分析股票信息，其中涉及ABS函数的相关操作，完成后的参考效果如图7-10所示。

上半月股票信息分析表				
日期	开盘价	收盘价	跌涨情况	跌涨金额
1日	8.12	7.99	跌	0.13
2日	8.11	8.22	涨	0.11
3日	8.31	8.58	涨	0.27
4日	8.62	8.88	涨	0.26
5日	8.68	9	涨	0.32
8日	9.05	9.3	涨	0.25
9日	9.32	9.6	涨	0.28
10日	9.68	10.01	涨	0.33
11日	9.95	10.12	涨	0.17
12日	10.02	9.84	跌	0.18

图7-10　利用数学函数分析股票信息的参考效果

素材所在位置　光盘:\素材文件\第7章\课堂案例1\半月股票信息分析.xlsx
效果所在位置　光盘:\效果文件\第7章\课堂案例1\半月股票信息分析.xlsx
视频演示　光盘:\视频文件\第7章\利用数学函数分析股票信息.swf

（1）打开素材文件“半月股票信息分析.xlsx”工作簿，选择D3单元格，单击“插入函数”按钮 fx，打开“插入函数”对话框，在“或选择类别”下拉列表框中选择“逻辑”选项，在“选择函数”列表框中选择“IF”选项，单击 确定 按钮，如图7-11所示。

（2）打开“函数参数”对话框，在“Logical_test”文本框中输入“C3>B3”，在“Value_if_true”文本框中输入“涨”，在“Value_if_false”文本框中输入“IF(C3<B3,"跌","平")”，单击 确定 按钮，如图7-12所示。

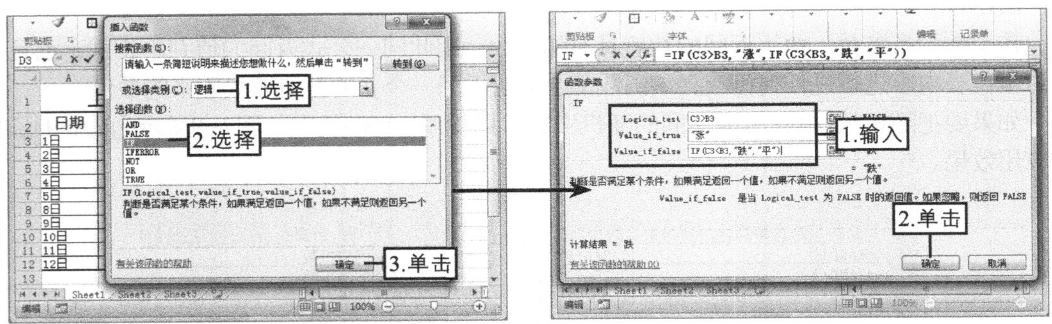

图7-11　选择函数　　　　图7-12　设置参数

（3）将D3单元格中的公式复制到D4:D12单元格区域中，单击“自动填充选项”按钮右侧的按钮，在打开的列表中单击选中“不带格式填充”单选项。

（4）选择E3单元格，单击“插入函数”按钮 fx，打开“插入函数”对话框，在“或选择类别”下拉列表框中选择“数学与三角函数”选项，在“选择函数”列表框中选择“ABS”选项，单击 确定 按钮，如图7-13所示。

（5）打开“函数参数”对话框，在“Number”文本框中输入“C3-B3”，单击 确定 按钮，如图7-14所示。

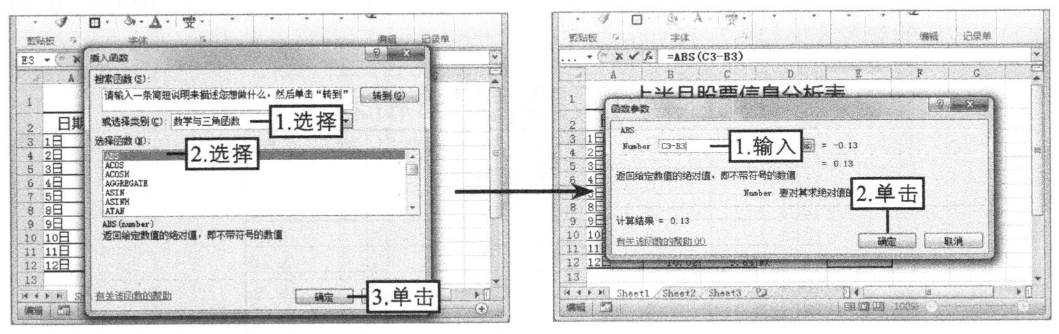

图7-13　选择函数　　　　图7-14　设置参数

（6）将E3单元格中的公式复制到E4:E12单元格区域中，单击“自动填充选项”按钮右侧的按钮，在打开的列表中单击选中“不带格式填充”单选项。

（7）选择D3:D12单元格区域，在【开始】→【样式】组中单击“条件格式”按钮，在打开

的列表中选择【突出显示单元格规则】→【文本包含】菜单命令，如图7-15所示。

（8）打开“文本中包含”对话框，在“为包含以下文本的单元格设置格式”文本框中输入“涨”，在“设置为”下拉列表框中选择“浅红填充色深红色文本”选项，完成后单击 确定 按钮，如图7-16所示。

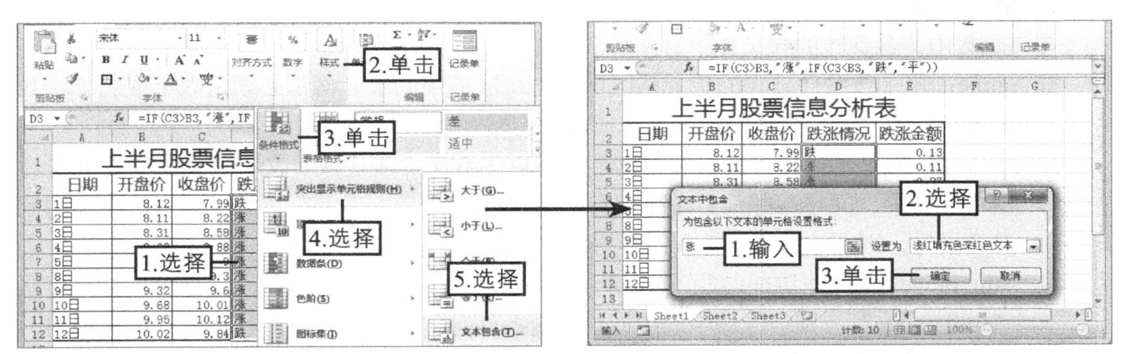

图7-15 选择操作

图7-16 设置条件格式

（9）在【开始】→【样式】组中单击“条件格式”按钮，在打开的列表中选择【突出显示单元格规则】→【文本包含】菜单命令，打开“文本中包含”对话框，在“为包含以下文本的单元格设置格式”文本框中输入“跌”，在“设置为”下拉列表框中选择“绿填充色深绿色文本”选项，完成后单击 确定 按钮，保存文档，完成本案例的操作。

7.2 求和函数

求和函数是Excel中最常使用的函数，常用于汇总连续的或者不连续的单元格中相应的数据，还可根据条件定义需要汇总的数据，十分方便。

7.2.1 计算数值和——SUM函数

SUM函数用来计算某一单元格区域中所有数字之和，是Excel中使用最多的函数之一。语法结构为：

SUM(number1,number2,···)

◎ number1：需要相加的第一个数值参数，这是必须的。

◎ number2,···：需要相加的2到255个数值参数，这是可选的。

在该函数中，每个参数都可以是区域、单元格引用、数组、常量、公式或另一个函数的结果。图7-17所示为SUM函数的应用效果。

	A	B	C	D	E
1		16	9	TRUE	16:35:00
2	函数		结果		含义
3	=SUM(8,B1)		24		参数可以是数字和单元格的引用
4	=SUM(B1:D1)		25		引用中的逻辑值被忽略
5	=SUM(B1:C1,TRUE)		26		直接输入的逻辑值被转化为数字，TRUE的逻辑值为1
6	=SUM("16",9)		25		直接输入的文本被计算
7	=SUM(D1:E1)		0.690972		时间被转化为数字被计算

图7-17 SUM函数

7.2.2 按条件求和——SUMIF函数

SUMIF函数可根据指定条件对若干单元格进行求和。它与SUM函数相比，除了具有SUM函数的求和功能之外，还可按条件求和。语法结构为：

SUMIF(range,criteria,sum_range)

在该函数中，各参数的含义如下。

◎ range：用于按条件计算的单元格区域，每个区域中的单元格都必须是数字或名称、数组或包含数字的引用。空值和文本值将被忽略。

◎ criteria：为单元格相加的条件，其形式可以为数字、表达式、文本、通配符、问号、星号。其中，问号匹配任意单个字符，星号匹配任意一串字符。如果要查找实际的问号或星号，则在该字符前键入波形符"~"即可。

◎ sum_range：为要相加的实际单元格（如果区域内的相关单元格符合条件）。如果省略"sum_range"，则当区域中的单元格符合条件时，它们既按条件计算，也执行相加。

图7-18所示为SUMIF函数的应用效果。

B13 =SUMIF(A3:A11,"A产品",D3:D11)

	A	B	C	D
1	第一季度产品销售明细			
2	月份 品名	1月	2月	3月
3	A产品	543667	564672	479796
4	B产品	443545	543254	425797
5	C产品	554446	524575	327568
6	A产品	272546	343796	412214
7	B产品	433667	432667	425797
8	C产品	456444	346779	327568
9	A产品	524575	327568	412214
10	B产品	343796	412214	432667
11	C产品	432667	425797	346779
12	3月产品销量汇总			
13	A产品	1304224		
14	B产品	1284261		
15	C产品	1001915		

图7-18 SUMIF函数

7.2.3 求平方和——SUMSQ函数

SUMSQ函数返回参数的平方和，其语法结构为：

SUMSQ(number1,number2,…)

其中参数"number1,number2,…"为1~255个需要求平方和的参数，也可以使用数组或对某个数组的引用来代替以逗号分隔的参数。图7-19所示为SUMSQ函数的应用效果。

	A	B	C
1	函数	结果	含义
2	=SUMSQ(3,4)	25	3和4的平方和
3	=SUMSQ(3,4,5)	50	3、4、5的平方和

图7-19 SUMSQ函数

7.2.4 计算分类汇总——SUBTOTAL函数

SUBTOTAL函数可返回列表或数据库中的分类汇总。通常选择【数据】→【分级显示】组，单击"分类汇总"按钮，创建带有分类汇总的列表。创建了分类汇总，就可以通过编辑SUBTOTAL函数对该列表进行修改，其语法结构为：

SUBTOTAL(function_num,ref1,ref2,…)

在该函数中，各参数的含义如下。

◎ function_num：为1~11（包含隐藏值）或101~111（忽略隐藏值）之间的数字，指定使用何种函数在列表中进行分类汇总，如表7-1所示。

◎ Ref1：是必需的。表示将要对其进行分类汇总计算的第一个命名区域或引用。

◎ ref2, …：要对其进行分类汇总计算的第2个至第254个命名区域或引用。

表7-1 Function_num参数的含义

参数	含义	参数	含义
1	平均值	7	求样本的标准偏差
2	数值个数	8	求样本总体的标准偏差
3	非空值的单元格个数	9	求和
4	最大值	10	求样本总体的方差
5	最小值	11	计算总体样本的方差
6	数据的乘积		

7.2.5 计算平方差之和——SUMX2MY2函数

SUMX2MY2函数用于返回两数组中对应数值的平方差之和，其语法结构为：

SUMX2MY2(array_x,array_y)

在两个函数中有两个相同的参数，含各参数的含义如下。

◎ array_x：为第一个数组或数值区域。

◎ array_y：为第二个数组或数值区域。

图7-20所示为SUMX2MY2函数的应用效果。

	A	B	C
1	2	6	
2	3	5	
3	9	11	
4	1	7	
5	8	5	
6	7	4	
7	5	4	
8	函数	结果	含义
9	=SUMX2MY2(A1:A7,B1:B7)	-55	上面两数组的平方差之和
10	=SUMX2MY2({2,3,9,1,8,7,5},{6,5,11,7,5,4,4})	-55	上面两数组常量的平方差之和

图7-20 SUMX2MY2函数

7.2.6 计算平方和之和——SUMX2PY2函数

SUMX2PY2函数用于返回两数组中对应数值的平方和之和，平方和之和在统计计算中经常使用，其语法结构为：

SUMX2PY2(array_x,array_y)

在该函数中，各参数的含义如下。

◎ array_x：为第一个数组或数值区域。

◎ array_y：为第二个数组或数值区域。

图7-21所示为SUMX2PY2函数的应用效果。

	A	B	C
1	2	6	
2	3	5	
3	9	11	
4	1	7	
5	8	5	
6	7	4	
7	5	4	
8	函数	结果	含义
9	=SUMX2PY2(A1:A7,B1:B7)	521	上面两数组的平方和之和
10	=SUMX2PY2({2,3,9,1,8,7,5},{6,5,11,7,5,4,4})	521	上面两数组常量的平方和之和

图7-21　SUMX2PY2函数

7.2.7　课堂案例2——利用函数统计工资

本案例要求在提供的素材文档中，利用函数统计员工工资情况，其中涉及SUBTOTAL函数的相关操作，完成后的参考效果如图7-22所示。

3月工资统计表					单位：元	
姓名	基本工资	绩效奖	全勤奖	业绩突出奖	生活津贴	汇总
张树森	1000	2565	300	500	200	4565
李莎莎	1100	3057	300	0	200	4657
王伟	1200	3925	300	0	200	5625
张丽莉	1300	4086	300	500	200	6386
罗琴	1500	4520	300	500	200	7020
平均工资：	5650.6					
最高工资：	7020					
最低工资：	4565					
总发工资：	28253					

图7-22　利用函数统计工资的参考效果

素材所在位置　光盘:\素材文件\第7章\课堂案例2\工资表.xlsx

效果所在位置　光盘:\效果文件\第7章\课堂案例2\工资表.xlsx

视频演示　光盘:\视频文件\第7章\利用函数统计工资.swf

（1）打开素材文件“工作表.xlsx”工作簿，选择B9单元格，单击“插入函数”按钮，打开“插入函数”对话框，在“或选择类别”下拉列表框中选择“数学与三角函数”选项，在“选择函数”列表框中选择“SUBTOTAL”选项，单击确定按钮，如图7-23所示。

（2）打开“函数参数”对话框，在“Function_num”文本框中输入“1”，在“Ref1”文本框中输入“G3:G7”，单击确定按钮，如图7-24所示。

（3）统计出员工的平均工资，然后使用同样的方法，在B10单元格中插入SUBTOTAL函数，并将“Function_num”参数设置为“4”，“Ref1”参数设置为“G3:G7”，统计出员工的最高工资，如图7-25所示。

（4）继续使用同样的方法，在B11单元格中插入SUBTOTAL函数，“Function_num”参数设置为“5”，“Ref1”参数设置为“G3:G7”，统计出员工的最低工资，如图7-26所示。

（5）继续使用同样的方法，在B12单元格中插入SUBTOTAL函数，“Function_num”参数设置为“9”，“Ref1”参数设置为“G3:G7”，统计出员工的总发工资，然后保存工作簿，

完成本例操作。

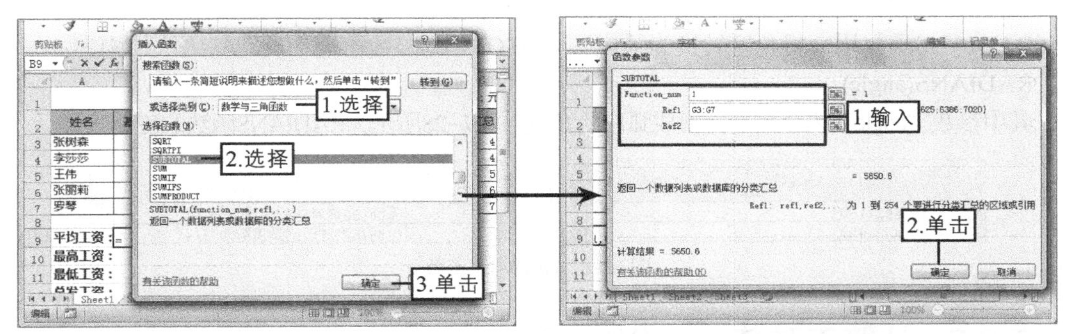

图7-23　选择函数　　　　图7-24　设置参数

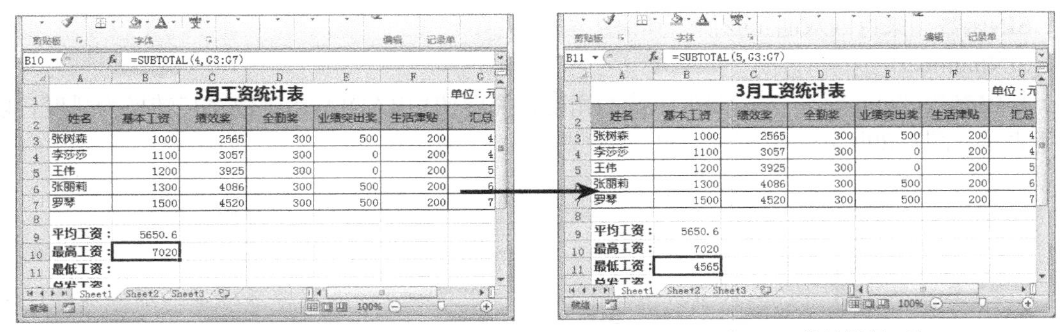

图7-25 统计最高工资　　　　图7-26 统计最低工资

操作技巧

可以使用AVERAGE函数计算平均工资，使用MAX函数计算最高工资，使用MIN函数计算最低工资，使用SUM函数计算总发工资。

7.3 三 角 函 数

三角函数在数学几何领域中的应用较常见，常用的三角函数有余弦与反余弦、正弦与反正弦、正切与反正切。Excel不仅提供了常用的三角函数预算，而且提供了将弧度与角度相互转换的三角函数。本节将详细讲解Excel中常用的三角函数的相关知识。

7.3.1 将弧度转换为角度——DEGREES函数

DEGREES函数用来将弧度转换为角度，其语法结构为：

DEGREES(angle)

其中参数“angle”表示需要转换的弧度值。图7-27所示为DEGREES函数的应用效果。

	A	B	C
1	函数	结果	含义
2	=DEGREES(PI())	180	返回π对应的角度
3	=DEGREES(PI()/4)	45	返回π/4对应的角度

图7-27　DEGREES函数

7.3.2 计算弧度值——RADIANS函数

RADIANS函数用来将角度转换为弧度，与DEGREES函数恰恰相反，其语法结构为：

RADIANS(angle)

其中参数“angle”表示需要转换成弧度的角度。图7-28所示为RADIANS函数的应用效果。

	A	B	C
1	函数	结果	含义
2	=RADIANS(180)	3.141593	返回180度对应的弧度数为π
3	=RADIANS(45)	0.785398	返回45度对应的弧度数为π/4

图7-28 RADIANS函数

7.3.3 计算正弦值——SIN函数

SIN函数用来返回双曲正弦值，其语法结构为：

SIN(number)

其中参数“number”为需要求正弦的角度，需要使用RADIANS函数将其转换为弧度，以弧度表示。图7-29所示为SIN函数的应用效果。

	A	B	C	D
1	函数	结果	函数	结果
2	=SIN(0)	0	=SIN(PI()/2)	1
3	=SIN(PI()/4)	0.7071068	=SIN(PI())	1.225E-16
4	=SIN(PI()/6)	0.5		
5	=SIN(PI()/3)	0.8660254		

图7-29 SIN函数

7.3.4 计算反正弦值——ASIN函数

ASIN函数用来返回参数的反正弦值。反正弦值为一个角度，返回的角度值将以弧度表示，范围为“-pi/2”到“pi/2”。语法结构为：

ASIN(number)

其中参数“number”为角度的正弦值，是介于-1到1之间的数值。图7-30所示为ASIN函数的应用效果。

	A	B	C	D
1	函数	结果	函数	结果
2	=ASIN(0)	0	=ASIN(1)*180/PI()	90
3	=ASIN(0.5)	0.523599		
4	=ASIN(0.5)*180/PI()	30		
5	=ASIN(1)	1.570796		

图7-30 ASIN函数

知识提示

如果要计算一些不规则的半圆的正弦值，就可以使用SIN函数；计算一些不规则的半圆的余弦值，则可以使用ASIN函数。

7.3.5 计算余弦值——COS函数

COS函数用来返回给定角度的余弦值，其语法结构为：

COS(number)

其中参数“number”表示需求余弦的角度，以弧度表示。图7-31所示为COS函数的应用效果。

	A	B	C	D
1	函数	结果	函数	结果
2	=COS(0)	1	=COS(PI()/2)	6.12574E-17
3	=COS(PI()/4)	0.707106781	=COS(PI())	-1
4	=COS(PI()/6)	0.866025404		
5	=COS(PI()/3)	0.5		

图7-31　COS函数

7.3.6 计算反余弦值——ACOS函数

ACOS函数用于返回一个弧度的反余弦。反余弦值是角度，它的余弦值为数字。返回的角度值以弧度表示，范围是“0”到“pi”。语法结构为：

ACOS(number)

其中参数“number”角度的余弦值，必须介于-1到1之间。如果要用度表示反余弦值，需要将结果再乘以180/PI( )或用DEGREES函数。图7-32所示为ACOS函数的应用效果。

	A	B	C	D
1	函数	结果	函数	结果
2	=ACOS(0)	1.5707963	=ACOS(1)*180/PI()	0
3	=ACOS(0.5)	1.0471976		
4	=ACOS(0.5)*180/PI()	60		
5	=ACOS(1)	0		

图7-32　ACOS函数

7.3.7 计算正切值——TAN函数

TAN函数用于返回给定角度的正切值，其语法结构为：

TAN(number)

其中参数“number”为要求正切的角度，以弧度表示。如果参数的单位是度，则可乘以PI()/180或使用RADIANS函数将其转换为弧度。图7-33所示为TAN函数的应用效果。

	A	B	C	D
1	函数	结果	函数	结果
2	=TAN(0)	0	=TAN(PI()/2)	1.63246E+16
3	=TAN(PI()/4)	1	=TAN(PI())	-1.22515E-16
4	=TAN(PI()/6)	0.577350269		
5	=TAN(PI()/3)	1.732050808		

图7-33　TAN函数

7.3.8 计算反正切值——ATAN、ATAN2函数

ATAN函数用于求反正切值为角度，其正切值即等于“number”参数值，返回的角度值将以弧度表示，范围为“-pi/2”到“pi/2”。而ATAN2函数用于求反正切的角度值，等于x轴与通过原点和给定坐标点(x_num,y_num)的直线之间的夹角。结果以弧度表示，并介于“-pi”到“pi”之间（不包括-pi）。语法结构为：

ATAN(number)

ATAN2(x_num,y_num)

各参数的含义如下。

◎ number：表示角度的正切值。

◎ x_num：*x*点的坐标。

◎ y_num：*y*点的坐标。结果为正，表示从*x*轴逆时针旋转的角度，结果为负，表示从*x*轴顺时针旋转的角度，ATAN2(a,b)等于ATAN(b/a)，除非ATAN2值为零。

图7-34所示为ATAN函数的应用效果。

	A	B	C	D
1	函数	结果	函数	结果
2	=ATAN(0)	0	=ATAN(1)*180/PI()	29.99913
3	=ATAN(0.5)	0.785398		
4	=ATAN(0.5)*180/PI()	45		
5	=ATAN(1)	0.523584		

图7-34　ATAN函数

7.3.9　课堂案例3——绘制正弦余弦函数图像

本案例要求在Excel中绘制正弦和余弦函数的图像，主要涉及SIN和COS函数的使用，并绘制图表和编辑图表（相关知识将在第10章中讲解），完成后的参考效果如图7-35所示。

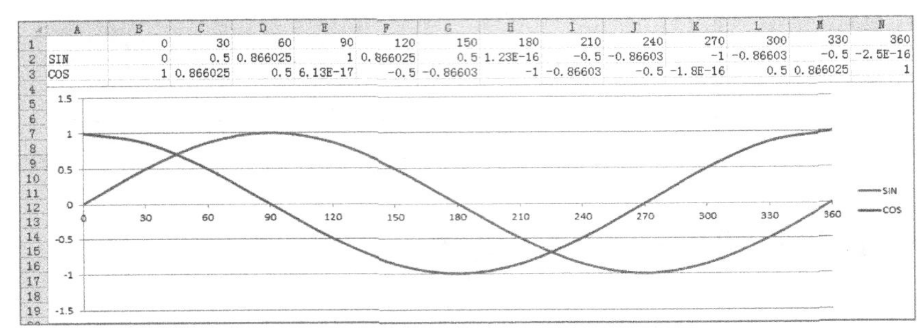

	A	B	C	D	E	F	G	H	I	J	K	L	M	N
1		0	30	60	90	120	150	180	210	240	270	300	330	360
2	SIN	0	0.5	0.866025	1	0.866025	0.5	1.23E-16	-0.5	-0.86603	-1	-0.86603	-0.5	-2.5E-16
3	COS	1	0.866025	0.5	6.13E-17	-0.5	-0.86603	-1	-0.86603	-0.5	-1.8E-16	0.5	0.866025	1

图7-35　绘制正弦余弦函数图像的参考效果

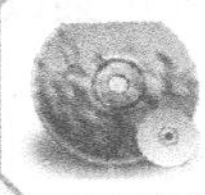

效果所在位置　光盘:\效果文件\第7章\课堂案例3\正余弦函数图像.xlsx

视频演示　光盘:\视频文件\第7章\绘制正弦余弦函数图像.swf

（1）新建工作簿，在A2和A3单元格中分别输入“SIN”和“COS”，在B1:N1单元格中输入序列数据“0~360”，差值为“30”。

（2）选择B2单元格，单击“插入函数”按钮*fx*，打开“插入函数”对话框，在“或选择类别”下拉列表框中选择“数学与三角函数”选项，在“选择函数”列表框中选择“SIN”选项，单击 确定 按钮，如图7-36所示。

（3）打开“函数参数”对话框，在“Number”文本框中输入“B1*PI()/180”，单击 确定 按钮，如图7-37所示。

（4）将B2单元格中的公式复制到C2:N2单元格区域中，然后在B3单元格中插入函数“=COS(B1*PI()/180)”，如图7-38所示，并将其复制到C3:N3单元格区域中。

（5）选择A1:N3单元格区域，在【插入】→【图表】组中单击“散点图”按钮，在打开的列表中选择“带平滑线的散点图”选项，如图7-39所示。

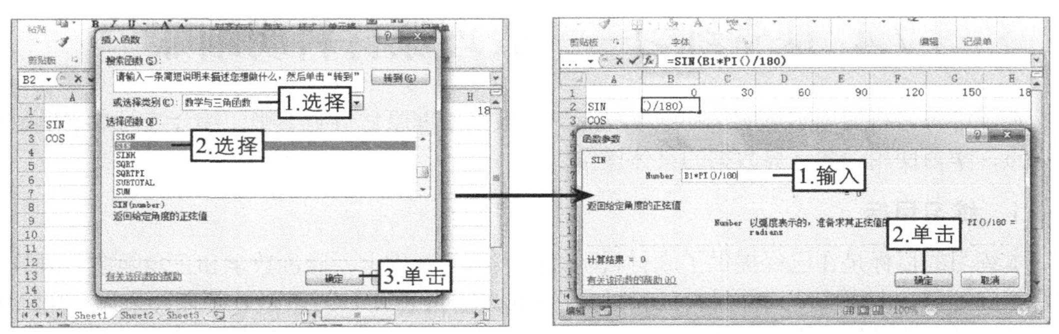

图7-36　选择函数　　图7-37　设置参数

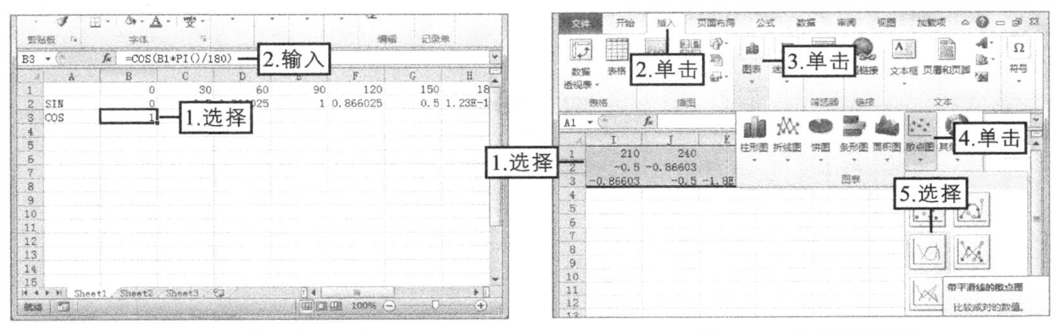

图7-38　输入余弦函数　　图7-39　选择图表类型

（6）移动插入的位置，并调整其大小，在【图表工具 布局】→【坐标轴】组中单击“坐标轴”按钮，在打开的列表中选择“主要横坐标轴”选项，在弹出的子列表中选择“其他主要横坐标轴选项”选项，如图7-40所示。

（7）打开“设置坐标轴格式”对话框，在“坐标轴选项”栏中，单击选中“最小值”右侧的“固定”单选项，在其右侧的文本框中输入“0”；单击选中“最大值”右侧的“固定”单选项，在其右侧的文本框中输入“360”；单击选中“主要刻度单位”右侧的“固定”单选项，在其右侧的文本框中输入“30”，单击 关闭 按钮，如图7-41所示，保存文档，完成本案例的操作。

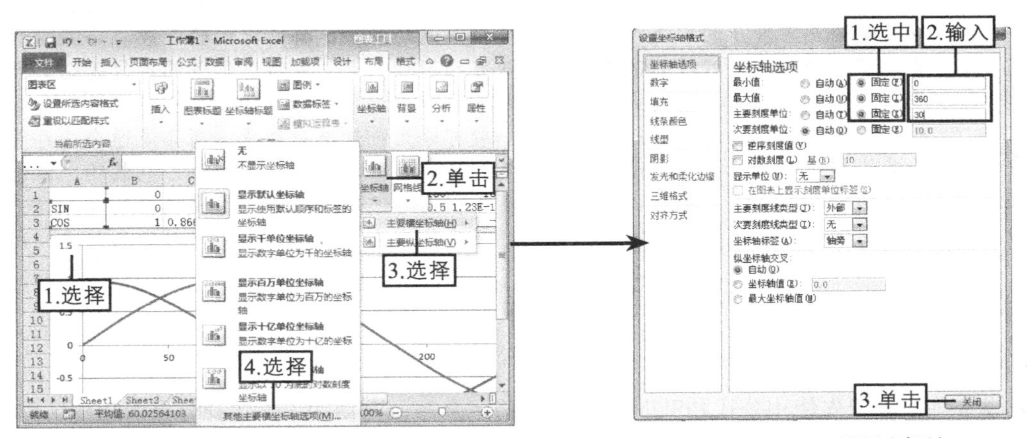

图7-40 选择坐标轴　　图7-41 设置坐标轴

7.4 课堂练习——管理原材料明细账

本课堂练习将使用本章所学的数学和三级函数来管理原材料明细账，综合练习本章学习的知识点，学习使用函数计算数据的具体操作。

1. 练习目标

本练习的目标是在已经提供了原材料明细账表格的基础上，通过数学和三角函数，对数据进行相应处理，即可实现对原材料的管理。在Excel中用PRODUCT函数计算期初余额，用SUM函数汇总结存的数量、金额，用PRODUCT函数计算发出单价、金额，用TRUNC函数对单价进行截尾取整。在练习过程中主要涉及数学和三角函数的相关知识。本练习完成后的参考效果如图7-42所示。

原材料明细账

类别： 材料名称和规格： 甲材料 计量单位： 千克

2015年		凭证	摘要	收入			发出			结存		
月	日	字号		数量	单价	金额	数量	单价	金额	数量	单价	金额
3	1		月初结存							800	120.00	96,000.00
	5	记5	购入材料	350	116.56	40,796.00						
	8	记6	发出材料			-	270	118.95	32,117.32	880	118.95	104,678.68
	9	记12	购入材料	380	123.15	46,797.00						
	11	记15	发出材料			-	400	120.22	48,087.52	860	120.22	103,388.16
	15	记36	购入材料	425	115.45	49,066.25						
	17	记47	发出材料			-	360	118.64	42,710.96	925	118.64	109,743.45
	19	记53	购入材料	160	116.25	18,600.00						
	22	记54	发出材料			-	140	118.29	16,560.44	945	118.29	111,783.00
	26	记61	购入材料	175	122.36	21,413.00						
	29	记71	发出材料			-	180	118.93	21,406.50	940	118.93	111,789.50
	31		本月合计	1490	118.57	176,672.25	1350	119.17	160,882.75	940	118.93	111,789.50

图7-42 原材料明细账的参考效果

素材所在位置 光盘:\素材文件\第3章\课堂练习\原材料明细表.xlsx

效果所在位置 光盘:\效果文件\第3章\课堂练习\原材料明细表.xlsx

视频演示 光盘:\视频文件\第3章\管理原材料明细账.swf

职业素养

存货是指企业在正常生产经营过程中持有的、用以销售的产成品或商品；为了出售仍然处于生产过程中的产品；在生产过程、劳务过程中消耗的材料、物料等。存货是企业中资产的组成部分，是反映企业流动资金运作情况的晴雨表。企业的存货管理水平和利用程度的高低对财务状况的影响很大，保存一定量的存货是企业开展正常生产经营活动的前提。在日常财务处理中加强对存货的管理十分必要。存货根据企业的性质、经营范围与用途，一般可分为：制造业存货、商品流通企业存货和其他行业存货。其中制造业存货主要包括原材料、委托加工材料、包装物、低值易耗品、在产品、自制半成品、产成品等；商品流通企业存货主要包括商品、材料物资、低值易耗品和包装物等；其他行业存货主要包括各种少量材料用品、办公用品和家具用品等。

2. 操作思路

完成本练习需要先使用公式和SUM函数计算费用余额，再使用IF函数计算是否超支，然后对于余额和是否超支的单元格区域设置条件格式等，其操作思路如图7-43所示。

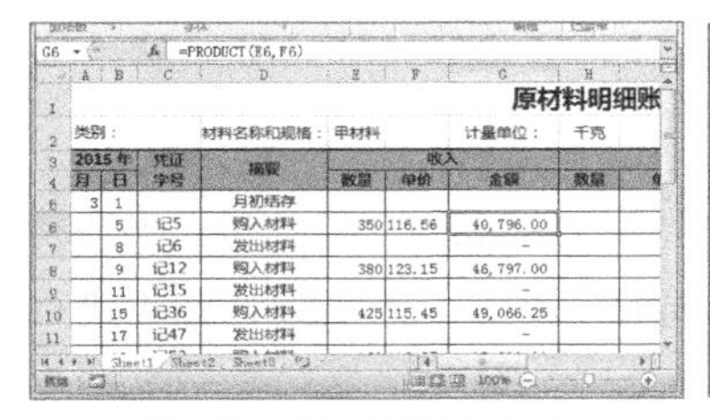

① 利用函数计算收入金额

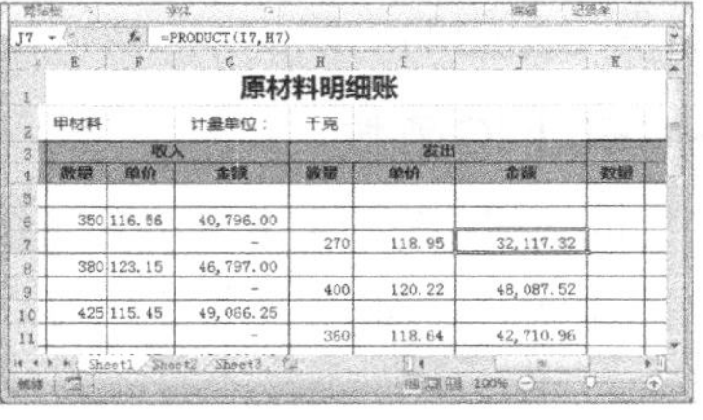

② 利用函数计算发出金额

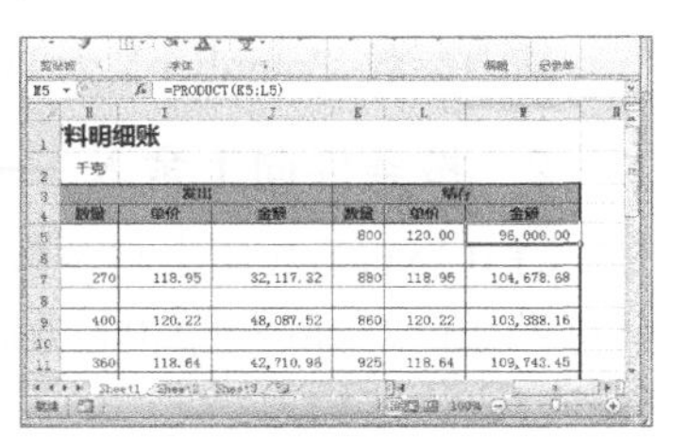

③ 利用函数计算结存金额

图7-43　管理原材料明细账的制作思路

（1）打开素材文件“原材料明细表.xlsx”，选择G6单元格，输入公式“=PRODUCT(E6,F6)”，按【Enter】键计算出3月5日购入甲材料花费的费用，并将函数复制到G6:G15单元格区域。

（2）在I7单元格中输入公式“=SUM(M5,G6)/SUM(K5,E6)”，计算3月8日发出甲材料的单价。

（3）在J7单元格中输入公式“=PRODUCT(I7,H7)”，计算3月8日发出甲材料的金额。

（4）在K7单元格中输入公式“=K5+E6-H7”，计算3月8日结存甲材料的数量。

（5）在L7单元格中输入公式“=I7”，得到3月8日结存甲材料的单价。

（6）在M7单元格中输入公式“=PRODUCT(L7,K7)”，计算3月8日结存甲材料的金额。

（7）使用相同方法计算甲材料3月11日、3月17日、3月12日、3月22日、3月29日的发出和结存情况。

（8）在E16单元格中输入公式“=SUMIF(¥D¥6:¥D¥15,"购入材料",E6:E15)”，计算本月收入甲材料的数量。

（9）在G16单元格中输入公式“=SUMIF(D6:D15,"购入材料",G6:G15)”，计算本月收入甲材料的金额。

（10）在F16单元格中输入公式“=TRUNC(G16/E16,2)”，计算本月收入甲材料的金额。

（11）使用相同方法计算出本月发出甲材料的数量、金额、单价。

（12）选择K16单元格中输入公式“=K5+E16-H16”，计算本月结存甲材料的数量。

（13）选择M16单元格中输入公式“=M5+G16-J16”，计算本月结存甲材料的金额。

（14）在L16单元格中输入公式“=ROUND(M16/K16,2)”，计算本月结存甲材料的单价。

知识提示

本例使用Excel 2010管理企业存货中的原材料，要求务必使原材料的收、支、存情况清晰，建立数量金额式的账页来管理原材料。在账页中分设收入、支出、结存三大栏，每一栏下设置数量、单价、金额三列，此外凡是涉及金额的单元格格式都采用两位小数的货币形式，便于区分，对原材料的单价进行四舍五入并保留两位小数。

7.5 拓展知识

下面主要介绍一些其他数学和三角函数。

1. 计算正平方根——SQRT函数

SQRT函数用来返回正平方根，其语法结构为：

SQRT(number)

其中参数“number”为要计算平方根的正数。

2. 按条件向上舍入——CEILING函数

CEILING函数用来将参数“number”向上舍入为最接近的“significance”的倍数。无论数字符号如何，都按远离0的方向向上舍入。如果数字已经为“significance”的倍数，则不进行舍入。语法结构为：

CEILING（number,significance）

在该函数中，各参数的含义如下。

◎ number：表示要舍入的数值。

◎ significance：表示用以进行舍入计算的倍数。

3. 按条件向下舍入——FLOOR函数

FLOOR函数用来对某个数值按指定的条件向下舍入，是按远离0的方向向下舍入，但在对负数进行舍入时，是向绝对值减小的方向舍入。语法结构为：

FLOOR(number,significance)

在该函数中，各参数的含义如下。

◎ number：所要四舍五入的数值。

◎ significance：用以进行舍入计算的倍数。

4. 向下取整——INT函数

INT函数用来将数字向下舍入到最接近的且小于原数值的整数，其语法结构为：

INT(number)

其中参数“number”表示需要取整的数值。INT函数相当于对带有小数的数值截尾取整，但是如果要取整的数值是负数，将向绝对值增大的方向取整。

5. 截尾取整——TRUNC函数

TRUNC函数可将数字的小数部分截去，返回整数，其语法结构为：

TRUNC(number,num_digits)

在该函数中，各参数的含义如下。

◎ number：表示需要截尾取整的数字。

◎ num_digits：用来指定取整精度的数字位数，它的默认值为“0”。

知识提示

FLOOR、INT、TRUNC函数都是向下舍入的函数，所取得的数都比原值小。但是FLOOR函数的应用范围大于INT和TRUNC函数，FLOOR函数可用来舍入整数和小数，而INT函数只能舍入整数。TRUNC和INT类似，都返回整数，其中TRUNC直接去除数字的小数部分，而INT则是依照给定数的小数部分的值，将其四舍五入到最接近的整数。所以INT和TRUNC在处理负数时有所不同，如TRUNC(−4.3)返回−4，而INT(−4.3)返回−5，因为−5是较小的数。

6. 向上舍入为奇数或偶数——ODD、EVEN函数

ODD与EVEN函数都是用来将数值沿绝对值增大方向取整，但ODD函数是取整到最接近的

奇数，而EVEN函数则取整到最接近的偶数。语法结构为：

ODD(number)

EVEN(number)

两个函数中都有一个共同的参数"number"，表示进行四舍五入的数值。

7. 四舍五入——ROUND、ROUNDDOWN和ROUNDUP函数

ROUND、ROUNDDOWN和ROUNDUP函数都将某个数字按指定位数进行舍入后得到返回值。函数ROUNDUP和函数ROUND功能相似，不同之处在于函数ROUNDUP总是向上舍入数字，而ROUND总是向下舍入数字。另外，ROUNDDOWN函数是靠近零值，向下舍入数字。语法结构为：

ROUND(number,num_digits)

ROUNDDOWN(number,num_digits)

ROUNDUP(number,num_digits)

在三个函数中有两个相同的参数，各参数的含义如下。

◎ number：表示需要向下或者舍入的任意实数。

◎ num_digits：表示四舍五入后的数字的位数。

知识提示

除SQRT函数外，上面的其他函数都可以称为舍入数学函数，它们是一种按指定的条件将数值向上或向下舍入后，计算出数值的数学函数类型，它的作用是将不需要的数值部分截尾，取符合条件的部分作为数值的结果。在财务计算中常常遇到四舍五入的问题，其中使用TRUNC函数时数字本身并没有真正地四舍五入，只是显示结果是四舍五入，如果采用这种四舍五入方法，在财务运算中常常会出现几分钱的误差，而这是财务运算不允许的。其实，Excel已经提供的ROUND函数就能很好地解决这个问题，它可以返回某个数字按指定位数舍入后面的数字。

7.6 课后习题

（1）新建工作簿，在其中制作一个工作表，并在其中输入相关的数据，并使用IF函数、POWER函数和SUMSQ函数进行计算，最终效果如图7-44所示。

判断直角三角形			
直角边边长1	直角边边长2	斜边边长	判断结果
16	12	20	直角三角形

图7-44　判断直角三角形参考效果

提示： 制作表格，A3、B3和C3三个单元格为直角三角形的三个边长，在D3单元格中输入公式"=IF(SUMSQ(A3,B3)=POWER(C3,2),"","非")&"直角三角形""。

效果所在位置　光盘:\效果文件\第7章\课后习题\判断直角三角形.xlsx

视频演示　光盘:\视频文件\第7章\判断直角三角形.swf

知识提示

有一个角为直角的三角形称为直角三角形，在直角三角形中，直角相邻的两条边称为直角边，直角所对的边称为斜边。其中直角所对的边也叫作“弦”。若两条直角边不一样长，短的那条边叫作“勾”，长的那条边叫作“股”。直角三角形三个边的关系为$a^2+b^2=c^2$，则以a、b、c为边的三角形是以c为斜边的直角三角形（勾股定理的逆定理）。

（2）打开“销售业绩表.xlsx”工作簿，利用前面讲解的使用函数计算数据的方法计算其中的数据。最终效果如图7-45所示。

地区销售业绩

地区	分部	四月份	五月份	六月份	汇总
华北	北京	193800	146200	163490	503490
华北	东三省	189560	153890	135520	478970
华北	内蒙古	175620	124300	145730	445650
华中	山西	153450	124620	166250	444320
西南	四川	145050	96200	155280	396530
西南	重庆	128360	145720	158760	432840
西南	云贵	125650	136010	95610	357270
华南	福建	104230	157620	136780	398630
华南	广东	113930	108960	124690	347580
华南	广西	113212	254645	256856	624713

第二季度销售业绩汇总

地区	北京	重庆	成都	上海
合计	1428110	444320	1186640	1370923

图7-45 “销售业绩表”参考效果

提示：在“销售业绩表”工作簿中汇总分部销售业绩，选择F3单元格，输入公式“=SUM(C3:E3)”，再将函数复制到F4:F12单元格中；而汇总地区销售业绩是在B15单元格中输入公式“=SUMIF(A3:A12,"华北",F3:F12)”，在C15单元格中输入公式“=SUMIF(A3:A12,"华中",F3:F12)”，在D15单元格中输入公式“=SUMIF(A3:A12,"西南",F3:F12)”，在E15单元格中输入公式“=SUMIF(A3:A12,"华南",F3:F12)”。

素材所在位置 光盘:\素材文件\第7章\课后习题\销售业绩表.xlsx

效果所在位置 光盘:\效果文件\第7章\课后习题\销售业绩表.xlsx

视频演示 光盘:\视频文件\第7章\计算“销售业绩表数据”.swf

第8章 财务分析函数

财务分析函数主要用于一般财务数据的计算，本章将详细讲解财务分析函数的基本知识，以及定义与使用名称的方法，同时，掌握输入函数的相关操作。

学习要点

◎ 计算每期支付金额、偿还本金数额、累积偿还本金函数
◎ 计算偿还利息数额、期间内支付的利息数额、累积偿还利息与本金函数
◎ 计算各期利率、内部收益、年度名义利率函数
◎ 计算投资现值、非固定回报投资、投资未来值、本金未来值、投资期数函数
◎ 计算余额递减折旧值、线性折旧值、年限总和折旧值、记账期的折旧值函数

学习目标

◎ 掌握利息和本金的计算方法
◎ 掌握计算利率和报酬率的计算方法
◎ 掌握投资的计算方法
◎ 掌握折旧值的计算方法

8.1 计算利息与本金

在财务管理中，利息与本金是非常重要的变量，为了方便处理财务问题，在Excel中，提供了计算利息与本金的函数，本节将详细讲解相关函数的基础知识。

8.1.1 计算每期支付金额——PMT函数

PMT函数可以基于固定利率及等额分期付款方式，返回贷款的每期付款额，其语法结构为：

PMT(rate,nper,pv,fv,type)

各参数的含义如下。

◎ rate：表示贷款利率。

◎ nper：表示该项贷款的付款时间数。

◎ pv：表示本金，或一系列未来付款的当前值的累积和。

◎ fv：表示在最后一次付款后希望得到的现金余额。

◎ type：用以指定各期的付款时间是在期末还是期初。

图8-1所示为PMT函数的应用效果。

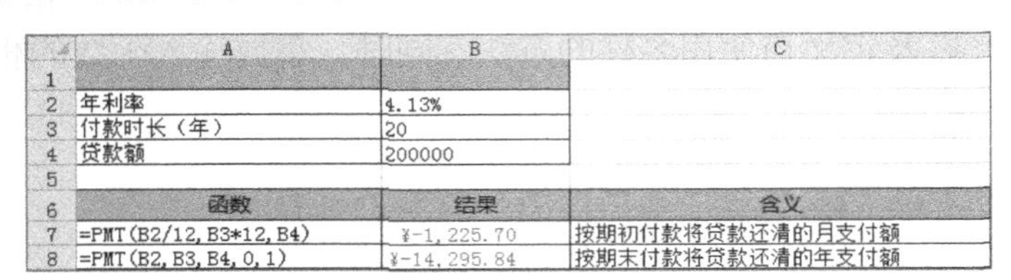

	A	B	C
1			
2	年利率	4.13%	
3	付款时长（年）	20	
4	贷款额	200000	
5			
6	函数	结果	含义
7	=PMT(B2/12,B3*12,B4)	¥-1,225.70	按期初付款将贷款还清的月支付额
8	=PMT(B2,B3,B4,0,1)	¥-14,295.84	按期末付款将贷款还清的年支付额

图8-1 PMT函数

知识提示

PMT函数返回的支付款项包括本金和利息，但不包括税款、保留支付或某些与贷款有关的费用。

8.1.2 计算偿还本金数额——PPMT函数

PPMT函数主要用于计算在某一时期内，投资本金的偿还额。该函数采用的是利率固定的分期付款方式，使用该函数时不要指错期次，其语法结构为：

PPMT(rate,per,nper,pv,fv,type)

各参数的含义如下。

◎ rate：表示各期利率。

◎ per：表示用于计算其本金数额的期数，必须介于1到nper之间。

◎ nper：表示该项投资或者贷款的付款总期数。

◎ pv：表示本金，或一系列未来付款的当前值的累积和。

◎ fv：表示在最后一次付款后希望得到的现金余额。

◎ type：用以指定各期的付款时间是在期末还是期初。

需要注意的是，rate和nper的单位要一致，即如果rate是年利率，nper就是相应的年数；如果rate是月利率，nper就是相应的月份数。图8-2所示为PPMT函数的应用效果。

	A	B	C
1			
2	年利率	4.13%	
3	付款时长（年）	18	
4	贷款额	200000	
5			
6	函数	结果	含义
7	=PPMT(B2/12,1,B3*12,B4)	¥-625.54	贷款第一个月应支付的本金
8	=PPMT(B2,18,B3,B4)	¥-15,332.81	贷款最后一年应支付的本金

图8-2 PPMT函数

8.1.3 计算偿还利息数额——IPMT函数

IPMT函数可以基于固定利率及等额分期付款方式，返回给定期数内对投资的利息偿还额，其语法结构为：

IPMT(rate,per,nper,pv,fv,type)

该函数中的“per”参数表示计算其利息数额的期数，其余的参数含义与PMT函数中的各参数含义相同。图8-3所示为IPMT函数的应用效果。

	A	B	C
1			
2	年利率	7.25%	
3	付款时长（年）	15	
4	贷款额	100000	
5			
6	函数	结果	含义
7	=IPMT(B2/12,3,B3,B4,1)	¥-526.73	按照未来值为0，期初付款的条件，计算第1季度的利息
8	=IPMT(B2,2,B3,B4)	¥-6,967.00	计算第2年的利息

图8-3 IPMT函数

8.1.4 计算期间内支付的利息数额——ISPMT函数

ISPMT函数可计算特定投资期间内要支付的利息金额，其语法结构为：

ISPMT(rate,per,nper,pv)，

该函数中包含了4个参数，各参数的含义如下。

◎ rate：指定相应贷款的利率，通常用年表示，如是半年支付，用利率除以2。

◎ per：表示要计算利息的期数，此值必须在1到nper之间。

◎ nper：表示投资的总支付期数。

◎ pv：表示投资的当前值。对于贷款，pv为贷款数额。

图8-4所示为ISPMT函数的应用效果。

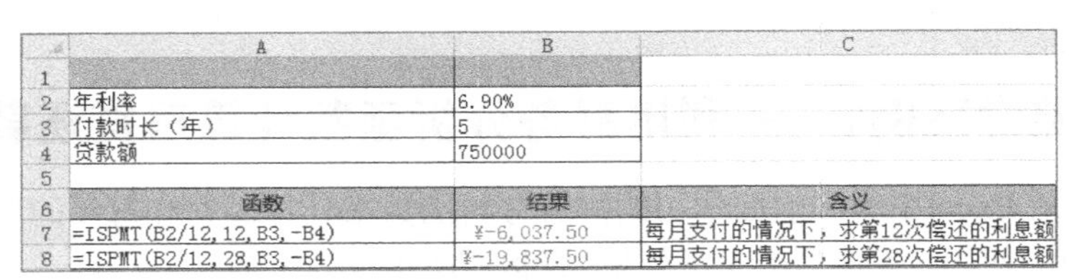

	A	B	C
1			
2	年利率	6.90%	
3	付款时长（年）	5	
4	贷款额	750000	
5			
6	函数	结果	含义
7	=ISPMT(B2/12,12,B3,-B4)	¥-6,037.50	每月支付的情况下，求第12次偿还的利息额
8	=ISPMT(B2/12,28,B3,-B4)	¥-19,837.50	每月支付的情况下，求第28次偿还的利息额

图8-4 ISPMT函数

知识提示

通常情况下，为了避免用负数表示计算结果，最好用负数指定现值，但在其他计算中使用ISPMT函数求得负数时，可将现值指定为正数。

8.1.5 计算累积偿还利息与本金——CUMIPMT、CUMPRINC函数

使用CUMIPMT函数可以返回两个付款期之间的累积偿还的利息，而使用CUMPRINC函数，可以求得两个付款期间支付本金的总额，其语法结构为：

CUMIPMT(rate,nper,pv,start_period,end_period,type)

CUMPRINC(rate,nper,pv,start_period,end_period,type)

在两个函数中，都具有相同的参数，各参数的含义如下。

◎ rate：为各期利率，如果按年利率3.6%支付，则月利率为3.6%/12。

◎ nper：指定付款期总数，用数值或所在的单元格指定。

◎ pv：为现值，即常说的本金，如果指定为负数，则返回错误值“#NUM！”。

◎ start_period：为计算中的首期，付款期数从“1”开始计数。

◎ end_period：为计算中的末期，如果“end_period<1”，则返回错误值“#NUM！”。

◎ type：用于指定支付方式是期初或是期末。期初支付指定为“1”，期末指定为“0”。

图8-5和图8-6所示分别为CUMPRINC函数和CUMIPMT函数的应用效果。

	A	B	C
1			
2	年利率	3.156%	
3	付款时长（年）	30	
4	贷款额	500000	
5			
6	函数	结果	含义
7	=CUMPRINC(B2,B3,B4,5,5,0)	¥-11,602.79	计算该笔贷款第5年应付的全部本金之和
8	=CUMPRINC(B2/10,B3*10,B4,3,6,0)	¥-4,055.67	计算该笔贷款第3年的前6个月应偿还的本金

图8-5 CUMPRINC函数

	A	B	C
1			
2	年利率	4.256%	
3	付款时长（年）	30	
4	贷款额	500000	
5			
6	函数	结果	含义
7	=CUMIPMT(B2,B3,B4,5,5,0)	¥-19,730.59	计算该笔贷款第5年应付的利息
8	=CUMIPMT(B2/10,B3*10,B4,3,6,0)	¥-8,462.47	计算该笔贷款第3年的前6个月应付的利息

图8-6 CUMIPMT函数

知识提示

PMT函数中也具有“type”参数，该参数可以不指定付款类型，Excel将会采用默认选项。而在CUMIPMT与CUMPRINC函数中，“type”参数必须输入。

8.1.6 课堂案例1——利用财务分析函数计算房贷还款额

本案例要求在Excel中利用前面学习的财务分析函数来计算每月和每年的房贷还款额，主要涉及PMT函数的使用，完成后的参考效果如图8-7所示。

素材所在位置 光盘:\素材文件\第8章\课堂案例1\计算房贷还款额.xlsx

效果所在位置 光盘:\效果文件\第8章\课堂案例1\计算房贷还款额.xlsx

视频演示 光盘:\视频文件\第8章\利用财务分析函数计算房贷还款额.swf

房贷还款额	
贷款利率	6.15%
贷款年限	10
贷款金额	300000
每年还款金额	¥-41,050.55
每月还款金额	¥-3,353.26

图8–7　计算房贷还款额的参考效果

（1）打开素材文件“计算房贷还款额.xlsx”工作簿，在B2:B4单元格中输入数据，选择B6单元格，单击“插入函数”按钮 f_x ，打开“插入函数”对话框，在“或选择类别”下拉列表框中选择“财务”选项，在“选择函数”列表框中选择“PMT”选项，单击 确定 按钮，如图8–8所示。

（2）打开“函数参数”对话框，在“Rate”文本框中输入“B2”，在“Nper”文本框中输入“B3”，在“Pv”文本框中输入“B4”，单击 确定 按钮，如图8–9所示。

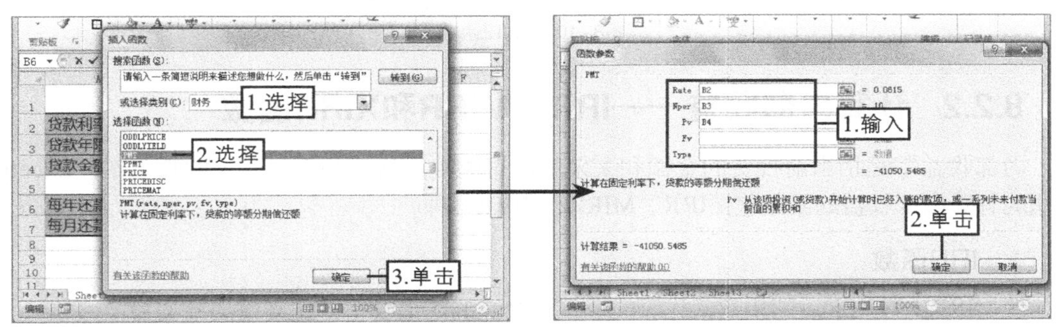

图8–8　选择函数　　图8–9　设置函数参数

（3）用相同的方法在B7单元格中插入函数公式“=PMT(B2/12,B3*12,B4)”，计算每月还款金额，然后保存文档，完成本案例的操作。

8.2　计算利率和报酬率

利率这个词对大部分人来说并不陌生，利率是一个非常重要的参数，它直接关系到投资者的收益和市场的预期。报酬率则用于计算内部资金流量的回报率。在日常工作中，尤其是在财务管理与投资行业中，对利率和报酬率的计算就显得格外重要。本节就主要介绍计算利率和报酬率的相关函数。

8.2.1　计算各期利率——RATE函数

使用RATE函数可以求得贷款或储蓄各期的利息，如果是按月支付，则计算一个月的利息，其语法结构为：

RATE(nper,pmt,pv,fv,type,guess)

该函数中的各参数的含义如下。

◎ nper：表示总投资期，即该项投资的付款期总次数。

◎ pmt：表示各期付款额，其数值在整个投资期内保持不变。通常“pmt”包括本金和利

息，但不包括其他费用或税金。如果忽略了“pmt”，则必须包含“fv”参数。

◎ pv：表示现值，即从该项投资开始计算时已经入账的款项，或一系列未付款当前值的累积和，也称为本金。

◎ fv：表示未来值，或在最后一次付款后希望得到的现金余额。如果省略“fv”，则假设其值为零。

◎ type：数字“0”或“1”，用于指定各期的付款时间是在期初还是期末。

图8-10所示为RATE函数的应用效果。

	A	B	C
1			
2	购买笔记本电脑贷款额	8000	
3	贷款年限	4	
4	月支付额	200	
5			
6	函数	结果	含义
7	=RATE(B3*12,-200,8000)	0.77%	计算贷款的月利率
8	=RATE(B3*12,-200,8000)*12	9.24%	计算贷款的年利率

图8-10　RATE函数

8.2.2 计算内部收益——IRR、MIRR和XIRR函数

内部收益率是指当前投资的金额和未来能取得的现金流量的现值相等的收益率，Excel中常用的计算内部收益的函数包括IRR、MIRR和XIRR三种。

1. IRR函数

使用IRR函数用于返回由数值代表的一组现金流的内部收益率，其语法结构为：

IRR(values,guess)

该函数中的各参数的含义如下。

◎ values：是数组或者对数字单元格区域的引用，包含用来计算内部收益的数字，参数中至少要包含1个正值和1个负值。如果数组或者引用中包括文字、逻辑值或者空白单元格，计算时这些数值将被忽略。

◎ guess：是对函数计算结果的估计值，如果省略，则假设它为0.1。

图8-11所示为IRR函数的应用效果。

	A	B	C
1			
2	初期成本费用	-70000	
3	第一年的净收入	12000	
4	第二年的净收入	15000	
5	第三年的净收入	18000	
6	第四年的净收入	21000	
7	第五年的净收入	26000	
8			
9	函数	结果	含义
10	=IRR(B2:B5)	18%	投资3年后的内部收益率
11	=IRR(B2:B7)	9%	投资5年后的内部收益率
12	=IRR(B2:B4,-45%)	-44%	若要计算2年后的内部收益率，需要包含一个估计值（-45%）

图8-11　IRR函数

2. MIRR函数

MIRR函数用于返回投资成本以及现金再投资下一系列分期现金流的内部报酬率，其语法结构为：

MIRR(values,finance_rate,reinvest_rate)

该函数中的各参数的含义如下。

◎ values：是一个数组或者对数字单元格区域的引用，这些数值代表各期的支出和收入，参数中至少要包含一个正值和负值，这样才能计算修正后的内部收益率，否则函数将返回错误值“#DIV/0！”。如果数组或者引用中包括文字、逻辑值或者空白单元格，这些值就将被忽略，但是包含0值的单元格将被计算在内。

◎ finance_rate：表示现金流中资金支付的利率。

◎ reinvest_rate：表示将现金流再投资的收益率。

知识提示

MIRR函数根据输入值的次序来解释现金流的次序，所以一定要按照实际的顺序输入支出和收入的数额，并使用正确的正负号（现金流入为正值，现金流出为负值）。

图8-12所示为MIRR函数的应用效果。

	A	B	C
1			
2	资产原值	-120000	
3	第一年的收益	39000	
4	第二年的收益	30000	
5	第三年的收益	21000	
6	第四年的收益	37000	
7	第五年的收益	46000	
8	120000贷款额的年利率	10%	
9	再投资收益的年利率	12%	
10			
11	函数	结果	含义
12	=MIRR(B2:B7,B8,B9)	13%	5年后投资的修正收益率
13	=MIRR(B2:B5,B8,B9)	-5%	3年后的修正收益率
14	=MIRR(B2:B7,B8,14%)	13%	5年后的修正收益率（基于14%的再投资收益率）

图8-12　MIRR函数

3. XIRR函数

XIRR函数用于返回计划的现金流量的内部回报率，此函数的重点是现金流和日期的指定方法。语法结构为：

XIRR(values,dates,guess)

该函数中的各参数的含义如下。

◎ values：表示与dates中的支付时间相对应的一系列现金流，如果第一个值是成本或支付，它必须是负值，系列中必须至少包含一个正值和一个负值。

◎ dates：表示与现金流支付相对应的支付时间表，第一个支付日期代表支付表的开始，其他日期则应迟于该日期，但可以按任何顺序排列。

◎ guess：是对函数计算结果的估计值，如果省略，则假设它为0.1。

图8-13所示为XIRR函数的应用效果。

	A	B	C
1	参数	日期	
2	-10000	2015-1-1	
3	2750	2015-3-1	
4	4250	2015-10-30	
5	3250	2016-2-15	
6	2750	2016-4-1	
7			
8	函数	结果	含义
9	=XIRR(A2:A6,B2:B6,0.1)	37%	返回的内部收益率

图8-13　XIRR函数

8.2.3 计算年度名义利率——NOMINAL函数

使用NOMINAL函数可以根据实际利率与复利期数，计算出有效年利率。但是利率支付时间或利息是不一定含在本金中，所以它和实际利率有误差。语法结构为：

NOMINAL(effect_rate,npery)

在该函数中包含了2个参数，其具体含义如下。

◎ effect_rate：指定实际的年利率，不能指定小于0的数值。

◎ npery：为每年的复利期数，不能指定小于1的数值。

图8-14所示为NOMINAL函数的应用效果。

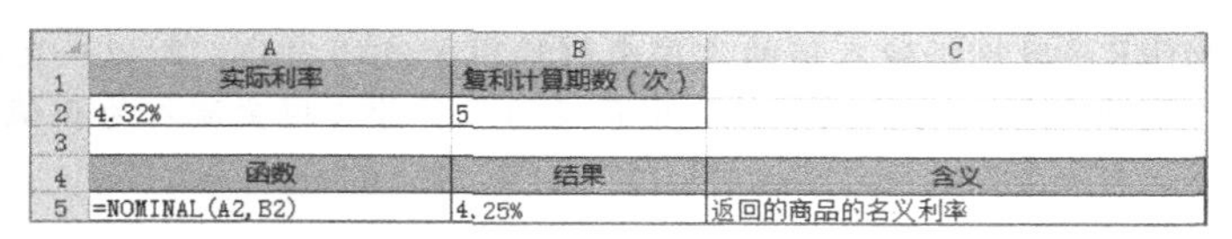

	A	B	C
1	实际利率	复利计算期数（次）	
2	4.32%	5	
3			
4	函数	结果	含义
5	=NOMINAL(A2,B2)	4.25%	返回的商品的名义利率

图8-14　NOMINAL函数

8.2.4 课堂案例2——计算投资回收期后的内部收益率

本案例要求在提供的素材文档中，利用函数计算投资回收期后的内部收益率，该投资项目为已投资了￥890,000，投资回收期为3年，在这3年的时间里每年的资产回报值分别为￥180,000、￥390,000和￥630,000，其中涉及MIRR和XIRR两种函数的相关操作，完成后的参考效果如图8-15所示。

内部收益率计算		
贷款利率	6.90%	
再投资收益率	10.36%	
投资回报与投资	日期	回报金额
项目投资资金	2013/2/8	¥-890,000.00
1	2014/3/20	¥180,000.00
2	2015/4/1	¥390,000.00
3	2016/7/28	¥630,000.00
回报期后内部收益率	13%	
整体预算内部收益率	12%	

图8-15　利用函数计算内部收益率的参考效果

素材所在位置　光盘:\素材文件\第8章\课堂案例2\计算内部收益率表.xlsx

效果所在位置　光盘:\效果文件\第8章\课堂案例2\计算内部收益率表.xlsx

视频演示　光盘:\视频文件\第8章\计算投资回收期后的内部收益率.swf

（1）打开素材文件“计算内部收益率表.xlsx”工作簿，选择B11单元格，单击“插入函数”按钮 *fx*，打开“插入函数”对话框，在“或选择类别”下拉列表框中选择“财务”选项，在“选择函数”列表框中选择“MIRR”选项，单击 确定 按钮，如图8-16所示。

（2）打开“函数参数”对话框，在“Values”文本框中输入“C6:C9”，在“Finance_rate”文本框中输入“B2”，在“Reinvest_rate”文本框中输入“B3”，单击 确定 按钮，如图8-17所示。

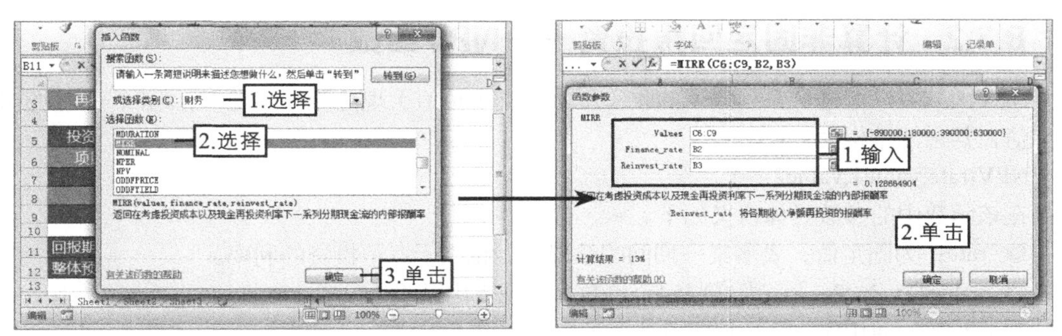

图8-16　选择函数　　　　图8-17　设置参数

（3）使用相同的方法在B12单元格中插入函数公式“=XIRR(C6:C9,B6:B9)”，计算整体预算内部收益率，然后保存文档，完成本案例的操作。

8.3 计算投资

计算投资需要使用Excel中的投资类函数，投资函数是财务函数中较为常用的函数，通常可以计算投资的现值、投资周期与未来值等。本节将详细讲解投资类函数的相关知识。

8.3.1 计算投资现值——PV函数

使用PV函数，可以求得定期内支付的贷款或储蓄的现值，其语法结构为：

PV(rate,nper,pmt,fv,type)

该函数中的各参数的含义如下。

◎ rate：为各期利率，如果按年利率6.90%支付，则月利率为6.90%/12。

◎ nper：指定付款期总数，用数值或所在的单元格指定。

◎ pmt：表示各期付款额，其数值在整个投资期内保持不变。

◎ fv：表示未来值，或在最后一次付款后希望得到的现金余额。如果省略“fv”，则假设其值为零。

◎ type：数字“0”或“1”，用于指定各期的付款时间是在期初还是在期末。

图8-18所示为PV函数的应用效果。

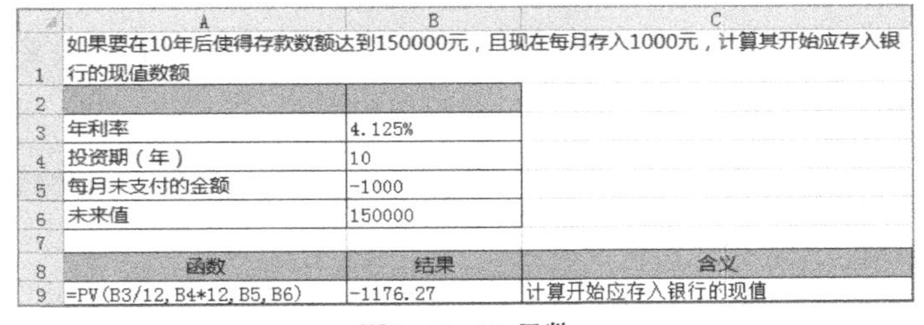

	A	B	C
1	如果要在10年后使得存款数额达到150000元，且现在每月存入1000元，计算其开始应存入银行的现值数额		
2			
3	年利率	4.125%	
4	投资期（年）	10	
5	每月末支付的金额	-1000	
6	未来值	150000	
7			
8	函数	结果	含义
9	=PV(B3/12,B4*12,B5,B6)	-1176.27	计算开始应存入银行的现值

图8-18　PV函数

知识提示

现值在财务中表示在考虑风险特性后的投资价值，而在财务管理中，现值用以表示未来现金流序列当前值的累加。

8.3.2 计算非固定回报投资——NPV函数

NPV函数可以通过一系列未来的收（正值）支（负值）现金流和贴现率，返回一项投资的净现值，其语法结构为：

NPV(rate,value1,value2,…)

在该函数中的参数具体含义如下。

◎ rate：为固定值，表示某一期间的贴现率，相当于竞争投资的利率。

◎ value1, value2, …：为1到254个参数，表示支出及收入。

有关参数的使用应该注意以下几点。

◎ value1,value2,…在时间上必须具有相等的间隔，并且发生在期末。

◎ 函数使用value1,value2,…的顺序来解释现金流的顺序，因此一定要保证支出和收入的数额按照正确的顺序输入。

◎ 如果参数value1,value2,…为数值、空白单元格、逻辑值或者数字的文本表达式，则都会计算在内，可是如果是错误值或不能转换为数值的文本，则被忽略；如果参数是数组或者引用，则只有其中的数值部分计算在内，其他的都将被忽略。

◎ 假定投资开始于value1现金流所在日期的前一期，并结束于最后一笔现金流的当期，函数则依据未来的现金流进行计算。如果第一笔现金流发生在第一个周期的期初，则第一笔现金必须添加到NPV函数的结果中，而不应该包含在value1,value2,…参数中；如果第一笔现金流发生在第一个周期的期末，则应计算在参数value1,value2,…中。

图8-19所示为NPV函数的应用效果。

	A	B	C
1			
2	年贴现率	0.0725	
3	初期投资	-50000	
4	第一年的收益	12500	
5	第二年的收益	26000	
6	第三年的收益	39000	
7	第四年的收益	45000	
8			
9	函数	结果	含义
10	=NPV(B2,B3,B4,B5,B6,B7)	46511.41	投资的净现值

图8-19　NPV函数

8.3.3 计算投资未来值——FV函数

FV函数可以基于固定利率及等额分期付款方式，返回某项投资项目的未来值。语法结构为：

FV(rate,nper,pmt,pv,type)

该函数中的参数与PV函数的参数含义相同，不过该函数中的pv参数在该函数中表示为本金，从该项投资开始计算时已经入账的款项或一系列未来付款的当前值的累积和，也称本金，如果省略，则假设其值为0。图8-20所示为FV函数的应用效果。

	A	B	C
1	假设目前一次性投资2000元，并且在今后的每月从收入中提取500元存入银行，以年利率4.125%计算15年后的金额		
2			
3	年利率	4.125%	
4	付款期总数（年）	15	
5	各期应付金额	-500	
6	现值	-2000	
7			
8	函数	结果	含义
9	=FV(B3,B4,B5,B6,1)	14189.52	以期末付款的方式计算的15年后的金额
10	=FV(B3,B4,B5,B6,0)	13772.67	以期末付款的方式计算的16年后的金额

图8-20　FV函数

8.3.4 计算本金未来值——FVSCHEDULE函数

FVSCHEDULE函数用于返回在应用一系列复利后初始本金的终值，其语法结构为：

FVSCHEDULE(principal,schedule)

该函数中包含了2个参数，各参数的含义如下。

◎ principal：用单元格或数值指定投资的现值。

◎ schedule：指定未来相应的利率数组，如果指定非数值，则返回错误值“#VALUE!”。

图8-21所示为FVSCHEDULE函数的应用效果。

	A	B	C
1	函数	结果	含义
2	=FVSCHEDULE(3000,{0.175,0.1,0.125})	4362.1872	基于复利率数组{0.175,0.1,0.125}计算本金3000的未来值

图8-21　FVSCHEDULE函数

8.3.5 计算投资期数——NPER函数

NPER函数用于基于固定利率和等额分期付款方式，返回某项投资或贷款的期数，其语法结构为：

NPER(rate,pmt,pv,fv,type)

在该函数中，各参数的含义与FV函数中的参数含义相同。图8-22所示为NPER函数的应用效果。

	A	B	C
1			
2	投资金额	70000	
3	年利率	3.5%	
4	每年存款金额	17000	
5			
6	函数	结果	含义
7	=NPER(B3,B4,B2)	-4	计算出需要多久时间才能存足投资资金

图8-22　NPER函数

8.3.6 课堂案例3——判断投资是否合算

本案例要求在提供的素材文件中判断年现金值或者投资是否合算，主要涉及PV和IF两个函数，完成后的参考效果如图8-23所示。

每月保底支出	800		年现金值	判断结果
投资收益率	8%		¥-95,643.43	投资不合算
付款年限	20			
年现金成本	100000			

图8-23　判断投资是否合算的参考效果

素材所在位置　光盘:\素材文件\第8章\课堂案例3\投资现值表.xlsx

效果所在位置　光盘:\效果文件\第8章\课堂案例3\投资现值表.xlsx

视频演示　光盘:\视频文件\第8章\判断投资是否合算.swf

（1）打开素材文件“投资现值表.xlsx”工作簿，选择D3单元格，单击“插入函数”按钮f_x，打开“插入函数”对话框，在“或选择类别”下拉列表框中选择“财务”选项，在“选择函数”列表框中选择“PV”选项，单击确定按钮，如图8-24所示。

（2）打开“函数参数”对话框，在“Rate”文本框中输入“B3/12”，在“Nper”文本框中输入“B4*12”，在“Pmt”文本框中输入“B2”，在“Pv”文本框中输入“0”，单击确定按钮，如图8-25所示。

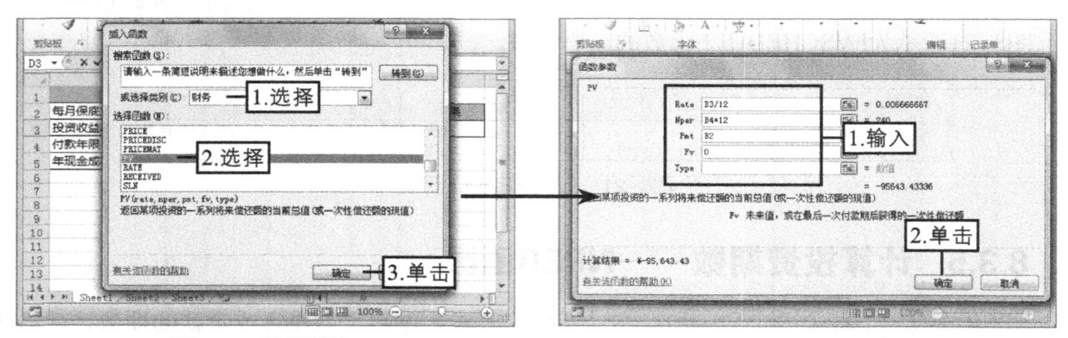

图8-24　选择函数　　　　图8-25　设置参数

（3）选择E3单元格，单击“插入函数”按钮f_x，打开“插入函数”对话框，在“或选择类别”下拉列表框中选择“逻辑”选项，在“选择函数”列表框中选择“IF”选项，单击确定按钮，如图8-26所示。

（4）打开“函数参数”对话框，在“Logical_test”文本框中输入“ABS(D3)>ABS(B5)”，在“Value_if_true”文本框中输入“值得投资”，在“Value_if_false”文本框中输入“投资不合算”，单击确定按钮，如图8-27所示，然后保存文档，完成本案例的操作。

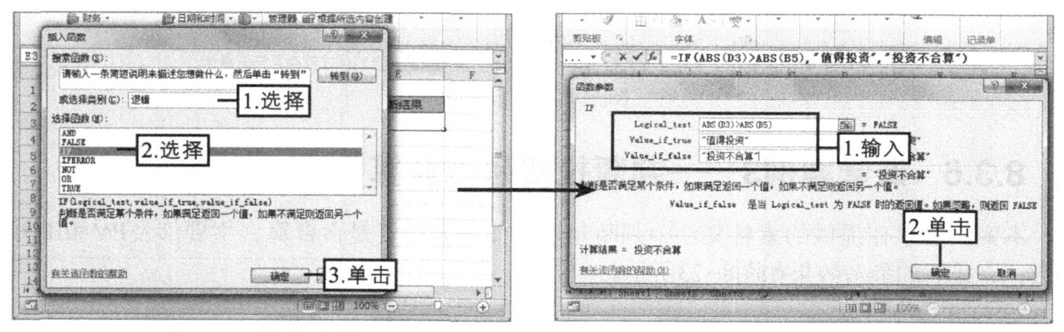

图8-26　选择IF函数　　　　图8-27　IF函数参数

8.4　计算折旧值

折旧是固定资产管理的重要组成部分。在公司的财务管理中，计算折旧值也就成为了其中的重要组成部分。本节将详细讲解计算折旧值的函数的相关知识。

8.4.1　计算余额递减折旧值——DB、DDB、VDB函数

在Excel中，余额递减折旧值的计算分为了许多种，主要由DB、DDB、VDB函数对各种情

况进行计算。

1. DB函数

其中DB函数可以使用固定余额递减法，返回指定期间内某项固定资产的折旧值，其语法结构为：

DB(cost,salvage,life,period,month)

该函数中的各参数的含义如下。

◎ cost：资产原值，不能为负数。

◎ salvage：资产在折旧期末的价值，有时也称为资产残值。

◎ life：折旧期限，有时也称作资产的使用寿命。

◎ period：需要计算折旧值的期间。"period"必须使用与"life"相同的单位。

◎ month：第一年的月份数，若省略，则假设为12。

图8-28所示为DB函数的应用效果。

	A	B	C
1			
2	电脑原价值	8500	
3	报废后报价	1000	
4	使用年限	5	
5			
6	函数	结果	含义
7	=DB(B2,B3,B4,1,7)	1725.5	第一年7个月内的折旧值
8	=DB(B2,B3,B4,2)	1928.62	第二年的折旧值
9	=DB(B2,B3,B4,3)	1257.46	第三年的折旧值
10	=DB(B2,B3,B4,4)	819.86	第四年的折旧值
11	=DB(B2,B3,B4,5)	534.55	第五年的折旧值

图8-28　DB函数

知识提示

固定余额递减法是指根据固定资产的估计使用年数按公式求出其折旧率，每一年以固定资产的现有价值乘以折旧率来计算其当年的折旧率。

2. DDB函数

DDB函数可以使用双倍或其他倍数余额递减法，返回指定期间内某项固定资产的折旧值，其语法结构为：

DDB(cost,salvage,life,period,factor)

其他参数与DB函数相同，参数factor为余额递减速率，默认值为2，即双倍余额递减法。图8-29所示为DDB函数的应用效果。

	A	B	C
1			
2	汽车原价值	100000	
3	报废后报价	10000	
4	使用年限	10	
5			
6	函数	结果	含义
7	=DDB(B2,B3,B4*365,1)	54.79	第一天的折旧值
8	=DDB(B2,B3,B4*12,1)	1666.67	第一个月的折旧值
9	=DDB(B2,B3,B4,1)	20000	第一年的折旧值
10	=DDB(B2,B3,B4,3)	12800	第三年的折旧值

图8-29　DDB函数

3. VDB函数

VDB函数用以返回某项固定资产用余额递减法或其他指定方法计算的特定或部分时期的折

旧额，其语法结构为：

VDB(cost,salvage,life,start_period,end_period,factor,no_switch)

除与DB函数相同的参数外，其他参数的含义如下。

◎ start_period：需要计算折旧值的起始期间。

◎ end_period：需要计算折旧值的结束期间。

◎ no_switch：该参数为逻辑值，指定当折旧值大于余额递减计算值时，是否采用直线折旧法进行计算。

图8-30所示为VDB函数的应用效果。

	A	B	C
1			
2	汽车原价值	100000	
3	报废后报价	10000	
4	使用年限	10	
5			
6	函数	结果	含义
7	=VDB(B2,B3,B4*365,0,1)	54.79	第一天的折旧值
8	=VDB(B2,B3,B4,0,1)	20000	第一年的折旧值
9	=VDB(B2,B3,B4*12,6,15,1.5)	9925.5	第6-15个月的折旧值

图8-30　VDB函数

8.4.2　计算线性折旧值——SLN函数

SLN函数是用线性折旧法来计算折旧费，其语法结构为：

SLN(cost,salvage,life)

该函数中的各参数具体含义如下。

◎ cost：为资产原值。

◎ salvage：为资产在折旧期末的价值，也称为资产残值。

◎ life：为折旧期限，也称作资产使用寿命。

图8-31所示为SLN函数的应用效果。

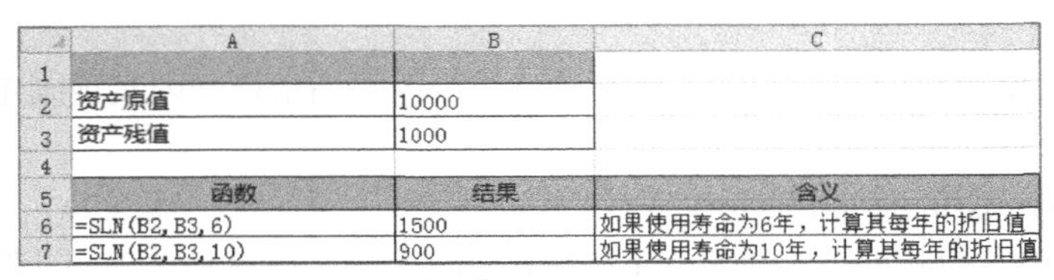

	A	B	C
1			
2	资产原值	10000	
3	资产残值	1000	
4			
5	函数	结果	含义
6	=SLN(B2,B3,6)	1500	如果使用寿命为6年，计算其每年的折旧值
7	=SLN(B2,B3,10)	900	如果使用寿命为10年，计算其每年的折旧值

图8-31　SLN函数

知识提示

直线折旧法又称年限平均法，即将固定资产价值均衡分摊到每个折旧期中，因此在直线折旧法条件下每年提取的折旧金额是相等的，其计算公式为：年折旧额=（原始价值-预计净残值）/折旧年限。

8.4.3　计算年限总和折旧值——SYD函数

SYD函数主要用于计算资产按年限总和折旧法计算的每期折旧金额，相对于固定余额递减法而言，属于一种缓慢的曲线。语法结构为：

SYD(cost,salvage,life,per)

在该函数中，“per”参数用于指定进行折旧的期间，其他的参数含义与SLN函数相同。图8-32所示为SYD函数的应用效果。

	A	B	C
1			
2	资产原值	10000	
3	资产残值	1000	
4	使用寿命	7	
5			
6	函数	结果	含义
7	=SYD(B2,B3,B4*12,1)	211.76	计算其第一个月的折旧值
8	=SYD(B2,B3,B4,1)	2250	计算其第一年的折旧值
9	=SYD(B2,B3,B4,7)	321.43	计算其第七年的折旧值

图8-32 SYD函数

8.4.4 计算记账期的折旧值——AMORDEGRC函数

AMORDEGRC函数主要返回某个记账期内资产分配的线性折旧。其语法结构为：

AMORDEGRC(cost,date_purchased,first_period,salvage,period,rate,basis)

该函数中的各参数的具体含义如下。

◎ cost：为资产原值。

◎ date_purchased：购入资产的日期。

◎ first_period：第一个期间结束时的日期。

◎ salvage：资产在使用寿命结束时的残值。

◎ period：期间。

◎ rate：为折旧率。

◎ basis：所使用的年基准。

知识提示

AMORLINC函数可以计算每个结算期间的折旧值，该函数也是为法国会计系统提供的。如果某项资产是在结算期间的中期购入的，则按线性折旧法计算。其语法结构为：AMORLINC(cost,date_purchased,first_period,salvage,period,rate,basis)。该函数中的参数与AMORDEGRC函数中的参数含义相同，使用方法也相似，不同之处在于AMORDEGRC函数中用于计算的折旧系数取决于资产的寿命。

8.4.5 课堂案例4——计算设备折旧值

本案例要求以某公司某年6月份购买了一批价值￥7,890,000的新设备，预计使用年限为8年，使用年限后的设备残值为￥480,000为例。分别采用固定余额递减法、双倍余额递减法以及折旧系数为1.86的余额递减法来计算出该批新设备的折旧值，从而制定出新的运营模式，主要涉及DB、DDB和VDB三个函数的应用，完成后的参考效果如图8-33所示。

素材所在位置 光盘:\素材文件\第8章\课堂案例4\设备折旧表.xlsx

效果所在位置 光盘:\效果文件\第8章\课堂案例4\设备折旧表.xlsx

视频演示 光盘:\视频文件\第8章\计算设备折旧值.swf

设备折旧值计算			
设备价值	¥7,890,000.00	使用年限	8
设备残值	¥480,000.00	折旧系数	1.86
年限	折旧值计算		
	固定余额递减	双倍余额递减	折旧系数余额递减
1	¥1,357,737.50	¥1,972,500.00	¥1,834,425.00
2	¥1,927,017.44	¥1,479,375.00	¥3,242,346.19
3	¥1,358,547.29	¥1,109,531.25	¥4,322,925.70
4	¥957,775.84	¥832,148.44	¥5,152,270.47
5	¥675,231.97	¥624,111.33	¥5,788,792.59
6	¥476,038.54	¥468,083.50	¥6,277,323.31
7	¥335,607.17	¥351,062.62	¥6,652,270.64
8	¥236,603.05	¥263,296.97	¥6,940,042.72

图8-33　计算设备折旧值的参考效果

（1）打开素材文件“设备折旧表.xlsx”工作簿，选择B7单元格，单击“插入函数”按钮fx，打开“插入函数”对话框，在“或选择类别”下拉列表框中选择“财务”选项，在“选择函数”列表框中选择“DB”选项，单击 确定 按钮，如图8-34所示。

（2）打开“函数参数”对话框，在“Cost”文本框中输入“¥B¥2”，在“Salvage”文本框中输入“¥B¥3”，在“Life”文本框中输入“¥D¥2”，在“Period”文本框中输入“A7”，在“Month”文本框中输入“7”，单击 确定 按钮，如图8-35所示。

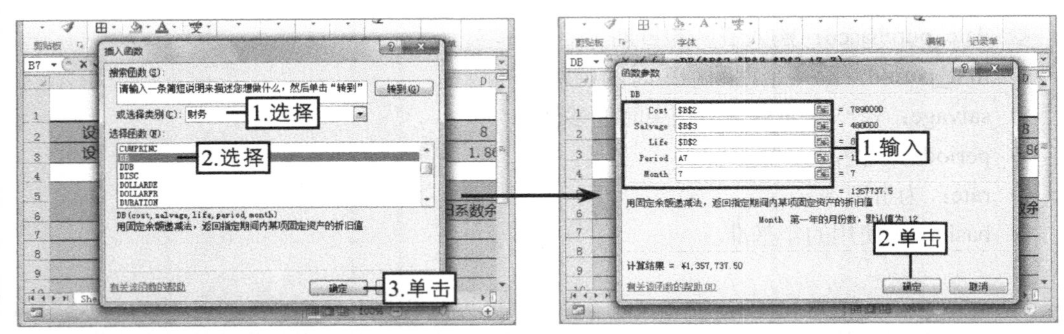

图8-34　选择DB函数　　　　图8-35　设置DB函数参数

（3）用相同的方法在C7单元格中插入函数公式“=DDB(¥B¥2,¥B¥3,¥D¥2,A7,2)”，计算出双倍余额递减法的结果，如图8-36所示。

（4）相同的方法在D7单元格中插入函数公式“=VDB(¥B¥2,¥B¥3,¥D¥2,0,A7,¥D¥3,1)”，计算出折旧系数余额递减法的结果，如图8-37所示。

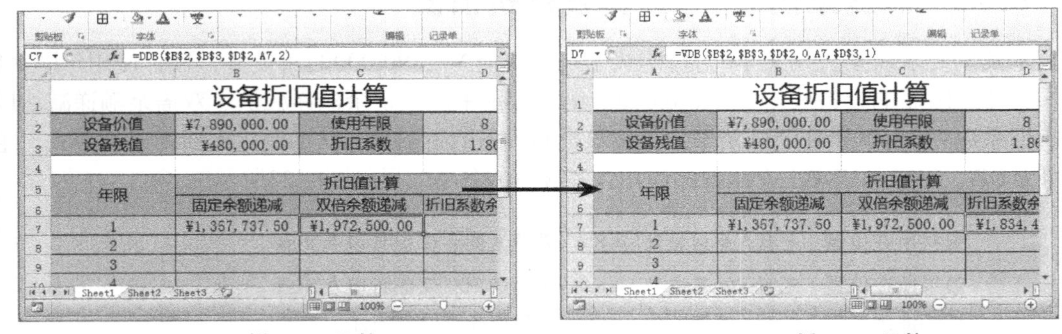

图8-36　插入DDB函数　　　　图8-37　插入VDB函数

（5）将B7:D7单元格区域中的公式复制到B8:D14单元格区域中，单击“自动填充选项”按钮

右侧的按钮，在打开的列表中单击选中“不带格式填充”单选项，然后保存文档，完成本案例的操作。

8.5 课堂练习——制作贷款投资经营表

本课堂练习将通过使用财务函数，分析出该批设备的各期折旧值、贷款中各期的本金与利息、投资现值、内部收益率等，综合练习本章学习的知识点，学习使用财务分析函数计算数据的具体操作。

1. 练习目标

本练习的目标是对公司的一项贷款投资进行预算，该项投资以7.05%的年利率贷款￥5,500,000购买一批新设备，贷款期限为15年，预计这批设备在15年后的残值为￥870,000。在练习过程中主要涉及财务分析函数的相关知识。本练习完成后的参考效果如图8-38所示。

贷 款 投 资 经 营 表

贷款总额：¥5,500,000.00　贷款期限：15　年利率：7.05%　设备残值：¥870,000.00

	贷款后的时间	设备折旧值	各期利息	各期本金	本利累计	未还贷款	设备的回报额
	2012年1月1日					¥5,500,000.00	¥-9,086,683.55
	2013年1月1日	¥578,750.00	¥387,750.00	¥218,028.90	¥605,778.90	¥5,281,971.10	¥836,500.00
	2014年1月1日	¥540,166.67	¥372,378.96	¥233,399.94	¥605,778.90	¥5,048,571.16	¥922,100.00
	2015年1月1日	¥501,583.33	¥355,924.27	¥249,854.64	¥605,778.90	¥4,798,716.52	¥1,037,000.00
	2016年1月1日	¥463,000.00	¥338,309.51	¥267,469.39	¥605,778.90	¥4,531,247.13	¥1,000,800.00
	2017年1月1日	¥424,416.67	¥319,452.92	¥286,325.98	¥605,778.90	¥4,244,921.15	¥924,000.00
	2018年1月1日	¥385,833.33	¥299,266.94	¥306,511.96	¥605,778.90	¥3,938,409.19	¥912,000.00
	2019年1月1日	¥347,250.00	¥277,657.85	¥328,121.06	¥605,778.90	¥3,610,288.13	¥1,026,000.00
	2020年1月1日	¥308,666.67	¥254,525.31	¥351,253.59	¥605,778.90	¥3,259,034.54	¥942,000.00
	2021年1月1日	¥270,083.33	¥229,761.94	¥376,016.97	¥605,778.90	¥2,883,017.57	¥880,100.00
	2022年1月1日	¥231,500.00	¥203,252.74	¥402,526.16	¥605,778.90	¥2,480,491.41	¥842,000.00
	2023年1月1日	¥192,916.67	¥174,874.64	¥430,904.26	¥605,778.90	¥2,049,587.15	¥768,000.00
	2024年1月1日	¥154,333.33	¥144,495.89	¥461,283.01	¥605,778.90	¥1,588,304.14	¥956,230.00
	2025年1月1日	¥115,750.00	¥111,975.44	¥493,803.46	¥605,778.90	¥1,094,500.68	¥856,320.00
	2026年1月1日	¥77,166.67	¥77,162.30	¥528,616.61	¥605,778.90	¥565,884.08	¥778,960.00
	2027年1月1日	¥38,583.33	¥39,894.83	¥565,884.08	¥605,778.90	¥0.00	¥699,980.00
累计：		¥4,630,000.00	¥3,586,683.55	¥5,500,000.00	¥9,086,683.55		
投资现值：	¥8,232,975.63						
内部收益率：	5.48%						

图8-38　贷款投资经营表的参考效果

素材所在位置　光盘:\素材文件\第8章\课堂练习\贷款投资经营表.xlsx

效果所在位置　光盘:\效果文件\第8章\课堂练习\贷款投资经营表.xlsx

视频演示　光盘:\视频文件\第8章\制作贷款投资经营表.swf

职业素养

投资贷款一般只对法人企业的股东、个体工商户、非法人企业的投资人或合伙人发放，一般采用分期还款方式归还。但是投资有风险，投资前需要对该项投资进行分析。在Excel中，财务函数的分类非常详细，对一项投资进行分析，只需要使用其中对应的函数类别即可。

2. 操作思路

完成本练习需要先在该工作簿的基础上，通过相应的财务函数分析出该项投资的折旧值、各期利息值、各期本金值、本利累计值、未还贷款金额以及设备回报额等，然后根据各项参数综合计算出该项投资的现值以及内部收益率，其操作思路如图8-39所示。

① 计算设备折旧值

② 计算利息和本金

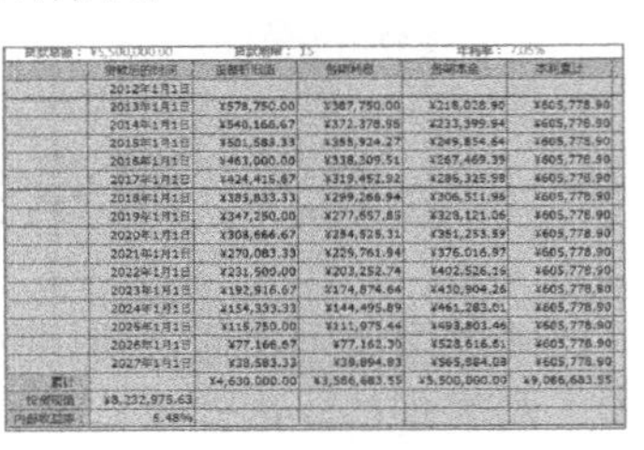

③ 分析最终结果

图8-39　制作贷款投资经营表的制作思路

（1）打开素材文件“贷款投资经营表.xlsx”工作簿，在对应单元格中输入已知的数据。

（2）在C5单元格中输入函数“=SYD(¥B¥2,¥H¥2,¥D¥2,YEAR(B5)-2012)”，并将其填充至C6:C19单元格区域中，计算出每年的设备折旧值。

（3）在D5单元格中输入函数“=-IPMT(¥F¥2,YEAR(B5)-2012,¥D¥2,¥B¥2)”，并将其填充至D6:D19单元格区域中，计算出各期利息。

（4）在E5单元格中输入函数“=-PPMT(¥F¥2,YEAR(B5)-2012,¥D¥2,¥B¥2)”，并将其填充至E6:E19单元格区域中，计算出各期本金。

（5）在F5单元格中输入函数“=SUM(D5:E5)”，并将其填充至F6:F19单元格区域中，计算出本利累计。

（6）在G4单元格中输入函数“=B2”，在G5单元格输入函数“=¥B¥2-SUM(¥E¥4:E5)”，并将其填充至G6:G19单元格区域中，计算出各年的未还款金额。

（7）在C20单元格中输入函数“=SUM(C5:C19)”，计算出15年内设备折旧值的总和，并将其填充至D20:F20单元格区域中。

（8）在H4单元格中输入“=-F20”，在H5:H19单元格区域中输入设备在15年内的回报额（回报额只能通过估计填写，在实际分析过程中，同样需要对回报额进行分析后再填入）。

（9）在B21单元格中输入函数“=NPV(F2,H5:H19)”，计算出该项投资的现值。

（10）在B22单元格中输入函数“=IRR(H4:H19)”，计算出15年后的内部收益率。

8.6 拓展知识

下面主要介绍财务分析函数中计算有价证券函数的相关知识。

1. 计算到期日支付利息的证券现价——PRICEMAT函数

PRICEMAT函数每张票面为￥100且到期日支付利息的债券的现金有价证券的价格，语法结构为：

PRICEMAT(settlement,maturity,issue,rate,yld,basis)

在该函数中，各参数的含义如下.

◎ settlement：表示证券的结算日。结算日是在发行日之后，证券卖给购买者的日期。

◎ maturity：表示有价证券的到期日。到期日是有价证券有效期截止时的日期。

◎ issue：表示有价证券的发行日，以时间序列号表示。

◎ rate：表示有价证券在发行日的利率。
◎ yld：表示有价证券的年收益率。
◎ basis：表示日计数基准类型，当该参数为“0”或省略时，日计数基准类型为“US (NASD)30/360”；为“1”时，日计数基准类型为实际天数/实际天数；为“2”时，日计数基准类型为“实际天数/360”；为“3”时，日计数基准类型为“实际天数/365”；为“4”时，日计数基准类型为“欧洲30/360”。

2. 计算应付利息——ACCRINT函数

ACCRINT函数用于返回定期支付利息的债券，其语法结构为：
ACCRINT(issue,first_interest,settlement,rate,par,frequency,basis,calc_method)
在该函数中，各参数的含义如下。
◎ issue：表示有价证券的发行日。
◎ first_interest：表示证券首次计息日。
◎ settlement：表示证券的结算日。结算日是在发行日之后，证券卖给购买者的日期。
◎ rate：表示有价证券的年息票利率。
◎ par：表示证券的票面值，如果省略此参数，则ACCRINT使用￥1000。
◎ frequency：表示年付息次数，如果按年支付，则“frequency=1”；若按半年期支付，则“frequency =2”；若按季支付，则“frequency = 4”。
◎ basis：表示日计数基准类型，为“0”或省略时，日计数基准类型为“US(NASD)30/360”；为“1”时，日计数基准类型为“实际天数/实际天数”；为“2”时，日计数基准类型为“实际天数/360”；为“3”时，日计数基准类型为“实际天数/365”；为“4”时，日计数基准类型为“欧洲30/360”。

3. 计算证券收回的数额——RECEIVED函数

RECEIVED函数用于返回完全投资型债券在到期日收回的金额，其语法结构为：
RECEIVED(settlement,maturity,investment,discount,basis)
在该函数中的参数与前面讲解的参数含义相同，部分参数的含义为。
◎ investment：表示有价证券的投资额。
◎ discount：表示有价证券的贴现率。

4. 计算证券利率——INTRATE函数

INTRATE函数可以计算完全型投资型债券的利率，其语法结构为：
INTRATE(settlement,maturity,investment,redemption,basis)
该函数中的部分参数的含义如下。
◎ investment：表示有价证券的投资额。
◎ redemption：表示有价证券到期时的清偿价值。

8.7 课后习题

（1）打开“内部收益率表.xlsx”工作簿，利用前面讲解的利用函数计算数据的方法计算其

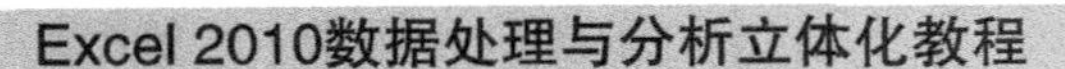

中的数据。最终效果如图8-40所示。

云帆投资内部收益率计算			
年份	现金流	数据表格	
0	-625	0	6.12
1	375	2%	-81.47
2	250	4%	-49.18
3	250	6%	-25.93
4	250	8%	-9.97
5	250	10%	0.15
6	250	12%	5.57
7	-1125	14%	7.22
		16%	5.88
折现率	12.36%	18%	2.17
净现值	6.12	20%	-3.42
内部收益率（小）	9.96%		
内部收益率（小）	18.85%		

图8-40 “内部收益率表”参考效果

提示：本例中计算了两个“内部收益率（小）”值，具体计算的是数据表格中内部收益率最小的值百分点。另外，通过数据表格可以观察出内部收益率的取值范围，然后通过IRR函数即可求解出最后的内部收益率。在B13单元格中插入函数“=NPV(B12,B4:B10)+B3”，在B16单元格中插入函数“=IRR(B3:B10,0.1)”，在B17单元格中插入函数“=IRR(B3:B10,0.2)”。

素材所在位置 光盘:\素材文件\第8章\课后习题\内部收益率表.xlsx
效果所在位置 光盘:\效果文件\第8章\课后习题\内部收益率表.xlsx
视频演示 光盘:\视频文件\第8章\计算内部收益率.swf

（2）打开“房贷信息表.xlsx”工作簿，利用前面讲解的利用函数计算数据的方法计算其中的数据。最终效果如图8-41所示。

房贷计算			
贷款	年利率	贷款年限	
¥780,000.00	7.05%	10	
	应付利息	应付本金	本利和
第一个月	¥-4,582.50	¥-4,494.07	¥-9,076.57
最后一个月	¥-53.01	¥-9,023.56	¥-9,076.57

图8-41 “房贷信息表”参考效果

提示：本练习对一套住房的本金和利息进行计算，该套住房的贷款年限为10年，金额为￥780,000，按月还款，年息为7.05%，在本例中需要特别注意区分计算利息与计算本金的函数。首先需要绘制表格，并设置底纹和字体格式，然后输入相关的房贷信息，接着使用PPMT、IPMT和SUM函数计算第一个月和最后一个月的利息与本金。

效果所在位置 光盘:\效果文件\第8章\课后习题\房贷信息表.xlsx
视频演示 光盘:\视频文件\第8章\计算房贷.swf

第9章 逻辑函数

逻辑函数是用来判断真假值或者进行复合检验的Excel函数，在对工作表中的数据进行计算或者分析统计时，常常要对某些条件进行判断才能得出需要的结果，这时就可以使用逻辑函数。本章将详细讲解逻辑函数的基本知识，以及定义与使用的方法，同时，掌握逻辑函数的相关操作。

学习要点

◎ 求交、求并和求反函数
◎ 根据条件返回不同值函数
◎ 直接返回逻辑值函数
◎ 处理函数中的错误

学习目标

◎ 掌握求交、求并和求反函数的基本操作
◎ 掌握根据条件返回不同值函数的基本操作
◎ 掌握直接返回逻辑值函数的基本操作

9.1 求交、求并及求反函数

在使用Excel处理财务工作中，需要使用的财务函数很多，但是在使用该函数时，需要与逻辑函数嵌套使用。最常用的就是逻辑函数。逻辑函数能够根据不同条件、进行不同处理的函数，来完成很多较复杂的工作，方便进行财务运算。本节将详细讲解Excel中求交、求并和求反函数的基础知识。

9.1.1 求交运算——AND函数

AND函数通常用于扩大执行逻辑检验的其他函数的作用范围。通过将AND函数，可以检验多个不同的条件，而不仅仅是一个条件，其语法结构为：

AND(logical1,logical2,···)

参数“logical1，logical2，…”表示待计算的多个逻辑值，各个参数必须能计算为逻辑值TRUE或FALSE，或者包含逻辑值的数组或引用。如果数组或引用中包含文本或空白单元格，这些值将被忽略；如果指定的单元格区域内含有非逻辑值，函数将返回错误值“#VALUE！”。对于AND函数而言，当所有参数的逻辑值为真时，则返回TRUE；只要有一个参数的逻辑值为假，则返回FALSE。图9-1所示为AND函数的应用效果。

	A	B	C
1	函数	结果	含义
2	=AND(TRUE,TRUE)	TRUE	两个逻辑值都为真返回TRUE
3	=AND(FALSE,TRUE)	FALSE	一个逻辑值为真，一个逻辑值为假返回FALSE
4	=AND(2>3,1=1)	FALSE	两个等式一个为真一个为假返回FALSE
5	=AND(WO)	#NAME?	参数没有逻辑值，返回错误值

图9-1　AND函数

9.1.2 求并运算——OR函数

在OR函数的参数中，当其中有任何一个参数的逻辑值为TRUE，即返回TRUE；当所有参数值均为FALSE，即返回FALSE，其语法结构为：

OR(logical1,logical2,···)

参数“logical1，logical2，…”表示待计算的多个逻辑值，各个参数必须能计算为逻辑值TRUE或FALSE，或者包含逻辑值的数组或引用。如果数组或引用中包含文本或空白单元格，这些值将被忽略；如果指定的单元格区域内含有非逻辑值，函数将返回错误值“#VALUE！”。对于OR函数而言，在其参数组中任何一个参数的逻辑值为真，则返回TRUE；所有参数的逻辑值为假，则返回FALSE。图9-2所示为OR函数的应用效果。

	A	B	C
1	函数	结果	含义
2	=OR(TRUE,TRUE)	TRUE	两个TRUE并集返回TRUE
3	=OR(TRUE,FALSE)	TRUE	一个TRUE一个FALSE并集返回TRUE
4	=OR(FALSE,FALSE)	FALSE	两个FALSE并集返回FALSE

图9-2　OR函数

9.1.3 逻辑求反——NOT函数

对参数值的逻辑值求反。当要确保一个值不等于某一特定值时，可以使用NOT函数，其语法结构为：

NOT(logical)

“logical”为一个必需的，可以计算出TRUE或FALSE的逻辑值或逻辑表达式。如果逻辑值为FALSE，函数NOT返回TRUE；如果逻辑值为TRUE，函数NOT返回FALSE。图9-3所示为NOT函数的应用效果。

	A	B	C
1		23	
2	函数	结果	含义
3	=NOT(FALSE)	TRUE	返回FALSE的相反值
4	=NOT(1+2=3)	FALSE	返回判断结果的相反值
5	=NOT(B1=23)	FALSE	单元格等于23，返回相反的结果

图9-3 NOT函数

9.1.4 课堂案例1——统计员工招聘考试成绩

本案例要求在Excel中利用前面学习的逻辑函数来统计员工招聘考试成绩，主要涉及AND和NOT函数的使用，完成后的参考效果如图9-4所示。

员工招聘成绩（笔试）					
姓名	专业技术	交流	性格	是否合格	是否笔试
刘文龙	82	29	95	FALSE	FALSE
乔峰	75	88	85	TRUE	TRUE
汤修业	58	67	76	FALSE	FALSE
刘松	90	88	90	TRUE	TRUE
李波	92	90	92	TRUE	TRUE
张明	50	75	66	FALSE	FALSE
王慧	86	82	98	TRUE	TRUE

图9-4 统计于东招聘考试成绩的参考效果

素材所在位置 光盘:\素材文件\第9章\课堂案例1\招聘成绩.xlsx

效果所在位置 光盘:\效果文件\第9章\课堂案例1\招聘成绩.xlsx

视频演示 光盘:\视频文件\第9章\统计员工招聘考试成绩.swf

（1）打开素材文件“招聘成绩.xlsx”工作簿，选择E3单元格，单击“插入函数”按钮f_x，打开“插入函数”对话框，在“或选择类别”下拉列表框中选择“逻辑”选项，在“选择函数”列表框中选择“AND”选项，单击 确定 按钮，如图9-5所示。

（2）打开“函数参数”对话框，在“Logical1”文本框中输入“B3>60”，在“Logical2”文本框中输入“C3>70”，在“Logical3”文本框中输入“D3>75”，单击 确定 按钮，如图9-6所示。

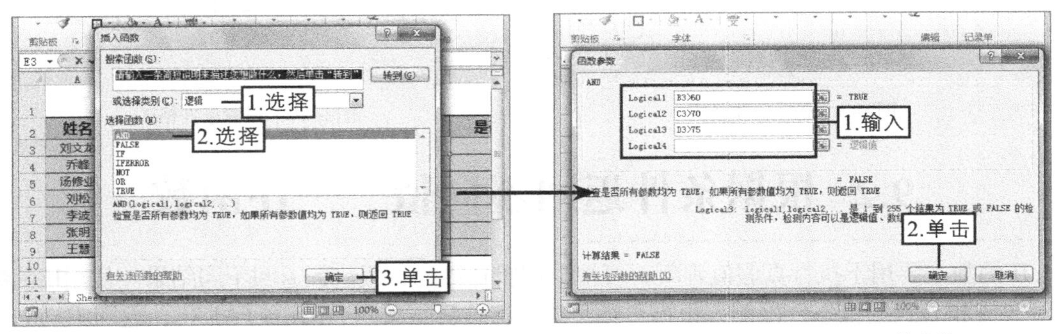

图9-5 选择AND函数

图9-6 设置AND函数参数

（3）将E3单元格中的公式复制到E4:E9单元格区域中，单击“自动填充选项”按钮右侧的按钮，在打开的列表中单击选中“不带格式填充”单选项。

（4）选择F3单元格，单击“插入函数”按钮，打开“插入函数”对话框，在“或选择类别”下拉列表框中选择“逻辑”选项，在“选择函数”列表框中选择“NOT”选项，单击确定按钮，如图9-7所示。

（5）打开“函数参数”对话框，在“Logical”文本框中输入“E3=FALSE”，单击确定按钮，如图9-8所示。

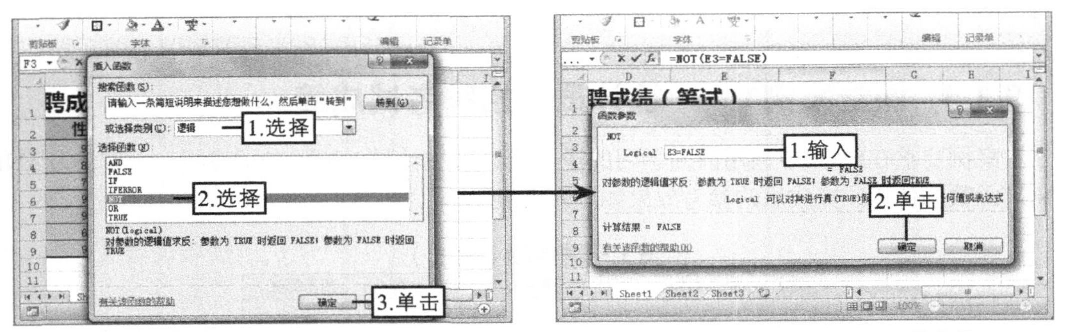

图9-7 选择NOT函数

图9-8 设置NOT函数参数

（6）将F3单元格区域中的公式复制到F4:F9单元格区域中，单击“自动填充选项”按钮右侧的按钮，在打开的列表中单击选中“不带格式填充”单选项。

（7）选择E3:F9单元格区域，在【开始】→【样式】组中单击“条件格式”按钮，在打开的下拉列表中选择【突出显示单元格规则】→【文本包含】选项，如图9-9所示。

（8）打开“文本中包含”对话框，在“为包含以下文本的单元格设置格式”文本框中输入“FALSE”，在“设置为”下拉列表框中选择“浅红填充色深红色文本”选项，完成后单击确定按钮，如图9-10所示，然后保存文档，完成本案例的操作。

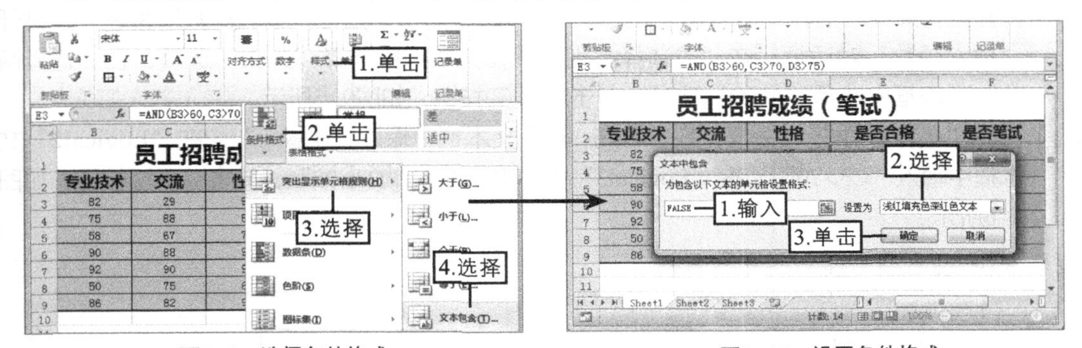

图9-9 选择条件格式

图9-10 设置条件格式

9.2 根据条件返回不同值——IF函数

IF函数主要用于执行真假值判断，可根据逻辑计算的真假值，返回不同结果。使用IF函数可对数值和公式进行条件检测，根据对指定的条件计算结果为TRUE或FALSE，返回不同的结果，其语法结构为：

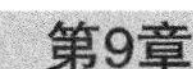

IF(logical_test,value_if_true,value_if_false)

部分参数含义如下。

◎ logical_test：表示计算结果为TRUE或FALSE的任意值或表达式。如A10=100表示：如果单元格A10中的值等于100，表达式的计算结果为TRUE，否则为FALSE。

◎ value_if_true：表示“logical_test”为TRUE时返回的值。如此参数是文本字符串“预算内”，而且“logical_test”参数的计算结果为TRUE，则IF函数显示文本“预算内”；如果“logical_test”为TRUE而“value_if_true”为空，则此参数返回“0”；若要显示单词TRUE，需为此参数使用逻辑值TRUE。“value_if_true”也可以是其他公式。

◎ value_if_false：表示“logical_test”为FALSE时返回的值。如此参数是文本字符串“超出预算”而“logical_test”参数的计算结果为FALSE，则IF函数显示文本“超出预算”；如“logical_test”为FALSE而“value_if_false”被省略，则会返回逻辑值FALSE；如果“logical_test”为FALSE且“value_if_false”为空，则会返回值“0”，“value_if_false”也可以是其他公式。

图9-11所示为IF函数的应用效果。

	A	B	C
1		66	
2	函数	结果	含义
3	=IF(B1>=66,0,1)	0	条件为真，返回第一个值0
4	=IF(B2>="",0,1)	1	条件为假，返回第二个值1
5	=IF(6=5,0,1)	1	条件为假，返回第二个值1

图9-11　IF函数

下面将使用IF函数判断英语测试成绩，当听力成绩（在总成绩中占40%）加上笔试成绩（在总成绩中占60%）的分数大于等于60时，表示英语成绩达标，反之则不达标，完成后的参考效果如图9-12所示。

期末考试成绩（英语）			
姓名	听力	笔试	是否达标
刘松	82	95	合格
李波	75	85	合格
张喜军	85	75	合格
周俊杰	93	90	合格
陈怡凡	60	71	合格
许馨月	58	76	合格
朱铭捷	50	42	需要补考
余情	86	56	合格

图9-12　统计英语成绩的参考效果

素材所在位置　光盘:\素材文件\第9章\课堂案例2\英语成绩.xlsx

效果所在位置　光盘:\效果文件\第9章\课堂案例2\英语成绩.xlsx

视频演示　光盘:\视频文件\第9章\统计英语成绩.swf

（1）打开素材文件“英语成绩.xlsx”工作簿，选择D3单元格，单击“插入函数”按钮 *fx*，打开“插入函数”对话框，在“或选择类别”下拉列表框中选择“逻辑”选项，在“选择函数”列表框中选择“IF”选项，单击 确定 按钮，如图9-13所示。

（2）打开“函数参数”对话框，在“Logical_test”文本框中输入“(B3*40%+C3*60%)>=60”，

在“Logical_if_true”文本框中输入“合格”，在“Logical_if_false”文本框中输入“需要补考”，单击确定按钮，如图9-14所示。

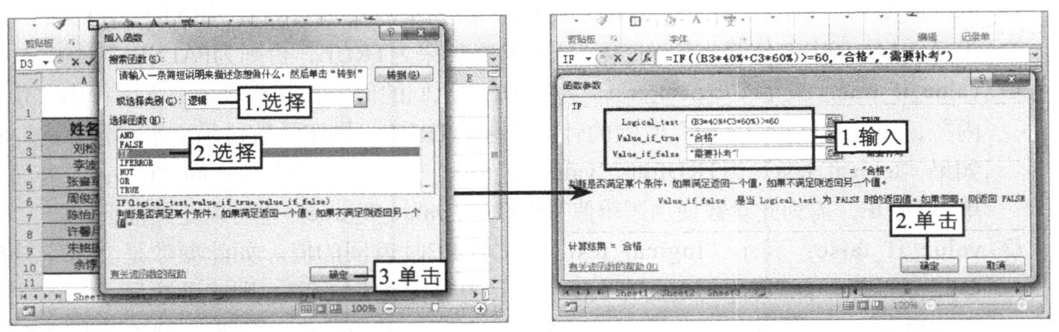

图9-13 选择IF函数　　　　图9-14 设置IF函数参数

（3）将D3单元格区域中的公式复制到D4:D10单元格区域中，单击“自动填充选项”按钮右侧的按钮，在打开的列表中单击选中“不带格式填充”单选项。

（4）选择D3:D10单元格区域，在【开始】→【样式】组中单击“条件格式”按钮，在打开的下拉列表中选择【突出显示单元格规则】→【文本包含】选项，如图9-15所示。

（5）打开“文本中包含”对话框，在“为包含以下文本的单元格设置格式”文本框中输入“需要补考”，在“设置为”下拉列表框中选择“浅红填充色深红色文本”选项，完成后单击确定按钮，如图9-16所示，然后保存文档，完成本案例的操作。

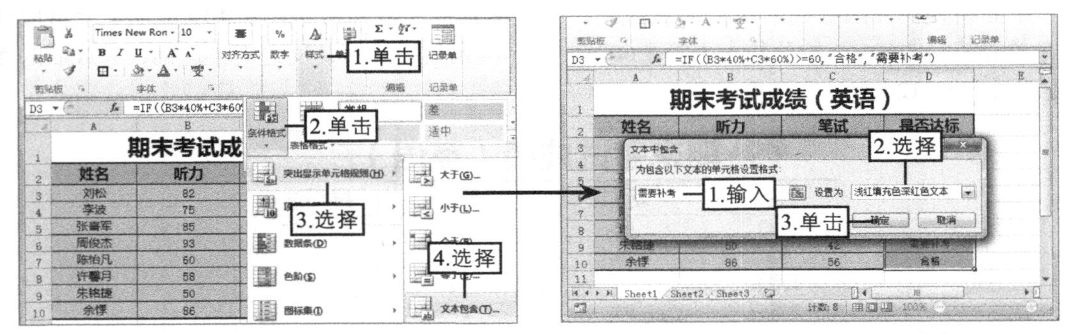

图9-15 选择对应的条件格式　　　　图9-16 设置条件格式

9.3 直接返回逻辑值——TRUE和FALSE函数

TRUE和FALSE函数主要用于返回逻辑值TRUE和FALSE，其语法结构为：

TRUE()

FALSE()

TRUE和FALSE没有参数，可以直接在单元格或公式中输入文本TRUE或FALSE，Excel会自动将它解释成逻辑值TRUE或FALSE。TRUE和FALSE函数主要用于检查与其他电子表格程序的兼容性。

图9-17所示为TRUE和FALSE函数的应用效果。

	A	B	C
1	函数	结果	含义
2	=TRUE()	TRUE	返回逻辑值TRUE
3	=FALSE()	FALSE	返回逻辑值FALSE
4	=6=6	TRUE	利用公式返回逻辑值TRUE
5	=6>8	FALSE	利用公式返回逻辑值FALSE

图9-17　TRUE和FALSE函数

下面将使用TRUE、FALSE函数和之前讲解的AND、IF函数嵌套，对员工考勤表中的数据进行分析，判断员工是否为全勤，如果是，则用TRUE表示，反之则用FALSE表示，完成后的参考效果如图9-18所示。

员工考勤表				
姓名	迟到	早退	事假	是否全勤
周明	0	0	0	TRUE
李波	1	0	0	FALSE
刘莎莎	0	0	0	TRUE
郑凌莉	0	2	0	FALSE
孙淑义	2	0	0	FALSE
钱文彦	1	0	2	FALSE

图9-18　分析员工考勤表的参考效果

素材所在位置　光盘:\素材文件\第9章\课堂案例3\考勤表.xlsx

效果所在位置　光盘:\效果文件\第9章\课堂案例3\考勤表.xlsx

视频演示　光盘:\视频文件\第9章\分析员工考勤表.swf

（1）打开素材文件“考勤表.xlsx”工作簿，选择E3单元格，单击“插入函数”按钮，打开“插入函数”对话框，在“或选择类别”下拉列表框中选择“逻辑”选项，在“选择函数”列表框中选择“IF”选项，单击确定按钮，如图9-19所示。

（2）打开“函数参数”对话框，在“Logical_test”文本框中输入“AND(B3=0,C3=0,D3=0)”，在“Value_if_true”文本框中输入“TRUE()”，在“Value_if_false”文本框中输入“FALSE()”，单击确定按钮，如图9-20所示。

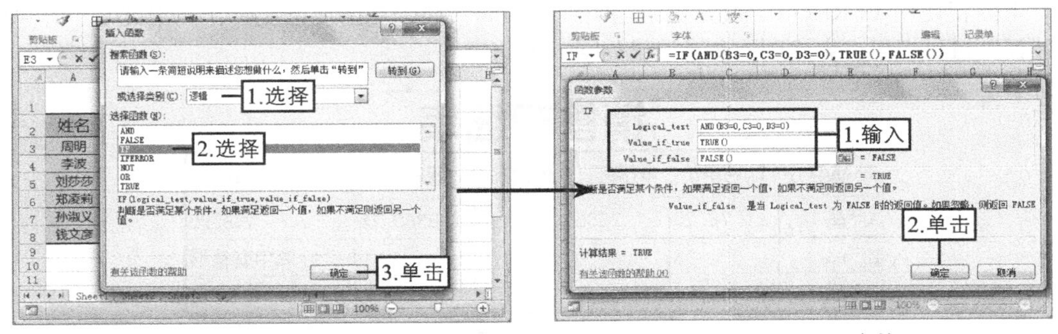

图9-19　选择函数　　　　图9-20　设置参数

（3）将E3单元格区域中的公式复制到E4:E8单元格区域中，单击“自动填充选项”按钮右侧的按钮，在打开的列表中单击选中“不带格式填充”单选项。

（4）选择E3:E8单元格区域，在【开始】→【样式】组中单击“条件格式”按钮，在打开的下拉列表中选择【突出显示单元格规则】→【文本包含】选项，如图9-21所示。

（5）打开“文本中包含”对话框，在“为包含以下文本的单元格设置格式”文本框中输入“TRUE”，在“设置为”下拉列表框中选择“浅红填充色深红色文本”选项，完成后单击 确定 按钮，如图9-22所示，然后保存文档，完成本案例的操作。

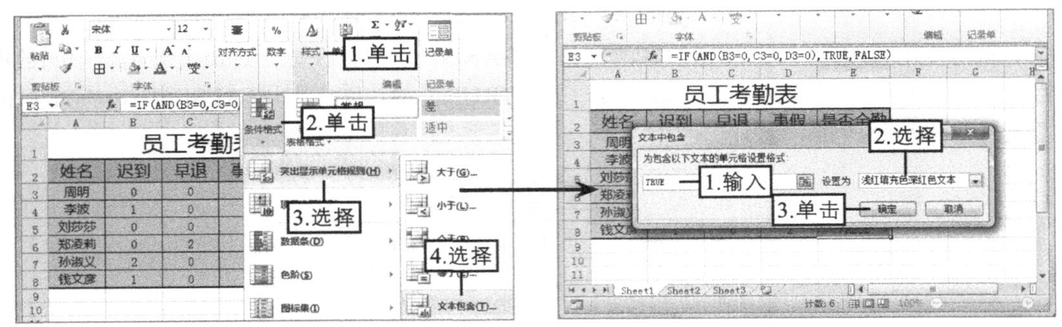

图9-21 选择条件格式操作　　　　图9-22 设置条件格式

9.4 处理函数中的错误——IFERROR函数

IFERROR函数用来捕获和处理公式中的错误，它将对某一表达式进行计算，并且如果该表达式返回错误则返回指定值，否则返回该表达式自身的值。语法结构为：

IFERROR(value，value_if_error)

部分参数的含义如下。

◎ value：表示需要检查是否存在错误的参数。

◎ value_if_error：表示公式计算出错误时要返回的值。计算得到的错误类型有：#N/A、#VALUE!、#REF!、#DIV/0!、#NUM!、#NAME?或#NULL!。

如果“value”或“value_if_error”是空单元格，则IFERROR将其视为空字符串值。如果“value”是数组公式，则IFERROR为“value”中指定区域的每个单元格返回一个结果数组。IFERROR函数基于IF函数并且使用相同的错误消息，但具有较少的参数。

下面将使用IFERROR函数分析销售明细表中的错误，当出现错误时，使用文字“计算中有错误”进行提示，完成后的参考效果如图9-23所示。

销售明细表					
产品型号	计划单价	销售量	折扣率	营业收入	实际单价
A产品	78.25	2535	0.98	198363.75	78.25
B产品	83	0	0.9	0	计算中有错误
C产品	74	3000	0.93	222000	74

图9-23 分析销售明细的参考效果

素材所在位置 光盘:\素材文件\第9章\课堂案例4\销售明细表.xlsx
效果所在位置 光盘:\效果文件\第9章\课堂案例4\销售明细表.xlsx
视频演示 光盘:\视频文件\第9章\制作销售明细表.swf

（1）打开素材文件“销售明细表.xlsx”工作簿，选择F3单元格，单击“插入函数”按钮fx，打开“插入函数”对话框，在“或选择类别”下拉列表框中选择“逻辑”选项，在“选择函数”列表框中选择“IFERROR”选项，单击确定按钮，如图9-24所示。

（2）打开“函数参数”对话框，在“Value”文本框中输入“E3/C3”，在“Value_if_error”文本框中输入“计算中有错误”，单击确定按钮，如图9-25所示。

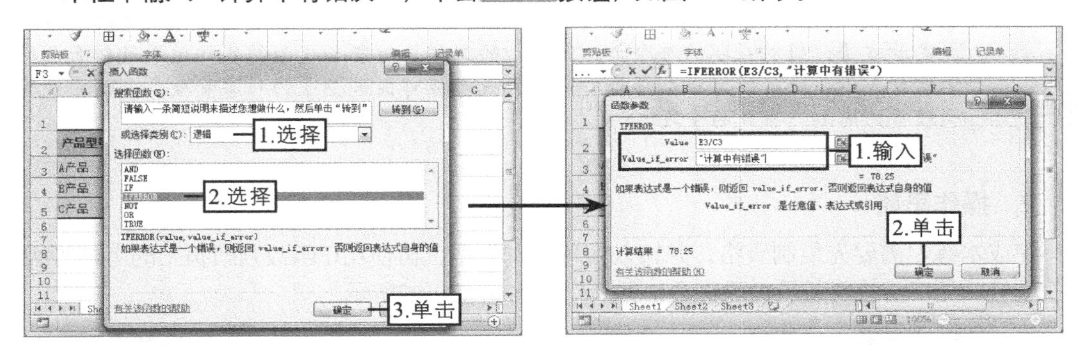

图9-24 选择IFERROR函数　　图9-25 设置IFERROR函数参数

（3）将F3单元格区域中的公式复制到F4:F5单元格区域中，单击“自动填充选项”按钮右侧的按钮，在打开的列表中单击选中“不带格式填充”单选项，然后保存文档，完成本案例的操作。

9.5 课堂练习——制作员工绩效考核表

本课堂练习将根据公司的员工工作量制作一个员工绩效考核表，要求根据实际工作量与规定工作量的差额作为考核等级评判的标准，并且根据员工的日均工作量和数量差额来作为发放奖金的标准。综合本章学习的知识点，对逻辑函数的操作方法进行练习。

1. 练习目标

本练习通过已有的员工工作量表，使用IF、AND和OR逻辑函数对员工工作量表的数据进行分析，综合评价员工绩效考核的等级和发放奖金的数量。对于工作量数量差额大于等于50的员工评定为“优秀”，小于50大于0评定为“良好”等级，等于0评定为“合格”，小于0评定为“不合格”。在奖金发放上，当满足日均量大于10或者工作量差额大于50时，给予发放200元奖金的奖励。本练习完成后的参考效果如图9-26所示。

员工绩效考核表

姓名	规定工作量	实际工作量	日均工作量	数量差额	考核等级	奖金
谢佩玲	240	303	13	63	优秀	200
周明	240	312	13	72	优秀	200
乔芳博	240	251	10	11	良好	200
吴小玲	240	216	9	-24	不合格	-
张家林	240	301	13	61	优秀	200
刘庭羽	240	253	11	13	良好	200
付梦妮	240	265	11	25	良好	200
罗乐林	240	240	10	0	合格	200
张倩	240	246	10	6	良好	200
唐雪	240	220	9	-20	不合格	-
邓明	240	261	11	21	良好	200
江惟宪	240	257	11	17	良好	200
姚远	240	235	10	-5	不合格	-
熊宇佳	240	219	9	-21	不合格	-
向伟	240	235	10	-5	不合格	-
李晨	240	234	10	-6	不合格	-

图9-26 员工绩效考核表的参考效果

效果所在位置 光盘:\效果文件\第9章\课堂练习\员工绩效考核表.xlsx

视频演示 光盘:\视频文件\第9章\制作员工绩效考核表.swf

职业素养

绩效考核通常也称为“业绩考评”或“考绩”，是企业通过各种科学的定性、定量方法，针对在职的每个员工所承担的工作、对职工行为的实际效果及对企业的贡献或价值进行的考核和评价。通过绩效考核可促进企业的人事管理，是使企业管理更为简单、有效的手段之一。

2. 操作思路

完成本练习需要先绘制表格，并输入各种基本数据，再使用IF函数判断员工的考核等级，然后继续使用IF函数判断员工的奖金，其操作思路如图9-27所示。

员工绩效考核表

姓名	规定工作量	实际工作量	日均工作量	数据差额	考核等级	奖金
谢佩玲	240	303	13	63		
周明	240	312	13	72		
乔芳博	240	251	10	11		
吴小玲	240	216	9	-24		
张家林	240	301	13	61		
刘庭羽	240	253	11	13		
付梦妮	240	265	11	25		
罗乐林	240	240	10	0		
张倩	240	246	10	6		
唐雷	240	220	9	-20		
邓明	240	261	11	21		
江准亮	240	257	11	17		
姚远	240	235	10	-5		

① 绘制表格

员工绩效考核表

姓名	规定工作量	实际工作量	日均工作量	数据差额	考核等级	奖金
谢佩玲	240	303	13	63	优秀	
周明	240	312	13	72	优秀	
乔芳博	240	251	10	11	良好	
吴小玲	240	216	9	-24	不合格	
张家林	240	301	13	61	优秀	
刘庭羽	240	253	11	13	良好	
付梦妮	240	265	11	25	良好	
罗乐林	240	240	10	0	合格	
张倩	240	246	10	6	良好	
唐雷	240	220	9	-20	不合格	
邓明	240	261	11	21	良好	
江准亮	240	257	11	17	良好	
姚远	240	235	10	-5	不合格	

② 判断等级

员工绩效考核表

姓名	规定工作量	实际工作量	日均工作量	数据差额	考核等级	奖金
谢佩玲	240	303	13	63	优秀	200
周明	240	312	13	72	优秀	200
乔芳博	240	251	10	11	良好	200
吴小玲	240	216	9	-24	不合格	-
张家林	240	301	13	61	优秀	200
刘庭羽	240	253	11	13	良好	200
付梦妮	240	265	11	25	良好	200
罗乐林	240	240	10	0	合格	200
张倩	240	246	10	6	良好	200
唐雷	240	220	9	-20	不合格	-
邓明	240	261	11	21	良好	200
江准亮	240	257	11	17	良好	200
姚远	240	235	10	-5	不合格	-
蒋宇佳	240	219	9	-21	不合格	-

③ 判断奖金

图9-27 制作员工绩效考核表的制作思路

（1）创建“员工绩效考核表.xlsx”工作簿，在A1:G18单元格区域绘制表格，在A1单元格输入标题，在A2:G2单元格区域中输入各种项目名称，分别在A3:A18、B3:B18、C3:C18、D3:D18单元格区域中输入员工的名称、规定工作量、实际工作量、日均工作量。

（2）在E3单元格中输入公式“=C3-B3”，并将其复制到E4:E18单元格区域中。

（3）在F3单元格中输入函数“=IF(E3>=50,"优秀",IF(AND(E3>0,E3<50),"良好",IF(E3=0,"合格","不合格")))”，并将其复制到F4:F18单元格区域中。

（4）在G3单元格中输入函数“=IF(OR(D3>=10,E3>=50),"200","-")”，并将其复制到G4:G18单元格区域中。

（5）选择F3:F18单元格区域，设置条件格式为“不合格-浅红填充色深红色文本”“优秀-绿填充色深绿色文本”“良好-黄填充色深黄色文本”。

9.6 拓展知识

国库券是指中华人民共和国财政部为弥补国库收支不平衡而发行的一种政府证券。国库券的债务人是国家，几乎不存在信用违约风险，是风险最小的信用工具。在Excel中也有特有的函数对国库券进行计算，下面将对计算国库券函数和一些计算有价证券的函数分别进行讲解。

1. 计算国库券等效收益——TBILLEQ函数

TBILLEQ函数主要用于计算面值为￥100国库券的等效收益率，其语法结构为：

TBILLEQ(settlement,maturity,discount)

该函数中的各参数的含义如下。

◎ settlement：表示国库券的结算日。即在发行日之后，国库券卖给购买者的日期。

◎ maturity：表示国库券的到期日。到期日是国库券有效期截止时的日期。

◎ discount：表示国库券的贴现率。

2. 计算国库券价格——TBILLPRICE函数

TBILLPRICE函数主要用于计算面值为￥100的国库券的价格，其语法结构为：

TBILLPRICE(settlement,maturity,discount)

该函数中的各参数的含义与TBILLEQ函数中的各参数含义相同。

3. 计算国库券收益率——TBILLYIELD函数

TBILLYIELD函数主要用于短期国库券的收益，其语法结构为：

TBILLYIELD(settlement,maturity,pr)

在该函数中的pr参数表示面值为￥100的国库券的价格，其余的参数与TBILLPRICE函数中的参数含义相同。

4. 计算证券的期限——DURATION函数

DURATION函数用于返回定期支付利息的债券的年持续时间。期限定义为一系列现金流现值的加权平均值，常用于计量证券价格对于收益率变化的敏感程度。语法结构为：

DURATION(settlement,maturity,coupon,yld,frequency)

该函数中的部分参数的含义如下。

◎ settlement：表示证券的成交日。结算日是在发行日之后，证券卖给购买者的日期。

◎ maturity：表示有价证券的到期日。到期日是有价证券有效期截止时的日期。

◎ coupon：表示有价证券的年息票利率。

◎ yld：表示有价证券的年收益率。

◎ frequency：表示年付息次数。

5. 计算首付息日不固定证券收益率——ODDFYIELD函数

ODDFYIELD函数用于计算第一期为奇数的债券的收益，其中包含了长期或短期证券，其语法结构为：

ODDFYIELD(settlement,maturity,issue,first_coupon,rate,pr,redemption,frequency,basis)

在该函数中，各参数的含义如下。

◎ settlement：表示证券的结算日。结算日是在发行日之后，证券卖给购买者的日期。

◎ maturity：表示有价证券的到期日。到期日是有价证券有效期截止时的日期。

◎ issue：表示有价证券的发行日。

◎ first_coupon：表示有价证券的首期付息日。

◎ rate：表示有价证券的利率。

◎ pr：表示有价证券的价格。

◎ redemption：表示面值为￥100的有价证券的清偿价值。

◎ frequency：表示年付息次数，如果需要按年支付，则“frequency=1”；如果需要按半年期支付，则“frequency=2”；若按季支付，则“frequency=4”。

◎ basis：表示日计数基准类型。

9.7 课后习题

（1）打开“学生成绩表.xlsx”工作簿，通过使用IF和OR逻辑函数对学生成绩进行考核，如果语文和数学成绩分数都大于80分则评定为优秀等级。最终效果如图9-28所示。

学生成绩考核表			
姓名	语文	数学	总评
温磊	85	92	优秀
乔峰	80	83	-
汤修业	85	81	优秀
周明	50	42	-
赵阳	78	56	-
注：语文、数学成绩都大于80分时评为“优秀”。			

图9-28 “学生成绩表”参考效果

提示：在使用逻辑函数对学生成绩进行考核的时候，因同时要满足两个条件，所以需要使用AND函数，再使用IF函数对其条件进行逻辑判断。因此可在D3:D7单元格区域中输入函数“=IF(AND(B3>80,C3>80),"优秀","-")”，并设置条件格式“优秀-浅红填充色深红色文本”。

素材所在位置 光盘:\素材文件\第9章\课后习题\学生成绩表.xlsx
效果所在位置 光盘:\效果文件\第9章\课后习题\学生成绩表.xlsx
视频演示 光盘:\视频文件\第9章\分析学生成绩表.swf

（2）打开“判断闰年表.xlsx”工作簿，通过使用IF、AND、OR逻辑函数和第7章中的MOD函数，要求用Excel提供的函数对2014-2018年的闰年平年进行判断。最终效果如图9-29所示。

判断闰年、平年	
年份	判断闰年、平年
2014	平年
2015	平年
2016	闰年
2017	平年
2018	平年

图9-29 “判断闰年表”参考效果

提示：公历闰年判定遵循的规律为“四年一闰，百年不闰，四百年再闰”。所以闰年的计算规则为“年数能被4整除且不能被100整除，或者能被400整除”。因此可在C3单元格中输入函数“=IF(OR(AND(MOD(B3,4)=0,MOD(B3,100)<>0),MOD(B3,400)=0),"闰年","平年")”。

素材所在位置 光盘:\素材文件\第9章\课后习题\判断闰年表.xlsx
效果所在位置 光盘:\效果文件\第9章\课后习题\判断闰年表.xlsx
视频演示 光盘:\视频文件\第9章\判断闰年平年.swf

第10章 使用图表显示数据

图表能够简洁、清晰、直观地表达数据内容与数据间的逻辑关系，对问题提供有力的图标显示。本章将详细讲解图表的基本知识，以及常见图表的应用方法，同时，掌握创建和编辑图表的相关操作。

学习要点

◎ 认识图表和图表的类型
◎ 创建图表
◎ 编辑图表样式
◎ 设置图表格式

学习目标

◎ 了解图表和常见图表的基础知识
◎ 掌握创建图表的基本操作
◎ 掌握编辑图表的基本操作

10.1 认识和创建图表

图表是Excel中进行数据处理和分析的重要工具，在使用图表之前需要先认识和创建图表，本节将详细讲解在Excel中认识和创建图表的基础知识。

10.1.1 认识图表

图表是Excel 2010重要的数据分析工具，它具有很好的视觉效果，使用图表能够将工作表中枯燥的数据显示得更清楚、更易于理解，从而使分析的数据更具有说服力。

图表还具有分析数据、查看数据的差异、预测走势与发展趋势等功能。一张图表中包括图表标题、坐标轴（分类轴和数值轴）、绘图区、数据系列、网格线、图例等内容，图10-1所示为一个柱形图表。

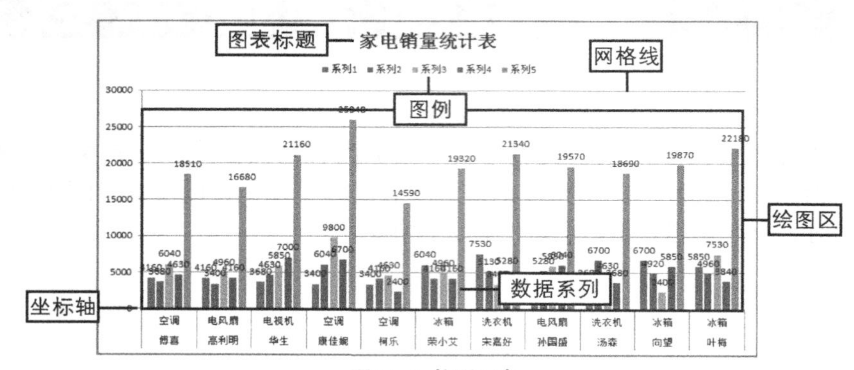

图10-1 柱形图表

图表的种类有很多种，其组成部分虽然有所不同，但是在图表中的功能却并无分别。下面对图表主要部分的作用进行介绍。

- ◎ **图表标题**：图表标题是对图表内容的一个概括，说明本图表的中心内容是什么。
- ◎ **图例**：用不同色块表示图表中各种颜色所代表的含义。
- ◎ **绘图区**：图表中描绘图形的区域，其形状是根据表格数据形象化转换而来。绘图区包括数据系列、坐标轴和网格线。
- ◎ **数据系列**：由数据表格中的数据转化而成，是图表内容的主体。
- ◎ **坐标轴**：分为横坐标轴和纵坐标轴。一般来说横坐标轴（x轴）是分类轴，主要用于对项目进行分类；纵坐标轴（y轴）为数值轴，主要用于显示数据大小。
- ◎ **网格线**：配合数值轴对数据系列进行度量的线，网格线之间是等距离间隔，这个间隔可根据需要进行调整设置。

10.1.2 图表的类型

在Excel中提供了多种图表类型，不同的图表类型所使用的场合各不相同。Excel中的图表类型有以下几种。

- ◎ **柱形图**：Excel的默认图表类型。通常用来描述不同数据的变化情况或描述不同类别数据之间的差异，也可以同时描述不同时期、不同类别数据的变化和差异。

◎ **折线图**：用直线段将各数据点连接起来而组成的图形，以折线方式显示数据的变化趋势。通常折线图用来分析数据随时间的变化趋势，也可用来分析多组数据随时间变化的相互作用和相互影响。

◎ **饼图**：通常只用一组数据系列作为源数据。它是将一个圆划分为若干个扇形，每个扇形代表数据系列中的一项数据值，其大小用来表示相应数据项占该数据系列总和的比例值。通常饼图用来描述比例、构成等信息。

◎ **条形图**：使用水平横条的长度来表示数据值的大小。条形图主要用来比较不同类别数据之间的差异情况。一般把分类项在垂直轴上标出，而把数据的大小在水平轴上标出。这样可以突出数据之间差异的比较，而淡化时间的变化。

◎ **面积图**：实际上是折线图的另一种表现形式，它以折线和分类轴（x轴）组成的面积以及两条折线之间的面积来显示数据系列的值。面积图除了具备折线图的特点外，还可通过显示数据的面积来分析部分与整体的关系。

◎ **XY散点图**：与折线图类似，它不仅可以用线段，而且可以用一系列的点来描述数据。XY散点图除了可以显示数据的变化趋势以外，更多地用来描述数据之间的关系。

◎ **股价图**：一类比较复杂的专用图形，通常需要特定的几组数据。主要用来研判股票或期货市场的行情，描述一段时间内股票或期货的价格变化情况。

◎ **曲面图**：在原始数据的基础上，通过跨两维的趋势线描述数据的变化趋势，而且可以通过拖动图形的坐标轴观察数据的角度。

◎ **圆环图**：与饼图类似，但它可以显示多个数据系列。即它由多个同心的圆环组成，每个圆环划分为若干个圆环段，每个圆环段代表一个数据值在相应数据系列中所占的比例。常用来比较多组数据的比例和构成关系。

◎ **气泡图**：相当于在XY散点图的基础上增加了第三个变量，即气泡的尺寸。气泡图用于分析更加复杂的数据关系。除了描述两组数据之间的关系之外，还可以描述数据本身的另一种指标。

◎ **雷达图**：由一组坐标轴和三个同心圆构成，每个坐标轴代表一个指标，是主要用来进行多指标体系分析的专业图表。

10.1.3 创建图表

在创建图表之前，首先应制作或打开一个创建图表所需的数据区域存储的表格，然后再选择适合数据的图表类型。创建图表的方法有如下两种。

◎ **单击按钮快速创建图表**：选择需要创建图表的数据单元格区域，在【插入】→【图表】组中选择创建的图表类型，单击相应的按钮后，在打开的下拉列表中选择相应图表的类型即可，如图10-2所示，即可在工作表中快速创建所需的图表。

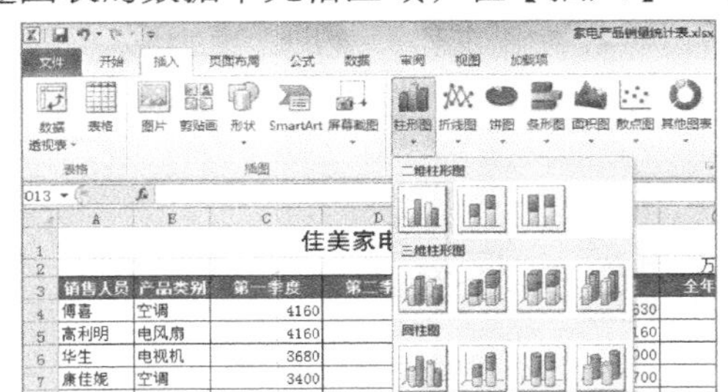

图10-2 在功能选项卡中选择图表类型

◎ **通过对话框创建图表**：选择需要创建图表的数据单元格区域，在【插入】→【图表】组中单击“对话框启动器”按钮，在打开的“插入图表”对话框中选择所需的图表类型，完成后单击 确定 按钮即可创建出所需的图表。

知识提示

创建图表时，若只选择一个单元格，则Excel自动将紧邻该单元格的包含数据的所有单元格创建在图表中。

10.1.4 课堂案例1——创建“电器销量表”图表

本案例要求在提供的素材文档中，为该工作表创建一张图表，主要涉及创建图表和设置图表标题的相关操作，完成后的参考效果如图10-3所示。

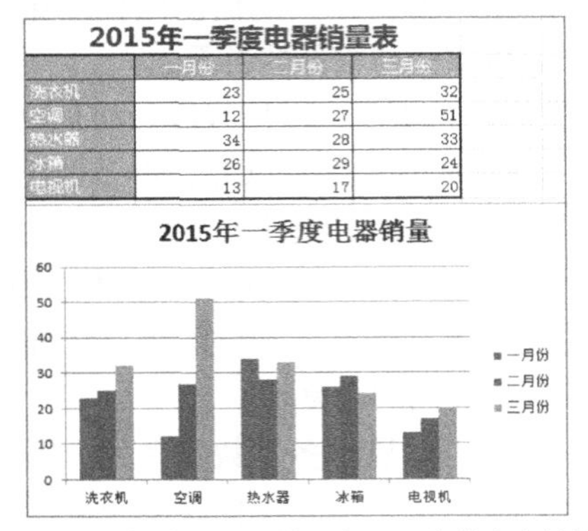

图10-3　创建“电器销量表”图表的参考效果

素材所在位置　光盘:\素材文件\第10章\课堂案例1\电器销量表.xlsx
效果所在位置　光盘:\效果文件\第10章\课堂案例1\电器销量表.xlsx
视频演示　光盘:\视频文件\第10章\创建“电器销量表”图表.swf

（1）打开素材文件“电器销量表.xlsx”工作簿，选择A2:D7单元格区域，在【插入】→【图表】组中单击“柱形图”按钮，在打开的“二维柱形图”栏中选择“簇状柱形图”选项，如图10-4所示。

（2）创建对应的图表，使用鼠标将图表拖动到表格下方，如图10-5所示。

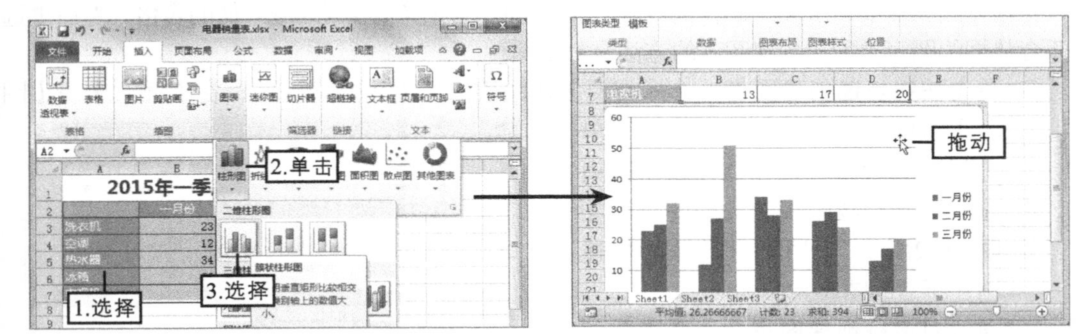

图10-4 选择图表样式　　图10-5 拖动图表

（3）在【图表工具 布局】→【标签】组中单击“图表标题”按钮，在打开的列表中选择

“图表上方”选项，如图10-6所示。

（4）在插入的图表文本框中输入图表标题“2015年一季度电器销量表”，如图10-7所示，保存工作簿，完成本例操作。

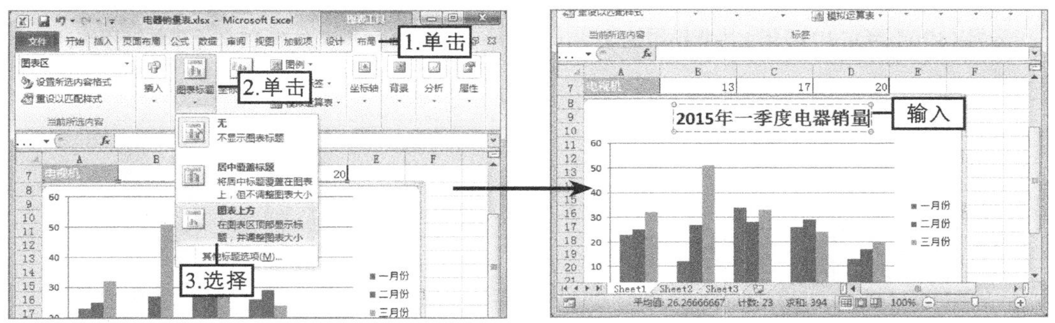

图10-6 选择“图表上方”选项　　图10-7 输入标题

10.2 常见图表的应用

Excel 2010中的图表类型有很多，在进行数据处理与分析时，不同的情况下使用的图表也有所不同，本节将根据图表的类型，简单介绍常见图表的应用。

10.2.1 柱形图的应用

柱形图是图表类型中最常用的类型之一，柱形图用来显示一段时间内数据的变化，或描述各项目之间数据的比较，强调的是一段时间内，类别数据值的变化。柱形图的图表类型分为二维、三维、圆柱、圆锥和棱锥这5个样式，每种样式里都有簇状、堆积和百分比三种类型。下面简要介绍几种常用柱形图。

◎ **二维簇状柱形图：**使用垂直矩形比较相交于类别轴上数值的大小，常用于进行多个项目之间数据的对比，能直观表现出每个图例的变化，如图10-8所示。

◎ **二维堆积柱形图：**使用垂直矩形比较相交于类别轴上的每个数值占总数值的大小，强调一个类别相交于系列轴上的总数值，表现出每类所占的数值大小，如图10-9所示。

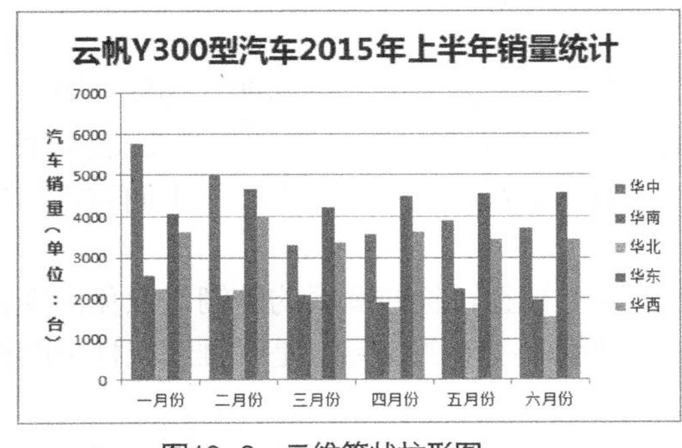

图10-8　二维簇状柱形图

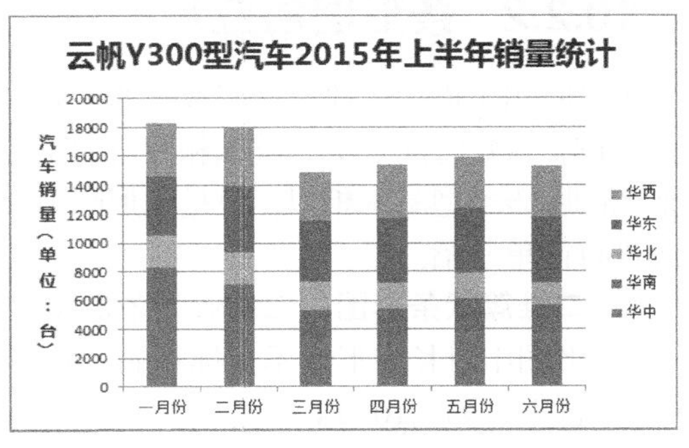

图10-9　二维堆积柱形图

◎ **二维百分比堆积图：**百分比柱形图和堆积柱形图类似。不同之处在于，百分比堆积柱形图用于比较相交于类别轴上的每一数值占总数值的百分比，反映的是比例而非数值，如图10-10所示。

◎ **三维堆积柱形图：**同样也是比较相交于类别轴上的每个数值占总数值的大小。虽然具有三维显示效果，但是显示方式仍然是二维方式，如图10-11所示。

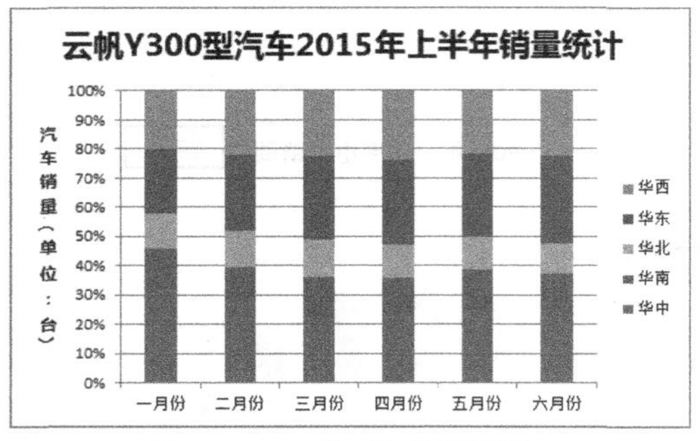

图10-10 二维百分比堆积图

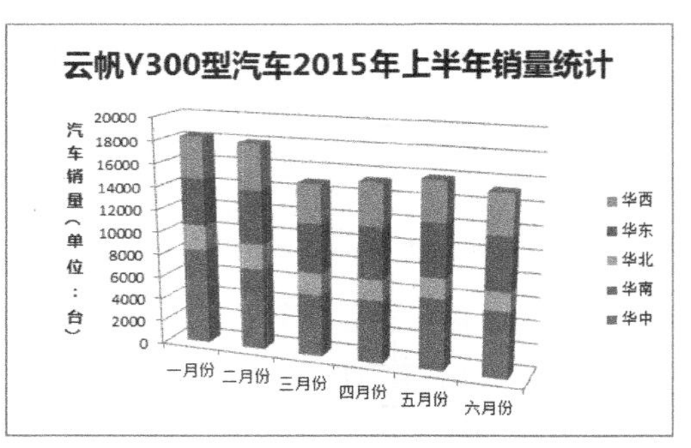

图10-11 三维堆积柱形图

◎ **三维圆柱图：**三维类型的圆柱图的显示方式非常直观和形象，但当包含的项目较多时容易产生错觉，不利于数据比较。建议在项目较少的情况下才使用三维圆柱图，如图10-12所示。

◎ **簇状圆锥图：**簇状圆锥图的显示方式与含义与二维簇状柱形图相同，只是显示方式为圆锥而已，如图10-13所示。

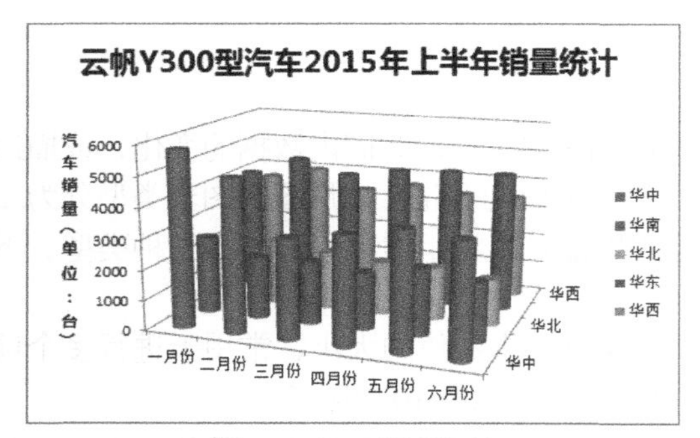

图10-12 三维圆柱图

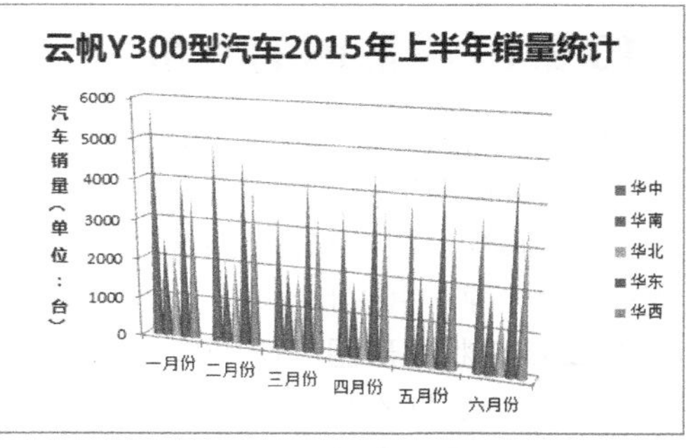

图10-13 簇状圆锥图

10.2.2 条形图的应用

条形图用于描绘各项目之间数据的差异，条形图可以看作是顺时针旋转90° 的柱形图，主要是强调在特定时间点上分类轴和数值的比较，而不太重视时间的因素。条形图的图表类型与柱形图的图表类型基本相似，只是条形图中只有二维样式而没有三维类柱形图。下面对常用条形图进行简单介绍。

◎ **二维簇状条形图：**二维簇状条形图可应用于分类标签较长的图表的绘制，以免出现柱形图中对长方形显示类标签的省略情况。二维簇状条形图实际上是三维簇状柱形图横过来，如图10-14所示。

◎ **三维簇状条形图：**三维簇状条形图和三维样式的柱形图一样，三维、圆柱、圆锥和棱锥样式的条形图其实也只是具有三维效果的二维表现方式，如图10-15所示。

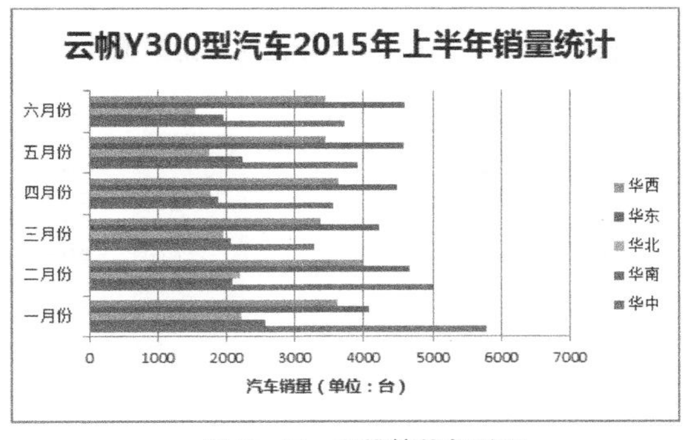

图10-14 二维簇状条形图

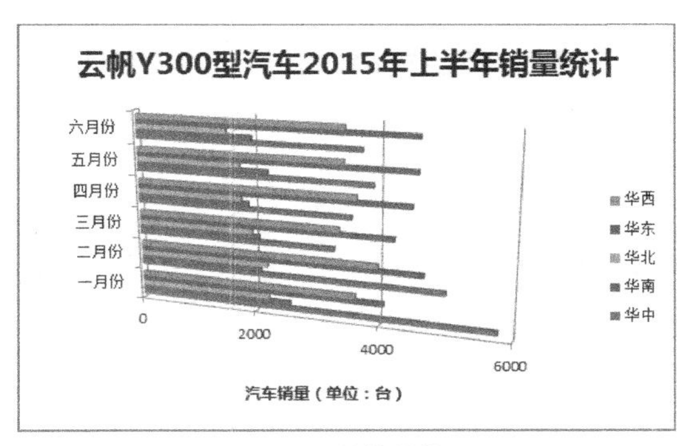

图10-15 三维簇状条形图

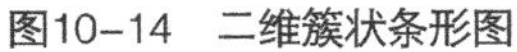

知识提示

在选择需要的图表类型时，鼠标光标在选项上停留片刻则会出现关于使用该图表类型的一些帮助和提示信息。

10.2.3 饼图的应用

饼图主要用于显示每一数值所占总数值的百分比，强调的是比例。饼图有二维和三维两种样式，二维样式中有普通饼图、分离型饼图、复合饼图、复合条饼图，而三维样式中有三维饼图、分离型三维饼图。下面对主要的饼图进行简单介绍。

◎ **普通饼图：**普通饼图就是图表类型中的“饼图”选项，用于显示每个数值占总值的大小。如果各个数值可以相加或者仅有一个数据系列且所有数值均为正值，则可以使用本类型的饼图，如图10-16所示。

◎ **分离型饼图：**用于显示每个数值占总值的大小，同时强调单个数值。由普通饼图改为分离型饼图，应用后的效果是各部分将单独分开，如图10-17所示。

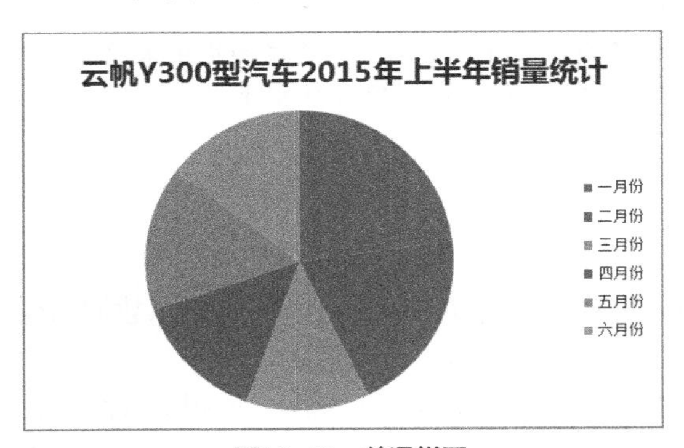

图10-16 普通饼图

图10-17 分离型饼图

◎ **复合饼图：**复合饼图将用户定义的数值从主饼图中提取并组合到第二个饼图中，使得主饼图中的小扇面更易于查看，使用该饼图后将会出现两个饼图，如图10-18所示。

◎ **复合条饼图：**复合条饼图将用户定义的数值从主饼图中提取到另一个堆积条形图中，可以提高小百分点的可读性，或者强调一组数值。使用该图表可以单独比较某两组或三组数据，如图10-19所示。

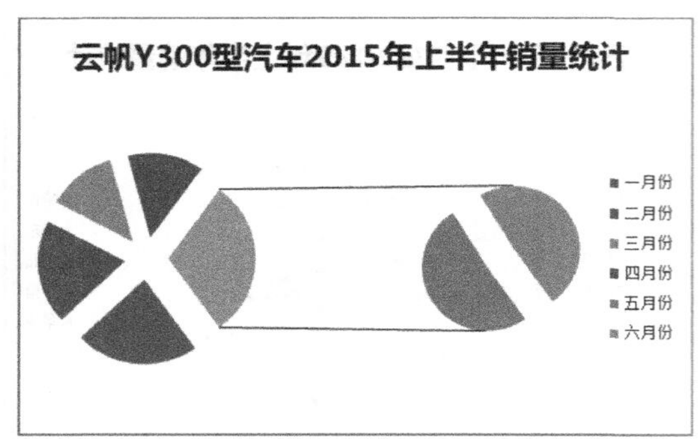

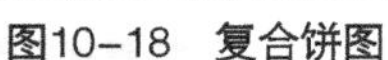
图10-18 复合饼图

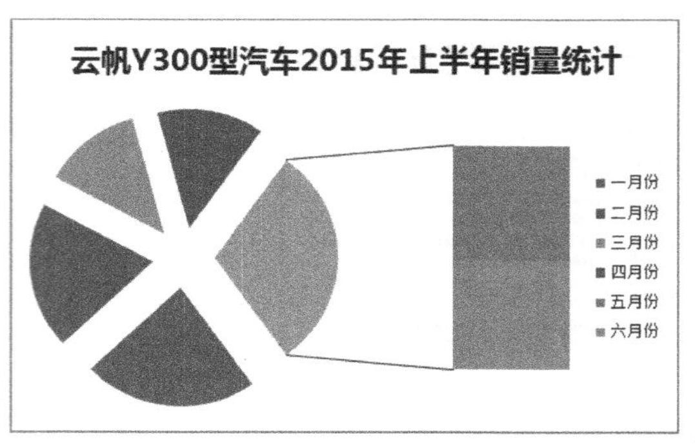

图10-19 复合条饼图

◎ **三维饼图：**三维格式显示每一数值相对于总数值的大小，应用后的效果即对普通饼图增加了三维效果，但显示方式仍然是二维方式，如图10-20所示。

◎ **分离型三维饼图：**分离型饼图可以以三维格式显示。应用后的效果即对分离型饼图增加了三维效果，如图10-21所示。

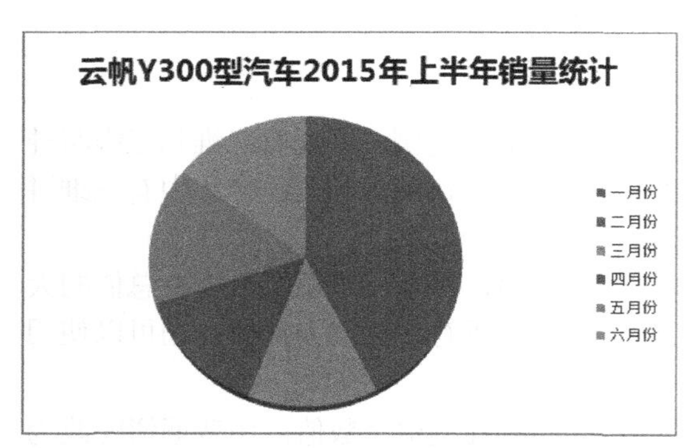

图10-20 三维饼图

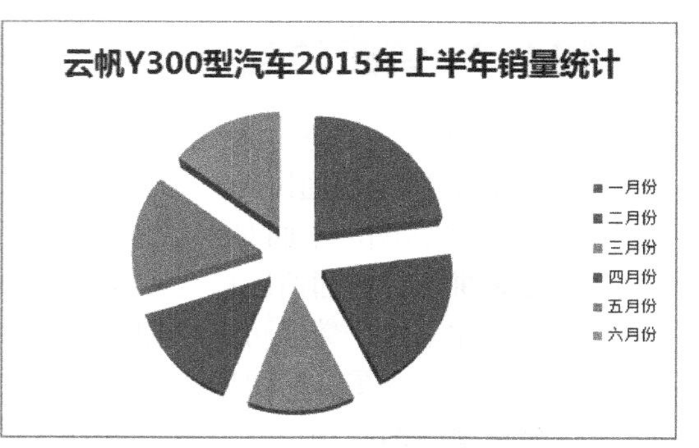

图10-21 分离型三维饼图

操作技巧

用鼠标光标按住饼图中的数据系列扇面不放进行拖动可以将扇面拖出来以表示强调，也可以将拖出来的或者分离型饼图的扇面拖入新图中进行合并。

10.2.4 折线图的应用

折线图显示的是一段时间内相关类别数据的变化趋势，它以不同的时间间隔显示数据的变化趋势，强调的是时间性和变动率，而非变动量，常用于描绘连续的数据。

折线图也有二维和三维两种样式，二维折线图包括不带数据点的折线图、堆积折线图、百分比折线图、带数据点的折线图、堆积折线图、百分比折线图。下面对常用的折线图进行简单介绍。

◎ **折线图：**用于显示随时间或有序类别变化的趋势线，该图表适合对有许多数据点且顺序很重要的情况。使用折线图可以看到不同时间内数据之间的差别，如图10-22所示。

◎ **堆积折线图：**用于显示每个数值所占大小随时间或有序类别变化的趋势线，如图10-23所示。

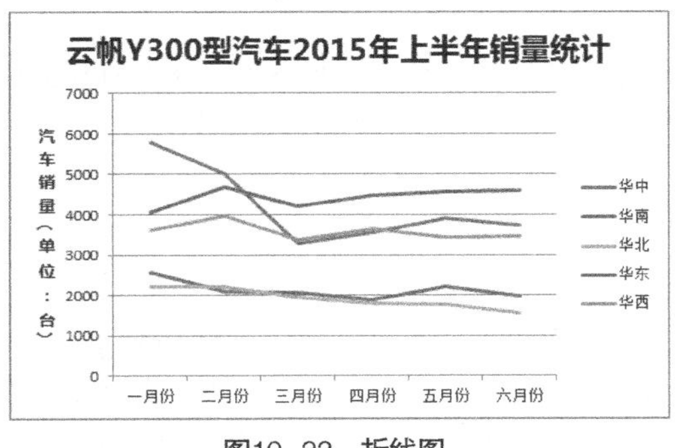

图10-22　折线图

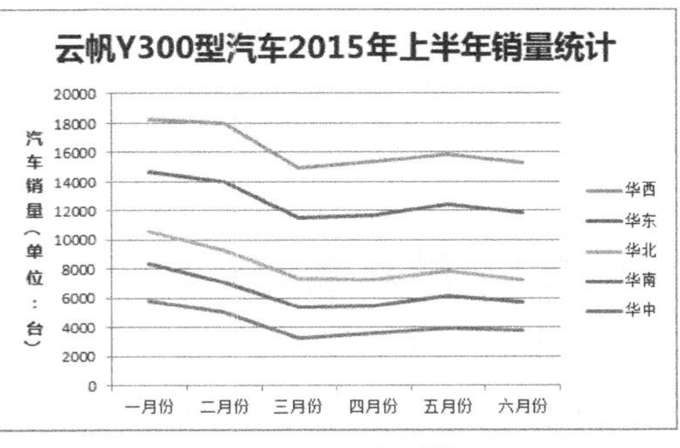

图10-23　堆积折线图

◎ **百分比折线图：**用于显示每个数值所占百分比随时间或有序类别变化的趋势线，如图10–24所示。

◎ **带数据点的折线图：**此类型的拆线图为折线图加上了数据点，而带数据点的堆积折线图和百分比折线图也大同小异，如图10–25所示。

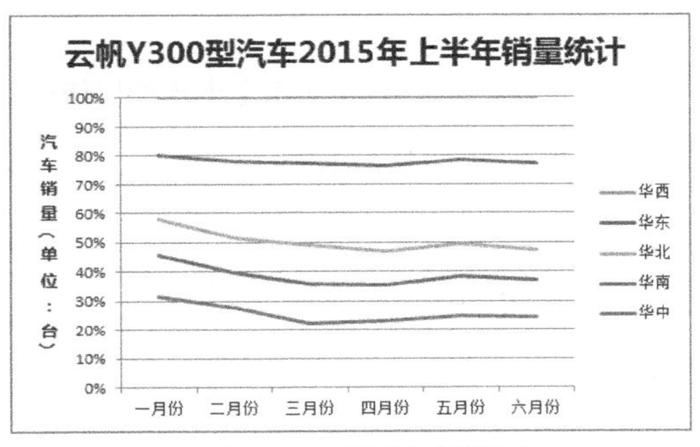

图10-24　百分比折线图

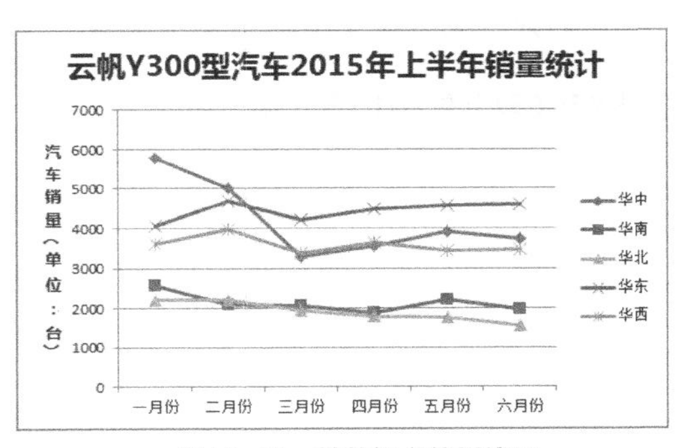

图10-25　带数据点的折线图

知识提示

带数据标记的堆积折线图和带数据标记的百分比堆积折线图，与带数据点的折线图大同小异，这里就不再一一进行介绍。

◎ **三维折线图：**三维样式的折线图是指在3个坐标轴上以三维条带的形式显示数据行或数据列，三维折线图在外观上具有三维图立体效果，但不常使用，因为它不利于观察数据的变化率，如图10–26所示。

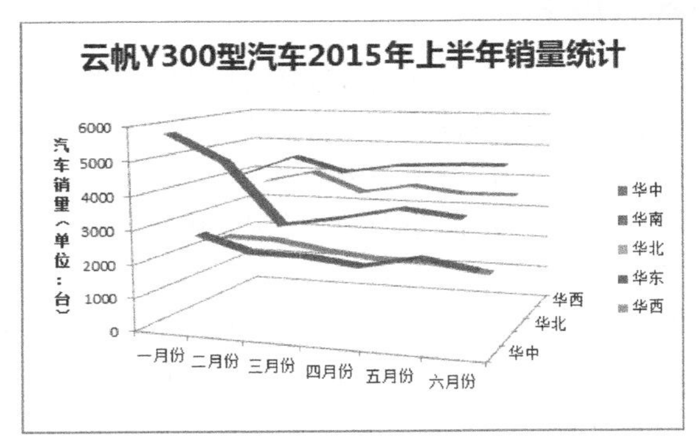

图10-26　三维折线图

知识提示　如果分类标签是文本并且代表均匀分布的数值，或者有几个均匀分布的数值标签，则应该使用折线图。如果拥有的数值标签多于十个，应改用散点图。

10.2.5 散点图的应用

散点图类似于折线图，它有两个数值轴，沿水平轴（*x*轴）方向显示一组数值数据，沿垂直轴（*y*轴）方向显示另一组数值数据，将这些数值合并到单一数据点并以不均匀间隔或簇显示它们，所以也叫XY散点图。散点图可以显示单个或者多个数据系列的数据在时间间隔条件下的变化趋势，其应用方面与折线图类似，这里就只对主要的进行简单介绍。

◎ **仅带数据标记的散点图**：用于比较成对的数值。如果数值不以*x*轴为顺序，或者表示独立的度量，则适合使用本类型，如图10-27所示。

◎ **带平滑线和数据标记的散点图**：如果有多个以*x*轴为顺序的数据点，并且这些数据表示函数，则可以使用本类型，如图10-28所示。

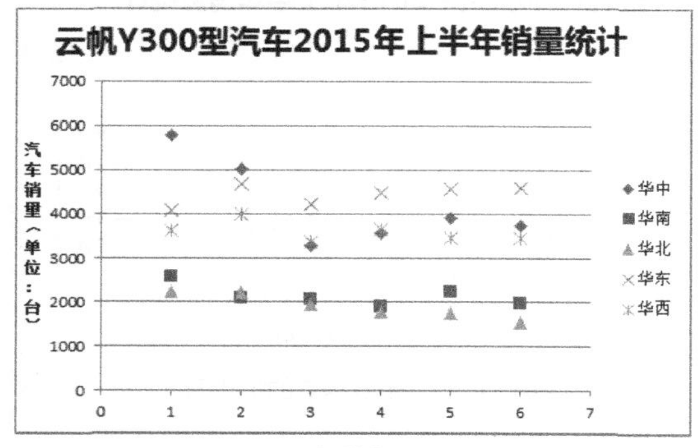

图10-27　仅带数据标记的散点图

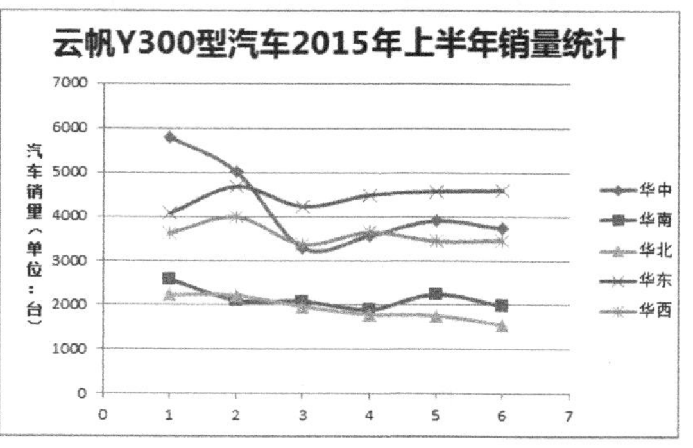

图10-28　带平衡线和数据标记的散点图

知识提示　如果要对比的系列数据较多，则不宜使用无连线的散点图。无连线的散点图重点在于通过数据点进行对比，因此应将数据点设置得较为突出。

10.2.6 面积图的应用

面积图用于显示每个数值的变化量，强调数据随时间变化的幅度，还能直观地体现整体和部分的关系。面积图有二维和三维两种样式，两种样式分别有面积图、堆积面积图和百分比面积图三种类型，其作用与相应类型的柱形图作用相同，下面分别对其进行讲解。

◎ **二维面积图**：用于显示各种数值随时间或类别变化的趋势线，面积图中能明显看出占大多数的数据，如图10-29所示。

◎ **堆积面积图**：用于显示每个数值所占大小随时间或类别变化的趋势线，在该类型图表中可以观察到每块面积的上沿线，与百分比折线图相似，如图10-30所示。

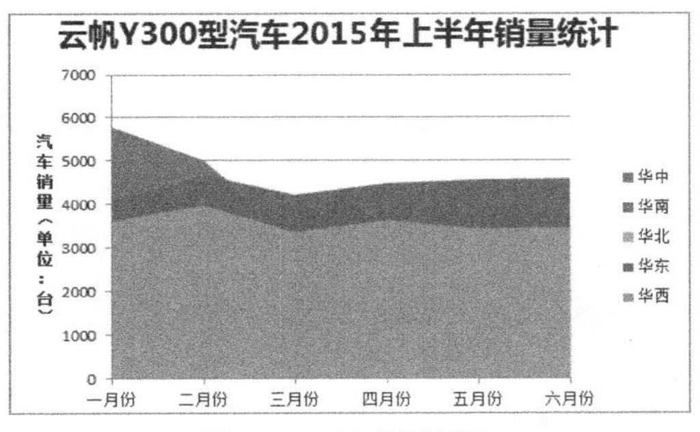

图10-29 二维面积图

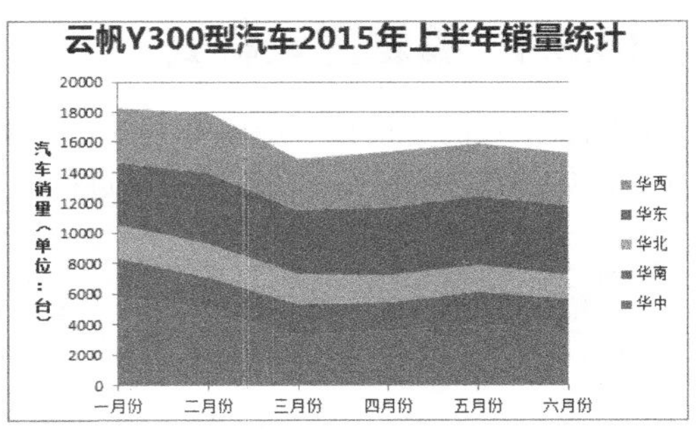

图10-30 堆积面积图

◎ **百分比面积图：**用于显示每个数值所占百分比随时间或有序类别变化的趋势线，从而直观形象地显示各数据所占比例，如图10-31所示。

◎ **三维面积图：**在三个坐标轴上使用面积图，显示各种数值随时间或有序类别变化的趋势线，如图10-32所示。

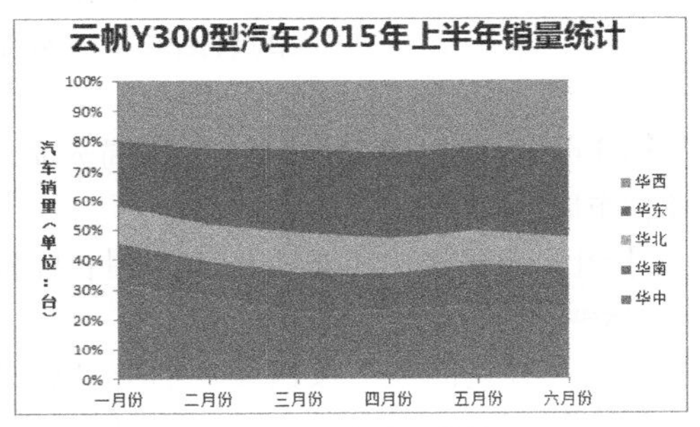

图10-31 百分比面积图

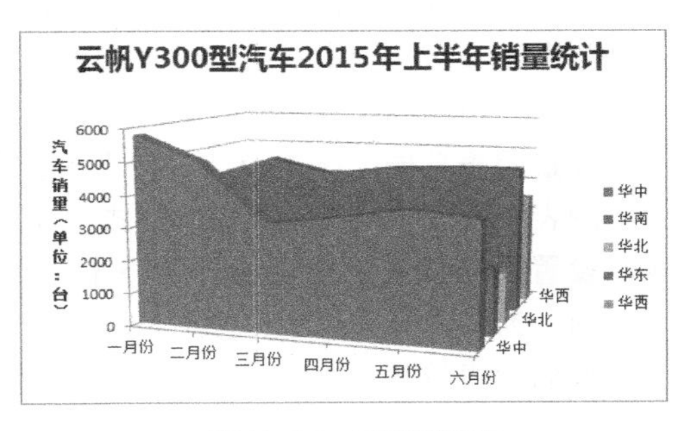

图10-32 三维面积图

◎ **三维堆积面积图：**和堆积面积图效果一样，其区别在于使用具有三维效果的数据系列来表示，但显示方式仍然是二维，如图10-33所示。

◎ **三维百分比堆积面积图：**和百分比面积图效果一样，也是使用具有三维效果的数据系列来表示，如图10-34所示。

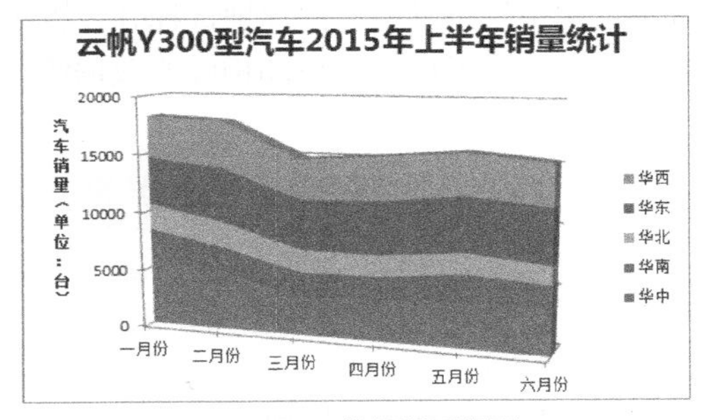

图10-33 三维堆积面积图

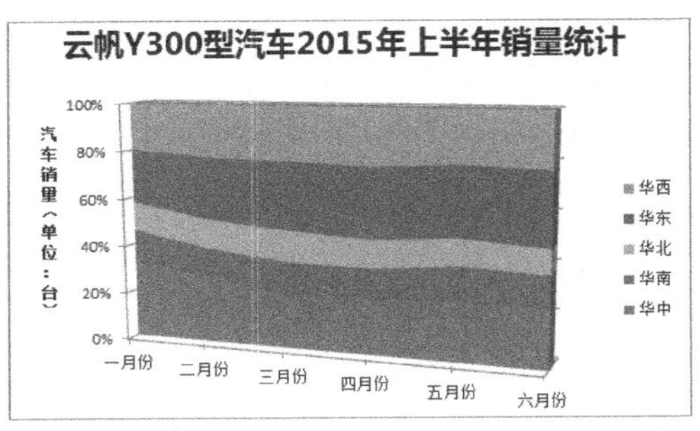

图10-34 三维百分比堆积面积图

10.3 编辑图表

选择创建的图表，将激活图表工具对应的“设计”“布局”和“格式”选项卡，可通过这三个选项卡对图表进行编辑。本节将详细讲解编辑图表的相关知识。

10.3.1 编辑图表样式

在图表工具的“设计”选项卡中可以更改图形类型、更改图表数据区域、设置图表布局和样式等，如图10-35所示，在其中可以进行以下一些编辑操作。

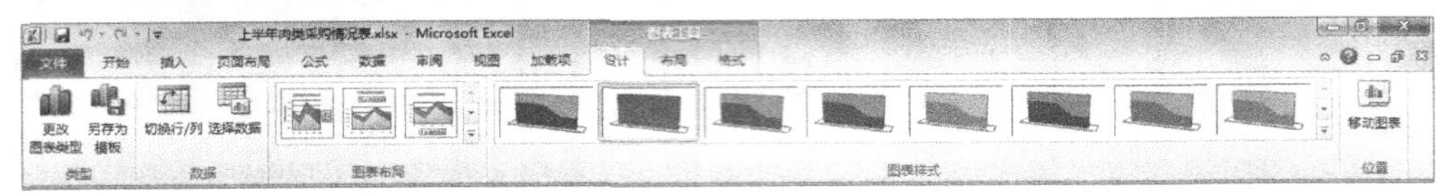

图10-35 图表工具的“设计”选项卡

◎ **更改图表类型**：在【设计】→【类型】组中单击“更改图表类型”按钮，打开“更改图表类型”对话框，在其中选择所需的图表类型，然后单击 确定 按钮即可将已经创建的图表更改为重新选择的图表类型。

◎ **编辑图表数据**：在【设计】→【数据】组中单击“切换行/列”按钮，可交换当前图表坐标轴上的数据，即将x轴的数据切换到y轴，y轴的数据切换到x轴；单击“选择数据”按钮，打开“选择数据源”对话框，在其中可编辑图表的数据区域、数据系列、图表标签等，完成后单击 确定 按钮。

◎ **设置图表布局**：在【设计】→【图表布局】组的列表框中可选择相应的布局选项，为图表快速应用一种图表布局样式，默认有8种布局样式。

◎ **设置图表样式**：在【设计】→【图表样式】组的列表框中可选择相应的图表样式选项，为图表快速应用一种图表样式，默认有48种图表样式。

◎ **移动图表位置**：在【设计】→【位置】组单击“移动图表”按钮，打开“移动图表”对话框，在其中可以设置新建工作表或当前工作簿中的某个工作表作为存放图表的位置，完成后单击 确定 按钮即可。

10.3.2 编辑图表布局样式

图表主要由网格线、图表标题等部分组成，对图表的这些部分进行编辑，可以使工作表中的内容更加清晰、美观。在图表工具的“布局”选项卡中不仅可以方便快捷地选择并设置图表元素、设置图表标签、设置图表坐标轴、设置图表背景，还可根据需要添加相应的数据线对图表数据进行分析，如图10-36所示。

图10-36 图表工具的“布局”选项卡

◎ **选择并设置图表元素**：在【布局】→【当前所选内容】组的下拉列表中可选择图表中的某个组成元素，然后单击 设置所选内容格式 按钮，打开对应的设置对话框，在其中可以设置所选图表元素的详细格式。

◎ **插入其他元素**：在【布局】→【插入】组中可单击相应的按钮，即可在图表中插入图片、形状或者文本框，其操作方法与在工作表中插入完全相同。

◎ **设置图表标签**：在【布局】→【标签】组中可以设置图表的标题、坐标轴标题、图

例、数据标签和模拟运算表，单击对应的按钮，在打开的列表中选择相应的选项即可进行设置。

◎ **设置图表坐标轴**：在【布局】→【坐标轴】组中可分别单击“坐标轴”按钮或“网格线”按钮，在打开的列表中选择相应的选项设置图表的坐标轴和网格线效果。

◎ **设置图表背景**：在【布局】→【背景】组中可以设置图表的背景、图表背景墙、图表基底和三维旋转，单击对应的按钮，在打开的列表中选择相应的选项即可进行设置。

◎ **对图表数据进行分析**：在【布局】→【分析】组中分别单击相应的按钮，在打开的下拉列表中可选择相应的选项，分别添加并设置趋势线、折线、涨/跌柱线、误差线等对图表数据进行分析。

操作技巧

选择图表中的某个元素，按住鼠标左键不放拖动到目标位置后释放鼠标，可移动图表区中各组成元素的位置，但是各组成元素都不能超出图表区范围。

10.3.3 设置图表格式

图表工具的“格式”选项卡主要用于设置图表格式，如图10-37所示，在其中可根据需要设置形状样式、艺术字样式、更改排列顺序、大小等。

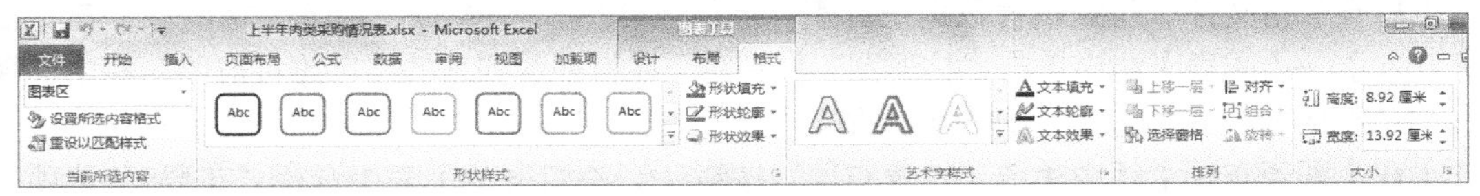

图10-37　图表工具的“格式”选项卡

◎ **选择并设置图表元素**：在【格式】→【当前所选内容】组的下拉列表中可选择图表中的某个组成元素，然后单击设置所选内容格式按钮，打开对应的设置对话框，在其中可以设置所选图表元素的详细格式。

◎ **设置形状样式**：在【格式】→【形状样式】组的列表框中可选择预定义的图片样式，默认有42种图表样式，也可分别单击形状填充、形状轮廓、形状效果按钮，重新设置形状的边框、底纹和效果等。

◎ **设置艺术字样式**：在【格式】→【艺术字样式】组的列表框中可选择预定义的艺术字样式，默认有30种图表样式，也可分别单击文本填充、文本轮廓、文本效果按钮，重新设置SmartArt图形中艺术字的填充效果、轮廓效果、外观效果等。

◎ **更改排列顺序**：当图表中有多个元素时，可在【格式】→【排列】组中单击相应的按钮将图片上移一层、下移一层、对齐、组合、旋转等。

◎ **更改大小**：在【格式】→【大小】组的“高度”和“宽度”数值框中可输入图片的高度值和宽度值以更改图表的大小。

知识提示

在【形状样式】和【大小】组中单击“对话框启动器”按钮，或在选择的对象上单击鼠标右键，在弹出的快捷菜单中选择“设置绘图区格式”命令，都可打开“设置绘图区格式”对话框，在其中可更详细地设置图表的格式。

10.3.4 课堂案例2——分析销售数据

本案例将在提供的素材文件中通过创建并编辑“年终销售数据统计表”图表，分析表格中的相关数据，完成后的参考效果如图10-38所示。

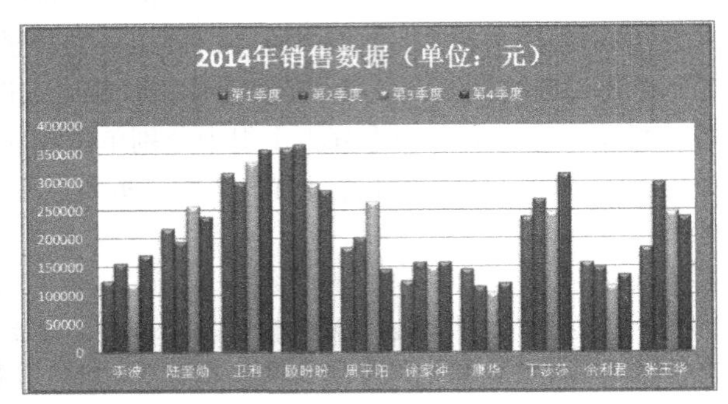

图10-38 分析销售数据

素材所在位置 光盘:\素材文件\第10章\课堂案例2\年终销售数据统计表.xlsx
效果所在位置 光盘:\效果文件\第10章\课堂案例2\终销售数据统计表.xlsx
视频演示 光盘:\视频文件\第10章\分析销售数据.swf

（1）打开素材文件“年终销售数据统计表.xlsx”工作簿，选择A2:E12单元格区域，在【插入】→【图表】组中单击“柱形图”按钮，在打开的列表的“二维柱形图”栏中选择“簇状柱形图”选项，如图10-39所示。

（2）在【图表布局】组中单击“快速布局”按钮，在打开的列表中选择“布局3”选项，如图10-40所示。

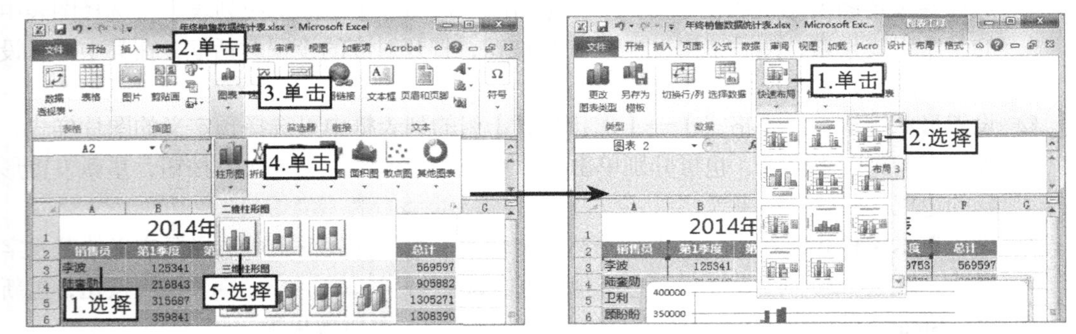

图10-39 选择图表样式　　图10-40 设置图表布局

（3）在插入的文本框中输入图表标题“2014年销售数据（单位：元）”，如图10-41所示。

（4）在“图表样式”组中单击“快速样式”按钮，在打开的下拉列表中选择“样式26”选项，如图10-42所示。

（5）在【布局】→【标签】组中单击 图例 按钮，在打开的列表中选择“在顶部显示图例”选项，如图10-43所示。

（6）在【格式】→【形状样式】组的列表框中选择“彩色填充-水绿色，强调颜色5”选项，如图10-44所示。

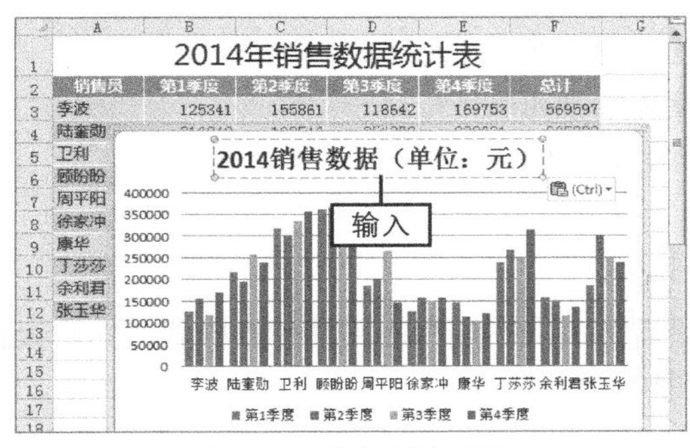

图10-41 输入图表标题

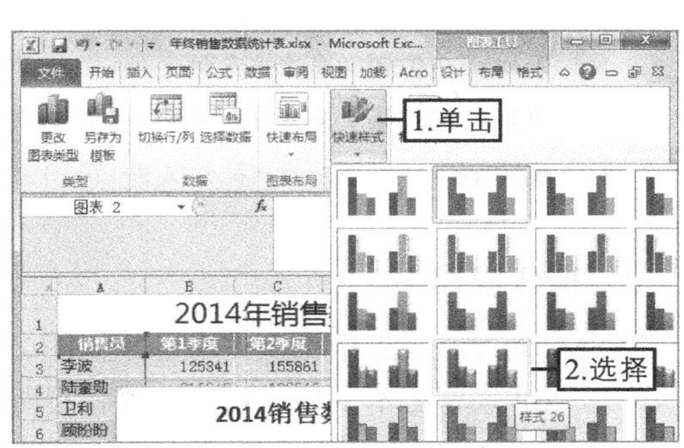

图10-42 设置图表样式

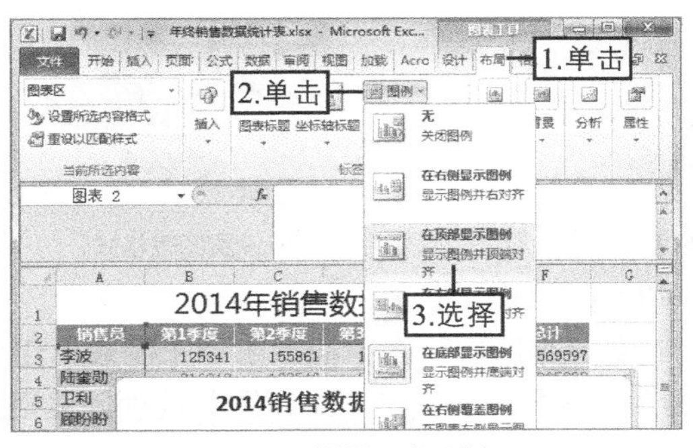

图10-43 设置图表图例

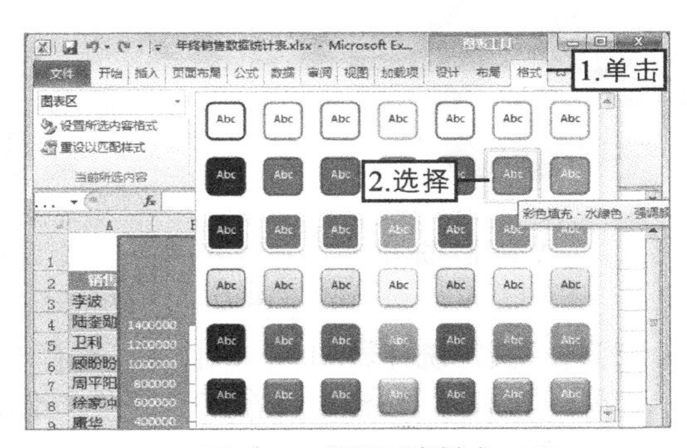

图10-44 设置图表样式

（7）移动图表的位置，并在【格式】→【大小】组的“高度”和“宽度”数值框中分别输入“9”和“16”，保存工作簿，完成本例操作。

10.4 课堂练习

本课堂练习将综合使用本章所学的知识制作费用支出比例图表和制作生产误差散点图，使读者熟练掌握Excel图表的创建和编辑方法。

10.4.1 制作支出费用统计饼图

1. 练习目标

本练习的目标是根据公司费用支出清单制作费用支出比例图表，在练习过程中主要涉及图表的创建与编辑的相关知识。本练习完成后的参考效果如图10-45所示。

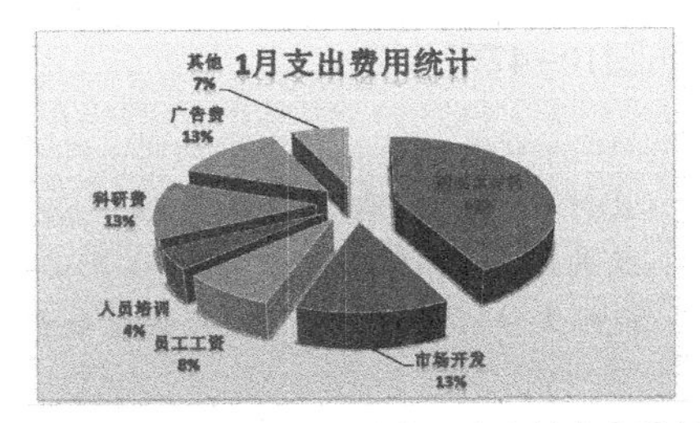

图10-45 使用图表统计费用支出的参考效果

素材所在位置　光盘:\素材文件\第10章\课堂练习\费用统计表.xlsx
效果所在位置　光盘:\效果文件\第10章\课堂练习\费用统计表.xlsx
视频演示　　　光盘:\视频文件\第10章\制作支出费用统计饼图.swf

2. 操作思路

完成本练习需要先根据工作表创建饼图，再设置图表的布局和应用图标的样式，然后设置图表的形状样式和艺术字样式等，其操作思路如图10-46所示。

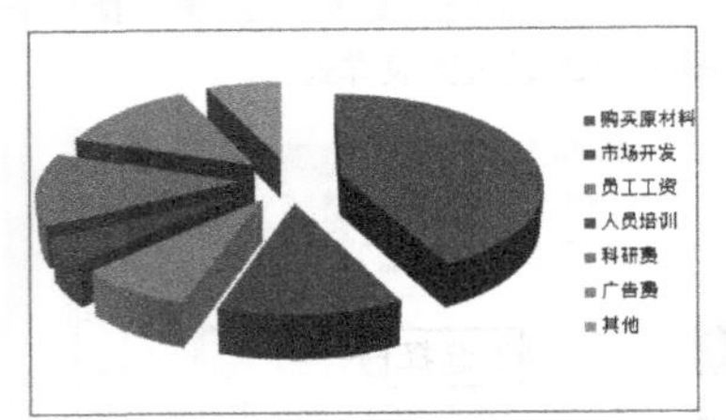

① 创建“饼图”

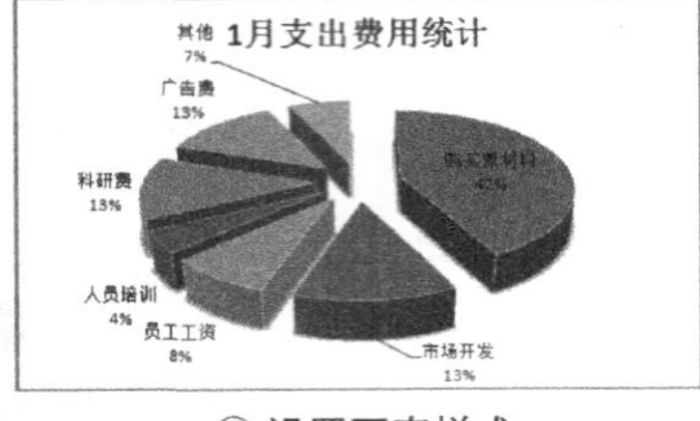

② 设置图表样式

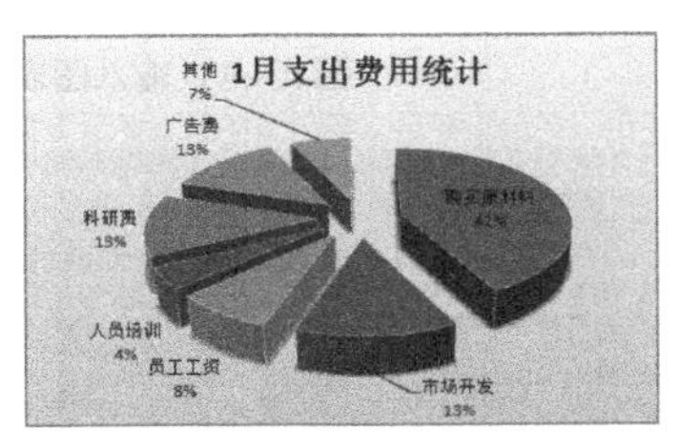

③ 设置图表格式

图10-46　使用图标统计费用支出的制作思路

（1）打开“费用统计表.xlsx”工作簿，选择A4:B10单元格区域，在【插入】→【图表】组中单击“饼图”按钮，在打开的“二维饼图”中选择“分离型三维饼图”选项创建相应的饼图。

（2）将创建的图表向右拖动，并调整其图表大小，然后在图表工具的【设计】→【图表布局】组中单击“快速布局”按钮，在打开的下拉列表中选择“布局1”选项，并将图表标题名称修改为“1月支出费用统计”。

（3）选择图表区，在【设计】→【图表样式】组中单击“快速样式”按钮，在打开的下拉列表中选择“样式10”选项快速应用图表样式。

（4）在【格式】→【形状样式】组的列表框中单击按钮，在打开的下拉列表中选择“细微效果–橙色，强调颜色6”选项设置图表的形状样式。

（5）在【格式】→【艺术字样式】组中单击“快速样式”按钮，在打开的下拉列表中选择“渐变填充–紫色，强调文字颜色4，映像”选项，设置艺术字样式。

10.4.2　制作生产误差散点图

1. 练习目标

本练习的目标是根据缺席员工的数量制作生产误差散点图，主要涉及图表的创建与编辑的相关操作。完成后的参考效果如图10-47所示。

素材所在位置　光盘:\素材文件\第10章\课堂练习\生产误差散点图.xlsx
效果所在位置　光盘:\效果文件\第10章\课堂练习\生产误差散点图.xlsx
视频演示　　　光盘:\视频文件\第10章\制作生产误差散点图.swf

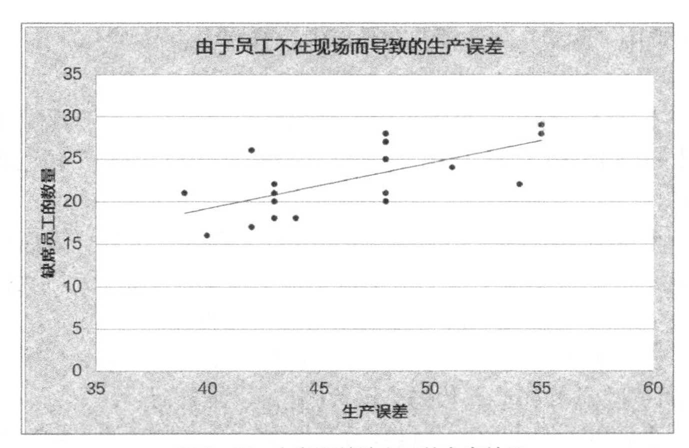

图10-47 生产误差散点图的参考效果

职业素养

为了控制产品的质量，加强生产现场的管理，提高生产能力，生产部门的管理人员应定期进行生产误差的分析。用Excel提供的散点图来分析生产误差，可根据各种因素的数据散点很明显地对比出该因素在生产误差范围内的分布状况。对分布密集的散点造成的生产误差，生产管理人员必须引起重视，要总结原因，汲取经验，并采取措施来减少该类误差的发生。

2. 操作思路

完成本练习需要在提供的素材文件中创建并编辑散点图，然后通过添加趋势线清楚地观察图表的变化趋势，其操作思路如图10-48所示。

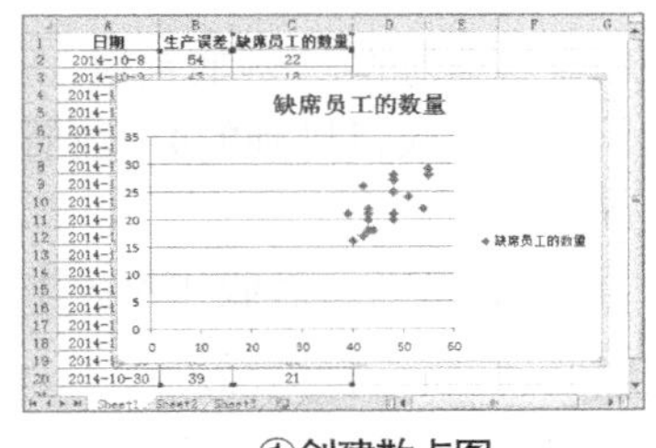

①创建散点图

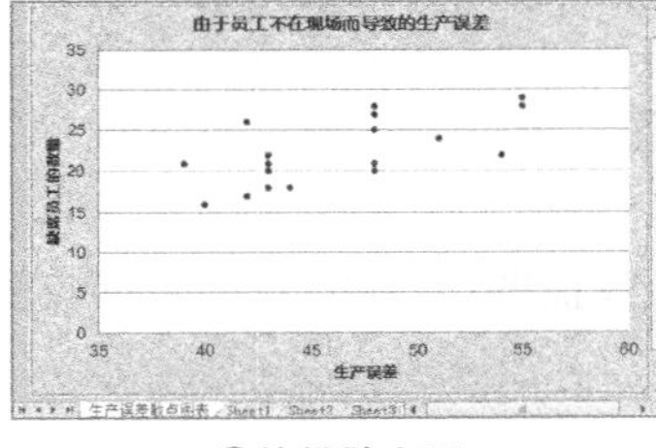

②编辑散点图

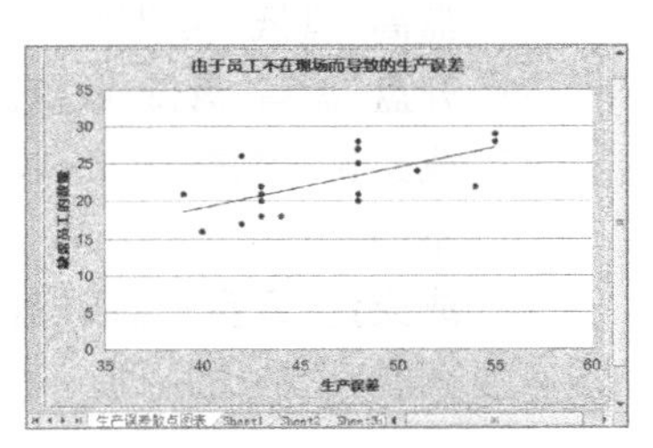

③添加趋势线

图10-48 制作生产误差散点图的操作思路

（1）打开“生产误差散点图.xlsx”工作簿，选择B1:C20单元格区域，在【插入】→【图表】组中单击“散点图”按钮，在打开的列表中选择“仅带数据标记的散点图”选项创建相应的散点图。

（2）选择图表区，在【图表工具 设计】→【位置】组中单击“移动图表”按钮，在打开的“移动图表”对话框中单击选中“新工作表”单选项，然后在其后的文本框中输入新工作表名称“生产误差散点图表”，完成后单击确定按钮。

（3）在【设计】→【图表布局】组中单击“快速布局”按钮，在打开的列表中选择“布局1”选项，然后将图表标题和坐标轴标题分别修改为“由于员工不在现场而导致的生产误差”“生产误差”“缺席员工的数量”。

（4）双击水平轴，在打开的“设置坐标轴格式”对话框的“坐标轴选项”选项卡右侧的“最小

值”栏中单击选中“固定”单选项，在其后的数值框中输入“35.0”，完成后单击 关闭 按钮。

（5）在【开始】→【字体】组中设置图表中的字体格式为“方正兰亭黑简体，18”，然后在图表工具的【布局】→【标签】组中单击 图例 按钮，在打开的下拉列表中选择“无”选项关闭图例项。

（6）在【布局】→【当前所选内容】组的下拉列表框中选择“系列‘缺席员工的数量’”选项，然后单击 设置所选内容格式 按钮，在打开的对话框中设置数据标记选项为内置的 类型，数据标记填充为“紫色网格”纹理，完成后单击 关闭 按钮。

（7）选择图表区，在图表工具的【格式】→【形状样式】组中单击 形状填充 按钮右侧的下按钮，在打开的下拉列表中选择【纹理】→【花束】菜单命令。

（8）在【布局】→【分析】组中单击“趋势线”按钮，在打开的下拉列表中选择“线性趋势线”选项即可将所选的趋势线类型添加到图表中。

10.5 拓展知识

除了前面的几种常用类型图表外，Excel 2010还提供了一些多种图表，供某些专业领域或特殊场合下使用。下面对这些类型的图表进行简单介绍。

1. 股价图的应用

股价图是用来描绘股票走势的图形，它包括盘高-盘低-收盘图、开盘-盘高-盘低-收盘图、成交量-盘高-盘低-收盘图、成交量-开盘-盘高-盘底-收盘图4种子类型，分别如下。

◎ **盘高-盘低-收盘图**：该图表需要按盘高、盘低和收盘排列的3个数值系列。

◎ **开盘-盘高-盘低-收盘图**：该图表需要按开盘、盘高、盘低和收盘排列的4个数值系列。

◎ **成交量-盘高-盘低-收盘图**：该图表需要按成交量、盘高、盘低和收盘排列的4个数值系列。

◎ **成交量-开盘-盘高-盘低-收盘图**：该图表需要按成交量、开盘、盘高、盘低和收盘排列的5个数值系列。

2. 曲面图的应用

曲面图以平面来显示数据变化的情况和趋势，分别用不同的颜色和图案区分在同一取值范围内的区域。曲面图有三维曲面图、三维曲面图（框架图）、曲面图（俯视）和曲面图（俯视框架图）4种子类型，下面分别对其进行简单介绍。

◎ **三维曲面图**：在连续曲面上跨两维显示数值的趋势线，应用该图表后三维曲面图会分别表现出不同时期的不同数据。

◎ **三维曲面图（框架图）**：与三维曲面图相似，但仅显示线条框架，方便观察和分析。

◎ **曲面图（俯视）**：曲面图（俯视）类似于对三维曲面图俯视，颜色表示范围。

◎ **曲面图（俯视框架图）**：曲面图（俯视框架图）类似于对三维曲面图（框架图）的俯视。

3. 圆环图的应用

圆环图也可用于显示数据间的比例关系，饼图与圆环图的不同之处在于它可以包含多个数

据系列。圆环图只有普通圆环图和分离型圆环图两种类型，下面分别进行简单介绍。

◎ **普通圆环图**：类似于饼图，用圆环图的形式来表现多个数据系列。

◎ **分离型圆环图**：类似于分离型饼图，和饼图的不同之处在于可以包含多个数据系列。

4. 气泡图的应用

气泡图与XY散点图一样没有分类轴，两个轴都是数值轴，它在散点图的基础上附加了数据系列，但气泡图只能反映一个数据系列。气泡图有两种子图表类型：气泡图和三维气泡图。下面分别进行简单介绍。

◎ **气泡图**：类似于散点图，但是它在散点图的基础上附加了数据系列，但气泡图一个数据点需要两个数值，用以决定气泡的大小。

◎ **三维气泡图**：与气泡图效果相同，但是增加了三维显示效果，更具有立体感。

5. 雷达的应用

雷达图主要用于显示数据系列对于中心点及彼此数据类别间的变化。雷达图有雷达图、数据点雷达图和填充雷达图3种。雷达图的分类都有各自的数值坐标轴，这些坐标轴由中点向外辐射，并用折线将同一系列中的数据值连接起来。下面分别进行简单介绍。

◎ **雷达图**：用于显示相对于中心点的数值，如果不需要直接比较类别，可使用此类型。

◎ **数据点雷达图**：数据点雷达图是在雷达图基础之上添加数据点，应用后的效果比较复杂，反而会影响观察。

◎ **填充雷达图**：填充雷达图是将被数据系列覆盖的区域填充为不同的颜色，但当数据系列较多时，上面的区域可能会挡住下面的区域。另外，在3种雷达图中，填充雷达图的使用频率最低，通常情况都会使用第一种雷达图。

10.6 课后习题

（1）打开“男女比例图表.xlsx”工作簿，在其中创建并编辑“三维簇状柱形图”，完成后的参考效果如图10-49所示。

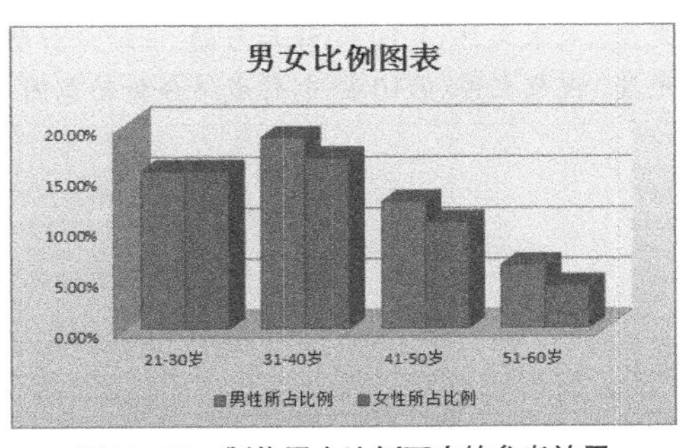

图10-49 制作男女比例图表的参考效果

提示：在“男女比例图表表.xlsx”工作簿中首先选择A2:C6单元格区域，创建“三维簇状柱形图”图表，然后设置图表布局为“布局3”，并输入图表标题“男女比例图表”，再设置图表样式为“样式34”，形状样式为“细微效果-蓝色，强调颜色1”，完成后移动图表到适合位置并调整图表大小。

素材所在位置	光盘:\素材文件\第10章\课后习题\男女比例图表.xlsx
效果所在位置	光盘:\效果文件\第10章\课后习题\男女比例图表.xlsx
视频演示	光盘:\视频文件\第10章\制作男女比例图表.swf

（2）打开“成绩分析动态图表.xlsx”工作簿，在其中创建并编辑折线图，然后使用组合框创建下拉列表框，完成后的参考效果如图10-50所示。

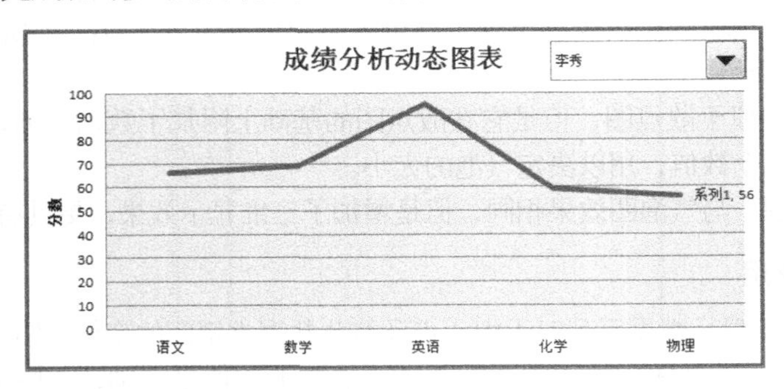

图10-50　“成绩分析动态图表”的参考效果

提示： 在“成绩分析动态图表.xlsx”工作簿的B14单元格中输入数据“1”，选择D14:H14单元格区域输入公式“=INDEX(D3:H12,$B$14,1)”，并按【Ctrl+Enter】组合键；然后按住【Ctrl】键选择D2:H2和D14:H14单元格区域，创建“折线图”图表，设置图表布局为“布局6”，并输入图表和坐标轴标题“成绩分析动态图表”和“分数”，设置图表样式为“样式36”，形状样式为“彩色轮廓-红色，强调颜色2”；再移动图表到适合位置并调整图表大小，继续在工作簿的【开发工具】→【控件】组中单击“插入”按钮，在打开的下拉列表中选择“组合框”选项，在图表右上角绘制下拉列表框，并设置控件的数据源区域为“$B$3:$B$12”；单元格链接为“$B$14”，下拉显示项数为“10”，完成后在图表上选择需查看的某列表项，如选择“李秀”选项，完成后在图表中将显示李秀的各科成绩。

素材所在位置	光盘:\素材文件\第10章\课后习题\成绩分析动态图表.xlsx
效果所在位置	光盘:\效果文件\第10章\课后习题\成绩分析动态图表.xlsx
视频演示	光盘:\视频文件\第10章\制作成绩分析动态图表.swf

第11章

数据排序、筛选与分类汇总

使用Excel进行数据处理与分析时，需要对数据进行排序、筛选或分类汇总的基础操作，本章将详细讲解筛选数据、排序数据和分类汇总数据的相关知识，使表格中的数据更整齐，查阅起来更方便。

学习要点

◎ 简单排序、多重排序和自定义排序
◎ 自动筛选、自定义筛选和高级筛选
◎ 创建分类汇总
◎ 显示和隐藏分类汇总

学习目标

◎ 掌握数据排序的基本操作
◎ 掌握筛选数据的基本操作
◎ 掌握数据分类汇总的基本操作

11.1 数据排序

Excel中的数据通常会以日期或编号等作为编辑顺序，但当处理与分析的角度发生变化时，就需要利用Excel的排序功能重新排序，本节将详细讲解Excel中数据排序的相关知识。

11.1.1 简单排序

数据的简单排序指在工作表中以一列单元格中的数据为依据，对所有数据进行排列。要进行简单排序，可在工作表中选择需排序列中“表头”数据下对应的任意单元格，然后在【数据】→【排序和筛选】组中单击“升序”按钮或“降序”按钮，完成后将根据所选单元格对应列中的数据按首个字母的先后顺序进行排列，且其他与之对应的数据将自动进行排列。

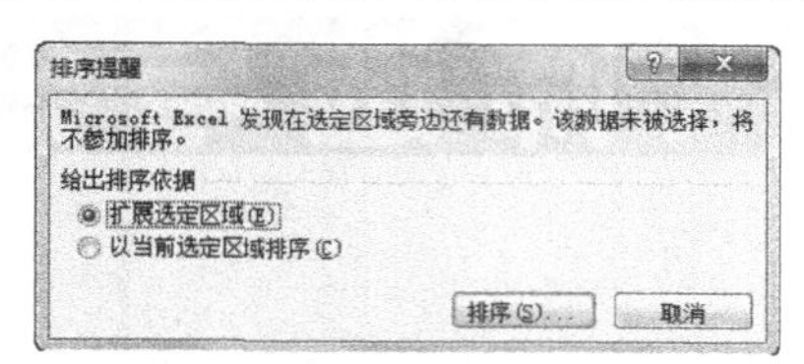

图11-1 “排序提醒”对话框

操作技巧

若在工作表中选择需排序列中“表头”数据下对应的单元格区域，将打开“排序提醒”对话框，提示需要扩展选定区域或只对当前选定区域进行排序，如图11-1所示。若只对当前选定区域进行排序，其他与之对应的数据将不自动进行排序。

知识提示

在进行排序时，需要特别注意数据表中的空行或空列，因为Excel只能自动识别空行前面的部分或者空列左边的数据，而漏掉空行下面或者空列右边的数据。

11.1.2 多重排序

多重排序是指按照多个条件对数据进行排序，即在多列数据中进行排序。在多重排序过程中，要以某个数据为依据进行排列，该数据称为关键字。以关键字进行排序，对应其他列中的单元格数据将随之发生改变。多重排序的具体操作如下。

（1）在工作表中选择多列数据对应的单元格区域，并应先选择关键字所在的单元格。

（2）在【数据】→【排序和筛选】组中单击“升序”按钮或“降序”按钮，完成排序后将自动以该关键字进行排序，未选择的单元格区域将不参与排序。

知识提示

简单的数据排序，可以保持工作表中数据的对应关系；而多重的数据排序，可能会打乱整个工作表中数据的对应关系，因此用户在使用多重排序时应注意数据的对应关系是否发生变化。

11.1.3 自定义排序

当简单排序和多重排序都不能满足实际需要时，可利用Excel提供的自定义排序功能。使

用该功能可以通过设置多个关键字对数据进行排序，并能以其他关键字对相同排序的数据进行排序。自定义排序的具体操作如下。

（1）在工作表中选择需要排序的任意一个单元格或单元格区域，在【数据】→【排序和筛选】组中单击“排序”按钮。

（2）在打开的“排序”对话框中默认只有一个主要关键字，用户可根据需要单击“添加条件”按钮添加次要关键字，并在“排序依据”和“次序”下拉列表框中选择相应的选项，也可单击“删除条件”按钮删除不需要的次要关键字，如图11-2所示，完成后单击“确定”按钮，工作表中的数据即可根据设置的排序条件进行排序。

图11-2　“排序”对话框

知识提示

在“排序”对话框中单击“选项”按钮，可在打开的“排序选项”对话框中设置以行、列、字母或笔画等方式进行排序。

11.1.4　课堂案例1——对销量统计表进行排序

根据提供的素材文件，使用自定义排序对产品类别和全年销量进行降序排列，完成后的参考效果如图11-3所示。

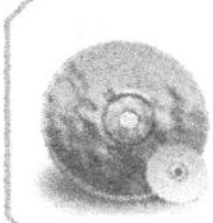

素材所在位置　光盘:\素材文件\第11章\课堂案例1\房产销量统计表.xlsx

效果所在位置　光盘:\效果文件\第11章\课堂案例1\房产销量统计表.xlsx

视频演示　光盘:\视频文件\第11章\对销量统计表进行排序.swf

云帆国际房产销量统计表

					单位：	万元
销售人员	产品类别	第一季度	第二季度	第三季度	第四季度	全年销量
王慧	象山一号	9800	9800	6040	4630	30270
程一身	象山一号	5280	5850	3840	7530	22500
康宁	如画山水	3400	6040	9800	6700	25940
奉贤	如画山水	4160	3680	6040	4630	18510
凯丽	如画山水	3400	4160	4630	2400	14590
李建成	如画山水	4630	2400	4160	3400	14590
孙建华	岭南风光	7530	5130	3400	5280	21340
唐生	岭南风光	3680	6700	4630	3680	18690
石广生	城南一隅	2400	5280	5850	6040	19570
格罗姆	城南一隅	4160	3400	4960	4160	16680
于淼	北欧.新村	5850	4960	7530	3840	22180
向伟	北欧.新村	6700	4920	2400	5850	19870
荣兴	北欧.新村	6040	4160	4960	4160	19320
胡适	108城	3680	4630	5850	7000	21160
合计		70710	71110	74090	69300	285210

图11-3　对房产销量统计表进行排序的参考效果

职业素养

产品销售记录表用来记录产品的实际销售情况，因此做好销售记录，不仅可以及时反映销售情况，而且有利于管理人员分析销售数据，制订销售计划。

（1）打开素材文件“房产销量统计表.xlsx”工作簿，选择A3:G17单元格区域，在【数据】→【排序和筛选】组中单击“排序”按钮，如图11-4所示。

（2）打开“排序”对话框，在“主要关键字”下拉列表框中选择“产品类别”选项，在“次序”下拉列表框中选择“降序”选项，单击确定按钮，如图11-5所示。

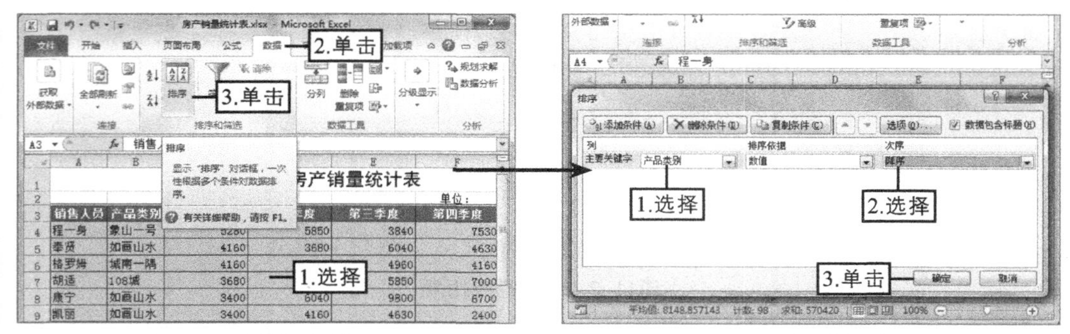

图11-4　选择排序区域

图11-5　设置排序条件

（3）返回工作表，可以看到表格中的数据按照产品类别进行降序排序的结果，继续在【排序和筛选】组中单击“排序”按钮，如图11-6所示。

（4）打开“排序”对话框，单击添加条件(A)按钮，在“次要关键字”下拉列表框中选择“全年销量”选项，在“次序”下拉列表框中选择“降序”选项，完成后单击确定按钮，如图11-7所示，保存工作簿，完成本例操作。

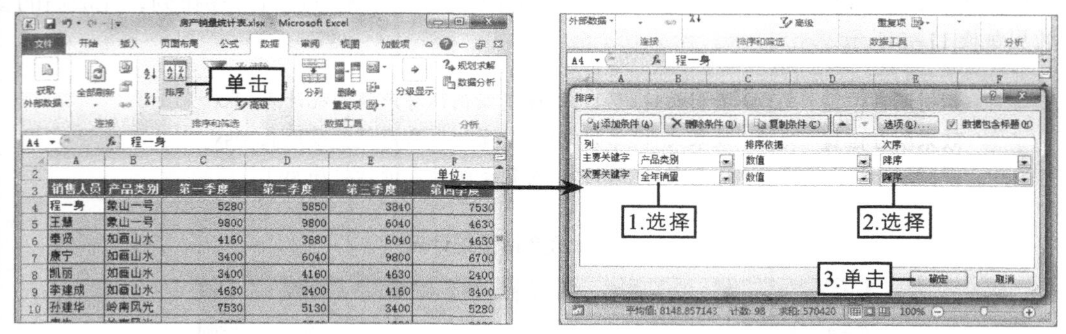

图11-6　查看排序结果

图11-7　设置次要关键字

11.2 筛选数据

数据筛选是Excel支持数据处理与分析的有力工具之一，利用数据筛选，可以在数据表中仅仅显示满足筛选条件的数据记录，以便于有效地缩减数据范围，提高工作效率。与排序功能不同的是，筛选不能对数据进行排序，只是将不必要的数据暂时隐藏起来。数据筛选分为自动筛选、高级筛选和自定义筛选三种类型。

11.2.1 自动筛选

自动筛选数据就是根据用户设定的筛选条件，自动将表格中符合条件的数据显示出来，而将表格中的其他数据进行隐藏。自动筛选的方法非常简单，只需在工作表中选择需筛选数据的工作表表头，在【数据】→【排序和筛选】组中单击“筛选”按钮，返回工作表中即可看到表头的各字段名右侧显示出黑色三角形按钮，单击该按钮，在打开的下拉列表中选择筛选条件，则表格中将显示出符合筛选条件的记录。

要取消已设置的数据筛选状态，显示表格中的全部数据。只需在工作表中再次单击“筛选”按钮即可。

11.2.2 自定义筛选

自定义筛选是在自动筛选的基础上进行操作的，即在自动筛选后的需自定义的字段名右侧单击按钮，在打开的下拉列表中选择相应的命令，即确定筛选条件后在打开的“自定义自动筛选方式”对话框中设置自定义的筛选条件，然后单击确定按钮完成操作，如图11-8所示。

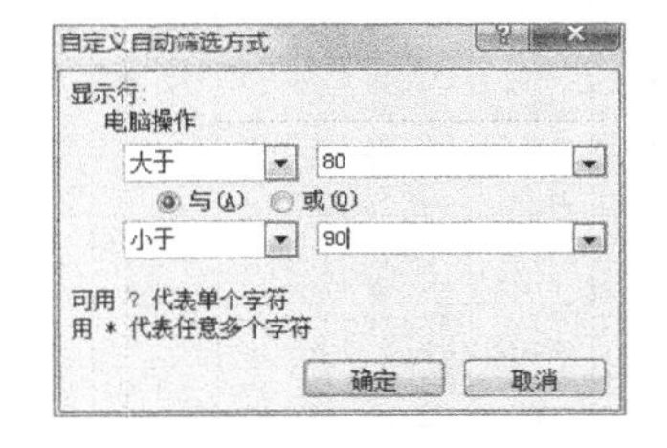

图11-8 自定义筛选数据

在“自定义自动筛选方式”对话框左侧的下拉列表框中只能执行选择操作，而右侧的下拉列表框可直接输入数据，在输入筛选条件时，可使用通配符代替字符或字符串，如用“？”代表任意单个字符，用“*”代表任意多个字符。

11.2.3 高级筛选

由于自动筛选是根据Excel提供的条件进行筛选数据，若要根据自己设置的筛选条件对数据进行筛选，则需使用高级筛选功能。高级筛选功能可以筛选出同时满足两个或两个以上约束条件的记录。高级筛选的具体操作如下：

（1）在工作表的空白单元格中输入设置的筛选条件，然后选择需要进行筛选的单元格区域。

（2）在【数据】→【排序和筛选】组中单击高级按钮。

（3）在打开的“高级筛选”对话框中选择存放筛选结果的位置，在“条件区域”参数框中输入或选择设置条件所在的单元格区域，然后单击确定按钮完成操作，如图11-9所示。

图11-9 设置高级筛选

知识提示

在“高级筛选”对话框中单击选中“在原有区域显示筛选结果”单选项可在原有区域中显示筛选结果；单击选中“将筛选结果复制到其他位置”单选项可在“复制到”参数框中设置存放筛选结果的单元格区域；单击选中“选择不重复的记录”复选框，当有多行满足条件时将只显示或复制唯一行，排除重复的行。

11.2.4 课堂案例2——筛选产品销量数据

本案例将在提供的素材文件中首先对超市产品的销量进行自定义筛选，然后对超市产品的库存量进行高级筛选，筛选数据前后的参考效果如图11-10所示。

云帆超市销量统计表

产品编号	产品名称	1季度	2季度	3季度	4季度	合计
YF20141001	白酒	4289.00	9437.00	5686.52	1784.00	21196.52
YF20141002	饼干	94487.00	3438.00	8934.00	2368.00	109227.00
YF20141003	豆腐乳	84488.00	2600.00	4823.00	3821.00	95732.00
YF20141004	方便面	84448.00	7498.00	7376.00	8737.00	108059.00
YF20141005	红酒	8783.69	8398.00	6723.00	2872.00	26776.69
YF20141006	护肤品	4473.00	7327.00	4723.00	3434.00	19957.00
YF20141007	矿泉水	7894.00	9678.00	8732.00	3874.00	30178.00
YF20141008	毛巾	4268.00	4723.00	7732.00	2362.00	19085.00
YF20141009	沐浴露	4944.00	7836.00	3647.00	8347.00	24774.00
YF20141010	啤酒	4309.00	4689.00	4069.00	9378.00	22445.00
YF20141011	薯片	47687.00	3148.00	2874.00	9438.00	63147.00
YF20141012	卫生纸	4268.00	4723.00	7732.00	2362.00	19085.00
YF20141013	洗发水	74678.00	1221.00	9328.00	3672.00	88899.00
YF20141014	洗衣粉	4268.00	4723.00	7732.00	2362.00	19085.00
YF20141015	香烟	8443.00	8943.00	3834.00	6328.00	27548.00
YF20141016	香皂	4268.00	4723.00	7732.00	2362.00	19085.00

云帆超市库存统计表

产品编号	产品名称	上月剩余	本月入库	本月出库	本月库存
YF20141001	白酒	80	20	69	31
YF20141002	饼干	49	51	67	33
YF20141003	豆腐乳	48	52	35	65
YF20141004	方便面	61	39	65	35
YF20141005	红酒	30	70	48	52
YF20141006	护肤品	55	45	48	52
YF20141007	矿泉水	39	61	81	19
YF20141008	毛巾	52	48	39	61
YF20141009	沐浴露	50	50	35	65
YF20141010	啤酒	62	38	85	15
YF20141011	薯片	50	50	63	37
YF20141012	卫生纸	43	57	60	40
YF20141013	洗发水	53	47	50	50
YF20141014	洗衣粉	61	39	72	28
YF20141015	香烟	52	48	78	22
YF20141016	香皂	50	50	36	64

云帆超市销量统计表

产品编号	产品名称	1季度	2季度	3季度	4季度	合计
YF20141002	饼干	94487.00	3438.00	8934.00	2368.00	109227.00
YF20141004	方便面	84448.00	7498.00	7376.00	8737.00	108059.00

云帆超市库存统计表

产品编号	产品名称	上月剩余	本月入库	本月出库	本月库存
YF20141007	矿泉水	39	61	81	[illegible]
YF20141010	啤酒	62	38	85	[illegible]

本月出库	本月库存
>80	<20

图11-10　筛选产品销量数据前后的参考效果

素材所在位置　光盘:\素材文件\第11章\课堂案例2\产品销量统计表.xlsx
效果所在位置　光盘:\效果文件\第11章\课堂案例2\产品销量统计表.xlsx
视频演示　光盘:\视频文件\第11章\筛选产品销量数据.swf

（1）打开素材文件“产品销量统计表.xlsx”工作簿，在“销量统计表”工作表中选择A2:G2单元格区域，在【数据】→【排序和筛选】组中单击“筛选”按钮。

（2）返回工作表中，在“合计”项目右侧单击按钮，在打开的列表中选择“数字筛选”选

项，在打开的子列表中选择“大于”选项，如图11–11所示。

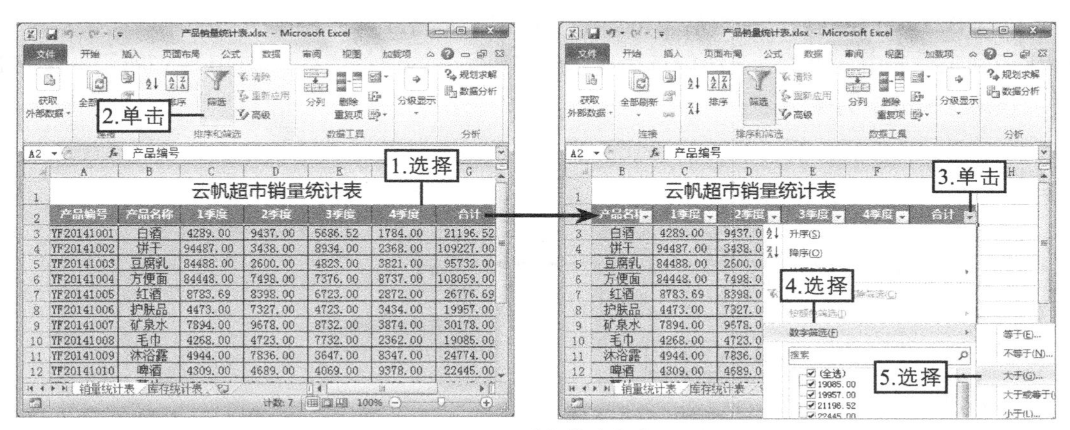

图11–11　选择筛选方式

（3）打开“自定义自动筛选方式”对话框，在“大于”下拉列表框右侧的下拉列表框中输入数据“100000”，然后单击 确定 按钮，如图11–12所示。

（4）返回工作表中，可看到并筛选出满足自定义条件的数据记录，如图11–13所示。

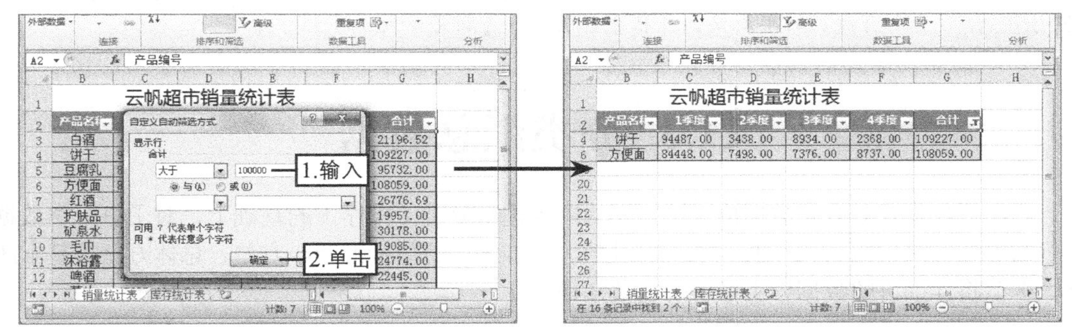

图11–12　设置自定义筛选条件　　图11–13　自定义筛选数据

（5）在“库存统计表”工作表的A21:B22单元格区域中创建一个新的表格，输入设置的筛选条件，并设置表格的样式，如图11–14所示。

（6）选择A2:F18单元格区域，在【数据】→【排序和筛选】组中单击 高级 按钮，如图11–15所示。

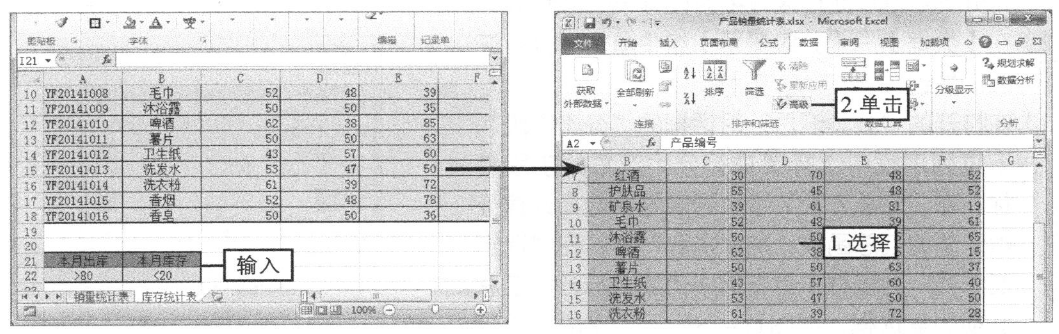

图11–14　输入新的筛选条件　　图11–15　选择操作

（7）在打开的“高级筛选”对话框中将光标定位到“条件区域”文本框中，在工作表中选择A21:B22单元格区域，完成后单击 确定 按钮，如图11-16所示。

（8）返回工作表中，可看到高级筛选后显示出满足条件的记录信息，如图11-17所示，保存工作簿，完成本例操作。

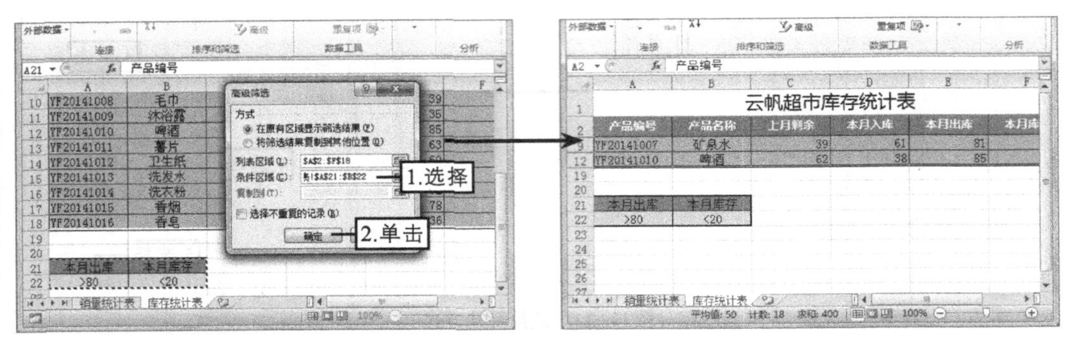

图11-16　设置高级筛选选项　　　　图11-17　查看筛选结果

知识提示

使用高级筛选前，必须先设置条件区域，且条件区域的项目应与表格项目一致，否则不能筛选出结果。完成数据的筛选后，要显示所有记录数据，可选择任意一个有数据的单元格，并在【数据】→【排序和筛选】组中单击 清除 按钮。

11.3　分类汇总数据

分类汇总是指对原始数据按某数据列的内容进行分类（排序）的基础上，对于每一类数据进行的求和、最大值、最小值、乘积、计数、标准差、总体标准差、方差、总体方差等基本统计。本节将详细讲解数据分类汇总的相关知识。

11.3.1　创建分类汇总

分类汇总是按照表格数据中的分类字段进行汇总，同时，还需要设置分类的汇总方式和汇总项。要使用分类汇总，首先需要创建分类汇总，其具体操作如下。

（1）在创建分类汇总之前，首先应对工作表中的数据以汇总选项进行排序，然后选择需要进行分类汇总单元格区域中的任意一个单元格。

（2）在【数据】→【分级显示】组中单击“分类汇总”按钮。

（3）在打开的“分类汇总”对话框的“分类字段”下拉列表框中选择要进行分类汇总的字段名称；在“汇总方式”下拉列表框中选择计算分类汇总的汇总函数，如“求和”等；在“选定汇总项”列表框中单击选中需要进行分类汇总选项的复选框，如图11-18所示，完成后单击 确定 按钮。

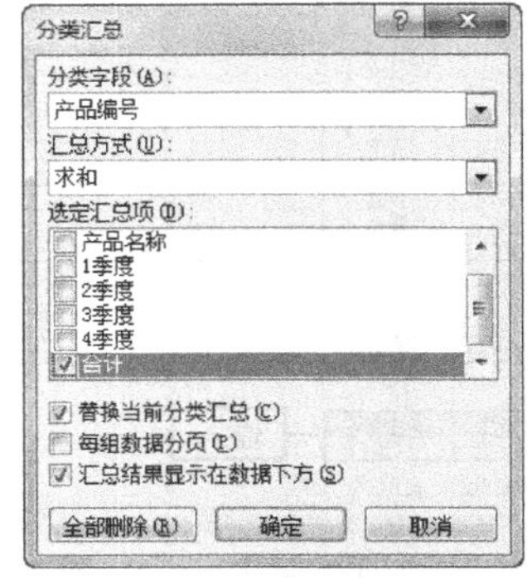

图11-18　“分类汇总”对话框

知识提示

在“分类汇总”对话框中单击选中“每组数据分页”复选框，可按每个分类汇总自动分页；单击选中“汇总结果显示在数据下方”复选框可指定汇总行位于明细行的下面；单击 全部删除(R) 按钮可删除已创建好的分类汇总。

11.3.2 显示或隐藏分类汇总

创建数据的分类汇总后，在工作表的左侧将显示不同级别分类汇总的按钮，单击相应的按钮可分别显示或隐藏汇总项和相应的明细数据。

◎ **隐藏明细数据**：在工作表的左上角单击1按钮将隐藏所有项目的明细数据，只显示合计数据；单击2按钮将隐藏相应项目的明细数据，只显示相应项目的汇总项；而单击-按钮将隐藏明细数据，只显示汇总项。

◎ **显示明细数据**：在工作表的左上角单击3按钮将显示各项目的明细数据，也可单击+按钮将折叠的明细数据显示出来。

知识提示

在【数据】→【分级显示】组中单击 显示明细数据 或 隐藏明细数据 按钮也可显示或隐藏单个分类汇总的明细行。

11.3.3 课堂案例3——汇总销售数据

根据提供的素材文件，首先以“销售区域”为关键字进行排序，然后分类汇总各区域产品的总销量，完成后的参考效果如图11-19所示。

销售数据汇总表

销售区域	产品名称	第1季度	第2季度	第3季度	第4季度	合计
北京	空调	49644.66	39261.80	41182.60	31175.78	161264.84
北京	洗衣机	45607.00	62678.00	54275.00	65780.00	228340.00
北京 汇总		95251.66	101939.80	95457.60	96955.78	389604.84
广州	冰箱	66745.50	53481.00	43581.00	59685.00	223492.50
广州	电视	24926.00	54559.82	46042.00	37317.88	162845.70
广州	洗衣机	21822.99	57277.26	56505.60	21025.00	156630.85
广州 汇总		113494.49	165318.08	146128.60	118027.88	542969.05
上海	冰箱	23210.50	26872.00	32150.00	43789.00	126021.50
上海	电视	32422.37	34486.60	54230.82	44040.74	165180.53
上海	洗衣机	43697.00	42688.00	64275.00	55769.00	206429.00
上海 汇总		99329.87	104046.60	150655.82	143598.74	497631.03
深圳	空调	37429.10	57284.80	43172.20	32796.00	170682.10
深圳	冰箱	33510.65	35852.79	47030.76	53577.10	169971.30
深圳 汇总		70939.75	93137.59	90202.96	86373.10	340653.40
总计		379015.77	464442.07	482444.98	444955.50	1770858.32

图11-19 汇总销售数据的参考效果

素材所在位置 光盘:\素材文件\第11章\课堂案例3\销售数据汇总表.xlsx

效果所在位置 光盘:\效果文件\第11章\课堂案例3\销售数据汇总表.xlsx

视频演示 光盘:\视频文件\第11章\汇总销售数据.swf

（1）打开素材文件“销售数据汇总表.xlsx”工作簿，选择A2:G12单元格区域，在【数据】→【排序和筛选】组中单击“排序”按钮，如图11-20所示。

（2）打开“排序”对话框，在“主要关键字”下拉列表框中选择“销售区域”选项，在“次序”下拉列表框中选择“升序”选项，单击 确定 按钮，如图11-21所示。

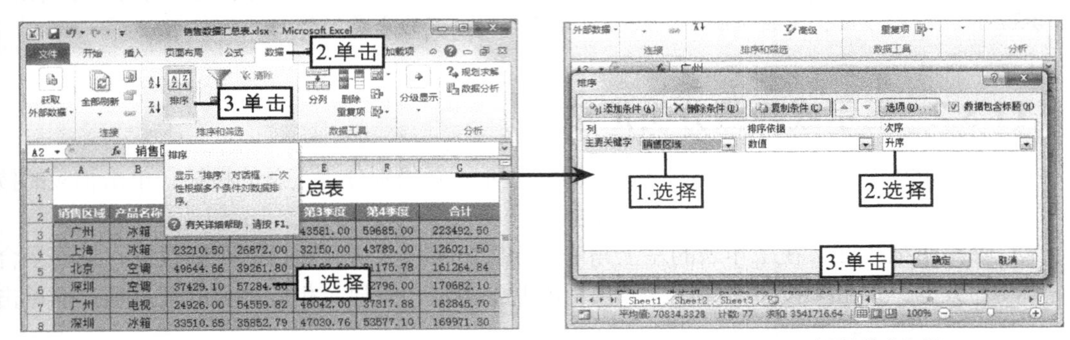

图11-20 选择排序区域　　图11-21 设置排序条件

（3）返回工作表，可以看到表格中的数据按照销售区域进行升序排序的结果，继续选择A2:G12单元格区域，在【数据】→【分级显示】组中单击“分类汇总”按钮，如图11-22所示。

（4）打开“分类汇总”对话框，在“分类字段”下拉列表框中选择“销售区域”选项，在“选定汇总项”列表框中单击选中“第1季度”“第2季度”“第3季度”“第4季度”和“合计”复选框，其他各项保持默认设置，单击 确定 按钮，如图11-23所示。

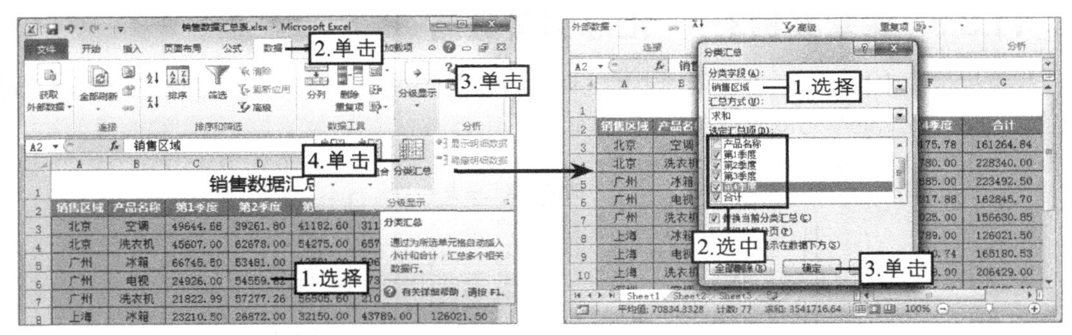

图11-22 进行分类汇总　　图11-23 设置分类汇总

（5）返回工作表，其中的数据将按照销售区域汇总各季度和合计的产品销量进行汇总显示，如图11-24所示。

（6）在工作表的左上角单击 1 按钮显示出所有项目的合计数据，如图11-25所示。

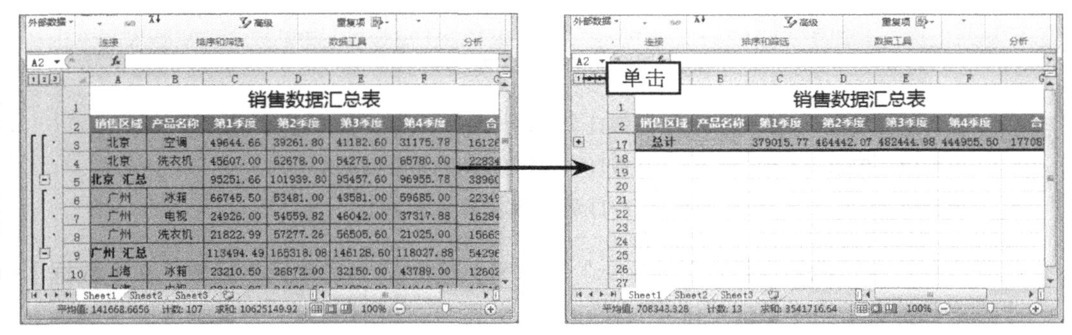

图11-24 分类汇总后的效果　　图11-25 隐藏明细数据

（7）单击2按钮显示出相应项目的汇总项，如图11-26所示，单击+按钮显示出某项目的明细数据，如图11-27所示，保存工作簿，完成本例操作。

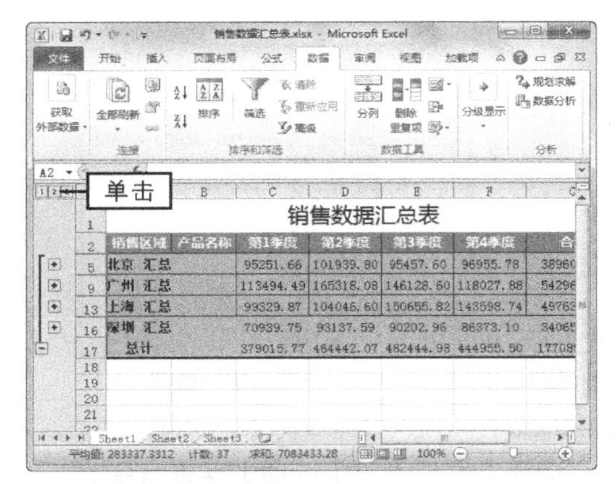

图11-26　显示相应项目的汇总项

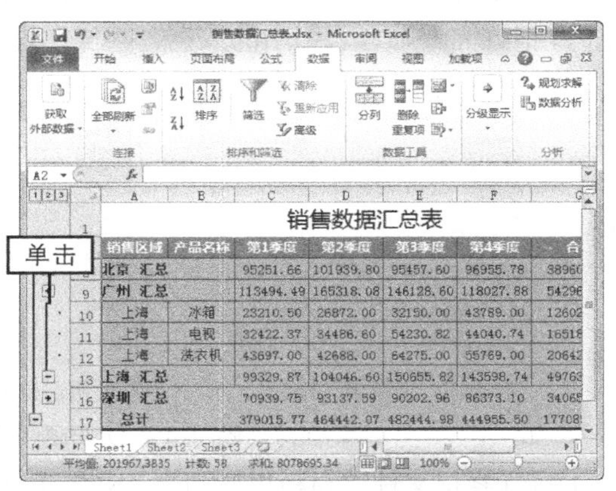

图11-27　显示某项目的明细数据

11.4 课堂练习

本课堂练习将综合使用本章所学的知识处理和分析硬件供应商信息表和日常费用管理表，使读者熟练掌握数据的排序、筛选、分类汇总的方法。

11.4.1 分析硬件供应商信息表

1. 练习目标

本练习的目标是添加最新的项目数据，并使用数据筛选功能管理供应商资料表中的数据。本练习完成后的参考效果如图11-28所示。

素材所在位置　光盘:\素材文件\第11章\课堂练习\硬件供应商信息表.xlsx
效果所在位置　光盘:\效果文件\第11章\课堂练习\硬件供应商信息表.xlsx
视频演示　光盘:\视频文件\第11章\分析硬件供应商信息表.swf

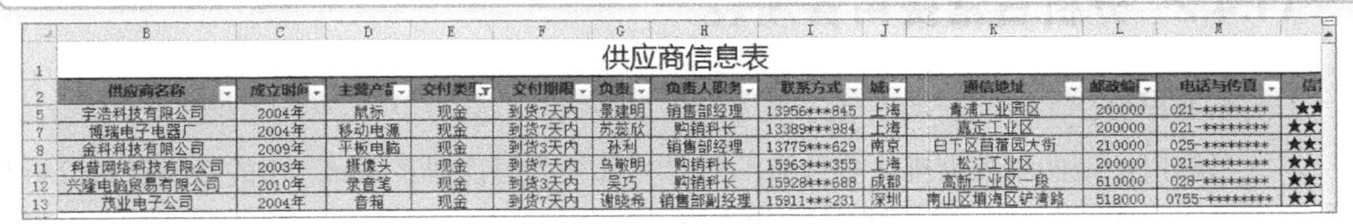

供应商信息表

供应商名称	成立时间	主营产	交付类	交付期限	负责	负责人职务	联系方式	城	通信地址	邮政编	电话与传真	信
宇浩科技有限公司	2004年	鼠标	现金	到货7天内	景建明	销售部经理	13956***845	上海	青浦工业园区	200000	021-********	★★
博瑞电子电器厂	2004年	移动电源	现金	到货7天内	苏蕊欣	购销科长	13389***984	上海	嘉定工业区	200000	021-********	★★
金科科技有限公司	2009年	平板电脑	现金	到货3天内	孙利	销售部经理	13775***629	南京	白下区苜蓿园大街	210000	025-********	★★
科普网络科技有限公司	2003年	摄像头	现金	到货7天内	乌敏明	购销科长	15963***355	上海	松江工业区	200000	021-********	★★
兴隆电脑贸易有限公司	2010年	录音笔	现金	到货3天内	吴巧	购销科长	15928***688	成都	高新工业区一段	610000	028-********	★★
茂业电子公司	2004年	音箱	现金	到货7天内	谢晓希	销售部副经理	15911***231	深圳	南山区填海区铲湾路	518000	0755-********	★★

图11-28　硬件供应商信息表参考效果

职业素养

将供应商的信息资料整理成册，不仅方便采购人员快速了解供应商的诚信与其他相关信息，更重要的是为与供应商建立长期友好的合作关系打下了坚实的基础。制作该表格时，由于项目内容较多，且输入的数据也较繁杂，因此可使用记录单输入各项目数据。

2. 操作思路

完成本练习首先需要在提供的素材文件中添加“记录单”按钮，然后使用记录单添加数据，并根据需要筛选表格中的数据，其操作思路如图11-29所示。

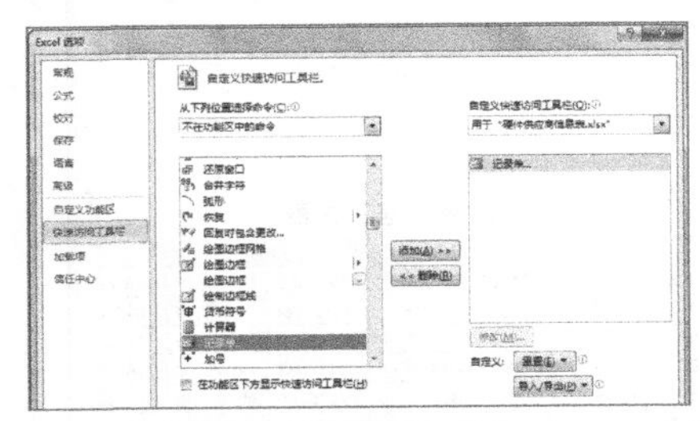

① 添加“记录单”按钮

② 使用记录单添加项目数据

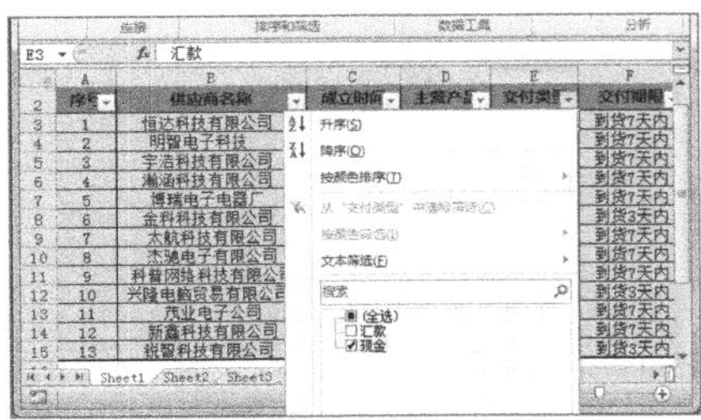

③ 筛选表格数据

图11-29 分析硬件供应商信息表的制作思路

(1) 打开素材文件“材料供应商表.xlsx”工作簿，选择【文件】→【选项】菜单命令。

(2) 在打开的“Excel选项”对话框中单击“快速访问工具栏”选项卡，在“从下拉位置选择命令”下拉列表框中选择“不在功能区中的命令”选项，在“自定义快速访问工具栏”下拉列表框中选择“用于‘硬件供应商信息表.xlsx’”选项，在“从下拉位置选择命令”下拉列表框下面的列表框中选择“记录单”选项，单击 添加(A) >> 按钮将其添加到右侧的列表框中，完成后单击 确定 按钮。

(3) 选择A2:N15单元格区域，在快速访问工具栏中单击“记录单”按钮。

(4) 在打开的对话框中单击 新建(W) 按钮，在打开的空白记录单的对话框的各文本框中输入相应的项目内容，然后按【Enter】键在所选区域下方添加输入的记录数据，用相同的方法继续添加记录数据，完成后单击 关闭(L) 按钮。

(5) 在添加记录数据后输入相应的信誉度符号，然后选择A2:N15单元格区域，在【数据】→【排序和筛选】组中单击“筛选”按钮。

(6) 返回工作表中，在“交付类型”项目右侧单击按钮，在打开的下拉列表中撤销选中“全选”复选框，然后单击选中“现金”复选框，完成后单击 确定 按钮筛选出交付类型为“现金”的供应商信息。

11.4.2 分析日常费用管理表

1. 练习目标

本练习的目标是使用数据排序和分类汇总对“日常费用管理表.xlsx”中的数据进行分析和处理。本练习完成后的参考效果如图11-30所示。

素材所在位置 光盘:\素材文件\第11章\课堂练习\日常费用管理表.xlsx

效果所在位置 光盘:\效果文件\第11章\课堂练习\日常费用管理表.xlsx

视频演示 光盘:\视频文件\第11章\分析日常费用管理表.swf

日常费用管理表

日期	部门	费用科目	说明	预算费用	实际费用	余额
2015/3/10	行政部	办公费	购买打印纸	¥600.00	¥300.00	¥300.00
2015/3/15	行政部	办公费	购买电脑2台	¥10,000.00	¥9,500.00	¥500.00
2015/3/24	行政部	办公费	购买记事本10本	¥200.00	¥100.00	¥100.00
	行政部 汇总			¥10,800.00	¥9,900.00	¥900.00
2015/3/8	生产部	材料费		¥7,000.00	¥5,000.00	¥2,000.00
2015/3/19	生产部	服装费	为员工定做服装	¥2,000.00	¥1,800.00	¥200.00
2015/3/22	生产部	材料费		¥4,000.00	¥3,000.00	¥1,000.00
	生产部 汇总			¥13,000.00	¥9,800.00	¥3,200.00
2015/3/11	销售部	宣传费	制作宣传画报	¥1,000.00	¥880.00	¥120.00
2015/3/12	销售部	交通费		¥3,500.00	¥3,500.00	¥0.00
2015/3/14	销售部	通讯费		¥300.00	¥200.00	¥100.00
2015/3/16	销售部	交通费		¥300.00	¥1,000.00	(¥700.00)
2015/3/21	销售部	宣传费	宣传	¥2,000.00	¥1,290.00	¥710.00
2015/3/23	销售部	招待费		¥1,000.00	¥1,500.00	(¥500.00)
	销售部 汇总			¥8,100.00	¥8,370.00	(¥270.00)
2015/3/13	运输部	运输费	为郊区客户送货	¥1,000.00	¥680.00	¥320.00
2015/3/20	运输部	通讯费	购买电话卡	¥300.00	¥200.00	¥100.00
2015/3/25	运输部	运输费	运输材料	¥600.00	¥800.00	(¥200.00)
	运输部 汇总			¥1,900.00	¥1,680.00	¥220.00
2015/3/9	总经办	办公费	购买打印纸、订书针	¥600.00	¥500.00	¥100.00
2015/3/17	总经办	招待费		¥2,500.00	¥2,000.00	¥500.00
2015/3/18	总经办	办公费	购买圆珠笔20支	¥200.00	¥50.00	¥150.00
	总经办 汇总			¥3,300.00	¥2,550.00	¥750.00
	总计			¥37,100.00	¥32,300.00	¥4,800.00

图11-30 “日常费用管理表”参考效果

2. 操作思路

完成本练习需要在提供的素材文件中根据“部门”项目进行升序排列，然后再以“部门”项目为分类字段进行求和汇总，其操作思路如图11-31所示。

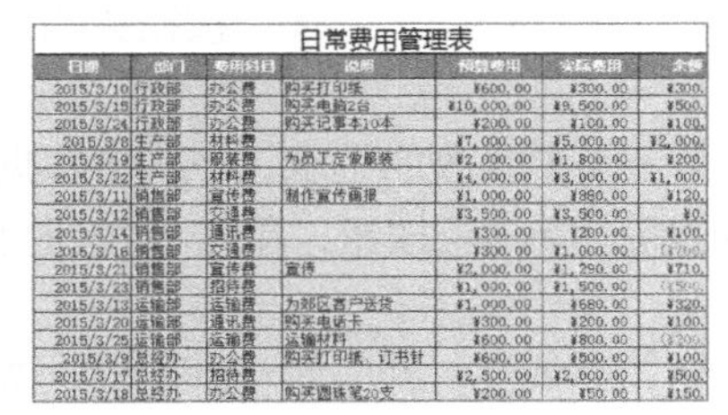

① 数据排序

② 设置分类汇总选项

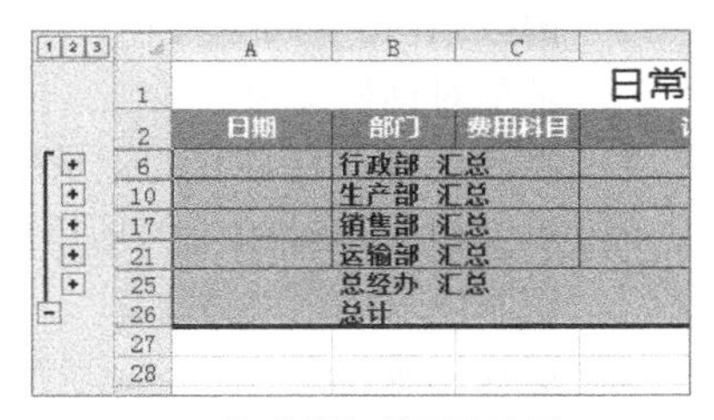

③ 分类汇总后的效果

图11-31 “日常费用管理表”的制作思路

（1）打开素材文件“日常费用管理表.xlsx”工作簿，选择B4单元格，在【数据】→【排序和筛选】组中单击“升序”按钮，将工作表中的数据以“部门”列为依据进行升序排列。

（2）选择A2:G20单元格区域，在【数据】→【分级显示】组中单击“分类汇总”按钮。

（3）在打开的“分类汇总”对话框的“分类字段”下拉列表框中选择“部门”选项；在“选定汇总项”列表框中单击选中“预算费用”“实际费用”“余额”复选框，其他各项保持默认设置，完成后单击 确定 按钮。

（4）返回工作表，其中的数据将按照部门分类汇总其预算费用、实际费用、余额。

11.5 拓展知识

下面主要介绍记录单、分列显示数据和字符串的排序规则等知识。

11.5.1 使用记录单

记录单是用来管理表格中每一条记录的对话框，使用它可以方便地对表格中的记录执行添加、修改、查找、删除等操作，有利于数据的管理。在Excel中，向一个数据量较大的表单中插入一行新记录时，通常需要逐行逐列地输入相应的数据。若使用Excel提供的“记录单”功能则可以帮助用户在一个小窗口中完成输入数据的工作。

1. 添加记录单

Excel默认的功能选项卡中不显示“记录单”的相关命令，只能手动添加到“快速访问工具栏”中，然后单击该按钮执行相应的操作。添加“记录单”按钮的具体操作如下。

（1）在Excel工作界面中，选择【文件】→【选项】菜单命令。

（2）打开“Excel选项”对话框，单击“快速访问工具栏”选项卡，在“从下拉位置选择命令”下拉列表框中选择“不在功能区中的命令”选项，在下面的列表框中选择“记录单”选项，单击添加(A) >>按钮将其添加到右侧的列表框中，完成后单击确定按钮。

（3）返回工作表中，在快速访问工具栏中可看到添加的“记录单”按钮。

2. 编辑记录单

要添加并编辑记录，可在工作表中选择除标题外的其他含有数据的单元格区域，然后在快速访问工具栏中单击“记录单”按钮，在打开的记录单对话框中执行以下操作。

◎ **添加记录**：在打开的记录单对话框的空白文本框中输入相应的内容，然后按【Enter】键或单击新建(W)按钮，继续添加记录文本到表格中，完成后单击关闭(L)按钮关闭记录单对话框即可。

◎ **修改记录**：在打开的记录单对话框中拖动垂直滚动条至需要修改的记录，在其中根据需要修改记录的相关项目即可。在修改记录后，可激活还原(R)按钮，单击该按钮可还原修改错误的数据。

◎ **查找记录**：在打开的记录单对话框中单击条件(C)按钮，继续在打开的对话框中输入查找条件，完成后按【Enter】键在当前对话框中将查找出符合条件的记录显示出来。

◎ **删除记录**：要删除某条记录，可在打开的记录单对话框中查找需要删除的记录，然后单击删除(D)按钮，系统将打开提示对话框，单击确定按钮确定删除记录。

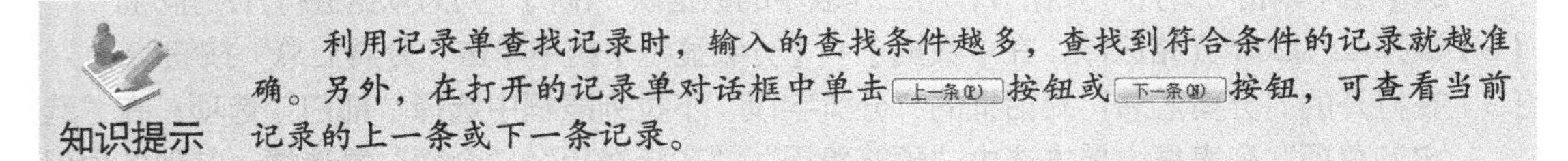

知识提示　利用记录单查找记录时，输入的查找条件越多，查找到符合条件的记录就越准确。另外，在打开的记录单对话框中单击上一条(P)按钮或下一条(N)按钮，可查看当前记录的上一条或下一条记录。

11.5.2 分列显示数据

在一些特殊情况下需要使用Excel的分列功能快速将列中的数据分列显示，如将日期以月与日分列显示、将姓名以姓与名分列显示等。分列显示数据的具体操作如下。

（1）在工作表中选择需分列显示数据的单元格区域，然后在【数据】→【数据工具】组单击“分列”按钮。

（2）在打开的“文本分列向导-第1步”对话框中选择最合适的文件类型，如图11-32所示，然后单击下一步(N) >按钮，若单击选中了“分隔符号”单选项，在打开的“文本分列向导-第2步”对话框中可根据需要设置分列数据所包含的分隔符号，如图11-33所示；若单击选中了“固定宽度”单选项，在打开的对话框中可根据需要建立分列线，如图11-34所示，完成后单击[下一步(N) >]按钮。

（3）在打开的“文本分列向导－第3步”对话框中保持默认设置，单击[完成(F)]按钮，如图11–35所示，返回工作表中可看到分列显示数据后的效果。

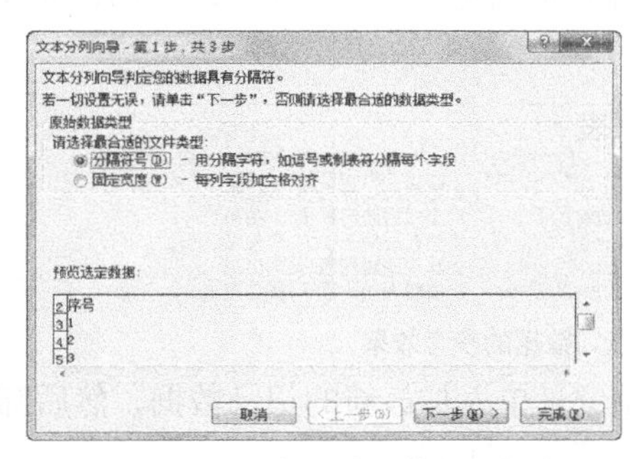

图11–32　选择最合适的文件类型

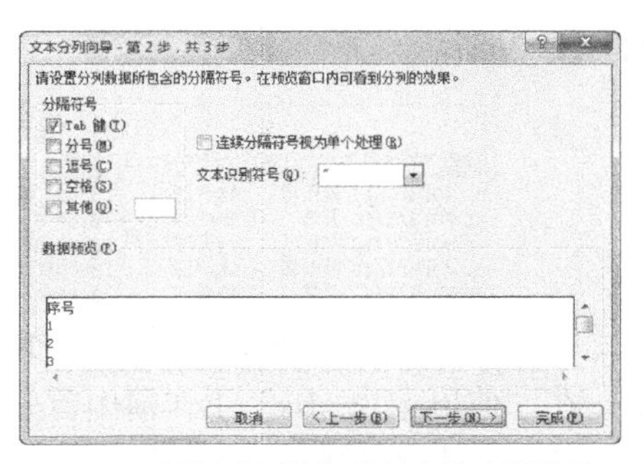

图1–33　设置分列数据所包含的分隔符号

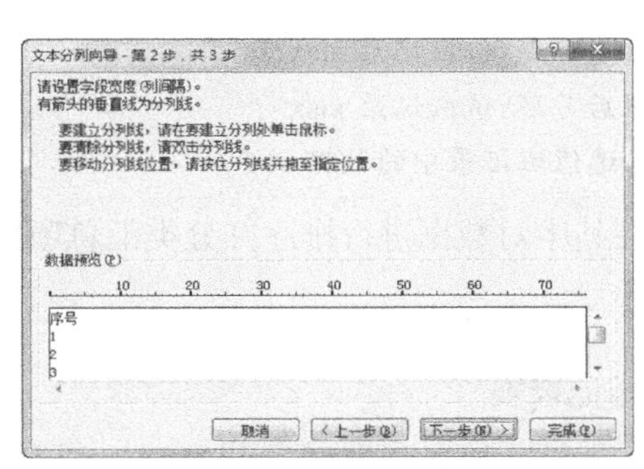

图11–34　建立分列线

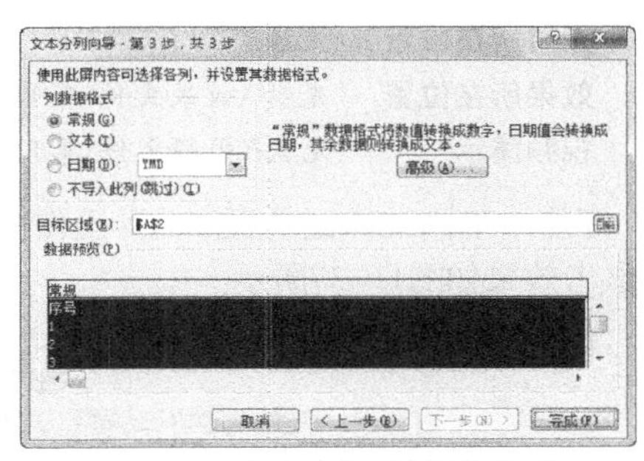

图11–35　确定选择列和数据格式

11.5.3　字符串的排序规则

对于由数字、英文大小写字母和中文字符构成的字符串，在比较两个字符串时，应从左侧起始字符开始，按对应位置的字符进行比较，比较的基本原则如下。

◎ 数字<字母<中文，其中大写字母<小写字母。

◎ **字符从小到大的顺序为：**0123456789（空格）！"#$%&()*,./:;?@[\]^_'{|}−+<=>ABCDEFGHIJKLMNOPQRSTUVWXYZ。例外情况是，如果两个文本字符串除了连字符不同外，其余都相同，则带连字符的文本排在后面。

◎ 通过“排序选项”对话框系统默认的排序次序区分大小写，字母字符的排序次序为aAbBcCdDeEfFgGhHiIjJkKlLmMnNoOpPqQrRsStTuUvVwWxXyYzZ。在逻辑值中，FALSE排在TRUE之前。

◎ 中文字符的排序按中文字符全拼字母的顺序进行比较（例如jian<jie）。

◎ 如果某个字符串中对应位置的字符大，则该字符串较大，比较停止。

◎ 当被比较的两个字符相同时，进入下一个字符的比较，如果某个字符串已经结束，则结束的字符串较小（例如jian<jiang）。

在具体的排序过程中通常会发现系统排序处理的许多细节，但是确定字符串大小关系的基本原则如上所述。

11.6 课后习题

（1）打开“值班记录.xlsx”工作簿，在其中添加最新记录并筛选相应的数据，完成后的参考效果如图11-36所示。

值班记录表

日期	值班人	部门	开始时间	结束时间	值班时间	值班情况记录	值班负责人
2015/3/14	吴作望	物资部	13:00:00	20:00:00	8	更换负荷开关	周俊杰
2015/3/15	郭涛	维护部	22:00:00	6:00:00	8	出现短路已解决	刘苗苗
2015/3/18	刘松	运行部	22:00:00	6:00:00	8	领取开关一个	李俊清
2015/3/20	郭永新	维护部	13:00:00	20:00:00	8	解决短路问题	刘苗苗
2015/3/22	武艺	物资部	9:00:00	17:00:00	8	领取电线一圈	周俊杰

图11-36　筛选“值班记录”数据的参考效果

提示：在“值班记录.xlsx”工作簿中首先使用记录单添加最新的记录数据，然后筛选出除“运行情况良好”“正常”“无物资领取”以外的数据。

素材所在位置　光盘:\素材文件\第11章\课后习题\值班记录.xlsx
效果所在位置　光盘:\效果文件\第11章\课后习题\值班记录.xlsx
视频演示　光盘:\视频文件\第11章\筛选值班记录中的数据.swf

（2）打开“车辆维修记录表.xlsx”工作簿，在其中对数据进行排序并分类汇总项目数据，完成后的参考效果如图11-37所示。

车辆维修记录表

序号	品牌	型号	颜色	价格（万元）	所属部门	维修次数	车牌
1	奥迪	A8	黑	271	行政部	2	A11234
9	奥迪	A6L	黑	62	销售部	0	A4GD24
4	奥迪	A4	白	36	技术部	1	A24F13
	奥迪 计数				3		
14	宝马	750	黑	180	行政部	1	AJU873
6	宝马	X1	红	23	技术部	4	A389QJ
7	宝马	X1	黑	23	销售部	1	A42F6H
	宝马 计数				3		
15	奔驰	S600	黑	210	行政部	4	ASD463
8	奔驰	C300	红	36	销售部	1	A433DC
	奔驰 计数				2		
11	奇瑞	瑞虎5	白	9.98	技术部	1	ACF462
10	奇瑞	A3	黑	9.88	销售部	2	ACF264
12	奇瑞	QQ	黄	4	技术部	1	AER324
13	奇瑞	QQ	红	4	销售部	3	ACF674
	奇瑞 计数				4		
2	中华	H530	白	11.8	办事处	2	A12F4T
3	中华	H530	红	10.8	销售部	4	A23GD6
5	中华	H330	白	7.8	销售部	3	A2R6G3
	中华 计数				3		
	总计数				15		

图11-37　分类汇总“车辆维修记录表”的参考效果

提示：在“车辆维修记录表.xlsx”工作簿中对“品牌”列的数据按升序进行排列，且其中值相同的数据，对“价格”列的数据按降序进行排列，然后使用分类汇总对“品牌”列的相同数据以“所属部门”进行计数。

素材所在位置　光盘:\素材文件\第11章\课后习题\车辆维修记录表.xlsx
效果所在位置　光盘:\效果文件\第11章\课后习题\车辆维修记录表.xlsx
视频演示　光盘:\视频文件\第11章\分类汇总车辆维修记录.swf

第12章 数据透视表与数据透视图

数据透视表与数据透视图都是Excel进行数据分析的重要工具，本章将详细讲解数据透视表和数据透视图的基本知识，以及创建和编辑数据透视表和数据透视图的相关操作。

学习要点

◎ 认识数据透视表和数据透视图

◎ 创建、编辑和设置数据透视表

◎ 切片器的使用

◎ 创建和设置数据透视图

学习目标

◎ 了解数据透视表与数据透视图的基础知识

◎ 掌握创建与编辑数据透视表的基本操作

◎ 掌握创建与编辑数据透视图的基本操作

12.1 数据透视表

在Excel中使用数据透视表可深入分析表格数据，并解决一些预料之外的工作表数据或外部数据源问题。另外，Excel 2010还提供了一种可视性极强的筛选方法，即用切片器来筛选数据透视表中的数据。本节将详细讲解Excel中数据透视表的基础知识。

12.1.1 认识数据透视表

数据透视表是一种交互式报表，可以按照不同的需要以及不同的关系来提取、组织和分析数据，得到需要的分析结果，它是一种动态数据分析工具。它集筛选、排序和分类汇总等功能于一身，是Excel重要的分析报告工具，弥补了在表格中输入大量数据时，使用图表分析显得很拥挤的缺点。

在数据透视表中，用户可以对数值数据进行分类汇总和聚合，按分类和子分类对数据进行汇总，创建自定义的计算和公式。对最有用和最关注的数据子集进行筛选、排序、分组、有条件地设置格式，以显示用户所需要的信息。

创建数据透视表后在指定的工作表区域可查看创建的数据透视表，它主要由数据透视表布局区域和数据透视表字段列表构成，其特点及作用分别如下。

◎ **数据透视表布局区域：** 指生成数据透视表的区域，如图12-1所示，通过在字段列表区域中单击选中字段名旁边的复选框，或右键单击某个字段名并选择该字段要移动到的位置。

◎ **数据透视表字段列表：** 数据透视表字段列表区域用于显示数据源中的列标题。每个标题都是一个字段，如“日期”“原料”和“费用”等，如图12-2所示。

求和项:费用	列标签			
行标签	10月	11月	12月	总计
白砂糖	11000	13640	16500	41140
辣椒粉	20160	19800	19800	59760
山梨酸钾	9250	16650	16650	42550
食用油	15000	16200	21000	52200
天然香料	34960	41040	42560	118560
味精	19200	30000	36000	85200
新鲜牛肉	464800	478800	557200	1500800
盐	4000	8000	10000	22000
总计	578370	624130	719710	1922210

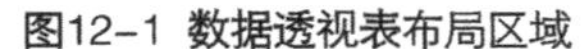
图12-1 数据透视表布局区域

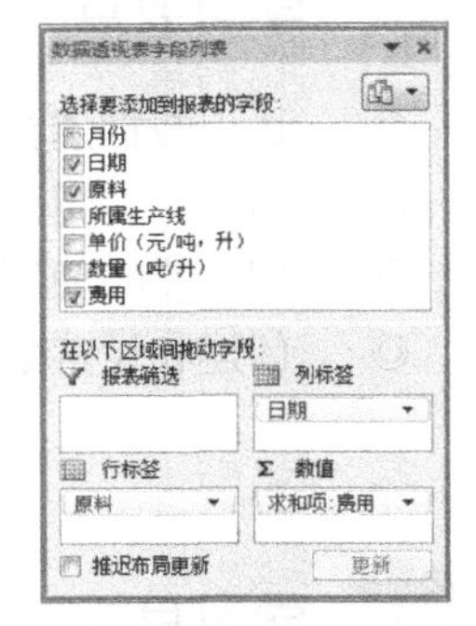

图12-2 数据透视表字段列表

知识提示

利用数据透视表，用户可以通过将行移动到列或将列移动到行，查看源数据的不同汇总结果，还可以通过展开或折叠要关注结果的数据级别，查看感兴趣区域的明细数据。

12.1.2 创建数据透视表

要创建数据透视表，必须连接到一个数据源，并输入报表的位置。而在创建数据透视表之

前，要确保数据源中的第一行包含列标签。根据数据源的不同，有以下四种创建数据透视表的方法。

◎ 从Excel工作表中创建数据透视表。

◎ 从外部数据源创建数据透视表。

◎ 从合并计算多个数据区域创建数据透视表。

◎ 从一个数据透视表中创建另一个数据透视表。

下面以最常见的从Excel工作表中创建数据透视表为例进行讲解，具体操作如下。

（1）在工作表的数据区域中选择任意一个单元格。

（2）在【插入】→【表格】组中单击“数据透视表”按钮下方的下拉按钮，在打开的列表中选择“数据透视表”选项。

（3）在打开的“创建数据透视表”对话框的“请选择要分析的数据”栏中默认单击选中“选择一个表或区域”单选项，并在“表/区域”参数框中输入创建数据透视表的数据区域；在“选择放置数据透视表的位置”栏中设置存放数据透视表的位置，完成后单击确定按钮，系统自动创建一个空白的数据透视表并打开“数据透视表字段列表”任务窗格，如图12-3所示。

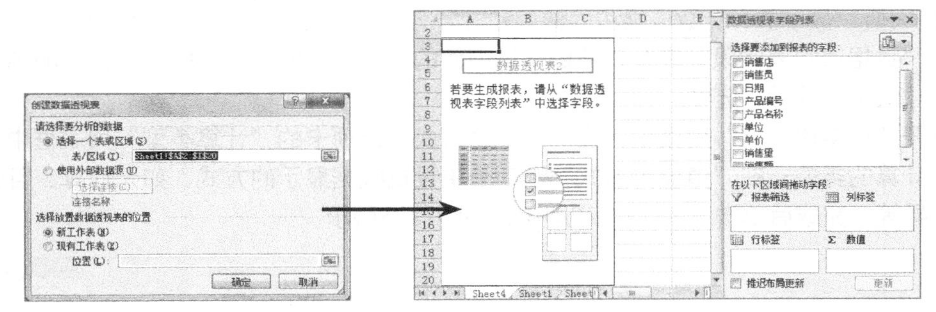

图12-3　创建数据透视表

（4）在“选择要添加到报表的字段”栏中单击选中对应的复选框，即可添加该复选框的内容为数据透视表的字段，完成数据透视表的创建操作。

12.1.3　编辑数据透视表

创建数据透视表后，在“数据透视表字段列表”任务窗格的“选择要添加到报表的字段”列表框中可添加或删除字段，在“在以下区域间拖动字段”栏中可重新排列和定位字段。通过“数据透视表字段列表”任务窗格可分别设置数据透视表的字段列表、报表筛选、列标签、行标签、数值等选项，图12-4所示为数据透视表各部分的名称。

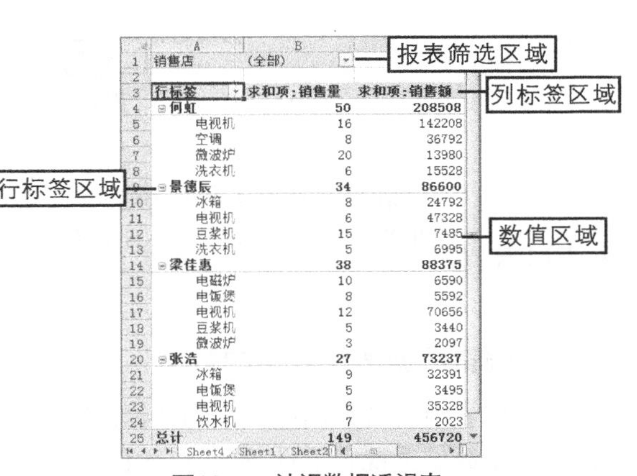

图12-4　认识数据透视表

1. 添加字段

在数据透视表的字段列表中包含了数据

透视表中所有的数据字段（也称为数据列表），要将所需的字段添加到数据透视表的相应区域的方法有如下两种。

◎ **添加字段到默认区域：**在“数据透视表字段列表”任务窗格的字段列表中直接单击选中各字段名称的复选框，这些字段将自动放置在数据透视表的默认区域。

◎ **添加字段到指定区域：**在字段列表的字段名称上单击鼠标右键，在打开的快捷菜单中选择“添加到报表筛选”“添加到行标签”“添加到列标签”“添加到值”命令或拖动所需的字段到“数据透视表字段列表”任务窗格下方的各个区域中，即可将所需的字段放置在数据透视表的指定区域中。

2. 移动字段

要在不同的区域之间移动字段，可在“数据透视表字段列表”任务窗格的“在以下区域间拖动字段”栏的相应区域中单击所需的字段，在打开的下拉列表中选择需要移动到其他区域的命令，如“移动到行标签”命令和“移动到列标签”命令等。

3. 设置值字段

默认情况下，数据透视表的数值区域显示为求和项。用户也可根据需要设置值字段，如平均值、最大值、最小值、计数、乘积、偏差和方差等。设置值字段的具体操作如下。

（1）在“数据透视表字段列表”任务窗格最下面的栏中单击所需的字段，在打开的列表中选择“值字段设置”选项。

（2）打开“值字段设置”对话框，在“值汇总方式”选项卡的“计算类型”列表框中选择字段计算的类型；在“值显示方式”选项卡中设置数据显示的方式，如无计算、百分比、差异等，完成后单击确定按钮即可，如图12-5所示。

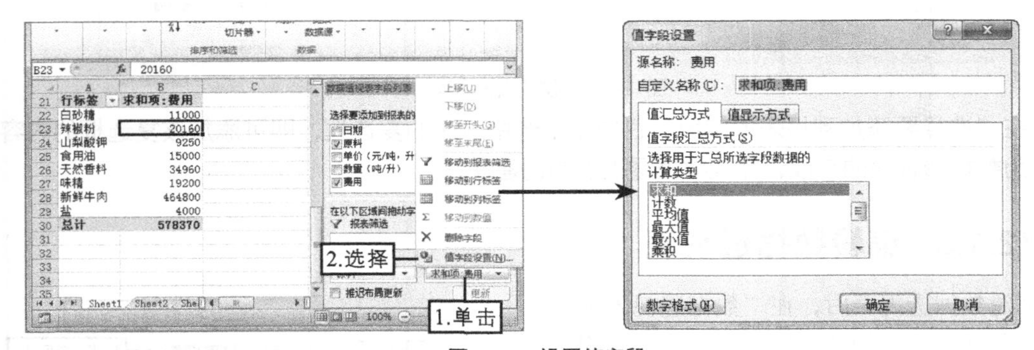

图12-5 设置值字段

知识提示

在数据透视表中选择某个数值，在【数据透视表工具 选项】→【活动字段】组中单击字段设置按钮，也可打开“值字段设置”对话框。

4. 编辑数据透视表中的数据

在工作表中，若数据透视表的数据源区域发生了改变，那么要同时更改数据透视表中的数据，可在【数据透视表工具 选项】→【数据】菜单命令中执行如下操作。

◎ **更新数据透视表中的数据：**单击“刷新”按钮下方的下拉按钮，在打开的下拉列表中选择“刷新”或“全部刷新”选项即可。

◎ **更改数据透视表中的数据源区域：**单击“更改数据源”按钮下方的下拉按钮，在打开的下拉列表中选择“更改数据源”选项，在打开的“更改数据透视表数据源”对话框中重新设置数据透视表的数据源区域，完成后单击 确定 按钮。

5. 清除数据透视表

删除数据透视表中所有的报表筛选、标签、值和格式，然后重新设计布局，需要使用“全部清除”操作，该操作可有效地重新设置数据透视表，但不会将其删除，且数据透视表的数据连接、位置和缓存保持不变。具体操作如下。

（1）单击数据透视表中任意一个单元格。

（2）在【数据透视表工具 选项】→【操作】组中单击“清除”按钮，在打开的列表中选择“全部清除”选项，如图12-6所示。

6. 删除数据透视表

数据透视表作为一个整体，允许使用下拉列表删除其中的部分数据。如果要删除整个数据透视表，具体操作如下。

（1）单击数据透视表中任意一个单元格。

（2）在【数据透视表工具 选项】→【操作】组中单击“选择”按钮，在打开的列表中选择“整个数据透视表”选项，如图12-7所示，选择了整个数据透视表。

（3）按【Delete】键删除即可。

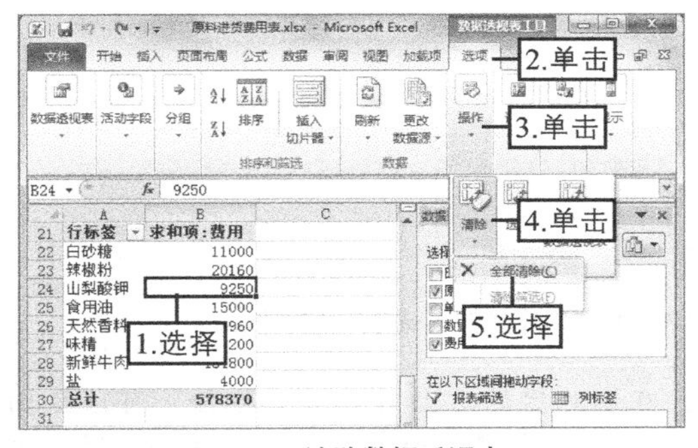

图12-6 清除数据透视表

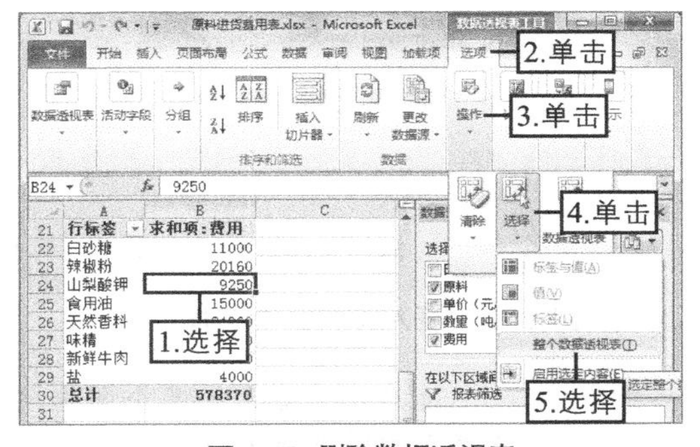

图12-7 删除数据透视表

12.1.4 设置数据透视表

为了使数据透视表的效果更美观，可在数据透视表的任意位置单击并选择某个单元格，然后在“数据透视表工具 设计”选项卡（见图12-8）中执行如下操作。

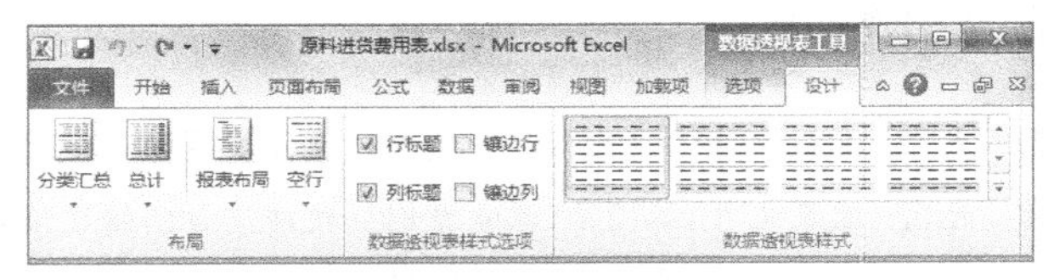

图12-8 “数据透视表工具 设计”选项卡

◎ **重新布局数据透视表：**在【布局】组中单击相应的按钮，在打开的下拉列表中选择所需的选项即可。

◎ **显示数据透视表样式选项：**在【数据透视表样式 选项】组中单击选中数据透视表样式选项对应的复选框即可，如列标题、行标题、镶边行和镶边列等。

◎ **设置数据透视表样式：**在【数据透视表样式】组的列表框中选择预设的数据透视表样式即可。

12.1.5 切片器的使用

切片器是易于使用的筛选组件，它包含一组按钮，使用户能快速地筛选数据透视表中的数据，而不需要通过下拉列表查找要筛选的项目。创建并设置切片器的具体操作如下。

（1）选择数据透视表，在【数据透视表工具 选项】→【排序和筛选】组中单击“插入切片器”按钮下的下拉按钮，在打开的下拉列表中选择“插入切片器”选项。

（2）打开“插入切片器”对话框，单击选中要为其创建切片器的数据透视表字段的复选框，完成后单击 确定 按钮即可在工作表中为选中的字段创建一个切片器，如图12-9所示。

（3）选择切片器，在激活的“切片器工具 选项”选项卡中可以设置切片器、设置切片器样式、设置切片器中按钮的排列方式、大小调整切片器的排列方式和大小等，如图12-10所示。

（4）在切片器上单击相应项目对应的按钮，数据透视表中的数据将发生相应的变化。

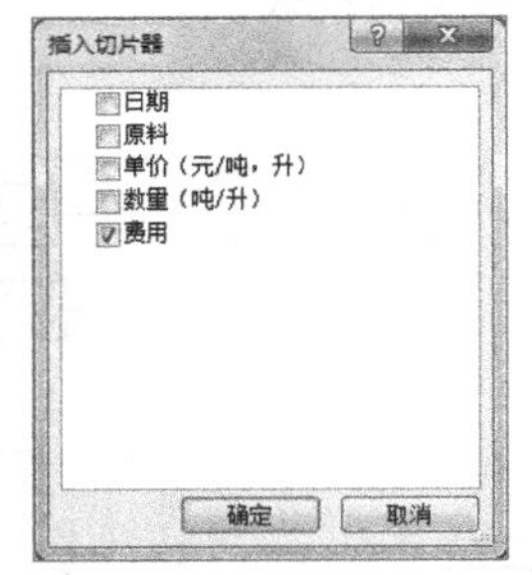

图12-9 “插入切片器”对话框

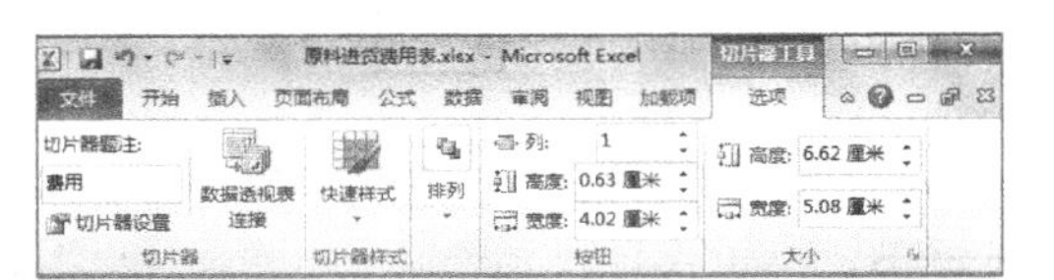

图12-10 “切片器工具 选项”选项卡

操作技巧

选择切片器上的某个筛选项后，在切片器的右上角单击按钮，可选择切片器中的所有筛选项，即清除筛选器；若需直接删除切片器，可选择切片器后按【Delete】键。

12.1.6 课堂案例1——制作数据透视表

本案例将根据提供的素材文件中的数据源创建数据透视表，并插入切片器筛选所需的数据，完成后的参考效果如图12-11所示。

素材所在位置 光盘:\素材文件\第12章\课堂案例1\硬件质量问题反馈表.xlsx
效果所在位置 光盘:\效果文件\第12章\课堂案例1\硬件质量问题反馈表.xlsx
视频演示 光盘:\视频文件\第12章\制作数据透视表.swf

产品名称

电源 风扇 机箱 网卡 显示器 硬盘 主板

销售区域	质量问题	最大值项：赔偿人数	最大值项：退货人数	最大值项：换货人数
东华电脑城		**256**	**182**	**489**
	风扇散热性能差	256	182	489
	显示器没反应	168	156	398
	硬盘易损坏	252	136	340
海龙电子市场		**250**	**213**	**658**
	风扇散热性能差	250	213	658
科海电子市场		**458**	**363**	**468**
	显示器有划痕	205	256	468
	主板兼容性不好	458	363	268
世纪电脑城		**268**	**364**	**414**
	机箱漏电	104	209	261
	机箱有划痕	268	360	414
	显示器黑屏	160	260	414
	主板温度过高	246	364	236
中发电子市场		**156**	**264**	**236**
	电源插座接触不良	154	261	236
	集成网卡带宽小	140	185	198
	硬盘空间太小	156	264	236
总计		**458**	**364**	**658**

图12-11 制作数据透视表的参考效果

职业素养

产品出现一些质量问题在所难免，而售出的产品是否存在质量因素，由客户来决定，客户反馈回来的信息是质量管理部门作为产品分析的依据。产品质量问题分析表将根据客户对产品质量的反馈信息，从赔偿、退货、换货等情况分析质量因素形成的原因，从而针对问题制定相应的管理措施，以控制、提高产品的质量。

（1）打开素材文件“硬件质量问题反馈表.xlsx”工作簿，选择A2:F15单元格区域，在【插入】→【表格】组中单击“数据透视表”按钮下方的下拉按钮，在打开的下拉列表中选择“数据透视表”选项。

（2）在打开的“创建数据透视表”对话框中确认要分析的数据区域和存放数据透视图表的位置，这里保持默认设置，然后单击确定按钮，如图12-12所示。

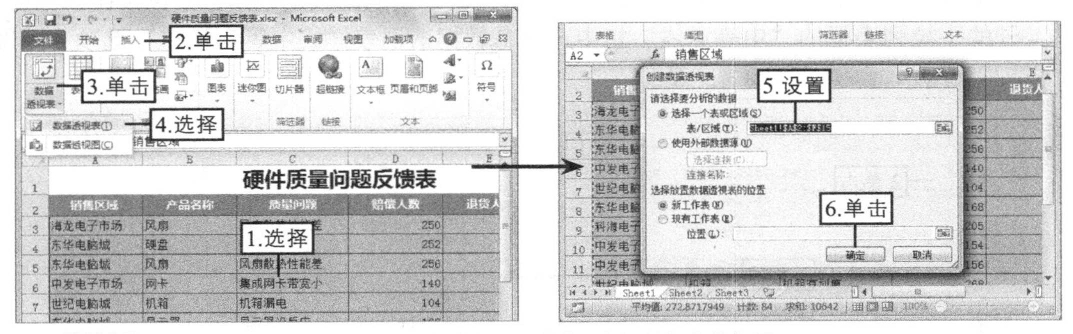

图12-12 选择数据透视表的分析区域与存放位置

（3）系统自动创建一个空白的数据透视表并打开“数据透视表字段列表”任务窗格，在“数据透视表字段列表”任务窗格的“选择要添加到报表的字段”列表框中单击选中图12-13所示的相应字段对应的复选框为数据透视表添加字段。

（4）在“数据透视表字段列表”任务窗格的“数值”栏中单击第一个“赔偿人数”字段，在打开的下拉列表中选择“值字段设置”选项。

（5）打开“值字段设置”对话框，在“值汇总方式”选项卡的“计算类型”列表框中选择“最大值”选项，完成后单击确定按钮，如图12-14所示，用相同的方法将“数值”栏中其他两个字段（退货人数和换货人数）设置为“最大值”。

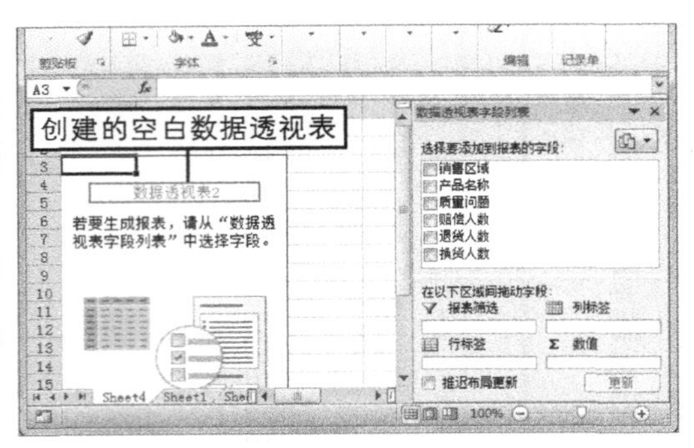

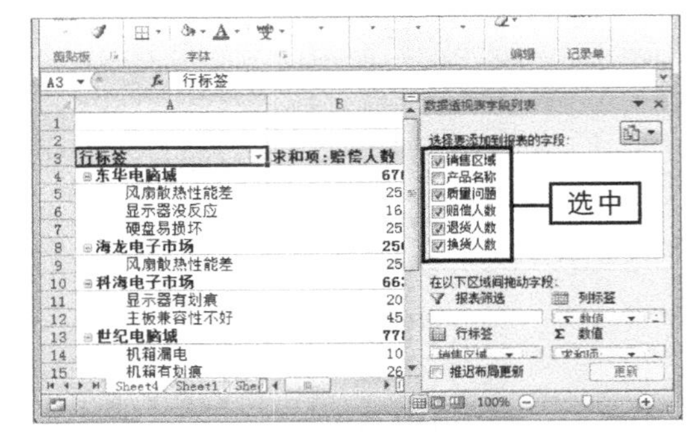

图12-13　创建数据透视表并添加字段

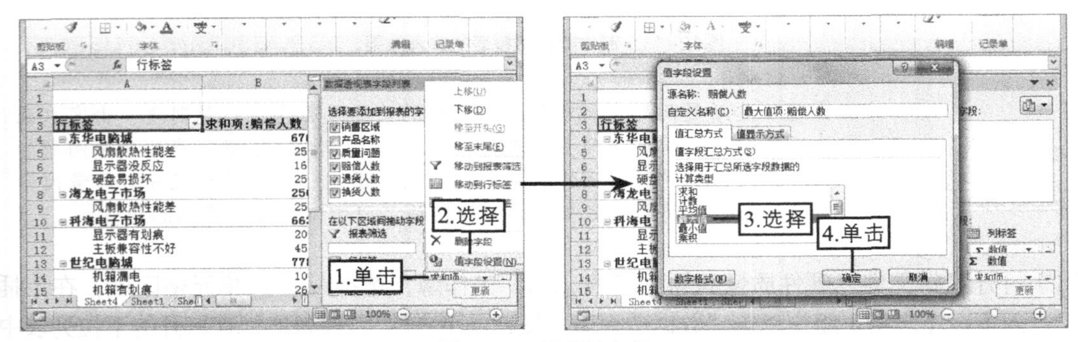

图12-14　设置值字段

（6）在【数据透视表工具 设计】→【布局】组中单击“报表布局”按钮，在打开的列表中选择“以大纲形式显示”选项，如图12-15所示。

（7）在【数据透视表工具 设计】→【数据透视表样式】组的列表框中单击下拉按钮，在打开的下拉列表框的“中等深浅”栏中选择“数据透视表样式中等深浅11”选项，如图12-16所示。

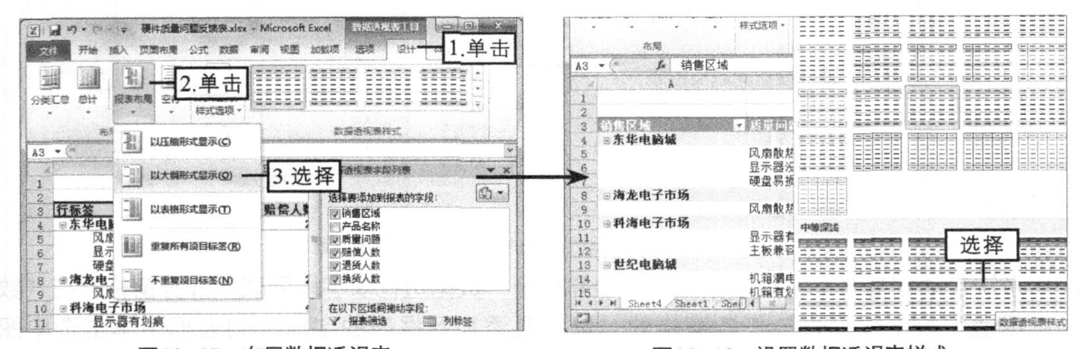

图12-15　布局数据透视表　　　　图12-16　设置数据透视表样式

（8）在【数据透视表工具 选项】→【排序和筛选】组中单击“插入切片器”按钮下的下拉按钮，在打开的列表中选择“插入切片器”选项。

（9）打开“插入切片器”对话框，单击选中“产品名称”字段对应的复选框，完成后单击 确定 按钮，如图12-17所示，即可在工作表中为选中的字段创建一个切片器。

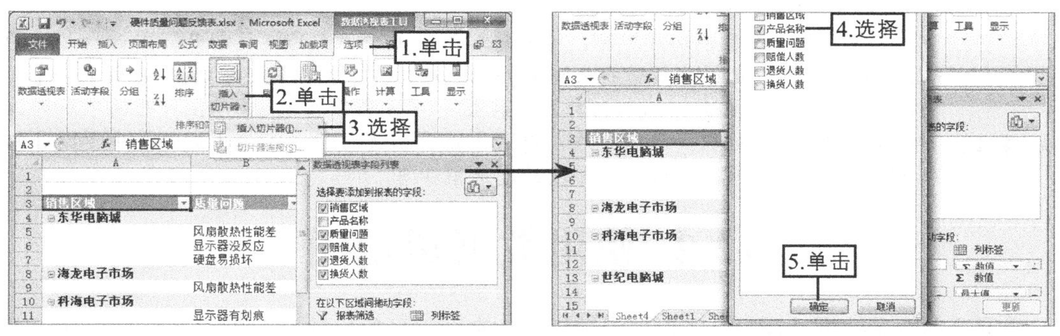

图12-17 选择创建切片器的字段

（10）将鼠标光标移动到切片器的边框上，当鼠标光标变成✥形状后按住鼠标左键不放，拖动切片器到数据透视表的左上角后释放鼠标，如图12-18所示。

（11）在【切片器工具 选项】→【按钮】组的“列”数值框中输入数据“7”，然后在【切片器工具 选项】→【大小】组的“高度”和“宽度”数值框中分别输入“2厘米”和“16厘米”，完成后按【Enter】键，如图12-19所示。

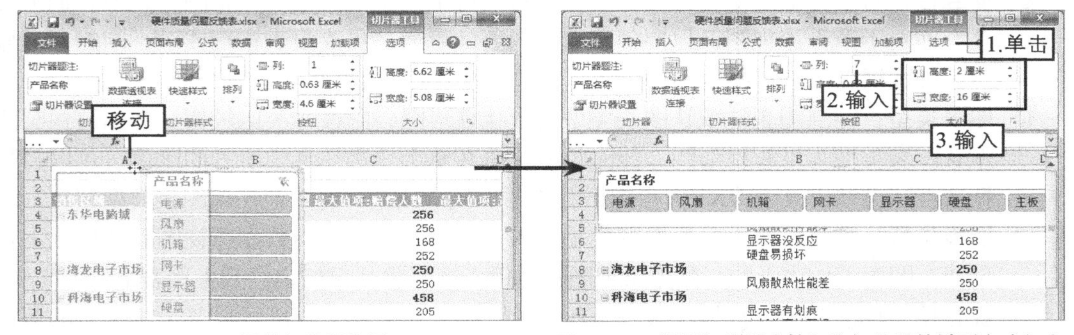

图12-18 调整切片器位置　　图12-19 设置切片器中按钮和切片器的排列方式与大小

（12）在【切片器工具 选项】→【切片器样式】组中单击“快速样式”按钮，在打开的列表框的“深色”栏中选择“切片器样式深色3”选项，如图12-20所示。

（13）在切片器上单击相应项目对应的按钮，这里单击显示器按钮，数据透视表中的数据将只显示与“显示器”项目相关的数据，如图12-21所示。然后在工作表中调整第1行和第2行的行高，保存工作簿，完成本例操作。

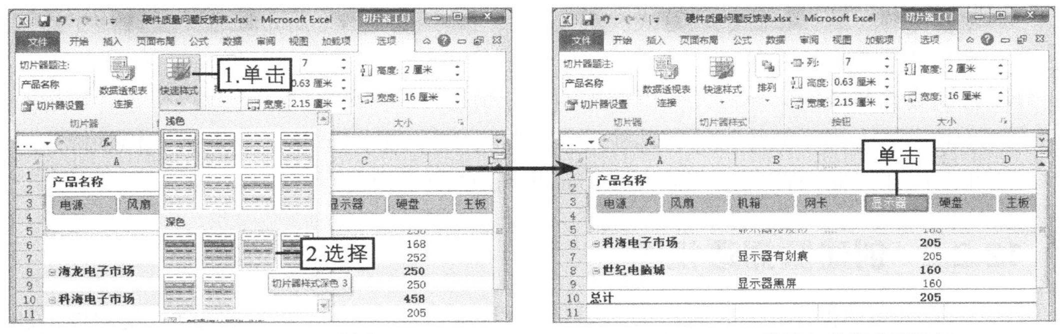

图12-20 设置切片器样式　　图12-21 使用切片器查看数据

操作技巧

当不再需要某个切片器时，可以将其与数据透视表的连接断开。断开切片器的连接的方法为：选择数据透视表中的任意数据，在【数据透视表工具 选项】→【排序和筛选】组中单击“插入切片器”按钮下方的下拉按钮，在打开的下拉列表中选择“切片器连接”选项，在打开的“切片器连接”对话框中撤销选中要断开与切片器连接的任何数据透视表字段的复选框即可。

12.2 使用数据透视图

数据透视图是数据透视表的图形显示效果，它有助于形象化地呈现数据透视表中的汇总数据，方便用户查看、对比、分析数据趋势。

12.2.1 认识数据透视图

数据透视图具有与图表相似的数据系列、分类、数据标记、坐标轴，另外还包含了与数据透视表对应的特殊元素，数据透视图中的大多数操作与标准图表相同，但也存在如下差别。

- ◎ **交互性**：对于标准图表，针对用户要查看的每个数据视图创建一张图表，但它们不交互。而对于数据透视图，只要创建单张图表就可通过更改报表布局或以不同的方式显示明细数据交互查看数据。
- ◎ **图表类型**：标准图表的默认图表类型为簇状柱形图，它按分类比较值。数据透视图的默认图表类型为堆积柱形图，能比较各个值在整个分类总计中所占的比例。可以将数据透视图类型更改为除XY散点图、股价图、气泡图之外的其他任何图表类型。
- ◎ **图表位置**：默认情况下，标准图表是嵌入在工作表中的，而数据透视图默认情况下是创建在图表工作表上的。数据透视图创建后，还可将其重新定位到工作表上。
- ◎ **源数据**：标准图表可直接链接到工作表单元格中。数据透视图可以基于相关联的数据透视表中的几种不同数据类型。
- ◎ **图表元素**：数据透视图除包含与标准图表相同的元素外，还包括字段和项，可以添加、旋转或删除字段和项来显示数据的不同视图。标准图表中的分类、系列和数据分别对应于数据透视图中的分类字段、系列字段和值字段。数据透视图中还可包含报表筛选，而这些字段中都包含项，这些项在标准图表中显示为图例。
- ◎ **格式**：刷新数据透视图时，会保留大多数格式（包括元素、布局和样式）。但是不保留趋势线、数据标签、误差线及对数据系列的其他更改。标准图表只要应用了这些格式，就不会将其丢失。
- ◎ **移动或调整项的大小**：在数据透视图中，虽然可为图例选择一个预设位置并可更改标题的字体大小，但是无法移动或重新调整绘图区、图例、图表标题或坐标轴标题的大小。而在标准图表中，可移动和重新调整这些元素的大小。

12.2.2 创建数据透视图

数据透视图和数据透视表密切关联，它是用图表的形式来表示数据透视表，使数据更加直观，透视图和透视表中的字段是相互对应的。如果需更改其中的某个数据，则另一个中的相应

数据也会随之改变。与创建数据透视表类似，数据源可以是打开的数据透视表，也可以利用外部数据源进行创建。

1. 通过数据区域创建数据透视图

通过数据区域创建数据透视图与创建数据透视表的方法相似，具体操作如下。

（1）在工作表的数据区域中选择任意一个单元格，在【插入】→【表格】组中单击“数据透视表”按钮下方的下拉按钮，在打开的下拉列表中选择“数据透视图”选项。

（2）在打开的“创建数据透视表及数据透视图”对话框中设置数据透视表和数据透视图的数据源和存放位置，然后单击确定按钮，系统将创建一个空白的数据透视表和数据透视图，并打开“数据透视表字段列表”任务窗格，如图12-22所示。

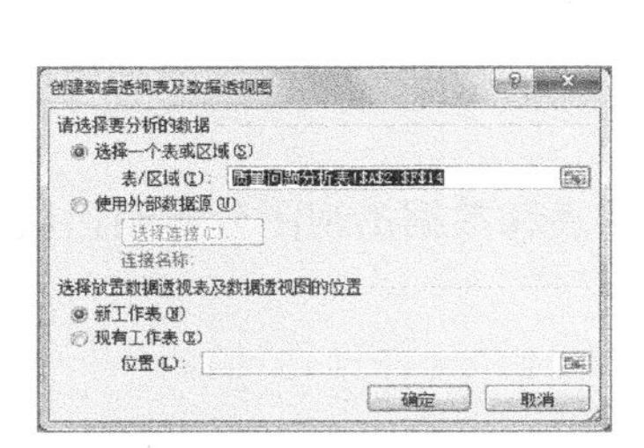

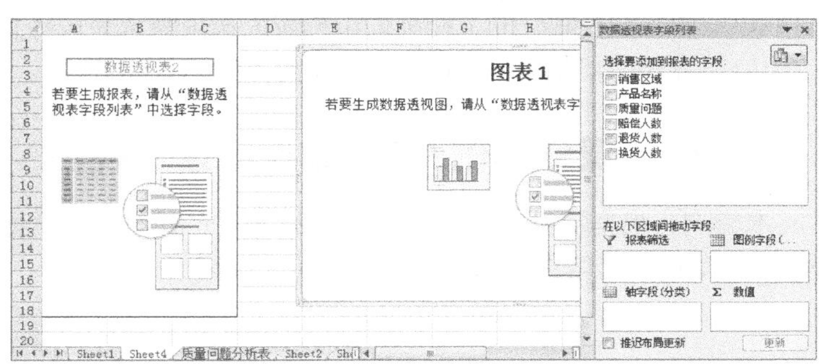

图12-22 同时创建数据透视表与数据透视图

（3）在“数据透视表字段列表”任务窗格中根据需要编辑数据透视表，完成后即可创建出带有数据的数据透视表和数据透视图。

2. 通过数据透视表创建数据透视图

在工作表中若已经创建了数据透视表，那么可直接通过数据透视表创建数据透视图，具体操作如下。

（1）选择数据透视表中的任意单元格，在【数据透视表工具 选项】→【工具】组中单击“数据透视图”按钮。

（2）在打开的“插入图表”对话框中选择所需的数据透视图表类型，然后单击确定按钮，即可在工作表中创建出所需的数据透视图，且激活数据透视图工具的“设计”“布局”“格式”“分析”选项卡。

12.2.3 设置数据透视图

由于数据透视图不仅具有数据透视表的交互功能，还具有图表的图释功能。因此设置数据透视图与图表的方法基本相似，可在数据透视图工具的“设计”“布局”“格式”选项卡中分别设计数据透视图效果、设置数据透视图布局、设置数据透视图格式。除此之外，数据透视图工具中多了一个“分析”选项卡，如图12-23所示，在其中可执行如下操作。

◎ **设置活动字段**：在数据透视图中选择坐标轴中的数据，在【数据透视图工具 分析】→【活动字段】组中单击相应的按钮可展开或折叠整个字段。

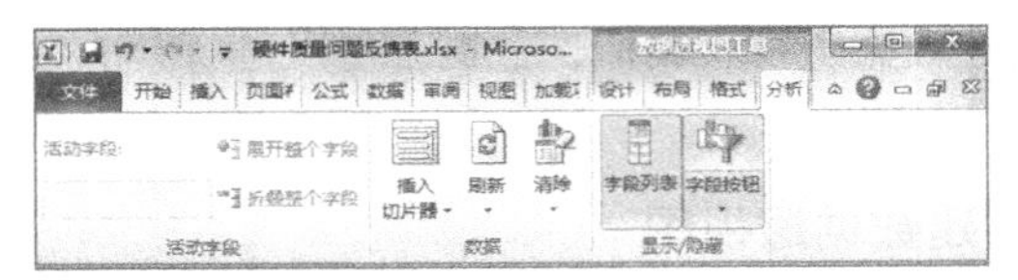

图12-23　数据透视图工具的“分析”选项卡

◎ **编辑数据透视图数据**：在【数据透视图工具 分析】→【数据】组中单击相应的按钮，也可插入切片器、更新数据透视图中的数据、消除数据透视图中的数据。

◎ **显示/隐藏字段列表或字段按钮**：在【数据透视图工具 分析】→【显示/隐藏】组中单击“字段列表”按钮可隐藏“数据透视表字段列表”任务窗格，再次单击该按钮则显示出“数据透视表字段列表”任务窗格；单击“字段按钮”按钮下方的下拉按钮按钮，在打开的下拉列表中相应的选项默认呈选择状态，当再次选择所需的选项时则撤销选择相应的选项，即隐藏相应的字段按钮。

12.2.4　课堂案例2——制作数据透视图

本案例将根据提供的素材文件中的数据源同时创建数据透视表和数据透视图分析销售数据，完成后的参考效果如图12-24所示。

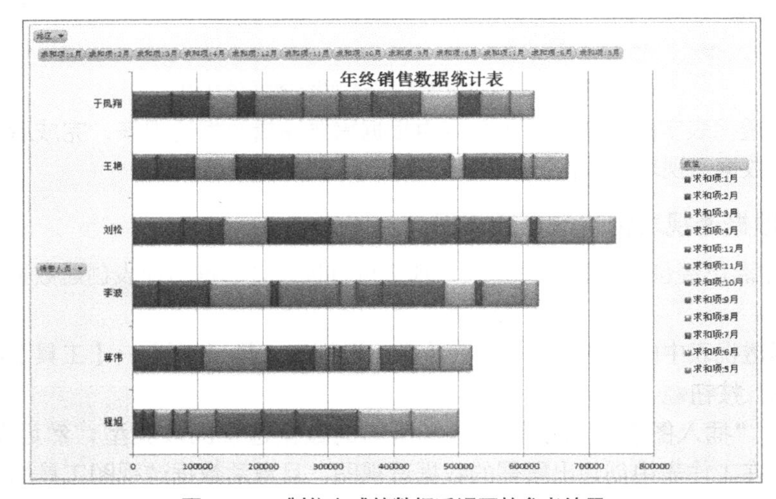

图12-24　制作完成的数据透视图的参考效果

素材所在位置	光盘:\素材文件\第12章\课堂案例2\年终销售数据统计表.xlsx
效果所在位置	光盘:\效果文件\第12章\课堂案例2\年终销售数据统计表.xlsx
视频演示	光盘:\视频文件\第12章\制作数据透视图.swf

（1）打开素材文件“年终销售数据统计表.xlsx”工作簿，选择A2:N8单元格区域，然后在【插入】→【表格】组中单击“数据透视表”按钮下方的下拉按钮，在打开的下拉列表中选择“数据透视图”选项。

（2）在打开的“创建数据透视表及数据透视图”对话框中确认数据透视表和数据透视图的数据源和存放位置，这里保持默认设置，然后单击确定按钮，如图12-25所示。

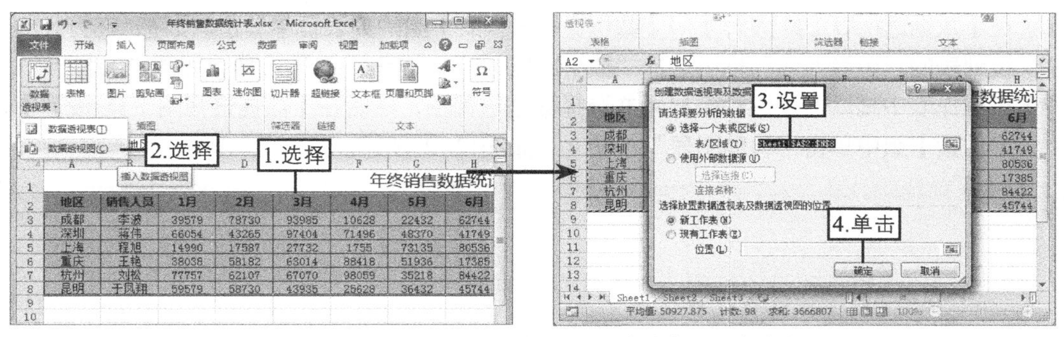

图12-25　选择数据透视表和数据透视图的数据源和存放位置

（3）系统自动创建一个空白的数据透视表和数据透视图，并打开“数据透视表字段列表”任务窗格，在“数据透视表字段列表”任务窗格的“选择要添加到报表的字段”列表框中单击选中除“地区”外所有的复选框，如图12-26所示，将这些字段作为数据透视表和数据透视图添加的字段。

图12-26　创建数据透视表和数据透视图并添加字段

（4）在“数据透视表字段列表”任务窗格的字段列表中将鼠标光标移动到“地区”字段上，并按住鼠标左键不放将其拖动到其下的“报表筛选”区域中释放鼠标。

（5）在工作表中的数据透视表上方将显示“报表筛选”区域，在其右侧单击▾按钮，在打开的下拉列表中选择相应的选项即可只查看所选的区域的数据，如图12-27所示。

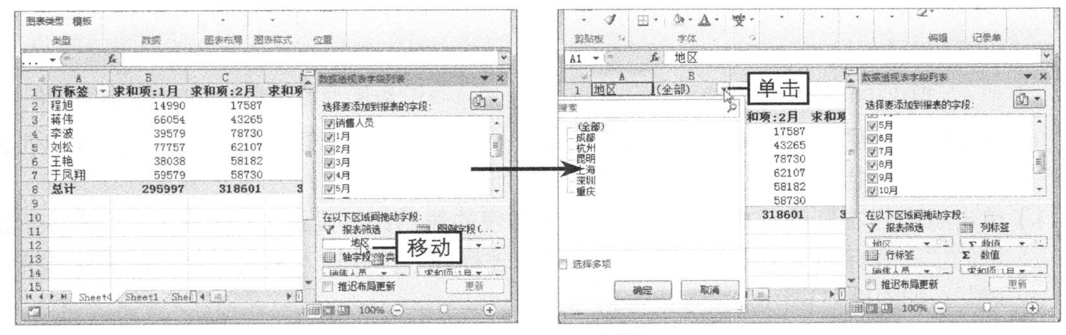

图12-27　选择区域数据

（6）在【数据透视表工具 设计】→【数据透视表样式】组的列表框中单击按钮，在打开的下拉列表的“中等深浅”栏中选择“数据透视表样式中等深浅4”选项，如图12-28所示。

（7）在工作表中拖动水平滚动条显示并选择数据透视图，然后在【数据透视图工具 设计】→【位置】组中单击“移动图表”按钮，如图12-29所示。

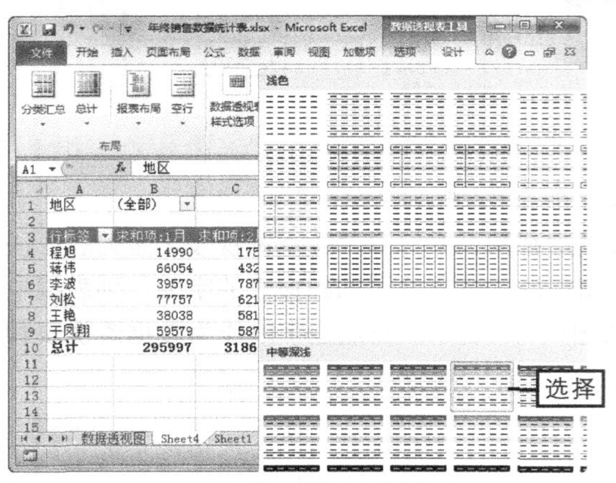

图12-28　设置数据透视表样式

图12-29　移动图表

（8）在打开的“移动图表”对话框中单击选中“新工作表”单选项，然后在其后的文本框中输入新工作表名称“数据透视图”，完成后单击 确定 按钮，如图12-30所示。

（9）在新建的“数据透视图”工作表中看到所需的数据透视图，在“数据透视表字段列表”任务窗格右上角单击“关闭”按钮隐藏该任务窗格，如图12-31所示。

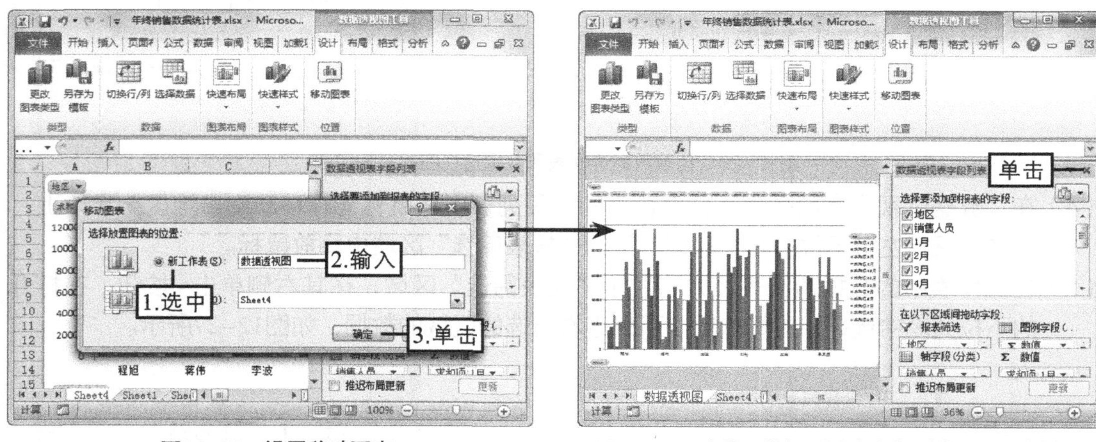

图12-30　设置移动图表

图12-31　隐藏“数据透视表字段列表”任务窗格

（10）在【数据透视图工具 布局】→【标签】组中单击“图表标题”按钮，在打开的列表中选择“居中覆盖标题”选项，如图12-32所示。

（11）单击状态栏右侧的“放大”按钮，将图表的显示比例设置为“100%”，然后在显示的“图表标题”文本框中选择文本“图表标题”，并输入文本“年终销售数据统计表”，如图12-33所示。

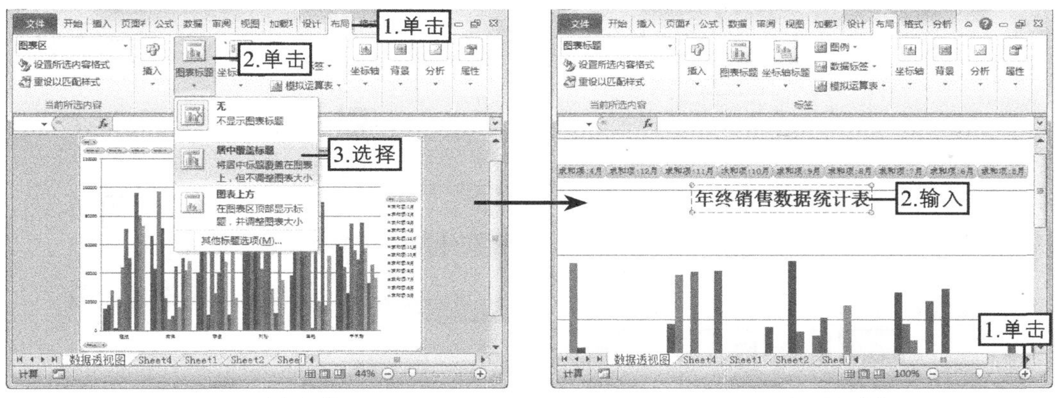

图12-32 选择操作　　图12-33 设置图表标题

（12）选择数据透视图，在【数据透视图工具 设计】→【类型】组中单击“更改图表类型”按钮，如图12-34所示。

（13）在打开的“更改图表类型”对话框中单击“条形图”选项卡，在其中选择“堆积条形图”图表类型，然后单击按钮，如图12-35所示。

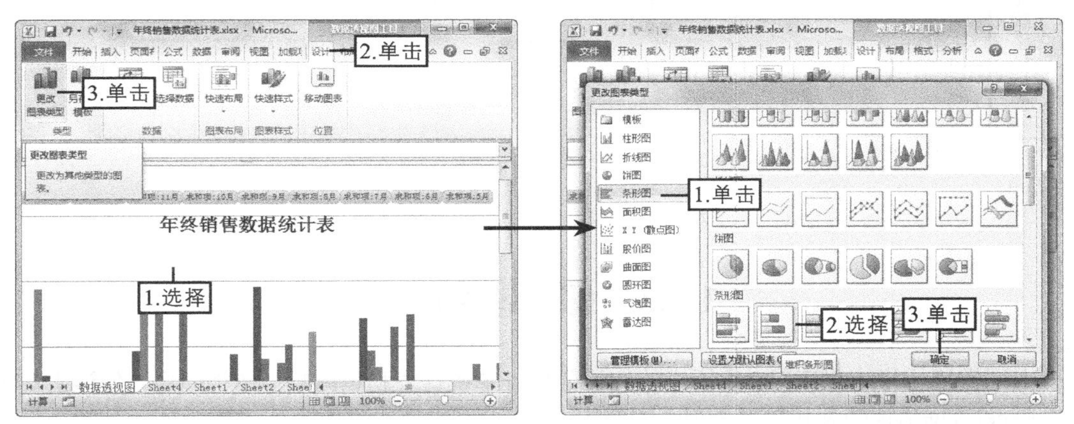

图12-34 更改图表类型　　图12-35 选择图表类型

知识提示

气泡图、散点图以及股价图等图表类型不能用来根据数据透视表数据创建数据透视图。

（14）在【数据透视图工具 设计】→【图表样式】组中单击“快速样式”按钮，在打开的下拉列表中选择“样式26”选项，如图12-36所示。

（15）在【数据透视图工具 格式】→【形状样式】组的列表框中单击按钮，在打开的下拉列表中选择“细微效果-橄榄色，强调颜色3”选项，如图12-37所示。

（16）在数据透视图中的下拉按钮上单击对应的按钮，如单击地区按钮，在打开的下拉列表中单击选中“选择多项”复选框，然后在其列表框中撤销选中“全部”复选框，并选择所需的地区对应的复选框，如单击选中“成都”和“上海”复选框，完成后单击按钮，返回工作表中将只显示所选地区员工的销售数据，如图12-38所示，保存工作簿，完成本例操作。

图12-36 设置数据透视图样式

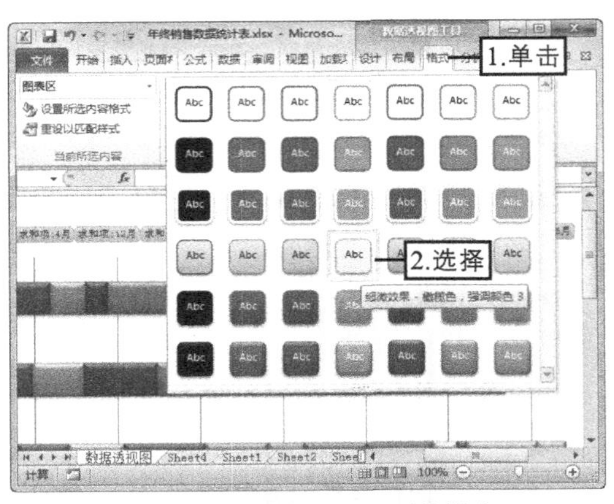

图12-37 设置数据透视图形状样式

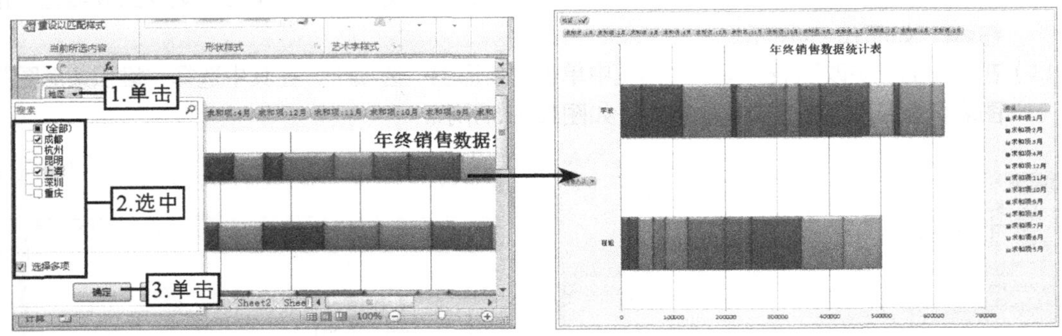

图12-38 查看某个地区的员工销售数据

12.3 课堂练习

本课堂练习将综合使用本章所学的知识分析订单统计表和销售数据透视图表，使读者熟练掌握Excel数据透视图表和数据透视图的使用方法。

12.3.1 分析订单统计表

1. 练习目标

本练习的目标是在“订单统计表.xlsx”工作簿中创建数据透视表，然后使用金额筛选，筛选出大于3万元的订单，完成后根据数据透视表创建数据透视图，使订单数据以图表的形式展示出来。本练习完成后的参考效果如图12-39所示。

职业素养

通常财务表格包含大量数据，在创建数据透视表时，为了便于数据的分析查看，往往只需要其中某些类别的内容，如销售人员的名称、销售的金额和年份等，在创建了空白的数据透视表以及数据透视图时，添加需要的字段，无论表格的数据量有多大，都可以将其准确的地提取出来。

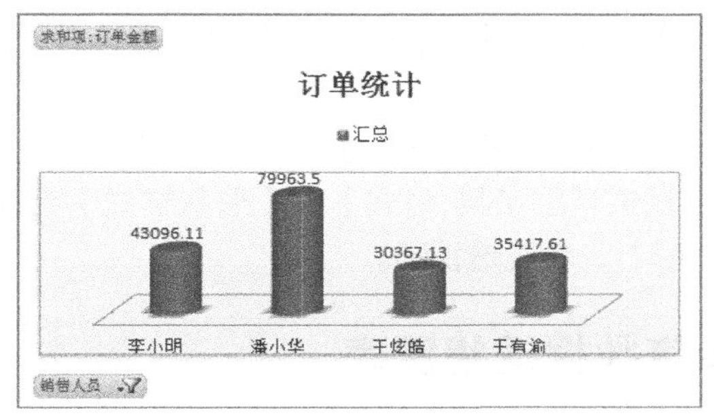

图12-39　分析订单统计表的参考效果

素材所在位置　光盘:\素材文件\第12章\课堂练习\订单统计表.xlsx

效果所在位置　光盘:\效果文件\第12章\课堂练习\订单统计表.xlsx

视频演示　光盘:\视频文件\第12章\分析订单统计表.swf

2. 操作思路

完成本练习需要根据销售数据源创建数据透视表，然后对订单金额大于3万元的订单进行筛选，完成后根据数据透视表创建数据透视图，再对数据透视图应用样式和格式等，其操作思路如图12-40所示。

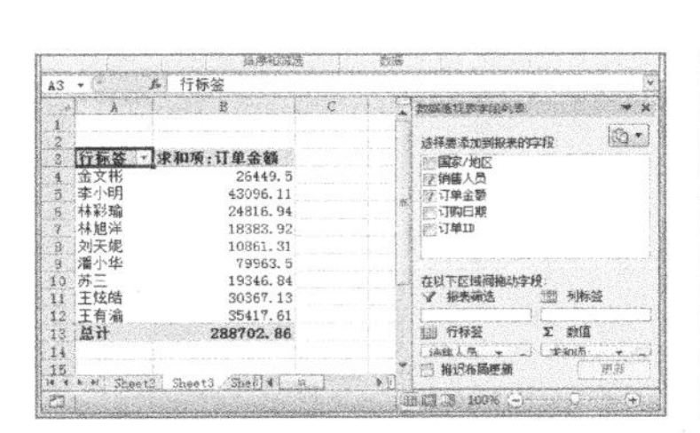

① 创建数据透视表

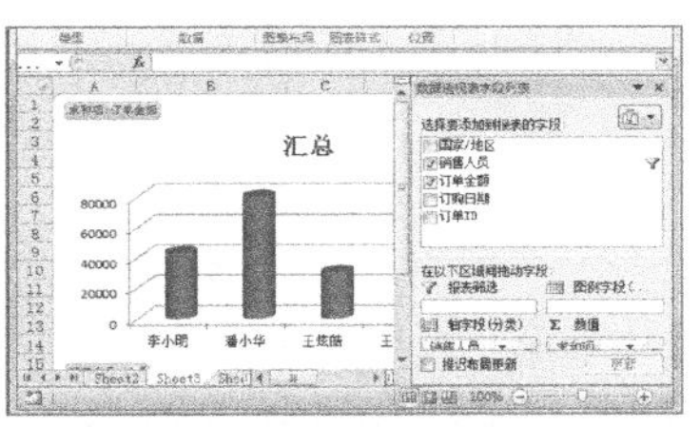

② 创建数据透视图并筛选数据

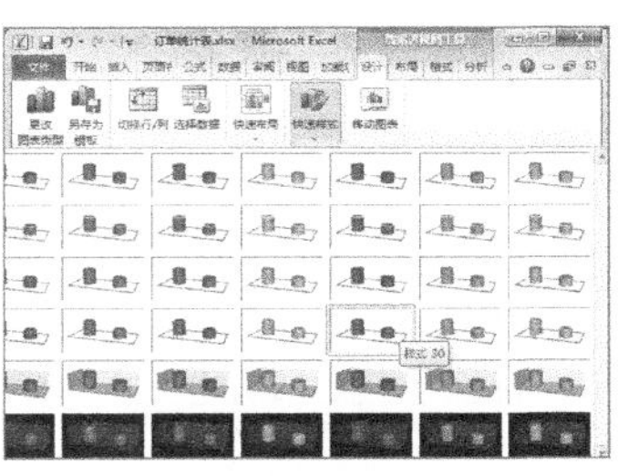

③ 设置数据透视图

图12-40　分订单统计表的制作思路

（1）打开素材文件“订单统计表.xlsx”工作簿，选择A1:E203单元格区域，为该区域插入数据透视表。

（2）创建数据透视表后，在“数据透视表字段列表”任务窗格的列表框中单击选中“销售人员”和“订单金额”复选框，添加字段。

（3）选择数据透视表中的任意单元格，在【数据透视表工具 选项】→【工具】组中，单击“数据透视图”按钮，打开“插入图表”对话框，选择“簇状圆柱图”选项，单击确定按钮。

（4）在数据透视图筛选窗格的“选择要添加到报表的字段”栏中单击“销售人员”选项后的下拉按钮，在打开的列表中选择【值筛选】→【大于或等于】选项。

（5）打开“值筛选（销售人员）”对话框，在其后的文本框中输入“30000”，单击确定按钮。

（6）在【数据透视图工具 设计】→【图表布局】组的“快速布局”下拉列表框中选择“布局2”选项。

（7）在【数据透视图工具 格式】→【图表样式】组的“快速样式”下拉列表框中选择坐标轴样式“样式30”选项。

（8）输入“订单统计”标题文本，设置字号大小为“16”。

（9）选择绘图区，在【数据透视图工具 格式】→【形状样式】组的列表框中选择“细微效果–橄榄色，强调颜色3”，填充透视图。

12.3.2 制作销售数据透视图表

1. 练习目标

本练习的目标是分别使用数据透视表和数据透视图分析销售数据。本练习完成后的参考效果如图12–41所示。

素材所在位置　光盘:\素材文件\第12章\课堂练习\销售数据表.xlsx

效果所在位置　光盘:\效果文件\第12章\课堂练习\销售数据透视图表.xlsx

视频演示　光盘:\视频文件\第12章\制作销售数据透视图表.swf

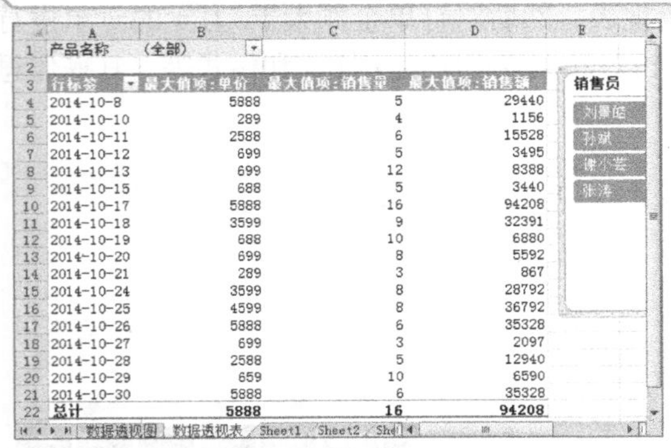

产品名称　(全部)

行标签	最大值项:单价	最大值项:销售量	最大值项:销售额
2014-10-8	5888	5	29440
2014-10-10	289	4	1156
2014-10-11	2588	6	15528
2014-10-12	699	5	3495
2014-10-13	699	12	8388
2014-10-15	688	5	3440
2014-10-17	5888	16	94208
2014-10-18	3599	9	32391
2014-10-19	688	10	6880
2014-10-20	699	8	5592
2014-10-21	289	3	867
2014-10-24	3599	8	28792
2014-10-25	4599	8	36792
2014-10-26	5888	6	35328
2014-10-27	699	3	2097
2014-10-28	2588	5	12940
2014-10-29	659	10	6590
2014-10-30	5888	6	35328
总计	5888	16	94208

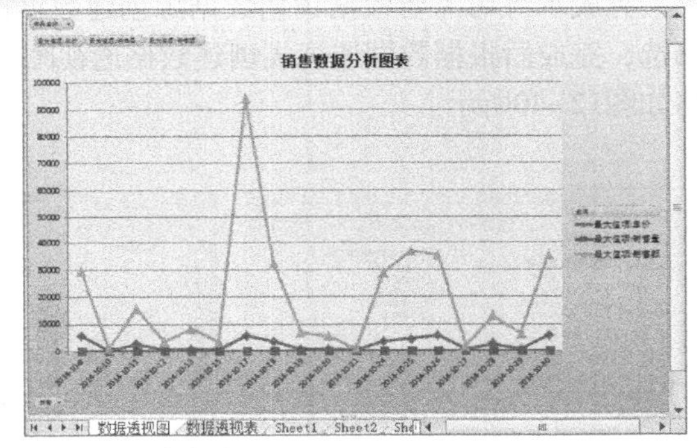

图12–41　制作销售数据透视图的参考效果

2. 操作思路

完成本练习需要在提供的素材文件中先创建并编辑数据透视表，再插入切片器筛选数据，然后根据数据透视表创建并编辑数据透视图，其操作思路如图12–42所示。

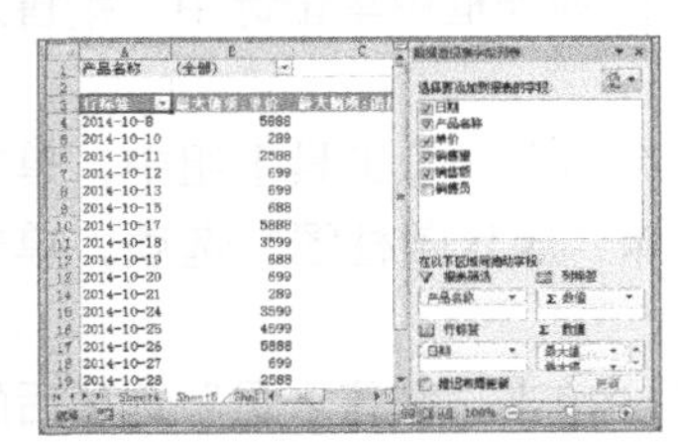

① 创建并编辑数据透视表

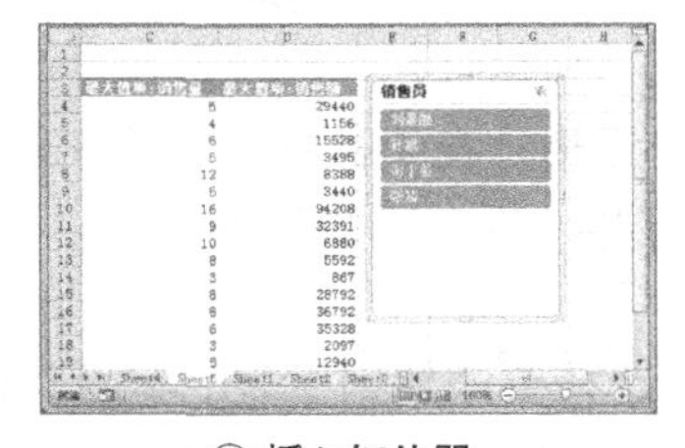

② 插入切片器

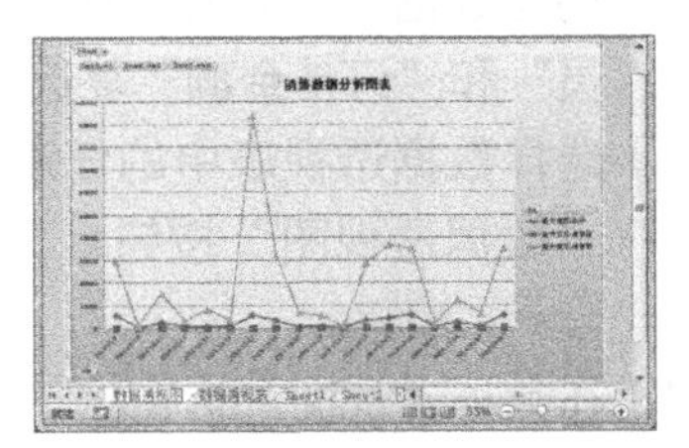

③ 创建并编辑数据透视图

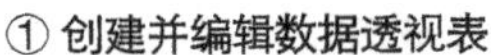

图12–42　“销售数据透视图表”的制作思路

（1）打开“销售数据透视图表”工作簿，选择A2:F20单元格区域，在【插入】→【表格】组中单击“数据透视表”按钮下方的下拉按钮，在打开的下拉列表中选择“数据透视表”选项。

（2）在打开的“创建数据透视表”对话框中确认要分析的数据区域和存放数据透视图表的位置，然后单击确定按钮，系统自动创建一个空白的数据透视表并打开“数据透视表字段列表”任务窗格。

（3）在“数据透视表字段列表”任务窗格的“选择要添加到报表的字段”列表框中单击选中相应字段对应的复选框为数据透视表添加字段，然后将鼠标光标移动到字段列表中的“产品名称”项目上，并按住鼠标左键不放将其拖动到“报表筛选”区域，完成后再将“数值”区域中各选项的值字段设置为“最大值”。

（4）在【数据透视表工具 设计】→【数据透视表样式】组的列表框中单击下拉按钮，在打开的下拉列表中选择“数据透视表样式中等深浅11”选项。

（5）在【数据透视表工具 选项】→【排序和筛选】组中单击“插入切片器”按钮下的下拉按钮，在打开的下拉列表中选择“插入切片器”选项，在打开的“插入切片器”对话框中单击选中“销售员”字段对应的复选框，完成后单击确定按钮创建切片器。

（6）将切片器移动到数据透视表的右侧，然后在【切片器工具 选项】→【切片器样式】组中单击“快速样式”按钮，在打开的下拉列表中选择“切片器样式深色3”选项。

（7）选择数据透视表中的任意单元格，在【数据透视表工具 选项】→【工具】组中单击“数据透视图”按钮，在打开的“插入图表”对话框中选择“折线图”选项，然后单击确定按钮在工作表中创建出所需的数据透视图。

（8）将数据透视图移动到新建的“数据透视图”工作表中，并将“Sheet4”工作表重命名为“数据透视表”，然后选择“数据透视图”工作表，并在“数据透视表字段列表”任务窗格右上角单击“关闭”按钮隐藏该任务窗格。

（9）设置数据透视图图表标题为“销售数据分析图表”，然后在【数据透视图工具 设计】→【图表样式】组中单击“快速样式”按钮，在打开的下拉列表中选择“样式34”选项，完成后在【数据透视图工具 格式】→【形状样式】组的列表框中单击下拉按钮，在打开的下拉列表中选择“细微效果–紫色，强调颜色4”选项。

12.4 拓展知识

下面主要介绍使用迷你图的相关知识，以及为图表创建快照的相关知识。

12.4.1 使用迷你图

Excel 2010提供了一种全新的图表制作工具，即迷你图，它可以把数据以小图的形式呈现在单元格中，同时还可与图表组合创建出全新的图表样式，达到分析表格数据的目的。

1. 创建迷你图

迷你图是存在于单元格中的小图表，它以单元格为绘图区域，可以简单快捷地绘制出数据小图表分析表格数据。在Excel中，迷你图有3种图表类型：折线图、柱形图、盈亏。

创建迷你图的方法非常简单，具体操作如下。

（1）选择存放迷你图的单元格或单元格区域，在【插入】→【迷你图】组中选择所需的迷你图类型。

（2）系统自动将鼠标光标定位到打开的“创建迷你图”对话框的“数据范围”文本框中，在工作表中选择要创建迷你图的数据区域，然后单击 确定 按钮，完成后在相应的单元格中即可创建出所需的迷你图，如图12-43所示。

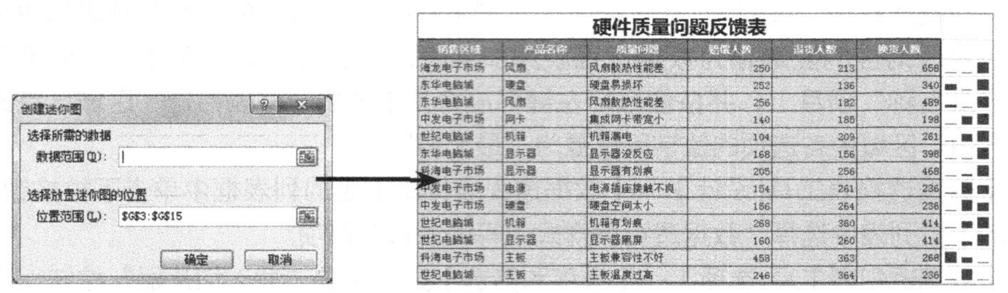

硬件质量问题反馈表

销售区域	产品名称	质量问题	赔偿人数	退货人数	换货人数
海龙电子市场	风扇	风扇散热性能差	250	213	658
东华电脑城	硬盘	硬盘易损坏	252	136	340
东华电脑城	风扇	风扇散热性能差	256	182	489
中发电子市场	网卡	集成网卡带宽小	140	185	198
世纪电脑城	机箱	机箱漏电	104	209	261
东华电脑城	显示器	显示器没反应	168	156	398
科海电子市场	显示器	显示器有划痕	205	256	468
中发电子市场	电源	电源插座接触不良	154	261	236
中发电子市场	硬盘	硬盘空间太小	156	264	236
世纪电脑城	机箱	机箱有划痕	268	360	414
世纪电脑城	显示器	显示器黑屏	160	260	414
科海电子市场	主板	主板兼容性不好	458	363	268
世纪电脑城	主板	主板温度过高	246	364	236

图12-43　创建迷你图

知识提示

只有使用Excel 2010创建的数据源区域才能创建迷你图，低版本的Excel文档即使能使用Excel 2010打开也不能创建，必须将数据复制至Excel 2010文档中才能使用该功能。

2. 编辑并美化迷你图

为了使创建的迷你图效果更美观，更清楚地表现其数据关系，可在激活的迷你图工具的“设计”选项卡中（见图12-44）执行相应的操作编辑并美化迷你图效果。

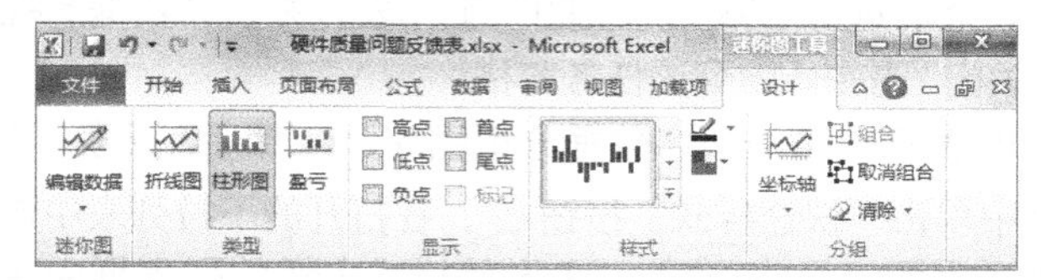

图12-44　【迷你图工具 设计】选项卡

◎ **编辑迷你图数据**：在【插入】→【迷你图】组中单击“编辑数据”按钮下方的下拉按钮，在打开的下拉列表中选择“编辑组位置和数据”选项可编辑创建的组迷你图的位置与数据，选择“编辑单个迷你图的数据”命令可编辑单个迷你图的源数据区域。

◎ **更改迷你图类型**：在【设计】→【类型】组中选择相应的迷你图类型即可。

◎ **显示迷你图标记**：在【设计】→【显示】组中单击选中相应的复选框即可。

◎ **更改迷你图样式**：在【插入】→【样式】组的列表框中可选择预设的迷你图样式，也可单击“迷你图颜色”按钮右侧的下拉按钮设置迷你图颜色，单击“标记颜色”按钮设置迷你图上的标记颜色。

◎ **设置迷你图分组**：在【设计】→【分组】组中单击相应的按钮，可分别设置坐标轴选项、组合或取消组合迷你图、清除迷你图。

3. 迷你图与图表的组合使用

由于迷你图不是真正存在于单元格内的“内容”，因此不能直接引用它。如果要在图表等其他功能中引用迷你图，则需要将迷你图转换为图片，这样才能实现图表与迷你图功能的组合使用。组合使用迷你图与图表的具体操作如下。

（1）选择已创建迷你图的某个单元格，按【Ctrl+C】组合键复制该迷你图。

（2）选择一个空白单元格，在【开始】→【剪贴板】组中单击“粘贴”按钮下方的下拉按钮按钮，在打开的下拉列表中选择“链接的图片”选项将迷你图粘贴为链接图片。

（3）选择粘贴的图片，按【Ctrl+X】组合键剪切图片。

（4）在图表中对应的数据系列上单击两次选择该数据系列，然后按【Ctrl+V】组合键将剪切的迷你图图片粘贴到数据系列中，完成后用相同的方法将其他迷你图图片粘贴到相应的数据系列中即可。

12.4.2 为图表创建快照

使用Excel 2010中的快照功能，可为图表添加摄影效果，更能体现图表的立体感和视觉效果，快照图片可以随图表的改变而改变。为图表创建快照的具体操作如下。

（1）打开素材文件，选择【文件】→【选项】命令，然后在打开的对话框中选择“自定义功能区”选项。

（2）在“从下列位置选择命令”下拉列表框中选择“不在功能区中的命令”选项，然后在下方的列表框中选择“照相机”选项，单击新建选项卡(W)按钮，再单击添加(A) >>按钮，单击确定按钮，如图12-45所示。

图12-45 创建新的选项卡

（3）选择图表所在位置的单元格区域，选择【新建选项卡】→【新建组】组，单击“照相机”按钮。然后在工作表的任一位置单击，并将工作表切换到“Sheet2”，将拍摄的快照粘贴到其中，此时粘贴的对象为一个图片。

（4）返回到“Sheel1”工作表，修改其中的数据，此时可查看到原图表发生变化，然后保存工作簿 。

（5）再次将工作表切换到“Sheet2”，此时可以发现，快照图片已经随图表内容的改变而改变。

12.5 课后习题

（1）打开“专卖店销售业绩汇总表.xlsx”工作簿，利用前面讲解的创建数据数据透视表和数据透视图的方法分析其中的数据。最终效果如图12-46所示。

提示：在“数据透视表字段列表”任务窗格中将产品销量按照最大值汇总计算，在透视图中筛选出前8种产品。

素材所在位置　光盘:\素材文件\第12章\课后习题\专卖店销售业绩汇总表.xlsx
效果所在位置　光盘:\效果文件\第12章\课后习题\专卖店销售业绩汇总表.xlsx
视频演示　光盘:\视频文件\第12章\专卖店销售业绩汇总.swf

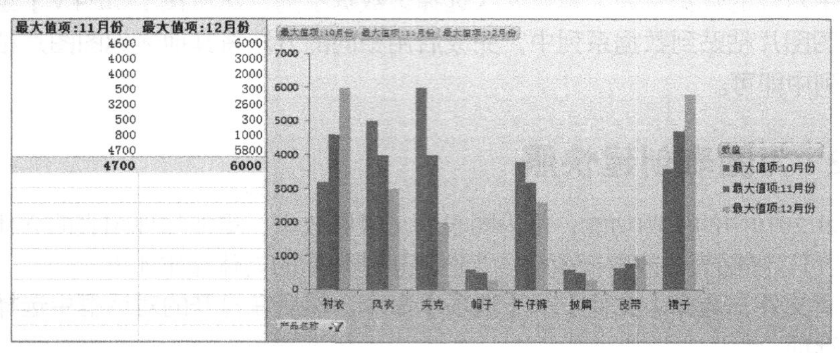

最大值项:11月份	最大值项:12月份
4600	6000
4000	3000
4000	2000
500	300
3200	2600
500	300
800	1000
4700	5800
4700	**6000**

图12-46　分析销售汇总的参考效果

（2）打开“生产记录表.xlsx”工作簿，同时创建并编辑数据透视表和数据透视图。最终效果如图12-47所示。

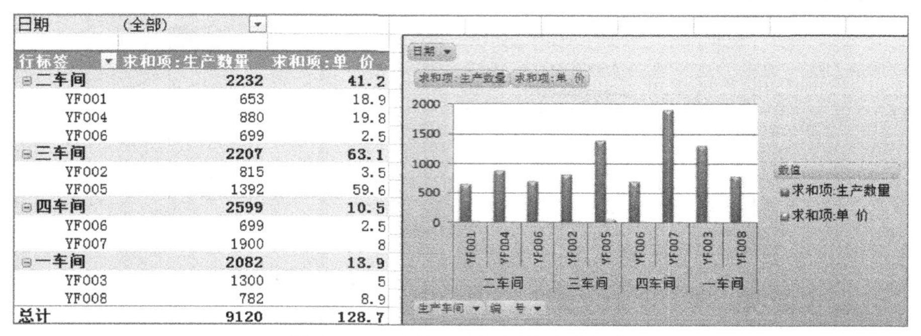

日期	(全部)	
行标签	求和项:生产数量	求和项:单　价
⊟二车间	2232	41.2
YF001	653	18.9
YF004	880	19.8
YF006	699	2.5
⊟三车间	2207	63.1
YF002	815	3.5
YF005	1392	59.6
⊟四车间	2599	10.5
YF006	699	2.5
YF007	1900	8
⊟一车间	2082	13.9
YF003	1300	5
YF008	782	8.9
总计	9120	128.7

图12-47　分析生产记录的参考效果

提示：在“生产记录表.xlsx”工作簿中选择A2:F15单元格区域，创建数据透视表和数据透视图，然后添加相应的字段，并将“日期”字段拖动到“报表筛选”区域，继续设置数据透视表的样式为“数据透视表样式中等深浅14”，数据透视图的图表样式为“样式32”，形状样式为“细微效果-黑色，深色1”，完成后调整数据透视图的位置与大小。

素材所在位置　光盘:\素材文件\第12章\课后习题\生产记录表.xlsx
效果所在位置　光盘:\效果文件\第12章\课后习题\生产记录表.xlsx
视频演示　光盘:\视频文件\第12章\分析生产记录.swf

第13章 自动化处理分析数据

Excel中提供了宏和VBA两项强大的自动化处理分析数据的功能，本章将详细讲解宏的基本知识，以及宏的使用方法，同时，掌握VBA的相关操作和VBA编程的基础知识。

学习要点

- ◎ 自动化与宏和VBA的关系
- ◎ 利用宏功能
- ◎ VBA和输入VBA代码
- ◎ VBA语言
- ◎ VBA程序结构

学习目标

- ◎ 了解宏和VBA的基础知识
- ◎ 了解VBA编程的基础知识
- ◎ 掌握Excel中宏的基本操作
- ◎ 掌握Excel中VBA的基本操作

13.1 自动化与宏和VBA

随着社会的进步，人们越来越追求自动化，在办公中进行数据分析也不例外。在使用Excel中进行数据处理与分析的过程中要实现自动化就离不开Excel中的宏功能与VBA功能。

宏功能与VBA功能是息息相关的，宏功能可以简化很多操作，而VBA功能可以通过编程语言编写程序，使程序在实际的工作中运用更加简单，实现自动化办公。宏功能与VBA功能实现的自动化功能主要有以下几点。

◎ 对重复和烦琐的操作进行自动化，如对图标和对象设置相同格式的重复操作。

◎ 创建满足实际工作需求的或特定要求的菜单和界面等。

◎ 编写程序，开发出Excel以外的扩展功能，如使用Excel编写员工考勤系统程序等。

◎ 自定义一些Excel不具备的函数，如自定义一个可以计算员工个人所得税的函数。

知识提示

Excel 2010中的宏功能与VBA功能在功能区的“开发工具”选项卡中。默认情况下，该选项卡并没有在功能区中，需要手动显示出来。其方法为：选择【文件】→【选项】菜单命令，打开“Excel 选项”对话框，然后在对话框中单击“自定义功能区”选项卡，并在右侧的“自定义功能区”列表框中单击选中“开发工具”复选框，单击[确定]按钮即可。

13.2 利用宏功能

宏是Excel中的一个重要的功能，它能将一些能够执行的VBA语句、命令或函数保存在VBA模块中，然后根据需要执行相应的任务。本节主要介绍宏功能的基本操作。

13.2.1 录制并运行宏

录制宏是宏功能的最基本最简单的操作，录制宏不需要编写任何代码，在录制过程中进行一系列的操作都会产生相应的代码。录制宏的具体操作如下。

（1）打开录制宏的素材文件，选择对应的单元格，然后在【开发工具】→【代码】组中，单击“录制宏”按钮。

（2）打开“录制新宏”对话框，在“宏名”文本框中输入录制的宏名称，在“快捷键”文本框中输入运行宏的快捷键，在“保存在”下拉列表中选择宏的保存位置，在“说明”文本框中输入说明新宏的文字，如图13-1所示，单击[确定]按钮。

（3）开始录制宏，在选择的单元格中进行操作，如改变单元格样式、设置单元格的大小等。

（4）操作完成后，在【开发工具】→【代码】组中，单击“停止录制”按钮，完成宏的录制操作。

（5）然后在工作表中选择需要执行宏的单元格，并在【开发工具】→【代码】组中，单击“宏”按钮，打开“宏”对话框，如图13-2所示，在其中的列表框中选择需要运行的宏，然后单击[执行(X)]按钮。

（6）而宏录制的相关操作将直接作用于选择的单元格中，当然也可以在选择了单元格后，按录制宏时设置值的快捷键直接运行宏。

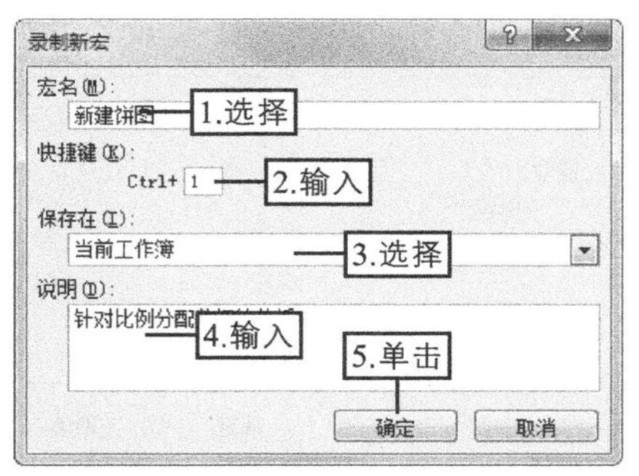

图13-1 录制宏

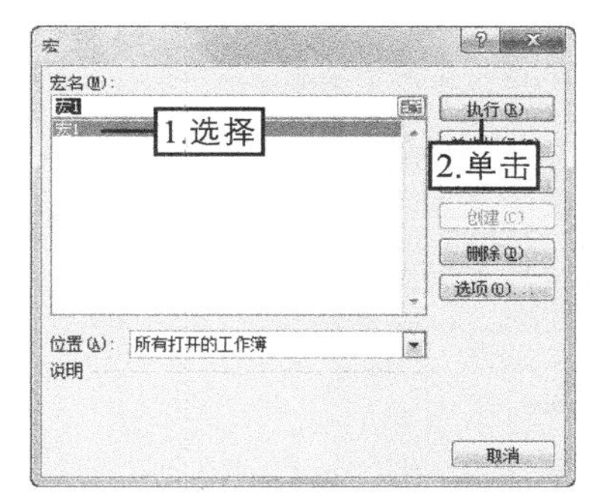

图13-2 运行宏

知识提示 宏名最多可为255个字符，并且必须以字母开始。其中可用的字符包括：字母、数字、下画线。宏名中不允许出现空格，通常用下画线代表空格。

13.2.2 保存宏

录制宏时，在“录制新宏”对话框的“保存在”下拉列表中可以选择宏的保存位置，保存宏的位置在录制宏的操作中也非常重要，不同的保存位置对运行宏都有一定的影响。在Excel中，供选择的保存位置主要有3种，其功能如下。

◎ **个人宏工作簿**：个人宏工作簿是Excel为宏功能设计的具有隐藏特性的工作簿，当录制宏到个人宏工作簿中时，系统会自动创建名为“PERSONAL.xlsb”的新文件，下次启动Excel后就可以直接运行录制的宏。

◎ **新工作簿**：选择“新工作簿”选项，录制的宏将会保存在新建的空白工作簿中。

◎ **当前工作薄**：选择“当前工作簿”选项，录制的宏将会保存在当前操作的工作簿中。

知识提示 个人宏工作簿保存在“XLSTART”文件夹中，具体路径为：C:/Users/Administrator/AppData/Roaming/Microsoft/Excel/XLSTART/（这是Excel 2010安装在Windows 7操作系统中的路径，操作系统版本不同，该文件夹的位置不同）。注意，如果存在个人宏工作簿，则每当Excel启动时，会自动打开工作簿并隐藏。

13.2.3 编辑宏

录制宏或自动生成代码，录制完成后，同样可以对录制的宏进行编辑。编辑宏的方法很简单，在【开发工具】→【代码】组中，单击“宏”按钮，打开“宏”对话框，单击相应的按钮即可实现相应的编辑操作，下面将对主要按钮的作用进行讲解。

◎ 编辑(E) **按钮**：单击该按钮，可打开VBA编辑窗口，如图13-3所示，在该窗口中显示了录制宏产生的代码，在该窗口中可以对代码进行编辑。

◎ 删除(D) **按钮**：单击该按钮，可以删除选中的宏。

◎ 选项(O)... **按钮**：单击该按钮，可以打开“宏选项”对话框，如图13-4所示，在该对话框中可以对录制宏时设置的快捷键和说明文字进行编辑。

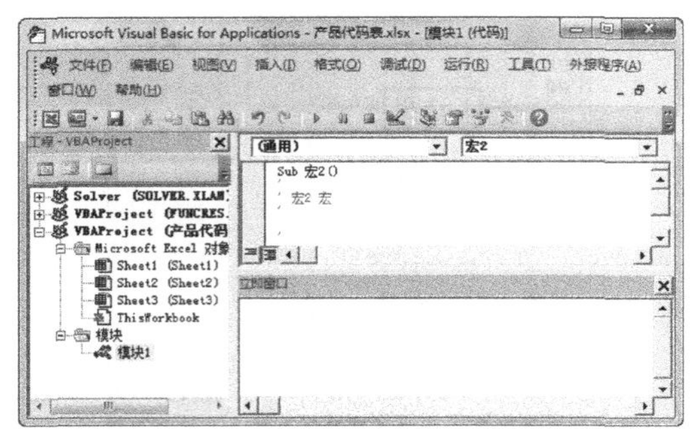

图13-3 VBA编辑窗口

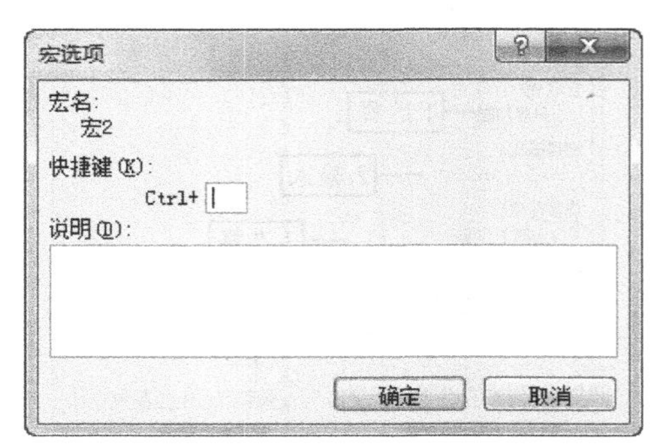

图13-4 “宏选项”对话框

13.2.4 宏的安全性

宏的安全性是数据处理分析自动化的一个非常关键的问题，宏功能非常强大，很容易在不知情的情况下对电脑造成不同程度的危害，在使用宏功能时，一定要对宏的安全有足够的认识。虽然不正确使用宏会对电脑带来危害，但是通过Excel中的宏安全设置可以有效避免这一问题。设置宏的安全性主要是在“信任中心”对话框中进行，如图13-5所示，在【开发工具】→【代码】组中，单击“宏安全性”按钮，打开“信任中心”对话框，在该对话框中选中相应单选项和复选框即可对宏的安全性进行设置。

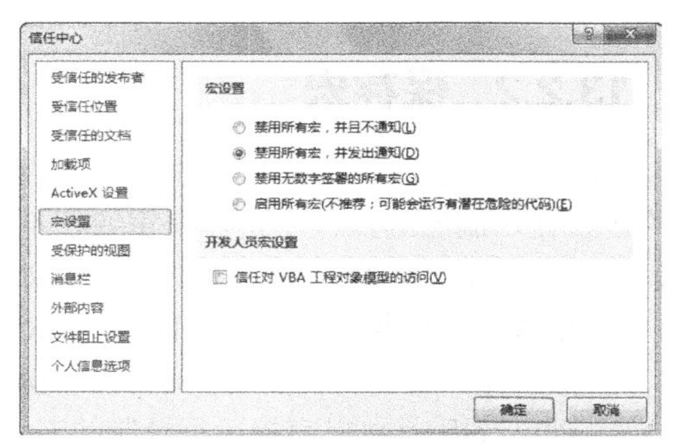

图13-5 “信任中心”对话框

知识提示

在“信任中心”对话框的“宏设置”栏中，可以根据用户自己的需要设置宏的安全性（建议不要选中“启用所有宏”选项，该操作可能导致电脑容易受到潜在的恶意代码的攻击）。

13.2.5 课堂案例1——利用宏计算销售额

本案例要求在提供的素材文档中，利用宏来计算销售额，并同时设置单元格的格式，主要涉及录制和运行宏的相关操作，完成后的参考效果如图13-6所示。

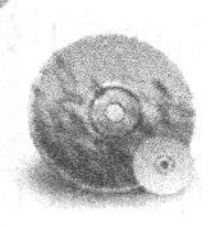

素材所在位置	光盘:\素材文件\第13章\课堂案例1\销售记录表.xlsx
效果所在位置	光盘:\效果文件\第13章\课堂练习1\销售记录表.xlsx
视频演示	光盘:\视频文件\第13章\利用宏计算销售额.swf

知识提示

本案例中利用宏功能直接包含了公式计算和单元格格式设置两个操作，与单独进行这两个操作比较，提高了工作效率。需要注意的是，这两个操作的顺序是不能改变的，大家可以试试在录制宏时改变操作顺序，看看运用宏后结果有什么不同。

超市销售记录表（3月）				
编号	商品名称	单价	销售量	销售额
1	矿泉水	￥1.50	356	￥534.00
2	牛奶	￥2.50	462	￥1,155.00
3	饼干	￥3.50	492	￥1,722.00
4	牛肉干	￥4.00	685	￥2,740.00
5	花生奶	￥2.00	862	￥1,724.00
6	卫生纸	￥12.00	135	￥1,620.00
7	牙膏	￥5.50	95	￥522.50
8	水杯	￥6.00	60	￥360.00
9	冰淇淋	￥1.50	682	￥1,023.00
10	圆珠笔	￥2.00	320	￥640.00
11	方便面	￥1.50	543	￥814.50
12	大米	￥1.50	493	￥739.50

图13-6　利用宏计算销售额的参考效果

（1）打开素材文件“销售记录表.xlsx”工作簿，选择E3单元格，在【开发工具】→【代码】组中，单击“录制宏”按钮，如图13-7所示。

（2）打开“录制新宏”对话框，在“宏名”文本框中输入“计算并设置单元格格式”，在“快捷键”文本框中输入“y”，在“保存在”下拉列表中选择“当前工作簿”选项，单击确定按钮，如图13-8所示。

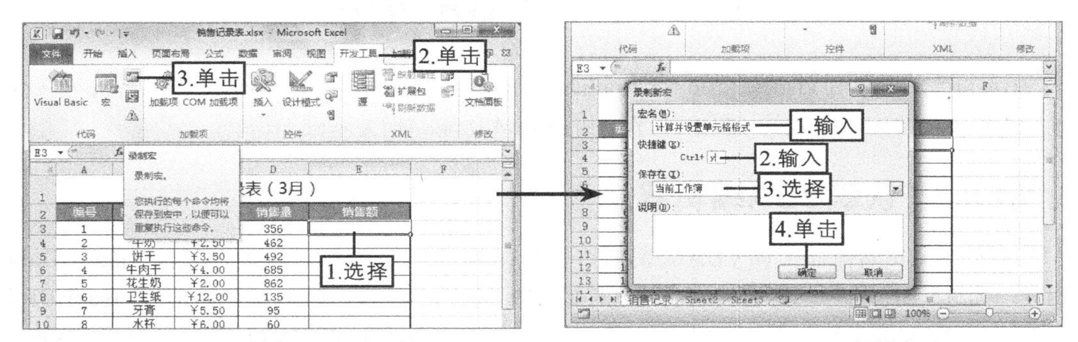

图13-7　单击“录制宏”按钮　　图13-8　设置宏

（3）在E3单元格中单击鼠标右键，在弹出的快捷菜单中选择“设置单元格格式”命令，如图13-9所示。

（4）打开“设置单元格格式”对话框，单击“填充”选项卡，在“背景色”栏中选择“浅绿”选项，单击确定按钮，如图13-10所示。

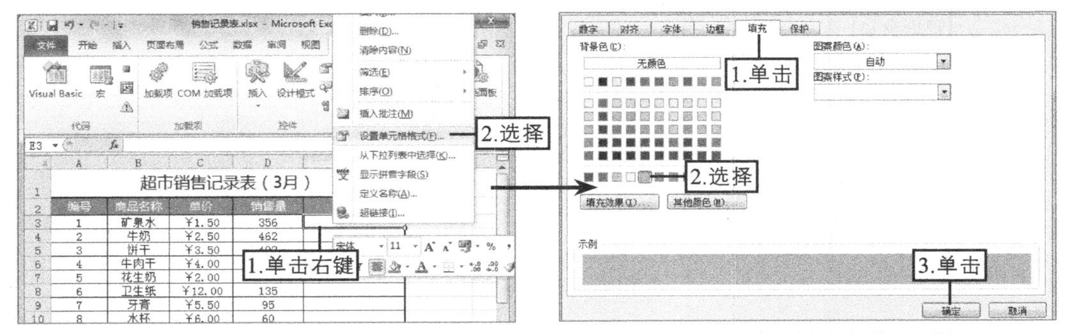

图13-9　设置单元格格式　　图13-10　设置填充颜色

（5）继续在E3单元格中输入“=C3*D3”，按【Enter】键，计算结果如图13-11所示，在【开发工具】→【代码】组中单击“停止录制”按钮，完成宏的录制操作。

（6）选择E4单元格，按【Ctrl+Y】组合键，即可将宏运行到其中，计算结果并设置该单元格

的填充颜色，如图13-12所示。

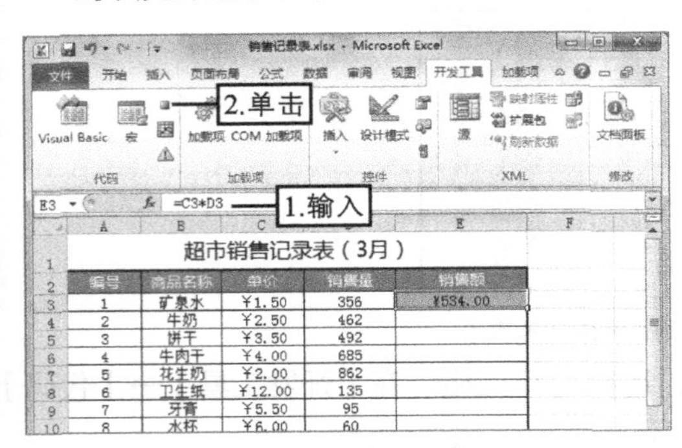

图13-11 输入公式

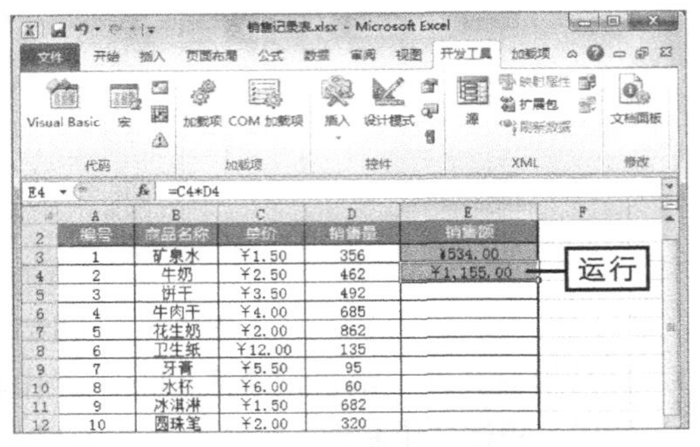

图13-12 运行宏

（7）将宏运用到E5:E14单元格区域，然后保存工作簿，完成本例操作。

13.3 利用VBA功能

VBA的英文全称为Visual Basic for Applications，VBA是一种Visual Basic的宏语言，主要用于扩展Office软件应用程式的功能。本节将讲解VBA功能的相关基础知识。

13.3.1 认识VBA编辑器

Visual Basic编辑器又叫VBA编辑窗口，也被称为VBA的集成开发环境（Visual Basic Editor，简称VBE），是使用VBA编写程序的主要场所，VBA的编辑操作都是在Visual Basic编辑器中完成的。在Excel 2010中可以通过在【开发工具】→【代码】组中，单击“Visual Basic”按钮，打开Visual Basic编辑器，图13-13所示为Visual Basic编辑器的工作界面。

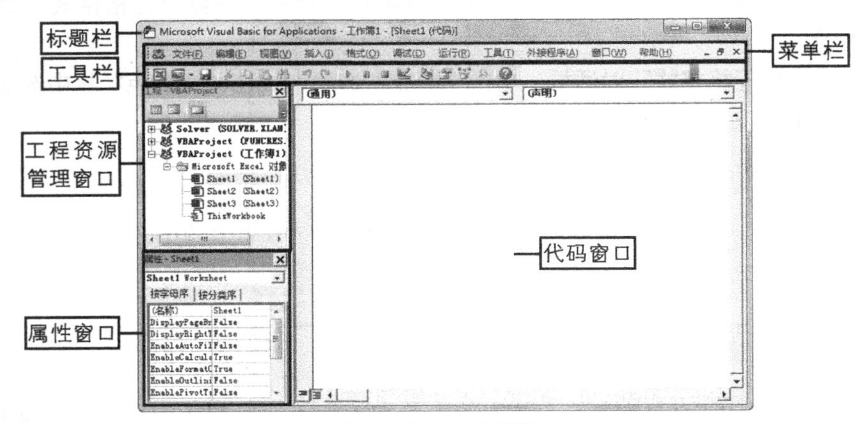

图13-13 VBA编辑器

1. VBE各组成部分的功能

Visual Basic编辑器中的组成部分的功能各不相同，具体如下。

◎ **标题栏**：显示了当前工作簿对应的工作表的名称。

◎ **菜单栏**：菜单栏由多个下拉列表组成，菜单栏是Visual Basic编辑器中最主要的组成部

分，几乎所有命令都包含在菜单栏中。

◎ **工具栏：**工具栏中包含了编写VBA程序常用的功能按钮。

◎ **工程资源管理窗口：**该窗口中显示了当前工作簿中的树形图，罗列了Excel工作簿和加载程序的工程。在Excel的VBA中，每个Excel工作簿、窗体和加载程序都为工程的一部分，这些对象都排列在工程资源管理窗口中。

◎ **属性窗口：**该窗口主要用于设置各种对象的属性，该窗口的左侧显示的是对象的各种属性名称，右侧显示的是对象属性名称对应的值。选择对象后，在工具栏中单击"属性窗口"按钮或者按【F4】键，就会弹出属性窗口。

◎ **代码窗口：**该窗口是Visual Basic编辑器中使用最频繁的窗口，该窗口主要用于编写和修改VBA代码。

2. VBE工具栏

VBE工具栏中常用的工具按钮和快捷键如表13-1所示。

表 13-1 VBE 常用工具按钮

按钮	功能	快捷键
	返回 Excel 窗口	Alt+F11
	插入用户窗体、模块、类模块、过程	
	保存工作簿	Ctrl+S
	运行子过程或用户窗体	F5
	中断当前正在运行的宏	Ctrl+Break
	单击该按钮结束调试状态	
	进入设计模式	
	打开工程资源管理器	Ctrl+R
	打开属性窗口	F4
	打开对象浏览器	F2

13.3.2 输入VBA代码

输入VBA代码的方法有很多种，归纳起来主要包括了手动输入代码、通过宏记录器输入代码和复制代码，下面将分别对其进行讲解。

1. 手动输入

手动输入代码是最直接最简单的输入代码的方法，输入时直接使用键盘即可。在输入代码时可以按【Tab】键来缩进有逻辑关系的代码行，其实在输入代码的过程中，使用缩进并不会对运行VBA程序带来不同的效果，但是采用缩进后可以使代码更容易阅读，图13-14所示为未采用缩进输入的代码，图13-15所示为采用缩进输入的代码。另外，在输入比较长的代码时，通常会采用分行的方式将代码分开，一条语句输入完毕后，可以按【Enter】键换行，在下一

行中继续输入其他语句。

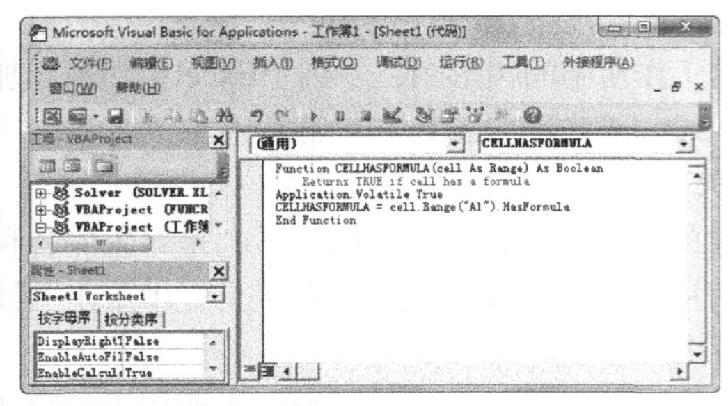

图13-14　未缩进的代码

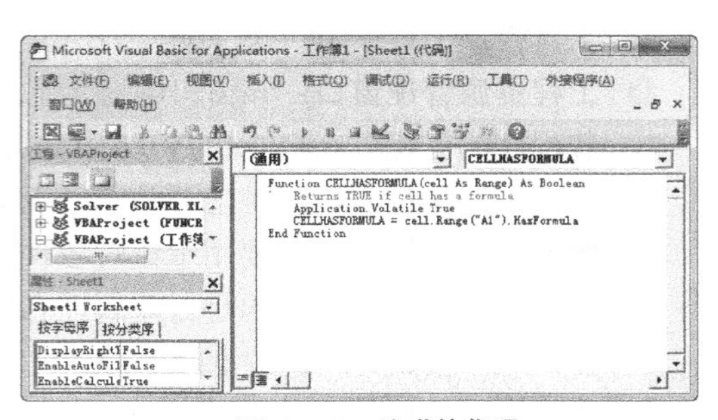

图13-15　缩进的代码

2. 通过宏记录器输入

通过宏记录器输入代码其实就是录制宏过程中自动记录的代码，使用该方法输入的代码都是Sub过程，通过宏记录器输入的代码能够帮助用户识别用于自定义函数的各种属性。

通过该方式输入的代码是Sub过程，而不是函数过程。简而言之，该代码不能在工作表的公式中使用该过程。Sub过程就是包含在Sub和End Sub语句之间的一组语句，它能执行操作但不返回值。

3. 复制代码

在Visual Basic编辑器中的代码窗口中输入代码时，同样可以使用复制、剪切、粘贴的功能，复制代码可以在不同工作簿中的代码窗口中进行，也可以从其他地方将代码复制到代码窗口中，如从网页中、记事本文件、写字板等程序中进行复制。

复制代码可以通过复制、粘贴操作进行，也可以通过单击鼠标右键，在弹出的快捷菜单中选择相应的命令来实现。

13.3.3 保存工程

编写VBA程序是一个漫长的过程，在编辑过程中需要及时保存输入的VBA代码，保证编写的程序不丢失。

保存工程可以在Visual Basic编辑器中选择【文件】→【保存×××】菜单命令，然后在打开的“另存为”对话框中设置保存的位置和文件名进行保存，或者单击Visual Basic编辑器工具栏中“保存”按钮，也可打开“另存为”对话框设置保存。

13.4 VBA编程基础

VBA编程需要了解标识符、数据类型、常量与变量、数组、注释和赋值语句、书写规范、程序结构等相关内容。本节将详细讲解VBA编程的基础知识。

13.4.1 了解VBA语言

VBA是基于Visual Basic发展而来的，它们具有相似的语言结构，要了解VBA语言，首先需要了解VBA语言的标识符、运算符、数据类型。

1. 标识符

标识符是用户编程时使用的名字，是一种标识变量、常量、过程、函数、类等语言构成单位的符号，利用它可以完成对变量、常量、过程、函数、类等的引用。VBA标识符是由英文字母（大小写）、阿拉伯数字及一些可见字符组成的，程序中的保留字、常量、变量、对象等名称都可以称为标识符。

每个标识符都有唯一的名字，在VBA里，标识符必须遵守以下命名规则。

◎ 标识符只能由字母、数字、下划线组成，第一个字符必须是字母或者下划线，如C79812b_23Cyf。

◎ 不能与Visual Basic保留字重名，如public、private、dim、goto、next、with、integer、single等。

2. 运算符

运算符是代表VBA某种运算功能的符号。VBA的运算符主要有以下几种。

◎ **赋值运算符**：=。

◎ **数学运算符**：&、+（字符连接符）、+(加)、-（减）、Mod（取余）、\（整除）、*（乘）、/（除）、-（负号）、^（指数）。

◎ **逻辑运算符**：Not（非）、And（与）、Or（或）、Xor（异或）、Eqv（相等）、Imp（隐含）。

◎ **关系运算符**：=（相同）、<>（不等）、>（大于）、<（小于）、>=（不小于）、<=（不大于）、Like、Is。

◎ **位运算符**：Not（逻辑非）、And（逻辑与）、Or（逻辑或）、Xor（逻辑异或）、Eqv（逻辑等）、Imp（隐含）。

3. 数据类型

在VBA中可以处理多种类型的数据，常见的数据类型如表13-2所示。

表 13-2 VBA 中的常见数据类型

类型	存储空间大小	取值范围
字节型 Byte	1 字节	0~255 间的正整数
布尔型 Boolean	2 字节	True 或 False
整型 Integer	2 字节	-32768~32767 的整数
长整型 Long	4 字节	-2147483648~2147483647 的整数
单精度型 Single	4 字节	负数为 -3.402828E308~-1.401298E-45；正数时取绝对值
双精度型 Double	8 字节	负数为 -1.79769313486232E308~-4.94065645841247E-324；正数时取绝对值
小数点型 Decimal	14 字节	没有小数点时为 +/-79、228、162、514、264、337、593、543、950、335；而小数点右边有 28 位数时为 +/-7.9228162514264337593543950335

续表

类型	存储空间大小	取值范围
日期型 Data	8 字节	100 年 1 月 1 日到 9999 年 12 月 31 日
字符型 String	可变	0~63KB 的固定长度的字符串或 0~2MB 的动态长度字符
变体型 Variant	可变	以上任意类型，可变

13.4.2 变量与常量

常量和变量是VBA中最基本的语言单位，下面分别进行介绍。

1. 变量

变量用于保存在程序运行过程中需要临时保存的值或对象。就相当于我们在操作工作表的时候插入的辅助单元格、辅助列或辅助表。同工作表的单元格一样，变量可以接纳很多种数据类型，如其名，程序运行后，变量的值是可以改变的。

在使用变量之前，通常需要声明变量，声明变量主要有两种方式。

◎ **隐式声明：**变量可以不经声明直接使用，此时VBA给该变量赋予默认的类型和值。这种方式比较简单方便，在程序代码中可以随时命名并使用变量，但不易检查。

◎ **显式声明：**用声明语句创建变量。

定义变量的语法规则如下。

Dim<变量名>As<数据类型>

变量定义语句及变量作用域。

Dim　　变量as 类型，定义为局部变量，如Dim xyz as integer。

Private 变量as 类型，定义为私有变量，如Private xyz as byte。

Public　变量as 类型，定义为公有变量，如Public xyz as single。

Global　变量as 类型，定义为全局变量，如Globlal xyz as date。

Static　 变量as 类型，定义为静态变量，如Static xyz as double。

一般变量作用域的原则是，在哪部分定义就在哪部分起作用，在模块中定义则在该模块中起作用。

2. 常量

常量是一种不可变的数值或数据项，它可以是不随时间变化的某些量和信息，也可以是表示某一数值的字符或字符串。

常量可以分为直接常量和符号常量。

◎ **直接常量：**是程序中被直接引用的量，如程序中直接用到的具体数值79.8、字符串“云帆”等，都是直接常量。

◎ **符号变量：**是指定一个标识符来代表某个具体的数据，如用Num来代表上面的79.8。定义符号常量的语法规则为。

Const<用户标识符>=<表达式>as<数据类型>

例如，在VBE代码窗口输入以下语句。

Const Pi=3.1415926 as single

表示定义了Pi为符号常量，它的值为3.1415926，在后面的程序设计中，就可以直接使用Pi来代替3.1415926。

13.4.3 数组

数组是包含相同数据类型的一组变量的集合，对数组中的单个变量引用通过数组索引下标进行。在内存中表现为一个连续的内存块，必须用Global 或Dim 语句来定义。定义规则如下。

Dim 数组名([lower to]upper [, [lower to]upper, …]) as type

lower默认值为0。二维数组是按行列排列，如XYZ(行，列)。除了以上固定数组外，VBA还有一种功能强大的动态数组，定义时无大小维数声明；在程序中再利用Redim 语句来重新改变数组大小，原来数组内容可以通过加preserve 关键字来保留。

如下例：

Dim array1() as double : Redim array1(5) : array1(3)=250 : Redim preserve array1(5,10)。

13.4.4 注释和赋值语句

注释语句用来说明程序中某些语句的功能和作用；VBA中有两种方法标识为注释语句。

◎ **单引号'** ：如定义全局变量；可以位于别的语句之尾，也可单独一行。

◎ Rem：如Rem 定义全局变量，只能单独一行。

赋值语句是对变量或对象属性进行赋值的语句，采用赋值号=，如X=123，将123赋给变量X，窗体标题属性为“我的窗口”，语句如下。

Form1.caption=“我的窗口”

对对象的赋值采用：Set myobject=object或myobject:=object。

13.4.5 书写规则

VBA的书写规则主要有以下几条。

◎ VBA 不区分标识符的字母大小写，一律认为是小写字母。

◎ 一行可以书写多条语句，各语句之间以冒号“:”分开。

◎ 一条语句可以多行书写，以空格加下画线_ 来标识下一行为续行。

◎ 标识符最好能简洁明了，不造成歧义。

13.4.6 VBA程序结构

VBA程序有顺序、分支、循环三种基本程序结构，不同的程序结构可以解决不同的问题，其实现方式也不同。下面分别介绍三种程序结构。

1. 顺序结构

顺序结构表示程序的操作是按照语句出现的先后顺序执行的，顺序结构的程序设计是最简单的，只需要按照解决问题的顺序写出相应的语句就可以，它的执行顺序是自上而下，按照顺序执行。

2. 分支结构

分支结构也叫选择结构，分支结构表示程序的处理步骤出现了分支，它需要根据某一特定的条件选择其中的一个分支执行。实现分支结构的语句有条件语句和选择语句。

◎ **条件语句If...Then...Else**

条件语句的语法规则如下。

If condition Then [statements][Else elsestatements]

或者，可以使用块形式的语法。

```
If condition Then
    [statements]
[ElseIf condition-n Then
    [elseifstatements]...]
[Else
    [elsestatements]]
End If
```

其中各参数的功能如表13-3所示。

表 13-3 If...Then...Else 语句

部分	描述
condition	必要参数，一个或多个具有下面两种类型的表达式：数值表达式或字符串表达式，其运算结果为 True 或 False。如果 condition 为 Null，则 condition 会视为 False
statements	在块形式中是可选参数；但是在单行形式中，且没有 Else 子句时，则为必要参数。一条或多条以冒号分开的语句，它们在 condition 为 True 时执行
condition-n	可选参数，与 condition 同
elseifstatements	可选参数，一条或多条语句，它们在相关的 condition-n 为 True 时执行
elsestatements	可选参数，一条或多条语句，它们在前面的 condition 或 condition-n 都不为 True 时执行

◎ **选择语句Select Case...Case...End Case**

选择语句的语法规则如下。

```
Select Case testexpression
    [Case expressionlist-n
    [statements-n]]...
    [Case Else
    [elsestatements]]
End Select
```

其中各参数的功能如表13-4所示。

表 13-4 Select Case...Case...End Case 语句

部分	描述
testexpression	必要参数，任何数值表达式或字符串表达式
expressionlist-n	如果有 Case 出现，则为必要参数。其形式为 expression，expression To expression，Is comparisonoperator expression 的一个或多个组成的分界列表。To 关键字可用来指定一个数值范围。如果使用 To 关键字，则较小的数值要出现在 To 之前。使用 Is 关键字时，则可以配合比较运算符（除 Is 和 Like 之外）来指定一个数值范围。如果没有提供，则 Is 关键字会被自动插入
statements-n	可选参数，一条或多条语句，当 testexpression 匹配 expressionlist-n 中的任何部分时执行
elsestatements	可选参数，一条或多条语句，当 testexpression 不匹配 Case 子句的任何部分时执行

3. 循环结构

循环结构表示程序反复执行某个或某些操作，直到某条件为假（或为真）时才可终止循环。在循环结构中最主要的问题是：什么情况下执行循环？哪些操作需要循环执行？在VBA编程中主要有For...Next循环、For Each...Next循环和Do循环三种。

◎ **For...Next语句**：该语句是以指定次数来重复执行一组语句，其语法规则如下。

```
For counter = start  To  end  [Step step]
    [statements]
    [Exit For]
    [statements]
Next [counter]
```

其中各参数的功能如表13-3所示。

表 13-5 For...Next 语句

部分	描述
counter	必要参数，用作循环计数器的数值变量。这个变量不能是 Boolean 或数组元素
start	必要参数，counter 的初值
end	可选参数，counter 的步长。如果没有指定，则 step 的默认值为 1
statements	可选参数，放在 For 和 Next 之间的一条或多条语句，它们将被执行指定的次数

◎ **For Each...Next 语句**：该语句是针对一个数组或集合中的每个元素，重复执行一组语句，其语法规则如下。

```
For Each element In group
    [statements]
```

```
    [Exit For]
    [statements]
 Next [element]
```

其中各参数的功能如表13-6所示。

表 13-6 For Each...Next 语句

部分	描述
element	必要参数，用来遍历集合或数组中所有元素的变量。对于集合来说，element 可能是一个 Variant 变量、一个通用对象变量或任何特殊对象变量。对于数组而言，element 只能是一个 Variant 变量
group	必要参数，对象集合或数组的名称（用户定义类型的数组除外）
statements	可选参数，针对 group 中的每一项执行的一条或多条语句

◎ **Do...Loop 语句：**该语句是当条件为 True 时，或直到条件变为 True 时，重复执行一个语句块中的命令，其语法规则如下。

```
Do [{While | Until} condition]
    [statements]
    [Exit Do]
    [statements]
Loop
```

或者，可以使用下面的语法规则。

```
Do
    [statements]
    [Exit Do]
    [statements]
Loop [{While | Until} condition]
```

其中各参数的功能如表13-7所示。

表 13-7 Do...Loop 语句

部分	描述
statements	一条或多条命令，它们将被重复当或直到 condition 为 True
condition	可选参数，数值表达式或字符串表达式，其值为 True 或 False。如果 condition 是 Null，则 condition 会被当作 False

知识提示

在 Do...Loop 中可以在任何位置放置任意个数的 Exit Do 语句，并随时跳出 Do...Loop 循环。Exit Do 通常用于条件判断之后，例如 If...Then，在这种情况下，Exit Do 语句将控制权转移到紧接在 Loop 命令之后的语句。

如果 Exit Do 使用在嵌套的 Do...Loop 语句中，则 Exit Do 会将控制权转移到 Exit Do 所在位置的外层循环。

13.4.7 课堂案例2——计算业绩提成

本案例在Excel中通过VBA自定义CALCULATEWAGE函数计算出“2014年员工年终销售奖金”工作簿中12月份各员工的提成金额，销售提成率如表13-8所示。

表 13-8 销售提成率

月销售金额（元）	提成率
0~5000	2%
5000~10000	3.5%
10000~15000	5%
15000~20000	6.5%
20000 以上	9%

在VBA中自定义CALCULATEWAGE函数，其代码如下。

```
Function CALCULATEWAGE(Sales As Double) As Double
  计算销售提成金额：
  Const Tier1 As Double = 0.02
  Const Tier2 As Double = 0.035
  Const Tier3 As Double = 0.05
  Const Tier4 As Double = 0.065
  Const Tier5 As Double = 0.09
  Select Case Sales
    Case Is >= 20000
      CALCULATEWAGE = Sales * Tier5
    Case Is >= 15000
      CALCULATEWAGE = Sales * Tier4
    Case Is >= 10000
      CALCULATEWAGE = Sales * Tier3
    Case Is >= 5000
      CALCULATEWAGE = Sales * Tier2
    Case Is < 5000
      CALCULATEWAGE = Sales * Tier1
  End Select
End Function
```

自定义CALCULATEWAGE函数后，该函数的语法结构为：

CALCULATEWAGE(Sales)

该函数中的Sales参数表示本月的销售金额。完成后的参考效果如图13-16所示。

2014年员工年终奖金							
员工编号	员工姓名	工龄	本年已累计销售额	12月份销售额	全年销售额	12月份销售提成额	年终销售奖励额
YF2005001	赵阳	2	¥276,960	¥4,800	¥281,760	¥96	
YF2005002	汪伟之	1	¥393,150	¥99,600	¥492,750	¥8,964	
YF2005003	凌峰	1	¥418,915	¥55,700	¥474,615	¥5,013	
YF2005004	周俊杰	0	¥186,065	¥0	¥186,065	¥0	
YF2005005	张建章	3	¥290,200	¥53,000	¥343,200	¥4,770	
YF2006006	宋丽萍	2	¥110,330	¥97,200	¥207,530	¥8,748	
YF2006007	金思平	7	¥383,215	¥44,000	¥427,215	¥3,960	
YF2006008	李玉敏	4	¥113,180	¥18,975	¥132,155	¥1,233	
YF2007009	郑晓明	2	¥405,760	¥0	¥405,760	¥0	
YF2007010	朱建成	5	¥405,550	¥109,550	¥515,100	¥9,860	
YF2007011	曹大受	0	¥106,570	¥0	¥106,570	¥0	
YF2008012	吴淑敏	0	¥122,290	¥0	¥122,290	¥0	
YF2008013	张道中	2	¥181,565	¥51,250	¥232,815	¥4,613	
YF2008014	郭庆藩	0	¥160,900	¥0	¥160,900	¥0	
YF2009015	冯川	4	¥145,000	¥6,720	¥151,720	¥235	
YF2009016	罗技	1	¥96,340	¥31,625	¥127,965	¥2,846	
YF2009017	韦德	1	¥442,775	¥70,560	¥513,335	¥6,350	
YF2009018	孙乐	1	¥74,400	¥5,250	¥79,650	¥184	

图13-16 计算业绩提成的参考效果

素材所在位置 光盘:\素材文件\第13章\课堂案例2\年终提成奖励.xlsx、代码.txt

效果所在位置 光盘:\效果文件\第13章\课堂案例2\年终提成奖励.xlsm

视频演示 光盘:\视频文件\第13章\计算业绩提成.swf

（1）打开素材文件“年终提成奖励.xlsx”工作簿，在【开发工具】→【代码】组中，单击“Visual Basic”按钮，如图13-17所示。

（2）打开VBA编辑窗口，在“工程资源管理窗口”的“Microsoft Excel对象”选项上单击鼠标右键，在弹出的快捷菜单中选择“插入”→“模块”项，如图13-18所示。

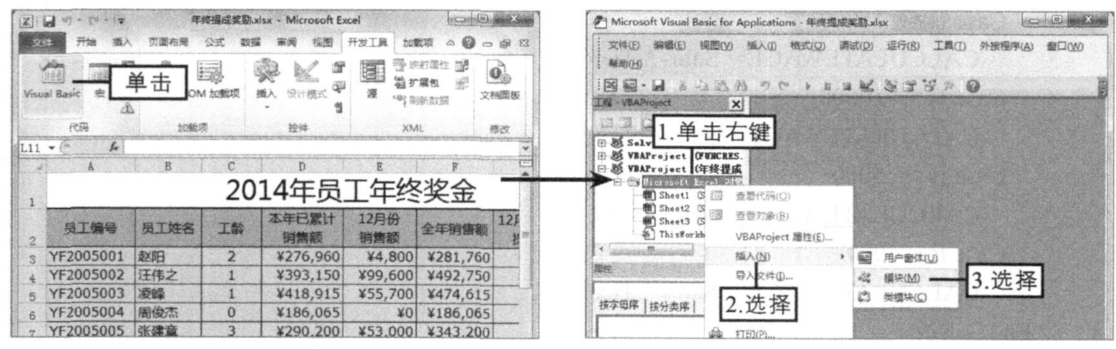

图13-17 启动VBA　　图13-18 插入模块

（3）系统插入模块后，会自动打开该模块的代码窗口，打开素材文件“代码.txt”，将其中的自定义CALCULATEWAGE函数的代码复制到代码窗口，如图13-19所示，关闭VBA编辑窗口，返回Excel工作界面。

（4）选择G3单元格，在【公式】→【函数库】组中，单击“插入函数”按钮，如图13-20所示。

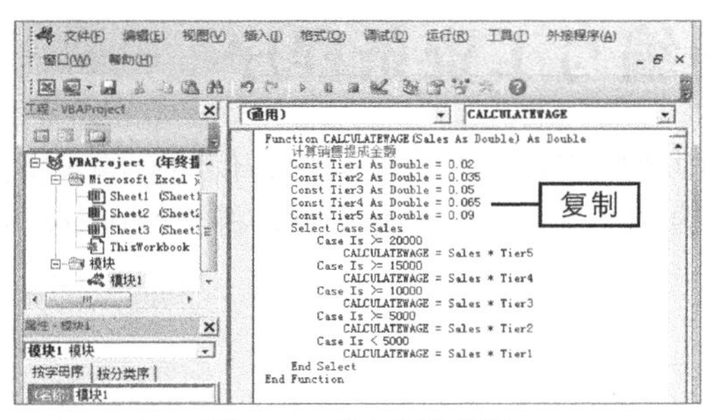

图13-19 输入函数代码　　　　图13-20 单击“插入函数”按钮

（5）打开“插入函数”对话框，在“或选择类别”下拉列表框中选择“用户定义”选项，在“选择函数”列表框中选择“CALCULATEWAGE”选项，如图13-21所示。

（6）单击[确定]按钮，打开“函数参数”对话框，在“Sales”文本框中输入参数“E3”，如图13-21所示。

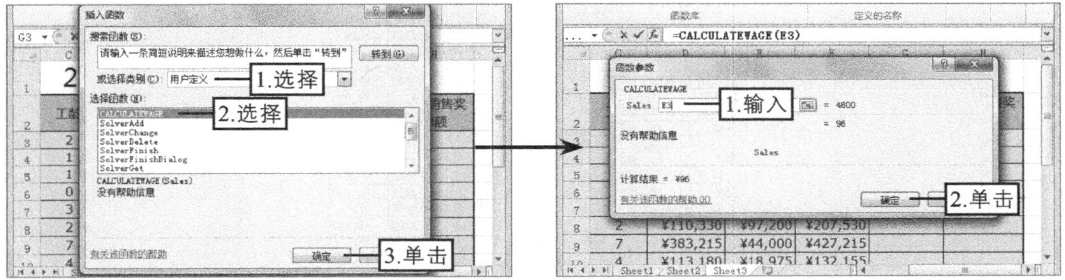

图13-21 选择函数　　　　图13-22 设置函数参数

（7）单击[确定]按钮，计算出该员工的提成金额，使用拖动复制公式的方法计算对G4:G20单元格区域员工的提成金额。

（8）保存工作簿，打开提示框，提示用户选择保存操作，由于本例中使用了VBA，所以需要保存该功能，单击[否(N)]按钮，如图13-23所示。

（9）打开“另存为”对话框，在“保存类型”下拉列表框中选择“Excel启用宏的工作簿(*.xlsm)”选项，单击[保存(S)]按钮，如图13-24所示，完成本例的操作。

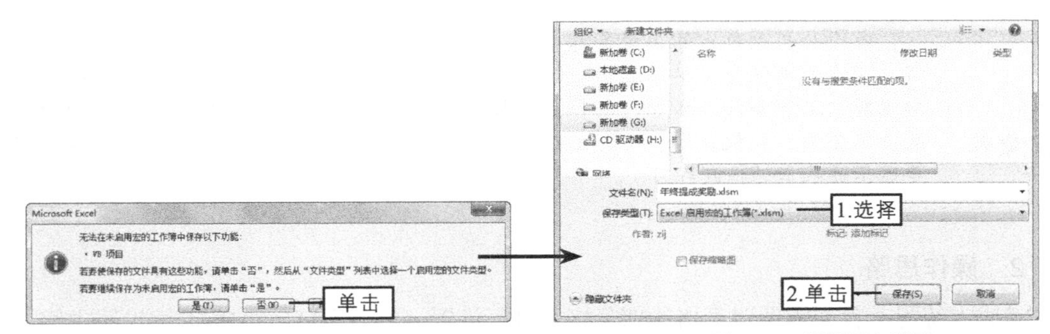

图13-23 提示保存操作　　　　图13-24 设置保存类型

知识提示

如果将VBA保存为*.xlsx类型，结果不会改变，但VBA功能将无法使用。

13.5 课堂练习——编写工资条程序

本课堂练习将根据已有的工资条，在Excel中使用VBA编写一个程序，使原有的表格能通过编写的程序自动生成每个员工的工资条，综合练习本章学习的知识点，将学习到Excel中VBA功能的具体操作。

1. 练习目标

本练习的目标是将员工的工资表中的数据填写到简易的工资条中，本练习完成后的参考效果如图13-25所示。

姓名	基本工资	提成	餐补	交通补助	电话补助	总计
刘畅	¥1,700	¥1,518	¥150	¥300	¥200	¥3,868
姓名	基本工资	提成	餐补	交通补助	电话补助	总计
王慧	¥2,300	¥2,040	¥150	¥300	¥200	¥4,990
姓名	基本工资	提成	餐补	交通补助	电话补助	总计
蔡淑臻	¥1,300	¥525	¥150	¥300	¥200	¥2,475
姓名	基本工资	提成	餐补	交通补助	电话补助	总计
曾小贤	¥1,000	¥0	¥150	¥300	¥200	¥1,650
姓名	基本工资	提成	餐补	交通补助	电话补助	总计
罗技	¥1,000	¥0	¥150	¥300	¥200	¥1,650
姓名	基本工资	提成	餐补	交通补助	电话补助	总计
唐康	¥1,000	¥0	¥150	¥300	¥200	¥1,650
姓名	基本工资	提成	餐补	交通补助	电话补助	总计
鲁群生	¥1,300	¥875	¥150	¥300	¥200	¥2,825
姓名	基本工资	提成	餐补	交通补助	电话补助	总计
陈绪	¥1,300	¥625	¥150	¥300	¥200	¥2,575
姓名	基本工资	提成	餐补	交通补助	电话补助	总计
谭庄	¥1,300	¥336	¥150	¥300	¥200	¥2,286
姓名	基本工资	提成	餐补	交通补助	电话补助	总计
马塔	¥1,300	¥1,200	¥150	¥300	¥200	¥3,150
姓名	基本工资	提成	餐补	交通补助	电话补助	总计
王志平	¥1,300	¥0	¥150	¥300	¥200	¥1,950
姓名	基本工资	提成	餐补	交通补助	电话补助	总计
李波	¥2,300	¥2,032	¥150	¥300	¥200	¥4,982
姓名	基本工资	提成	餐补	交通补助	电话补助	总计
凌波丽	¥1,000	¥0	¥150	¥300	¥200	¥1,650
姓名	基本工资	提成	餐补	交通补助	电话补助	总计
徐强	¥1,300	¥0	¥150	¥300	¥200	¥1,950

图13-25　工资条的参考效果

素材所在位置　光盘:\素材文件\第13章\课堂练习\工资条.xlsx、代码.txt

效果所在位置　光盘:\效果文件\第13章\课堂练习\工资条.xlsm

视频演示　光盘:\视频文件\第13章\编写工资条程序.swf

职业素养

各个公司制作出的工资条都是根据公司实际情况制作的，设有固定的格式。通常，工资条都包含了单位名称、制表日期、姓名、标准工资、岗位津贴、效益奖、加班费、工资合计、水费、电费、房租费、其他扣款、医保、住房公积金、养失生险、工会费、扣款合计、实发工资以及备注等项目。但是制作简易的工资条就只需要显示最基本的信息即可。

2. 操作思路

完成本练习，首先需要对表格的部分格式进行设置，然后在Visual Basic编辑器中编写制作工资条的程序，最后运行编写的程序实现工资条的制作，其操作思路如图13-26所示。使用VBA编写程序比较复杂，本例只是练习如何使用Visual Basic编辑器编写程序，想要使用VBA编写程序提高工作效率，还需要对VBA进行进一步的学习。

姓名	基本工资	提成	餐补	交通补助	电话补助
刘畅	¥1,700	¥1,518	¥150	¥300	¥200
王慧	¥2,300	¥2,040	¥150	¥300	¥200
蔡淑臻	¥1,300	¥525	¥150	¥300	¥200
曾小贤	¥1,000	¥0	¥150	¥300	¥200
罗技	¥1,000	¥0	¥150	¥300	¥200
唐康	¥1,000	¥0	¥150	¥300	¥200
鲁群生	¥1,300	¥875	¥150	¥300	¥200
陈绪	¥1,300	¥625	¥150	¥300	¥200
谭庄	¥1,300	¥336	¥150	¥300	¥200
马塔	¥1,300	¥1,200	¥150	¥300	¥200
王志平	¥1,300	¥0	¥150	¥300	¥200
李波	¥2,300	¥2,032	¥150	¥300	¥200
凌波丽	¥1,000	¥0	¥150	¥300	¥200
徐强	¥1,300	¥0	¥150	¥300	¥200

① 编辑工资条

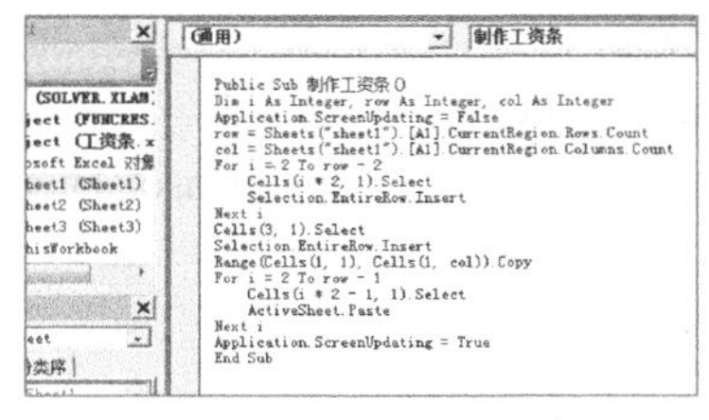

② 编写程序

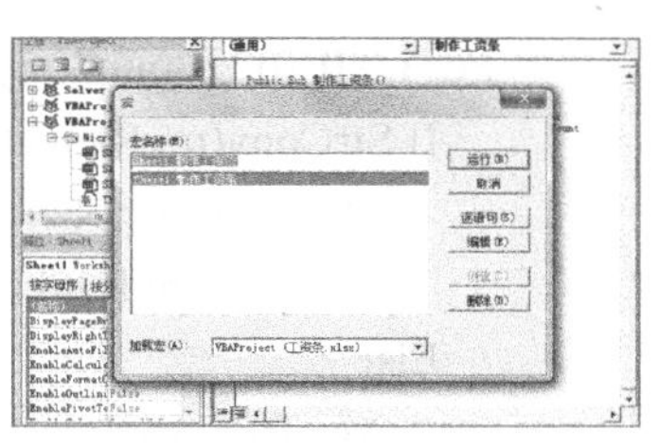

③ 运行程序

图13-26 编写工资条程序的制作思路

（1）打开素材文件“工资条.xlsx”工作簿，选择A1:G1单元格区域，设置该单元格区域字体为“微软雅黑”、字号为“12”、对齐方式为“居中对齐”。

（2）选择B2:G15单元格区域，单击鼠标右键，在弹出的快捷菜单中选择“设置单元格格式”选项，在打开的“设置单元格格式”对话框中设置货币符号为“¥”，小数位数为“0”。

（3）在【开发工具】→【代码】组中，单击“Visual Basic”按钮，打开Visual Basic编辑器。

（4）双击工程资源管理窗口中的“Sheet1(Sheet1)”选项，打开代码窗口，然后选择【插入】→【过程】菜单命令。

（5）打开“添加过程”对话框，在“名称”文本框中输入“制作工资条”，保持其余各项设置不变，单击确定按钮。

（6）返回Visual Basic编辑器中可以查看到添加的过程，在添加过程的程序代码中第一行输入定义变量的语句“Dim i As Integer, row As Integer, col As Integer”。

（7）按【Enter】键换行，然后使用相同的方法输入其余的代码（代码.txt）。

（8）保存输入的代码。选择【运行】→【运行子过程/用户窗体】菜单命令，运行编写后的程序。

（9）运行完毕后，关闭Visual Basic编辑器，返回工作区查看制作的效果。

（10）将工作簿保存为*.xlsm类型，完成本例操作。

13.6 拓展知识

由于编写VBA代码需要花费大量的时间，下面列举了一些常用的自定义函数的VBA代码，供大家学习参考。

1. 判断字母大小写

将代码输入Visual Basic编辑器中后，返回Excel中选择需要进行判断的单元格，直接运行代码即可在打开的窗口判断出字母的大小写，其具体代码如下。

```
Sub 判断字母大小写()
  Dim myRange As Variant
  Dim i As Integer
'使用数组返回当前选择的单元格
  myRange = Array(Cells(ActiveCell.Row, ActiveCell.Column))
'如果选择未包含数据的单元格则退出程序
  If IsEmpty(Cells(ActiveCell.Row, ActiveCell.Column)) Then Exit Sub
'判断当前选择的单元格为大写或小写
```

```
    For i = 0 To UBound(myRange)
        If StrConv(myRange(i), vbWide) = _
            StrConv(myRange(i), vbWide + vbUpperCase) Then
          MsgBox myRange(i) & "为大写"
        Else
          MsgBox myRange(i) & "为小写"
        End If
    Next
End Sub
```

2. 删除同路径下的文件

将代码输入Visual Basic编辑器中后，修改代码中的“myWbooks.xlsx”为需要删除的同路径下的文件名，然后运行代码即可，其具体代码如下。

```
Sub 删除同路径下的文件()
    Dim FileName As String      '定义文件名称
    FileName = ThisWorkbook.Path & "\" & "myWbooks.xlsx"
    If Len(Dir(FileName)) > 0 Then
        Kill FileName
    End If
End Sub
```

3. 将工作簿中的数据保存为文本文件

将代码输入Visual Basic编辑器中后，运行代码可以将工作簿中的数据保存在记事本文件中，其具体代码如下。

```
Sub 将工作簿中的数据存为TXT文件()
    Dim data As String
    Dim FileName As String, myRange As Range
    Application.ScreenUpdating = False
    FileName = (ActiveSheet.Name & ".txt")
'将TXT文件名保存为表名
'   FileName = Replace(ThisWorkbook.FileName, ".xlsx", ".txt")
'将TXT文件名保存为当前文件名
'   FileName = Replace(ThisWorkbook.FileName, ".xlsx", ActiveSheet.Name &
".txt")
'将TXT文件名保存为文件名+表名
    Open FileName For Output As #1
'以读写方式打开文件，运行宏后都会覆盖原来的内容
    For Each myRange In Range("a1").CurrentRegion
        data = data & IIf(s = "", "", "|") & myRange.Value
        If myRange.Column = Range("a1").CurrentRegion.Columns.Count Then
```

```
        Print #1, "|" & data
data = ""         '将数据写到文本文件中
      End If
   Next
   Close #1    '关闭文件
   Application.ScreenUpdating = True
   MsgBox "数据已导入" & FileName & "文本文档中"
End Sub
```

4. 保护工作簿中的工作表

将代码输入Visual Basic编辑器中后，然后运行代码，系统自动调用宏，并设置保护工作表的密码为“123456”，如果需要重新设置密码，直接修改“mySheet.Protect "123456"”语句中密码的值即可。具体代码如下。

```
Sub 保护工作簿中的所有工作表()
   Dim mySheet As Worksheet        '定义工作表对象
   For Each mySheet In Worksheets
   mySheet.Protect "123456"        '设置密码为“123456”
   Next
   MsgBox "确定"
End Sub
```

5. 撤销保护工作表

将代码输入Visual Basic编辑器中后，然后运行代码，系统自动调用宏，并撤销对工作表的保护，用户在使用时只需将“mySheet.Unprotect "123456"”语句中的密码修改为需要的密码即可。其具体代码如下。

```
Sub 撤销工作簿中所有工作表的保护()
   Dim mySheet As Worksheet      '定义工作表对象
   For Each mySheet In Worksheets
   mySheet.Unprotect "123456"
   Next
   MsgBox "撤销保护工作表"
End Sub
```

13.7 课后习题

（1）打开“招聘考试成绩.xlsx”工作簿，利用前面讲解的Excel录制与运行宏的操作来计算考试成绩。最终效果如图13-27所示。

提示： 在“招聘考试成绩.xlsx”工作簿中录制计算成绩的宏，先设置单元格的格式，然后利用IF和AND函数得出最后的结果，对于面试和笔试都超过了80分的应聘者显示“合格”，其他显示“不合格”，然后将宏运用到其他单元格中，最后将工作簿保存为“*.xlsm”类型的文档。

招聘考试成绩			
姓名	笔试	面试	总评
温磊	85	92	合格
乔峰	80	83	不合格
汤修业	85	81	合格
周明	50	42	不合格
赵阳	78	56	不合格

图13-27　“招聘考试成绩”参考效果

素材所在位置　光盘:\素材文件\第13章\课后习题\招聘考试成绩.xlsx
效果所在位置　光盘:\效果文件\第13章\课后习题\招聘考试成绩.xlsm
视频演示　光盘:\视频文件\第13章\制作计算成绩的宏.swf

（2）打开“年终奖金.xlsx”工作簿，利用前面讲解的VBA编程的相关知识计算年终奖励。最终效果如图13-28所示。

2014年员工年终奖金							
员工编号	员工姓名	工龄	本年已累计销售额	12月份销售额	全年销售额	12月份销售提成额	年终销售奖励额
YF2005001	赵阳	2	¥276,960	¥4,800	¥281,760	¥96	¥25,866
YF2005002	汪伟之	1	¥393,150	¥99,600	¥492,750	¥8,964	¥44,791
YF2005003	凌峰	1	¥418,915	¥55,700	¥474,615	¥5,013	¥43,143
YF2005004	周俊杰	0	¥186,065	¥0	¥186,065	¥0	¥12,094
YF2005005	张建章	3	¥290,200	¥53,000	¥343,200	¥4,770	¥31,815
YF2006006	宋丽萍	2	¥110,330	¥97,200	¥207,530	¥8,748	¥13,759
YF2006007	金思平	7	¥383,215	¥44,000	¥427,215	¥3,960	¥41,141
YF2006008	李玉敏	4	¥113,180	¥18,975	¥132,155	¥1,233	¥6,872
YF2007009	郑晓明	2	¥405,760	¥0	¥405,760	¥0	¥37,249
YF2007010	朱建成	5	¥405,550	¥109,550	¥515,100	¥9,860	¥48,677
YF2007011	曹大受	0	¥106,570	¥0	¥106,570	¥0	¥3,730
YF2008012	吴淑敏	0	¥122,290	¥0	¥122,290	¥0	¥6,115
YF2008013	张道中	2	¥181,565	¥51,250	¥232,815	¥4,613	¥15,436
YF2008014	郭庆藩	0	¥160,900	¥0	¥160,900	¥0	¥8,045
YF2009015	冯川	4	¥145,000	¥6,720	¥151,720	¥235	¥7,889
YF2009016	罗技	1	¥96,340	¥31,625	¥127,965	¥2,846	¥6,462
YF2009017	韦德	1	¥442,775	¥70,560	¥513,335	¥6,350	¥46,662
YF2009018	孙乐	1	¥74,400	¥5,250	¥79,650	¥184	¥2,816

图13-28　“年终奖金”参考效果

提示：首先在工作簿中创建一个新的函数“CALCULATEBONUS”，其代码参见“代码.txt”（其中的销售金额和计算率的关系：0~60000为2%；60000~120000为3.5%；120000~180000为5%；180000~240000为6.5%；240000以上为9%）。然后在H3单元格中插入函数“CALCULATEBONUS”，参数为（F3,C3），并将该函数复制到H4:H20单元格区域，并将工作簿保存为“*.xlsm”类型的文件。

素材所在位置　光盘:\素材文件\第13章\课后习题\年终奖金.xlsx、代码.txt
效果所在位置　光盘:\效果文件\第13章\课后习题\年终奖金.xlsx
视频演示　光盘:\视频文件\第13章\计算年终奖金.swf

第14章 综合案例

本章以制作销售业绩统计表格和应收账款账龄分析表为例，综合学习在Excel 2010中进行数据处理与分析的相关知识。

学习要点

◎ 制作销售业绩统计表格
◎ 制作应收账款账龄分析表

学习目标

◎ 综合所学的Excel数据处理与分析的知识，进一步巩固利用Excel相关操作来进行数据处理与分析的相关知识，从而能够熟练操作Excel 2010
◎ 能熟练制作各种数据表格，以及利用表格进行各种数据分析和处理

14.1 制作销售业绩统计表

14.1.1 实例目标

本实例要求制作“销售业绩统计表.xlsx”工作簿，用于统计企业在各地区的每季度的销售总额，因此在制作表格时，应设置表格字段的内容为编号、姓名、地区、职务、第1季度、第2季度、第3季度、第4季度及总计。制作表格并填充数据后，为了使表格中的数据表达更明确，且能查看不同地区的业绩，可通过数据透视表来统计和筛选需要查看的信息。本案例完成后的参考效果如图14-1所示。

效果所在位置　　光盘:\效果文件\第14章\课堂案例1\销售业绩统计表.xlsx

视频演示　　光盘:\视频文件\第14章\制作销售业绩统计表.swf

	B	C	D	E	F
1	成都				
4	职务	1季度	2季度	3季度	4季度
5	⊟店员	⊟¥24, 453. 00			
6			⊟¥23, 700. 00		
7				⊟¥22, 607. 00	
8					¥23, 273. 50
10	店员 汇总				
12	⊟店员	⊟¥29, 789. 00			
13			⊟¥41, 107. 50		
14				⊟¥35, 245. 50	
15					¥32, 674. 50
17	店员 汇总				
19	⊟店长	⊟¥22, 289. 50			
20			⊟¥22, 459. 50		
21				⊟¥23, 500. 00	
22					¥24, 092. 00
24	店长 汇总				

图14-1　“销售业绩统计表”的参考效果

14.1.2 专业背景

销售业绩统计表主要用于记录员工在某段时间内的业务情况，通过统计分析销售人员的业绩，可为企业提供产品的销售情况，为下一阶段的产品销售提供最基础的数据。使用Excel制作销售业绩统计表不仅可以计算销售人员的销售业绩，还可以根据不同的条件对数据进行统计分析，使数据更加清晰直观。

使用Excel可制作并管理产品销售对象的资料，制订产品销售计划、产品信息管理、产品销量分析与管理以及员工的销售业绩统计分析等，规范企业的销售过程，使企业管理更加规范。下面主要介绍日常工作中使用Excel进行销售管理最为常用的方面。

◎ **资料管理**：使用Excel可对销售管理中的客户和产品资料进行管理，对客户和产品的详细信息进行记录和整理，并对这些信息进行保护，如隐藏数据、保护工作簿和工作表等。

◎ **销售预算**：使用Excel可对销售管理中产生的销售费用进行预算，预测销售产品需要产生的各项费用，如对每月的员工工资、保险费、物流费、办公费、广告宣传费、促销

费等进行预算，再预算出本年度销售某项产品的费用。

◎ **销售评估：** 销售产品后，企业都会根据产品销售过程中产生的一系列数据对销售的结果进行评估，如对不同地区的产品销售量进行统计，对员工的销售业绩进行分析等。

14.1.3 实例分析

制作本实例前，需要先创建“销售业绩统计表”的框架，然后输入销售数据并使用SUM函数计算出员工的销售业绩，最后再创建数据透视表，统计每个区域的员工销售业绩，完成本案例的制作。本案例的操作思路如图14-2所示。

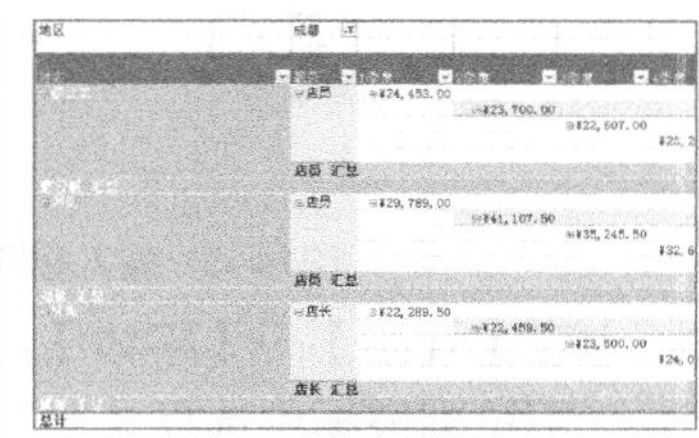

① 创建表格框架　② 计算员工销售业绩　③ 统计分析销售数据

图14-2　“销售业绩统计表”的制作思路

14.1.4 制作过程

制作案例是一个多步骤、多操作的过程，拟定好制作思路后即可按照思路逐步进行操作。

1. 创建表格框架

下面将新建“销售业绩统计表.xlsx”工作簿的基本框架，设置表格的名称的字段内容，然后设置数据的格式，具体操作如下。

（1）在桌面左下角单击“开始”按钮，选择【所有程序】→【Microsoft Office】→【Microsoft Excel 2010】菜单命令，启动Excel 2010。

（2）选择【文件】→【另存为】菜单命令，如图14-3所示。

（3）打开“另存为”对话框，在左侧的列表框中依次选择保存路径，在顶端左侧的下拉列表框中可查看保存路径，在“文件名”文本框中输入“销售业绩统计表”，单击 保存(S) 按钮，如图14-4所示，保存工作表。

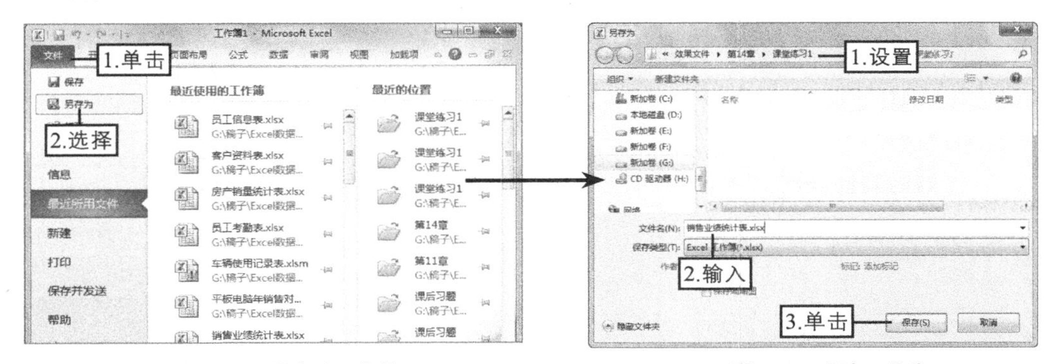

图14-3　另存为工作簿　　图14-4　保存工作表

（4）在工作表的A1单元格中输入表格的标题，并在A2:I2单元格区域中输入表格的字段内容，其效果如图14-5所示。

（5）选择A1:I1单元格区域，在【开始】→【对齐方式】组中单击合并后居中按钮，如图14-6所示。

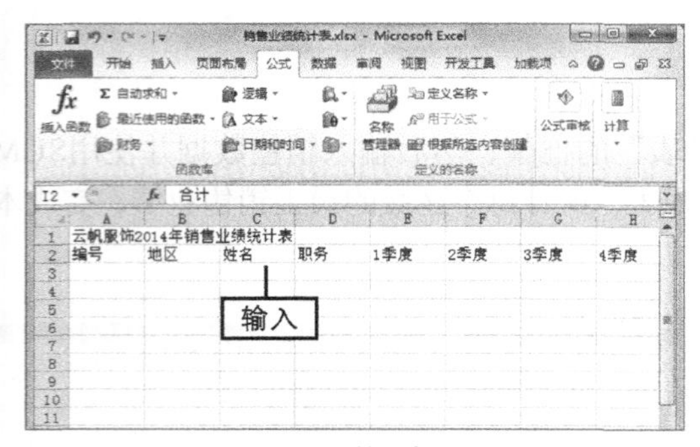

图14-5　输入标题

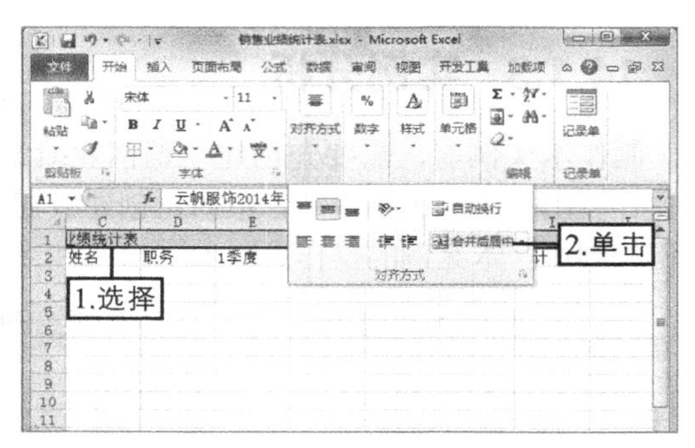

图14-6　合并单元格

（6）在【开始】→【字体】组的“字体”下拉列表框中选择“微软雅黑”选项，在“字号”下拉列表框中选择“24”选项，如图14-7所示。

（7）选择A2:I2单元格区域，在【字体】组中，单击“加粗”按钮，单击“字体颜色”按钮右侧的下拉按钮，在打开的下拉列表中选择“白色”选项，如图14-8所示。

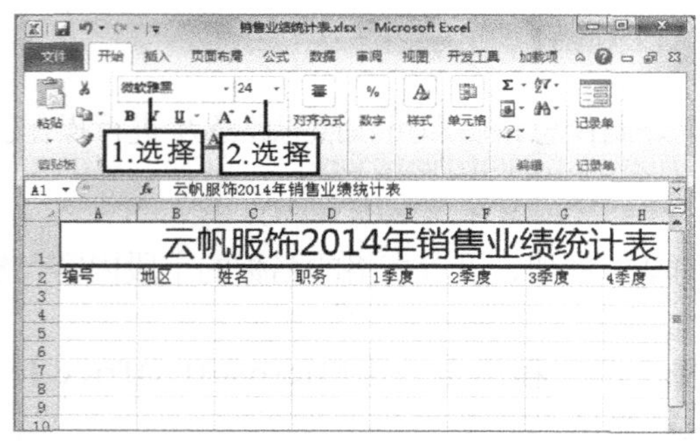

图14-7　设置标题格式

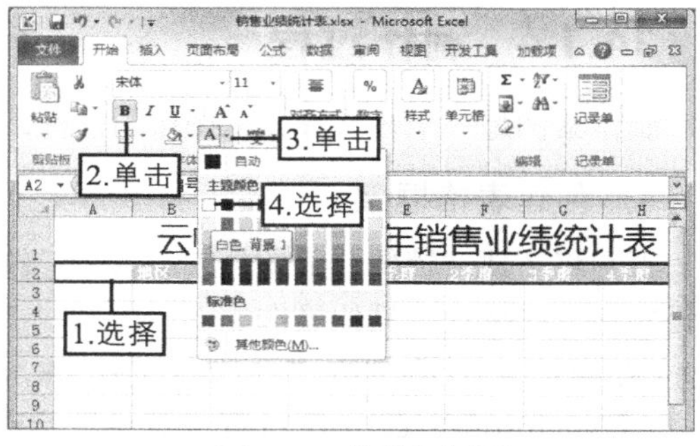

图14-8　设置字体颜色

（8）单击“填充颜色”按钮右侧的下拉按钮，在打开的下拉列表中选择“橙色，强调文字颜色6，深色25%”选项，如图14-9所示。

（9）在【开始】→【对齐方式】组中，单击“居中”按钮，如图14-10所示。

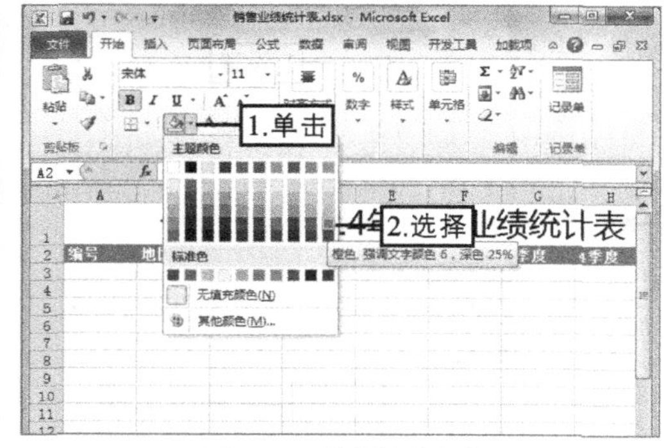

图14-9　设置填充颜色

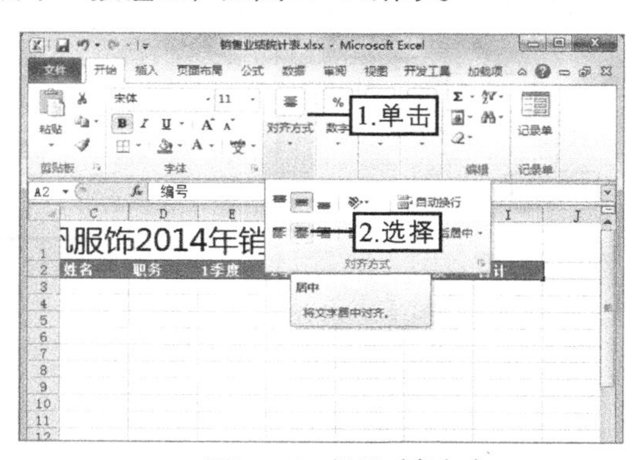

图14-10　设置对齐方式

（10）选择第2行单元格区域，单击鼠标右键，在弹出的快捷菜单中选择“行高”命令，如图14-11所示。

（11）打开“行高”对话框，在文本框中输入“22”，单击确定按钮，如图14-12所示。

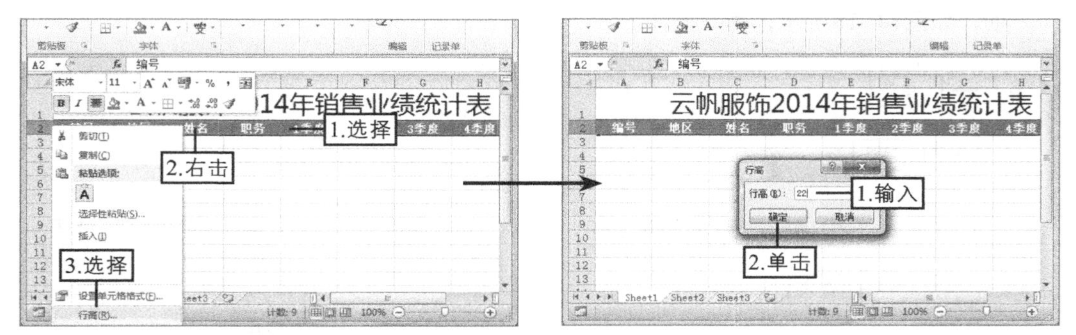

图14-11　选择命令　　　　图14-12　设置行高

（12）选择B3:B22单元格区域，在【数据】→【数据工具】组中，单击“数据有效性”按钮，如图14-13所示。

（13）打开“数据有效性”对话框，在“允许”下拉列表框中选择“序列”选项，在“来源”文本框中输入“上海,广州,北京,武汉,成都”，单击确定按钮，如图14-14所示。

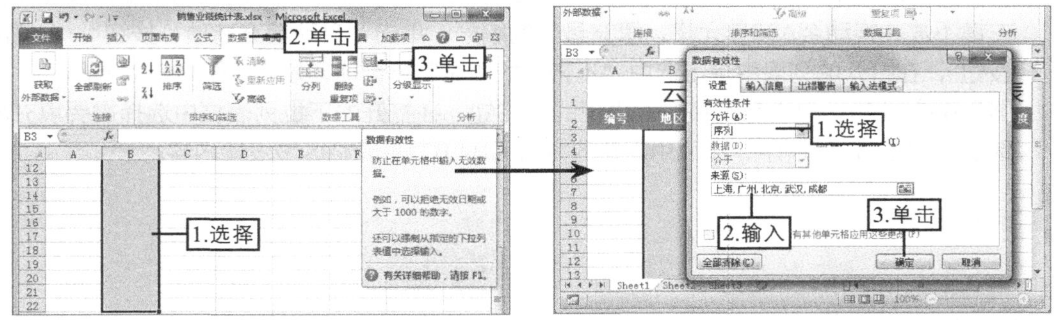

图14-13　选择单元格区域　　　　图14-14　设置数据有效性

（14）选择E3:I22单元格区域，单击鼠标右键，在弹出的快捷菜单中选择“设置单元格格式”命令，如图14-15所示。

（15）打开“设置单元格格式”对话框，在“分类”列表框中选择“货币”选项，然后保持其他设置默认不变，单击确定按钮，如图14-16所示。

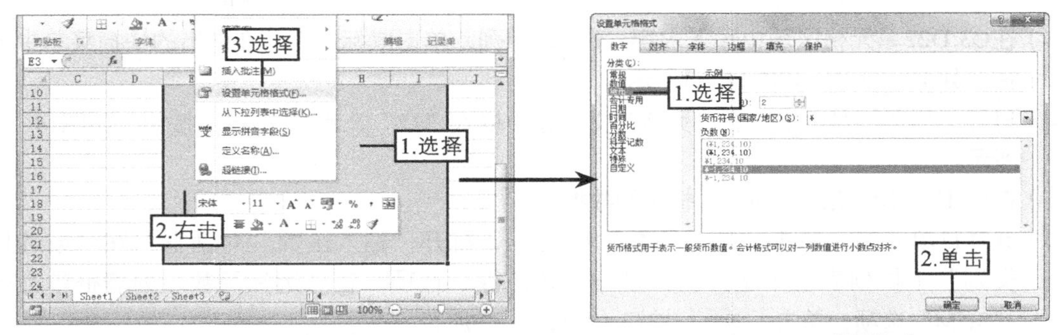

图14-15　选择命令　　　　图14-16　设置格式

（16）选择A2:I22单元格区域，在【开始】→【字体】组中，单击“边框”按钮右侧的下拉按钮，在打开的下拉列表中选择“所有框线”选项，如图14-17所示。

（17）继续单击“边框”按钮右侧的下拉按钮，在打开的下拉列表中选择“粗匣框线”选项，如图14-18所示，完成操作。

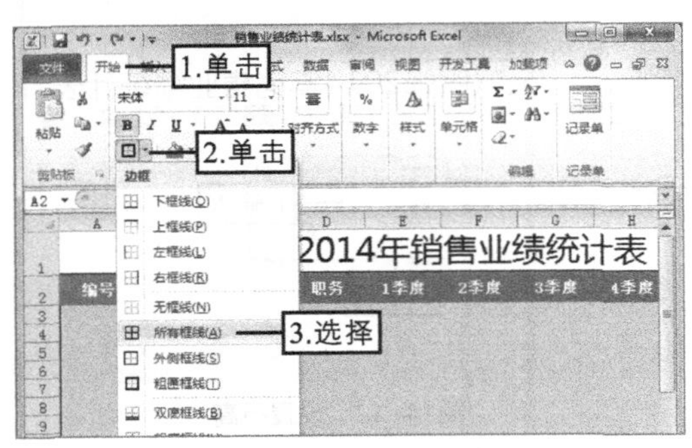

图14-17　设置所有框线

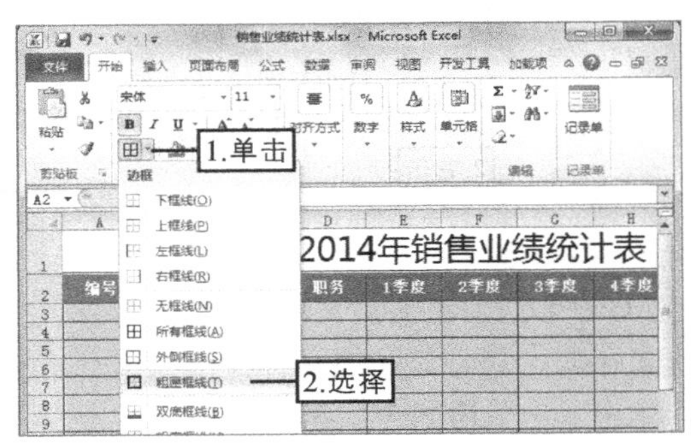

图14-18　设置边框线

2. 计算员工的销售业绩

下面将输入销售数据，然后计算员工全年的销售业绩，具体操作如下。

（1）在A3单元格中输入“YF001”，然后将鼠标放在A3单元格右下角的控制柄上，按住鼠标左键不放并拖动至A22单元格，填充员工的编号，单击“自动填充选项”按钮右侧的按钮，在打开的列表中单击选中“不带格式填充”单选项，效果如图14-19所示。

（2）选择B3单元格，单击单元格右侧出现的按钮，在打开的下拉列表框中选择需要填充的选项，如图14-20所示，然后用同样的方法为B4:B22单元格区域设置内容。

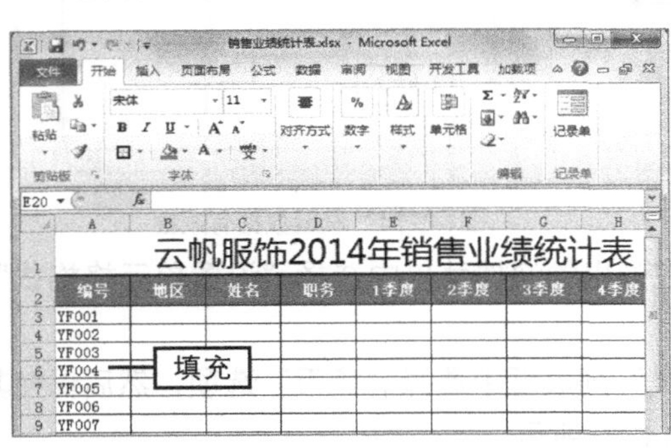

图14-19　填充序列

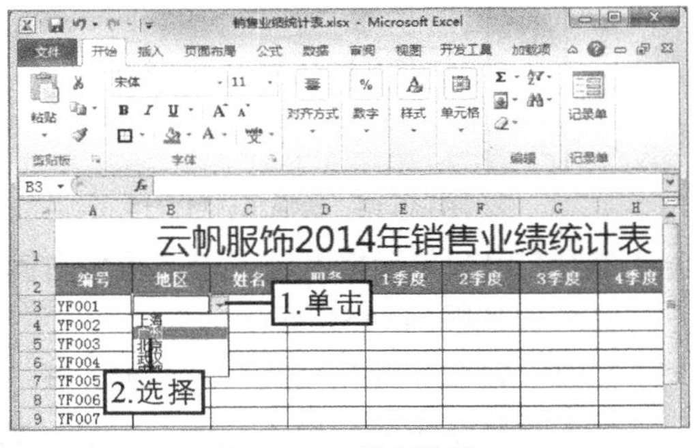

图14-20　选择地区

（3）在C3:D22单元格区域中输入内容，选择E¯I列，单击鼠标右键，在弹出的快捷菜单中选择“列宽”命令，如图14-21所示。

（4）打开“列宽”对话框，在“列宽”文本框中输入“12”，单击 确定 按钮，如图14-22所示。

（5）在E3:H22单元格区域内输入相关的数据。

（6）选择I3单元格，单击“插入函数”按钮，打开“插入函数”对话框，在“或选择类别”下拉列表框中选择“数学与三角函数”选项，在“选择函数”列表框中选择“SUM”选项，单击 确定 按钮，如图14-23所示。

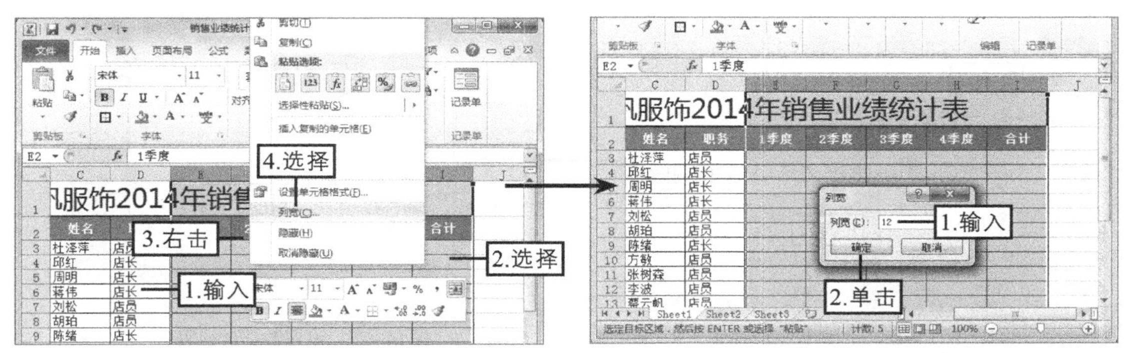

图14-21 选择“列宽”命令　　图14-22 设置列宽

（7）打开“函数参数”对话框，在“Number1”文本框中输入“E3:H3”，单击确定按钮，如图14-24所示。

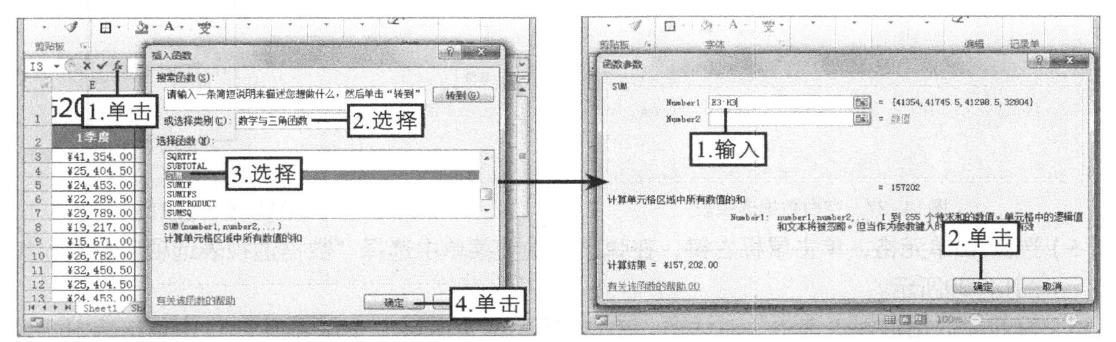

图14-23 选择要插入的函数　　图14-24 设置函数参数

（8）在I3单元格中计算出该员工全年的销售业绩，然后将鼠标放在I3单元格右下角的控制柄上，按住鼠标左键不放并拖动至I22单元格，计算出其他员工全年的销售业绩，单击“自动填充选项”按钮右侧的按钮，在打开的列表中单击选中“不带格式填充”单选项，完成操作。

3. 统计分析各地区的销售业绩

输入并计算完员工的销售业绩后，下面将创建数据透视表，设置数据透视表中每季度的数据显示方式，并统计和分析每个地区的销售业绩，具体操作如下。

（1）择A2:I22单元格区域，在【插入】→【表格】组中单击“数据透视表”按钮下方的下拉按钮，在打开的下拉列表中选择“数据透视表”选项，如图14-25所示。

（2）打开“创建数据透视表”对话框，确认要分析的数据区域和存放数据透视图表的位置，这里保持默认设置，然后单击确定按钮，如图14-26所示。

（3）系统自动新建一个名为“Sheet4”的工作表，自动创建一个空白的数据透视表并打开“数据透视表字段列表”任务窗格，其效果如图14-27所示。

（4）在“选择要添加到报表的字段”列表框中将“地区”选项拖动到“报表筛选”列表框中，将“合计”选项拖动到“数值”列表框，再将“姓名、职务、1季度、2季度、3季度和4季度”选项拖动到“行标签”列表框中，如图14-28所示。

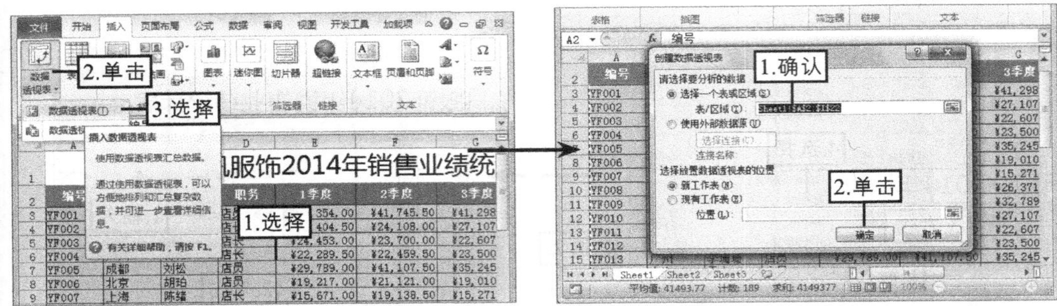

图14-25　创建数据透视表　　　　图14-26　设置数据透视表

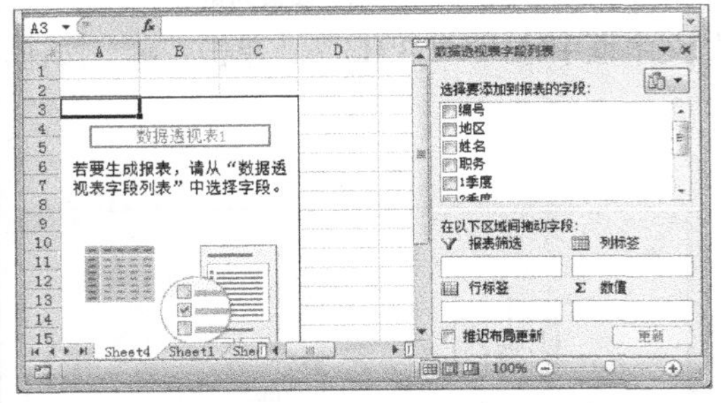

图14-27　空白数据透视表

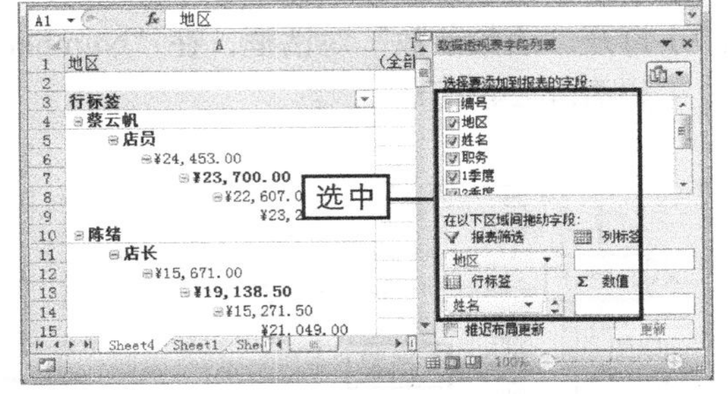

图14-28　设置数据透视表选项

（5）选择A6单元格，单击鼠标右键，在弹出的快捷菜单中选择“数据透视表选项”命令，如图14-29所示。

（6）打开“数据透视表选项”对话框，单击“显示”选项卡，在“显示”栏中单击选中“经典数据透视表布局（启用网格中的字段拖放）”复选框，单击 确定 按钮，如图14-30所示。

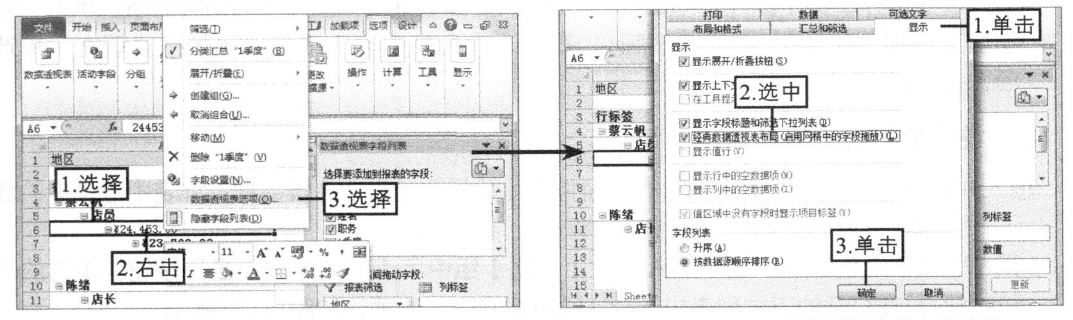

图14-29　选择“数据透视表选项”命令　　　　图14-30　设置数据透视表的显示选项

（7）返回工作表，数据透视表中所有的行标签同时并列显示，这时还可看到系统自动对每个季度的值进行了汇总，如图14-31所示。

（8）选择C8单元格，单击鼠标右键，在弹出的快捷菜单中选择“字段设置”命令，如图14-32所示。

（9）打开“字段设置”对话框，在“分类汇总和筛选”选项卡的“分类汇总”栏中，单击选中“无”单选项，如图14-33所示。

（10）单击“布局和打印”选项卡，单击选中“以大纲形式显示项目标签”单选项和“在每个

项目标签后插入空行”复选框，单击确定按钮，如图14-34所示。

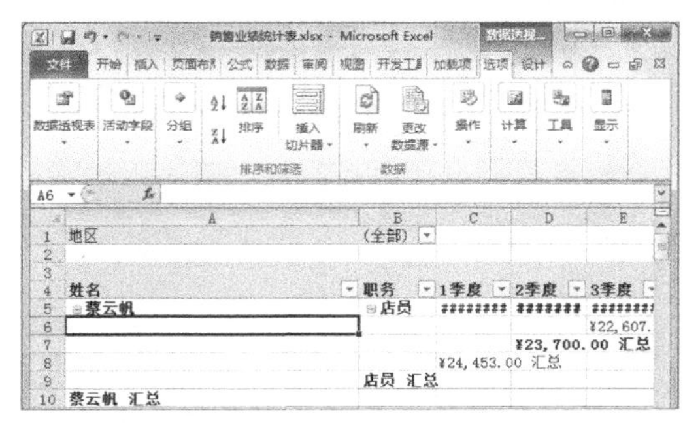

图14-31　数据透视表显示效果

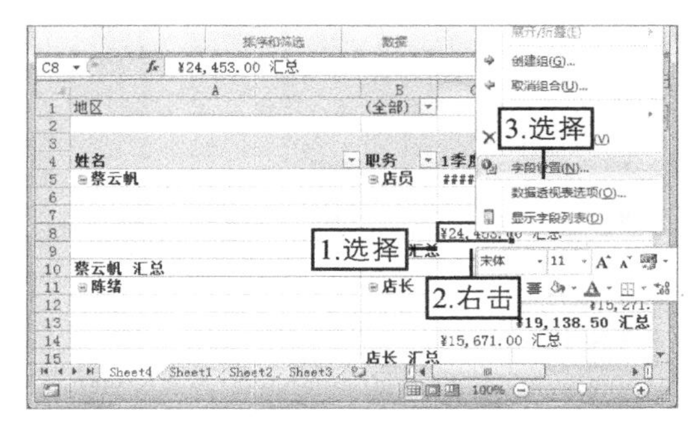

图14-32　设置字段

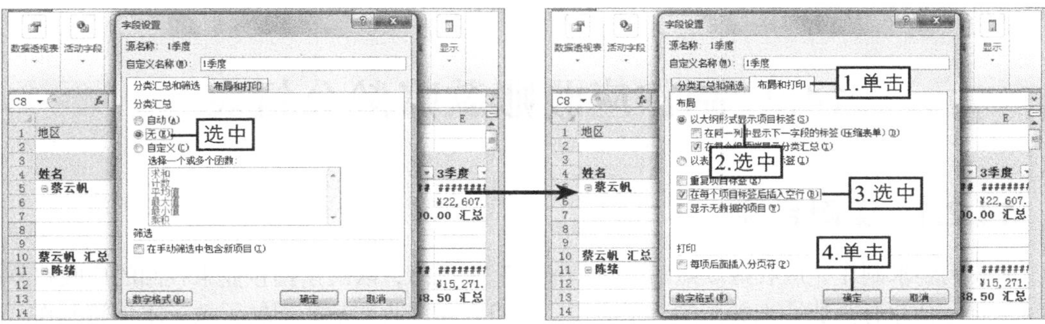

图14-33　设置分类汇总

图14-34　设置布局与打印

（11）分别选择D8、E8和F8单元格，使用相同的方法设置2季度、3季度、4季度的数据显示方式，然后通过鼠标左键拖动的方式，调整C、D、E、F列的列宽，使其中的数据完全显示出来，其效果如图14-35所示。

（12）单击B1单元格右侧的按钮，在打开的下拉列表中选择“成都”选项，单击确定按钮，如图14-36所示。

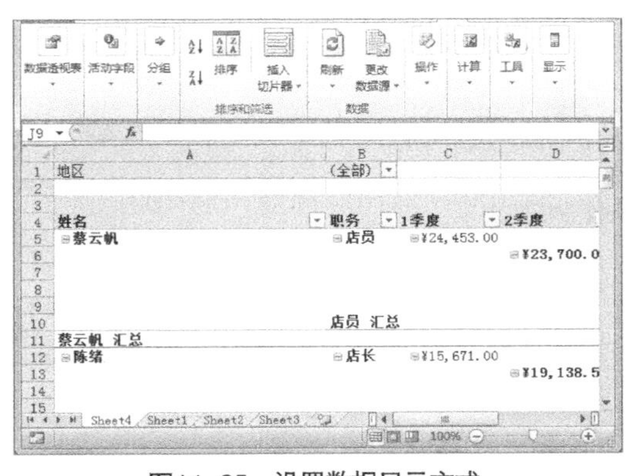

图14-35　设置数据显示方式

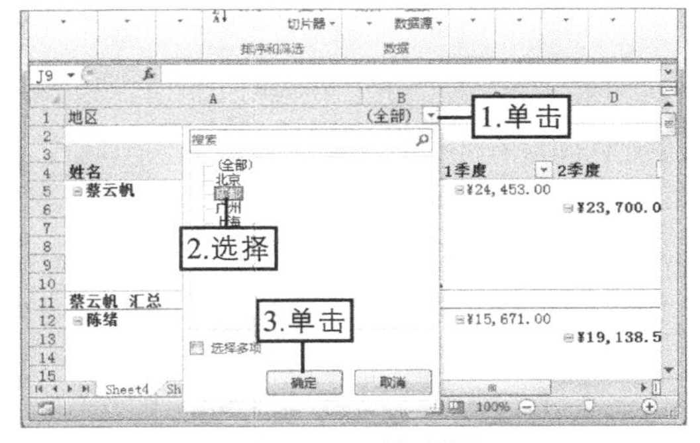

图14-36　筛选数据

（13）在数据透视表中将筛选出地区为“成都”的员工的销售业绩，其效果如图14-37所示。

（14）在【数据透视表工具 设计】→【数据透视表样式】组的列表框中单击按钮，在打开的下拉列表框的“中等深浅”栏中选择“数据透视表样式中等深浅4”选项，如图14-38所示。

（15）调整工作簿的显示内容，保存工作簿，完成本例操作。

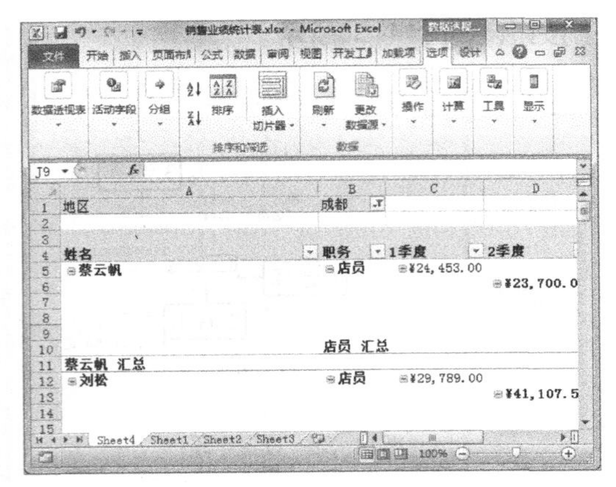

图14-37　筛选数据效果

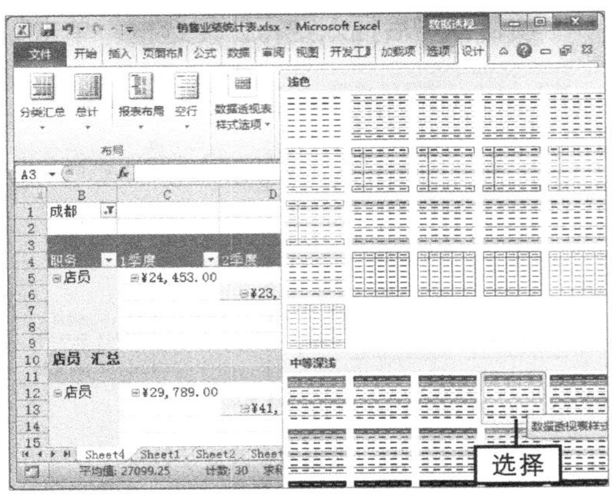

图14-38　设置表格样式

14.2　制作应收账款账龄分析表

14.2.1　实例目标

本实例要求制作“应收账款账龄分析表.xlsx”工作簿，账龄是指企业未收回的应收账款的时间，对与企业有密切往来关系的客户来说，也可看作应收账款的周转天数。本例将制作“应收账款账龄分析表.xlsx”工作簿，将周转天数按30天来进行分类计算，分别计算出周期在30天以内、30~60天、60~120天及120天以上的客户的应收账款。本案例完成后的参考效果如图14-39所示。

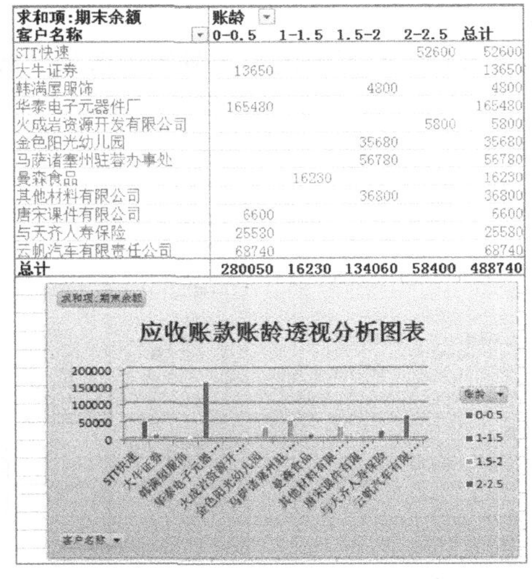

求和项:期末余额	账龄				
客户名称	0-0.5	1-1.5	1.5-2	2-2.5	总计
STT快速				52600	52600
大牛证券	13650				13650
韩满屋服饰			4300		4300
华泰电子元器件厂	165430				165430
火成岩资源开发有限公司				5800	5800
金色阳光幼儿园			35680		35680
马萨诸塞州驻蓉办事处			56780		56780
曼森食品		16230			16230
其他材料有限公司			36800		36800
唐宋课件有限公司	6600				6600
与天齐人寿保险	25530				25530
云帆汽车有限责任公司	68740				68740
总计	280050	16230	134060	58400	488740

图14-39　“应收账款账龄分析表”的参考效果

素材所在位置　光盘:\素材文件\第12章\课堂案例2\客户资料表.xlsx

效果所在位置　光盘:\效果文件\第12章\课堂案例2\应收账款账龄分析表.xlsx

视频演示　光盘:\视频文件\第12章\制作应收账款账龄分析表.swf

职业素养

账龄是指公司尚未收回的应收账款的时间长度，通过对企业的账龄进行分析，可统计企业应收账款在各个客户之间的金额分布情况及拖欠时间的长短。使用Excel可对企业应收账款的账龄进行分析与计算，判断公司应收账款的运行状况，使企业管理者了解收款、欠款的情况，判断欠款的可收回程度和可能发生的损失。

14.2.2 专业背景

财务管理是指企业对资产的购置、投资，资本的融通、筹资和经营中的现金流量、营运资金以及利润分配等进行的管理。财务管理是企业管理的重要组成部分，也是企业或公司能否正常发展的关键。使用Excel 2010可制作财务管理过程中需要使用的表格，还可通过公式、函数和图表等对财务报表中的数据进行分析和管理，使管理人员能清楚地掌握企业或公司财务的流动情况，促进企业或公司的发展。

在Excel 2010中可快速制作财务管理的各种表格并对财务数据进行分析和管理，主要包括制作会计报表，进行财务分析、财务审计、资产管理、财务预测和财务预算等，分别如下。

◎ **会计报表：**使用Excel 2010可制作各种类型的会计表格，并使用公式和函数计算会计报表中的数据，然后再通过图表对其进行分析和汇总等。如会计科目表、科目汇总表、记账凭证、资产负债表、利润表、现金流量表和所有者权益表等。

◎ **财务分析：**使用Excel 2010可对企业的各种财务数据进行分析、比较、预测等，然后再通过企业的具体规章制度做出综合评价。本案例中制作的“应收账款账龄分析表”就属于财务管理表格中的财务分析类表格。

◎ **财务审计：**使用Excel 2010可对企业日常工作的数据进行分析和管理，并对企业财务数据的真实性、合法性和效益进行审计监督，对被审计企业的会计报表所反映的会计信息依法做出客观、公正的评价，形成审计报告，揭露并反映企业资产、负债、盈亏的真实情况。

◎ **资产管理：**通过Excel 2010可对固定资产和流动资产的相关数据进行分析和管理，如进行固定资产的累计折旧和固定资产清理管理，对货币资金、短期投资、应收账款、预付款、存货等流动资产进行管理等。

◎ **财务预测：**使用Excel 2010可对企业的销售成本、销售收入、支出费用等财务数据进行预测，为企业经营和发展提供数据依据。

◎ **财务预算：**使用Excel 2010可对企业日常财务数据、现金及财务报表中的数据进行分析和预算。

14.2.3 实例分析

本案例将制作“应收账款账龄分析表.xlsx”工作簿，先创建工作簿的框架并根据标准的周转天数来计算客户的应收账款的账龄，然后创建数据透视表，对账龄的时间进行分组，统计出每个阶段的应收账款金额，最后创建数据透视图，使表格中的数据以更加清晰、直观的形式呈现。本案例的操作思路如图14-40所示。

应收账款账龄分析表				
截止日期：2015/8/12				
客户信息		周转天数	30天	30~60天
客户名称	期末余额	交易日期	余额	余额
火成岩资源开发有限公司	¥ 5,800.00	2013/3/3		
STT快速	¥ 52,600.00	2013/6/4		
其他材料有限公司	¥ 36,800.00	2013/12/12		
马萨诸塞州驻蓉办事处	¥ 56,780.00	2014/1/5		
韩满屋服饰	¥ 4,800.00	2014/2/6		
曼森食品	¥ 16,230.00	2014/3/8		
金色阳光幼儿园	¥ 35,680.00	2014/2/12		
云帆汽车有限责任公司	¥ 68,740.00	2015/4/6		
与天齐人寿保险	¥ 25,580.00	2015/5/13		
大牛证券	¥ 13,650.00	2015/6/12		
唐宋课件有限公司	¥ 6,600.00	2015/6/21		
华泰电子元器件厂	¥ 165,480.00	2015/8/1		
合计				

① 创建表格框架

应收账款账龄分析表					
周转天数	30天	30~60天	60~120天	120天以上	
交易日期	余额	余额	余额	余额	账龄
2013/3/3	¥ -	¥ -	¥ -	¥ 5,800.00	2.44
2013/6/4	¥ -	¥ -	¥ -	¥ 52,600.00	2.19
2013/12/12	¥ -	¥ -	¥ -	¥ 36,800.00	1.67
2014/1/5	¥ -	¥ -	¥ -	¥ 56,780.00	1.60
2014/2/6	¥ -	¥ -	¥ -	¥ 4,800.00	1.52
2014/3/8	¥ -	¥ -	¥ -	¥ 16,230.00	1.43
2014/2/12	¥ -	¥ -	¥ -	¥ 35,680.00	1.50
2015/4/6	¥ -	¥ -	¥ -	¥ 68,740.00	0.35
2015/5/13	¥ -	¥ -	¥ 25,580.00	¥ -	0.25
2015/6/12	¥ -	¥ -	¥ -	¥ -	0.17
2015/6/21	¥ -	¥ 6,600.00	¥ -	¥ -	0.14
2015/8/1	¥165,480.00	¥ -	¥ -	¥ -	0.03
	¥165,480.00	¥ 6,600.00	¥ 25,580.00	¥277,430.00	

② 计算应收账款

求和项:期末余额	账龄			
客户名称	0-0.5	1-1.5	1.5-2	2-2.5
STT快速				5260
大牛证券	13650			
韩满屋服饰			4800	
华泰电子元器件厂	165480			
火成岩资源开发有限公司				530
金色阳光幼儿园			35680	
马萨诸塞州驻蓉办事处			56780	
曼森食品		16230		
其他材料有限公司			36800	
唐宋课件有限公司	6600			
与天齐人寿保险	25580			
云帆汽车有限责任公司	68740			
总计	280050	16230	134060	5840

③ 创建数据透视表

图14-40　“应收账款账龄分析表”的制作思路

14.2.4　制作过程

制作案例是一个多步骤多操作的过程，拟定好制作思路后即可按照思路逐步进行操作。

1. 创建表格框架

下面将先新建“应收账款账龄分析表”工作表，创建表格的框架，再使用数据有效性从“客户资料表”中引用客户的名称，然后设置数据的格式并输入数据，具体操作如下。

（1）打开素材文件“客户资料表.xlsx”工作簿，选择【文件】→【另存为】菜单命令。

（2）打开“另存为”对话框，在左侧的列表框中依次选择保存路径，在顶端左侧的下拉列表框中可查看保存路径，在“文件名”文本框中输入“应收账款账龄分析表”，单击 保存(S) 按钮，保存工作表。

（3）在工作表标签“Sheet2”上双击，输入工作表的名称“应收账款账龄分析表”，重命名工作表，如图14-41所示。

（4）在工作表的A1单元格中输入表格的标题，并在A2:H3单元格区域中输入表格内容，并在A17单元格中输入“合计”，如图14-42所示。

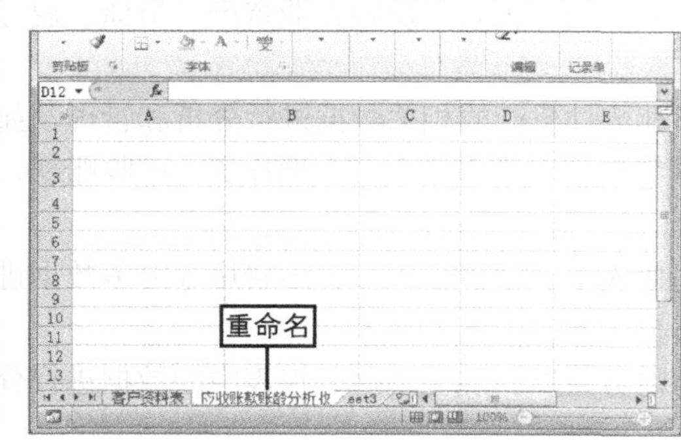

图14-41　重命名工作表

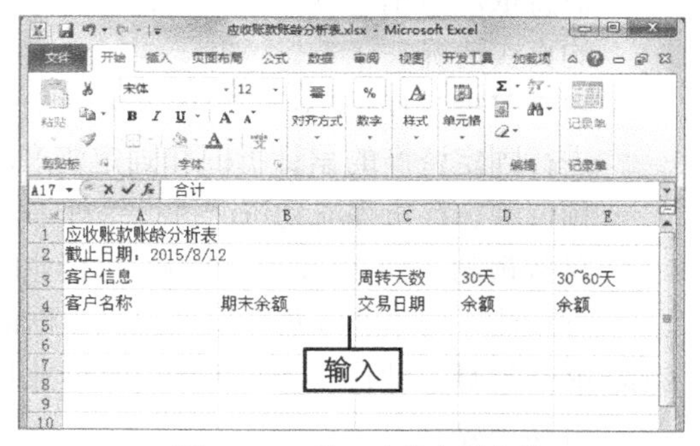

图14-42　输入表格字段名称

（5）选择A1:H1单元格区域，在【开始】→【对齐方式】组中单击 合并后居中 按钮，然后用同样的方法合并A2:B2、A3:B3单元格区域。

（6）选择A1单元格，在【开始】→【字体】组的“字体”下拉列表框中选择“微软雅黑”选项，在“字号”下拉列表框中选择“22”选项。

（7）选择A2:H4单元格区域，在【开始】→【字体】组的“字体”下拉列表框中选择“微软雅黑”选项，在“字号”下拉列表框中选择“12”选项，在【开始】→【对齐方式】组中，单击两次“居中”按钮 ，效果如图14-43所示。

（8）用同样的方式设置A17单元格的字体格式为“微软雅黑，居中”。

（9）选择A3:H17单元格区域，在【开始】→【字体】组中，单击“边框”按钮右侧的下拉按钮，在打开的下拉列表中选择“所有框线”选项。

（10）继续单击“边框”按钮右侧的下拉按钮，在打开的下拉列表中选择“粗匣框线”选项。

（11）选择A3:H4单元格区域，单击“填充颜色”按钮右侧的下拉按钮，在打开的下拉列表中选择“浅绿”选项，为表格设置填充色，最后效果如图14-44所示。

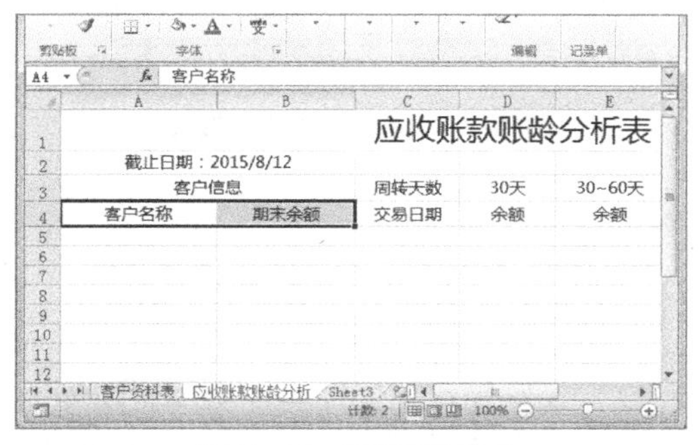

图14-43　设置字体格式

图14-44　设置边框和底纹

（12）选择A5:A16单元格区域，在【数据】→【数据工具】组中，单击“数据有效性”按钮，如图14-45所示。

（13）打开“数据有效性”对话框，在“允许”下拉列表框中选择“序列”选项，单击“来源”文本框右侧的按钮，如图14-46所示。

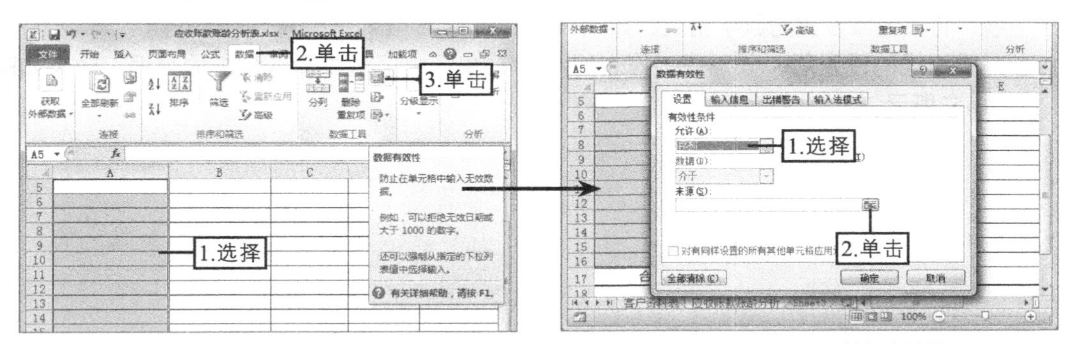

图14-45　选择操作　　图14-46　设置数据有效性

（14）“数据有效性”对话框被缩小，单击“客户资料表”工作表标签，在该工作表中选择B4:B15单元格区域，单击按钮，如图14-47所示。

（15）返回“数据有效性”对话框，确认设置无误，单击 确定 按钮，如图14-48所示。

（16）此时，在A5:A16单元格区域中单击任意单元格，会在其后出现按钮，单击该按钮，在打开的下拉列表中的数据可根据“客户资料表”工作表中的数据进行变化，如图14-49所示。

（17）按住【Ctrl】键的同时，分别选择B5:B17和D5:G17单元格区域，在【开始】→【数字】组中，单击“会计数字格式”按钮右侧的下拉按钮，在打开的下拉列表中选择“￥中文（中国）”选项，将该区域设置为货币格式，如图14-50所示。

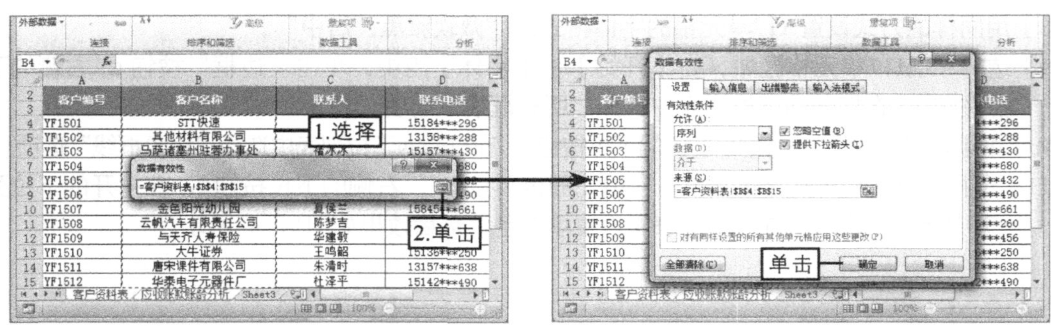

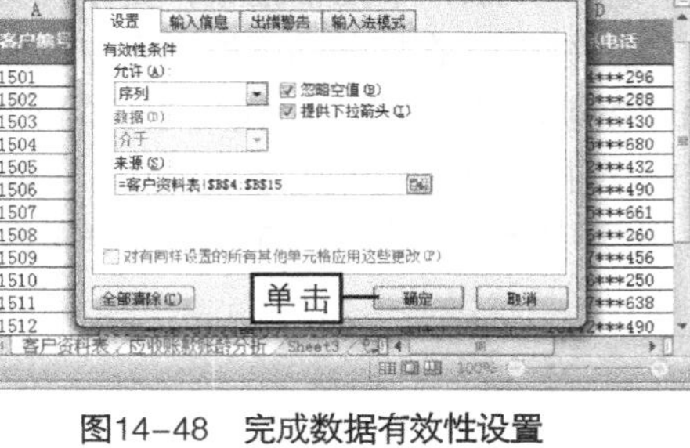

图14-47　选择数据区域　　图14-48　完成数据有效性设置

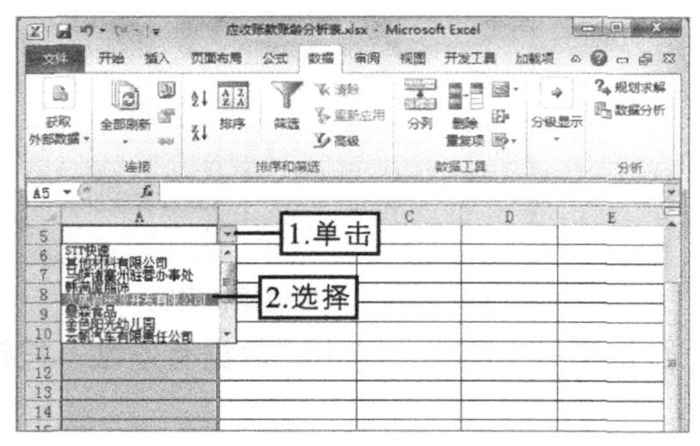

图14-49　查看效果

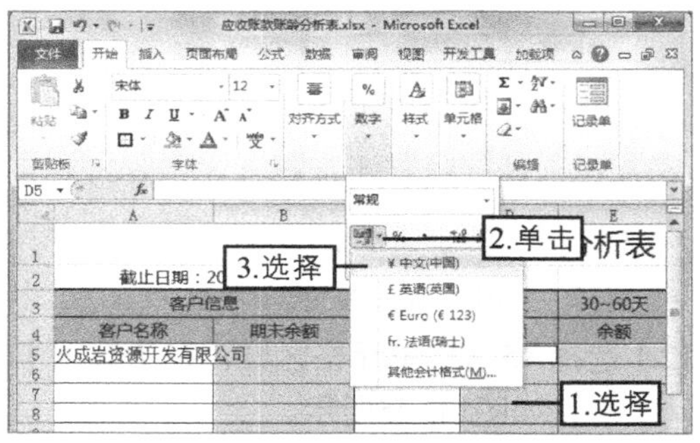

图14-50　设置数据格式

（18）选择H5:H17单元格区域，在【开始】→【数字】组中的下拉列表框中选择“数字”选项，将该区域设置为数字格式，如图14-51所示。

（19）完成格式的设置后，分别在工作表的A5:C16单元格区域中输入相应的数据，效果如图14-52所示。

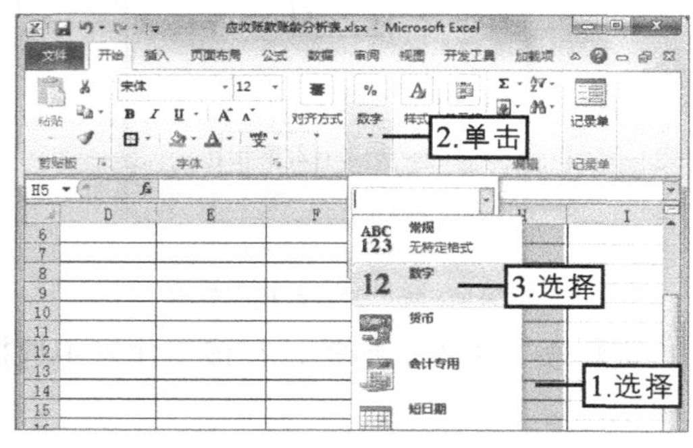

图14-51　设置数据格式

图14-52　输入数据

2. 计算账龄期间的应收账款

创建好表格的框架后，下面将使用IF、AND、DAYS360函数来计算客户在账龄期间的账款余额，然后使用DAYS360函数计算客户的实际账龄，具体操作如下。

（1）选择A2单元格，在【开始】→【对齐方式】组中单击“合并后居中”按钮，拆分该单元格，然后将A2单元格中的“2015/8/12”剪切到B2单元格中。选择A2单元格，在【开始】→【对齐方式】组中单击“文本右对齐”按钮，然后选择B2单元格，在【开始】→【对

齐方式】组中单击“文本左对齐”按钮，然后选择D5单元格，单击“插入函数”按钮 f_x，如图14-53所示。

（2）打开“插入函数”对话框，在“或选择类别”下拉列表框中选择“逻辑”选项，在“选择函数”列表框中选择“IF”选项，单击 确定 按钮，如图14-54所示。

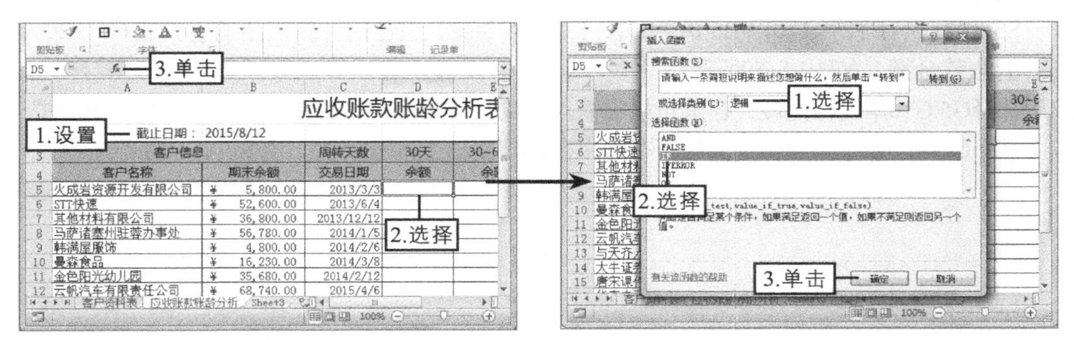

图14-53 插入函数　　图14-54 选择IF函数

（3）打开“函数参数”对话框，在“Logical_test”文本框中输入“AND(DAYS360(¥C5,¥B¥2)>=0,DAYS360(¥C5,¥B¥2)<30)”，在“Logical_if_true”文本框中输入“¥B5”，在“Logical_if_false”文本框中输入“0”，单击 确定 按钮，如图14-55所示。

（4）将D5单元格区域中的公式复制到D6:D16单元格区域中，结果如图14-56所示。

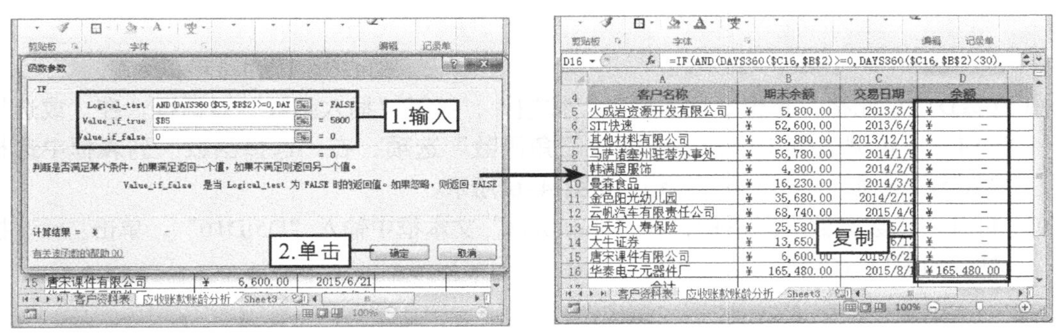

图14-55 设置IF函数参数　　图14-56 复制函数

（5）选择E5:E16单元格区域，在编辑栏中输入函数“=IF(AND(DAYS360(¥C5,¥B¥2)>=30,DAYS360(¥C5,¥B¥2)<60),¥B5,0)”，如图14-57所示。

（6）按【Ctrl+Enter】组合键即可计算出所有客户在30¯60天以内的账款余额，如图14-58所示。

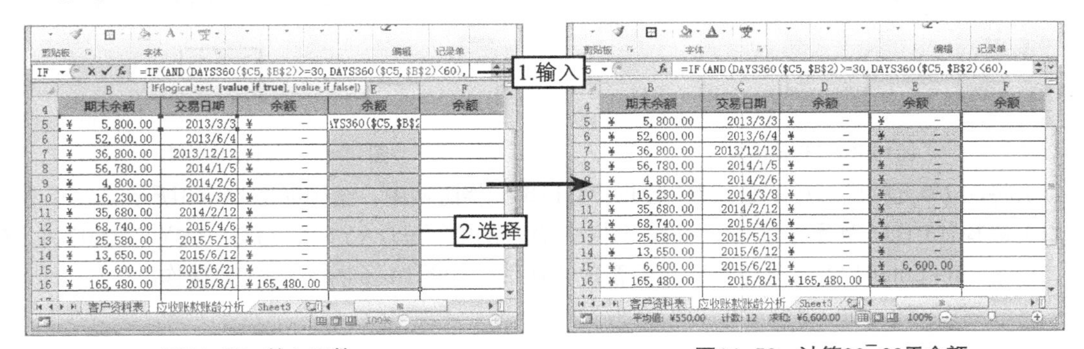

图14-57 输入函数　　图14-58 计算30¯60天余额

知识提示

步骤1~6展示了两种不同的插入函数的方法，对于函数使用较熟悉的用户可以考虑使用直接输入的方法，能提高工作效率。

（7）选择F5:F16单元格区域，在编辑栏中输入函数“=IF(AND(DAYS360(¥C5,¥B¥2)>60,DAYS360(¥C5,¥B¥2)<120),¥B5,0)”，按【Ctrl+Enter】组合键计算出所有客户在60¯120天内的账款余额，如图14-59所示。

（8）选择G5:G16单元格区域，在编辑栏中输入函数“=IF(DAYS360(¥C5,¥B¥2)>=120,¥B5,0)”，按【Ctrl+Enter】组合键计算出所有客户在120天以上的账款余额，如图14-60所示。

图14-59　计算60¯120天余额

图14-60　计算120天以上余额

（9）选择D17单元格，单击“插入函数”按钮，打开“插入函数”对话框，在“或选择类别”下拉列表框中选择“数学与三角函数”选项，在“选择函数”列表框中选择“SUM”选项，单击确定按钮，如图14-61所示。

（10）打开“函数参数”对话框，在“Number1”文本框中输入“D5:D16”，单击确定按钮，如图14-62所示。

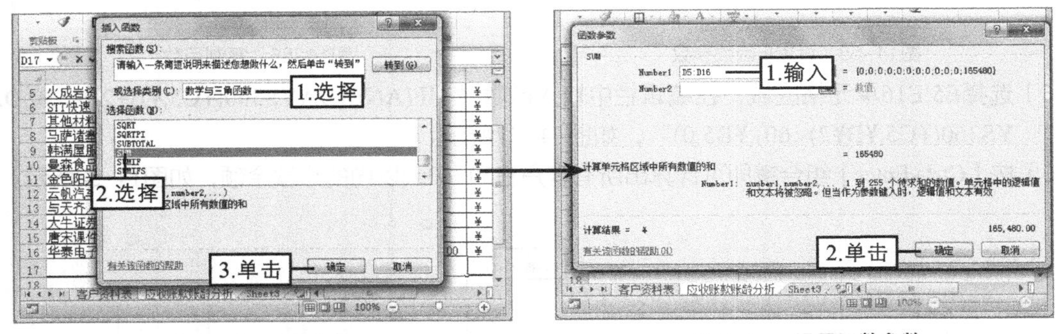

图14-61　选择函数

图14-62　设置函数参数

（11）将D17单元格区域中的公式复制到E17:G17单元格区域中，结果如图14-63所示。

（12）选择H5:H16单元格区域，在编辑栏中输入函数“=DAYS360(¥C5,¥B¥2)/360”，按【Ctrl+Enter】组合键计算出所有客户的账龄，如图14-64所示，完成操作。

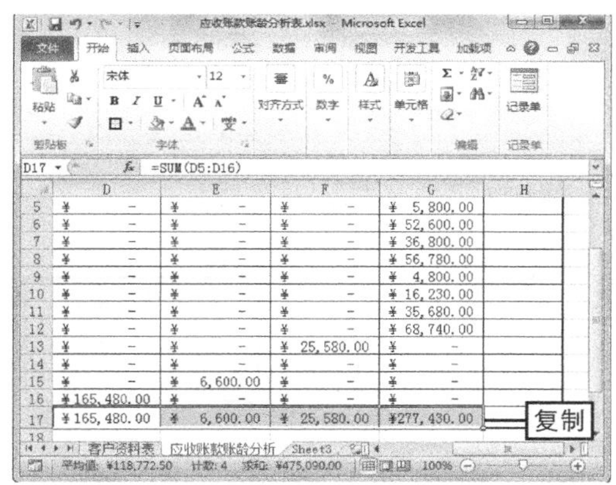

图14-63　复制函数　　图14-64　计算账龄

3. 创建数据透视表

下面根据计算出的数据来创建数据透视表，设置每0.5年为一个账龄期间对客户的应付账款进行汇总和分析，具体操作如下。

（1）选择A4:H16单元格区域，在【插入】→【表格】组中单击“数据透视表”按钮下方的下拉按钮，在打开的下拉列表中选择“数据透视表”选项，如图14-65所示。

（2）打开“创建数据透视表”对话框，确认要分析的数据区域和存放数据透视图表的位置，这里保持默认设置，然后单击 确定 按钮，如图14-66所示。

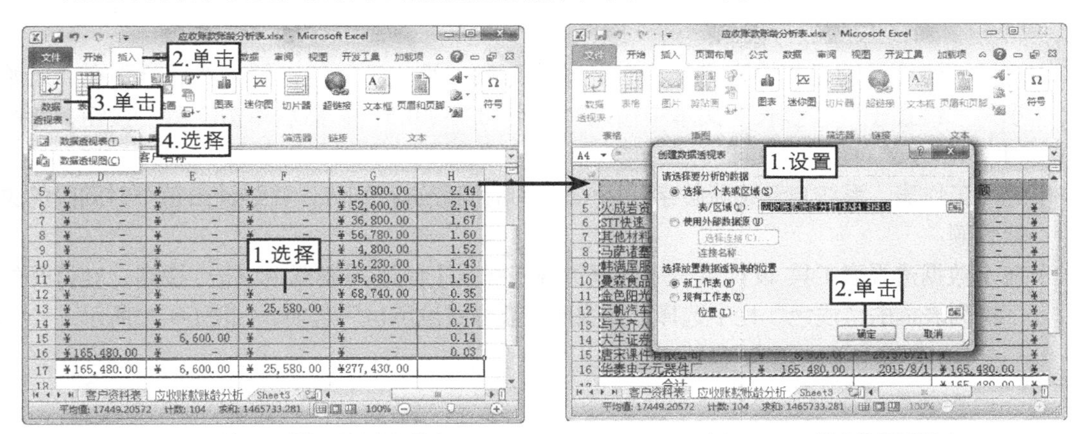

图14-65　单击“数据透视表”按钮　　图14-66　创建数据透视表

（3）系统自动新建一个名为“Sheet4”的工作表，将该工作表的名称重命名为“应收账款账龄透视分析”，如图14-67所示。

（4）在“数据透视表字段列表”任务窗格的“选择要添加到报表的字段”列表框中将“客户名称”选项拖动到“行标签”列表框；将“期末余额”选项拖动到“数值”列表框；将“账龄”选项拖动到“列标签”列表框中，完成数据透视表的布局，如图14-68所示。

（5）选择A4单元格，输入“客户名称”，单击B3单元格，输入“账龄”，如图14-69所示。

（6）选择B4单元格，单击鼠标右键，在弹出的快捷菜单中选择“创建组”命令，如图14-70所示。

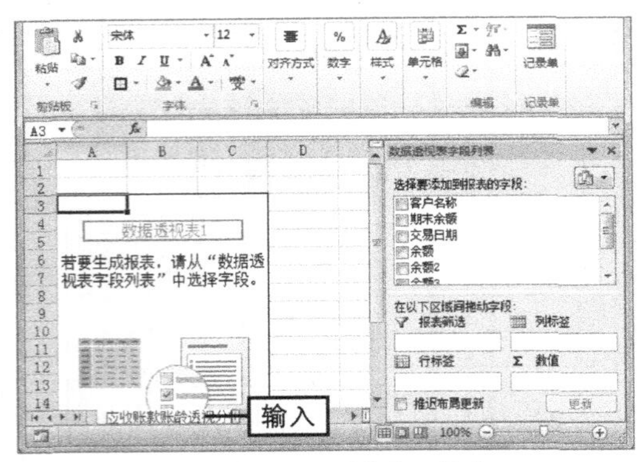

图14-67 重命名工作表

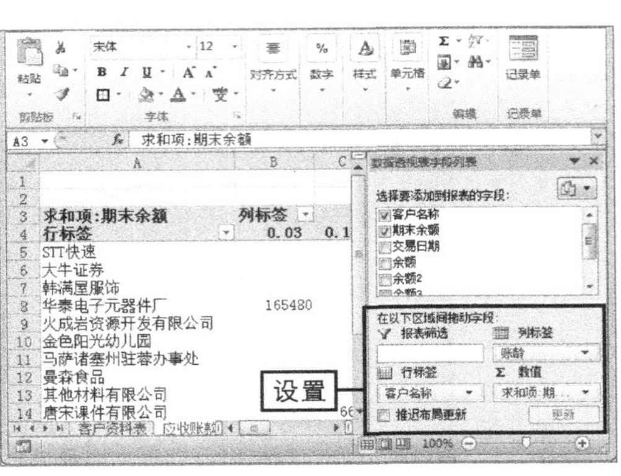

图14-68 设置字段

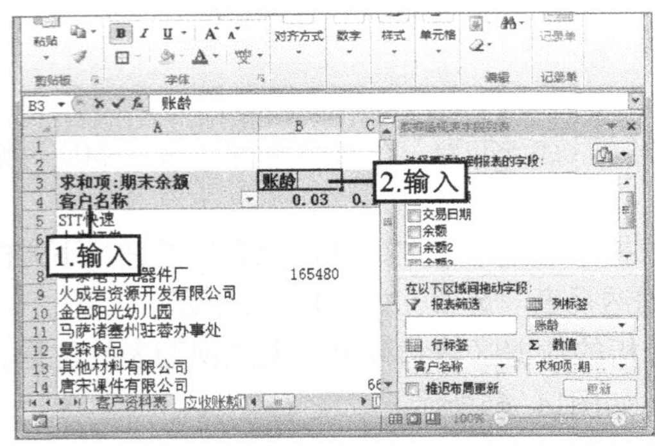

图14-69 输入字段名称

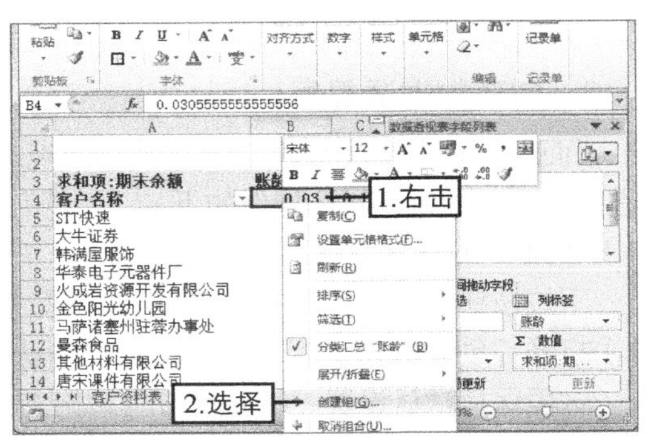

图14-70 创建组

（7）打开“组合”对话框，取消选中“起始于”和“终止于”复选框，然后分别在“起始于”“终止于”“步长”文本中输入“0”“3”“0.5”，然后单击 确定 按钮，如图14-71所示。

（8）返回工作表，系统自动将账龄字段以0.5年为时间段进行划分，并统计出每个时间段的欠款金额。

（9）在【数据透视表工具 设计】→【数据透视表样式】组的列表框中单击按钮，在打开的下拉列表框的“浅色”栏中选择“数据透视表样式浅色14”选项，如图14-72所示。

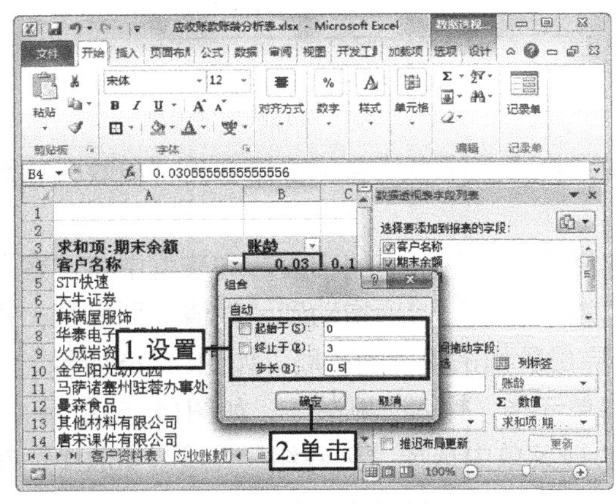

图14-71 设置字段分组

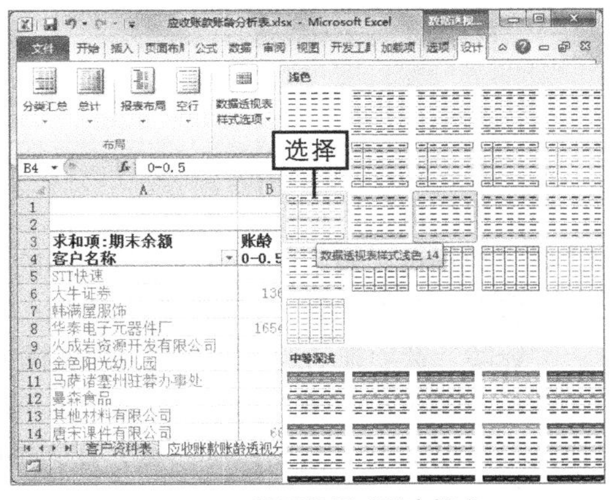

图14-72 设置数据透视表样式

4. 创建数据透视图

下面根据统计并分析完成的数据创建数据透视图，使数据以柱形图的形式分别显示每个时间段的账款金额，然后美化图表，使数据表达更直观，具体操作如下。

（1）单击数据透视表中任意单元格，在【数据透视表工具 选项】→【工具】组中单击“数据透视图”按钮，如图14-73所示。

（2）打开“插入图表”对话框，在左侧的列表框中选择“柱形图”选项，在“柱形图”栏中选择“簇状圆柱图”选项，然后单击 确定 按钮，如图14-74所示。

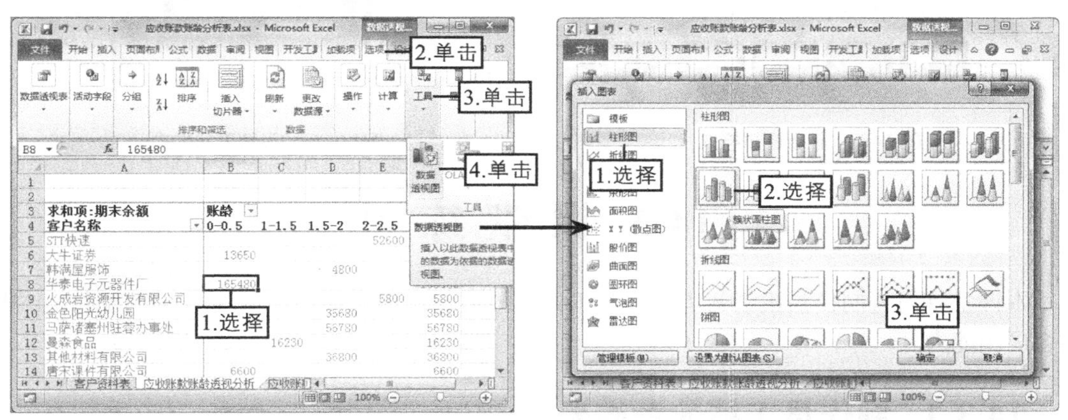

图14-73　创建数据透视图　　图14-74　选择图表类型

（3）在【数据透视图工具 布局】→【标签】组中，单击“图表标题”按钮，在打开的下拉列表中选择“图表上方”选项，如图14-75所示。

（4）将图表标题修改为“应收账款账龄透视分析图表”，如图14-76所示。

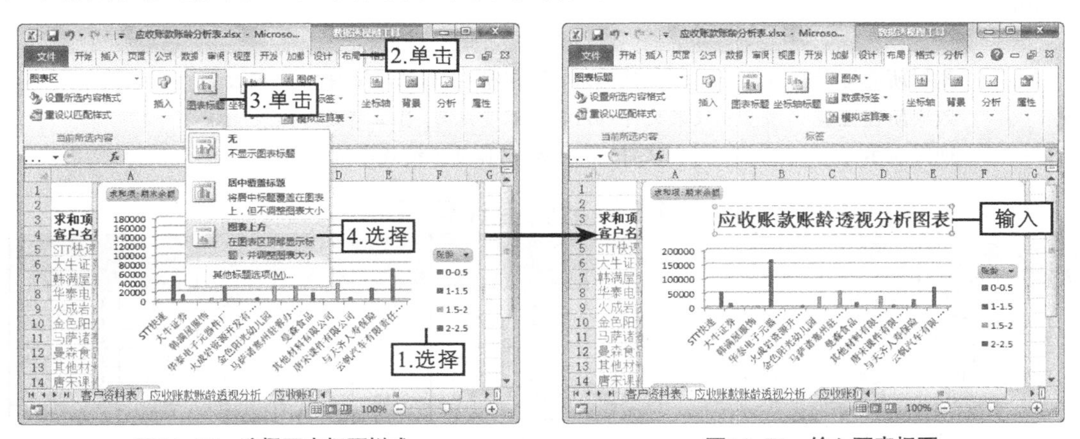

图14-75　选择图表标题样式　　图14-76　输入图表标题

（5）在【数据透视图工具 设计】→【图表样式】组中单击“快速样式”按钮，在打开的下拉列表中选择“样式10”选项，如图14-77所示。

（6）在【数据透视图工具 格式】→【形状样式】组的列表框中单击按钮，在打开的下拉列表中选择“细微效果-橙色，强调颜色6”选项，如图14-78所示。

（7）适当调整数据透视图的大小与位置，保存工作簿，完成本例操作。

图14-77　设置图表样式

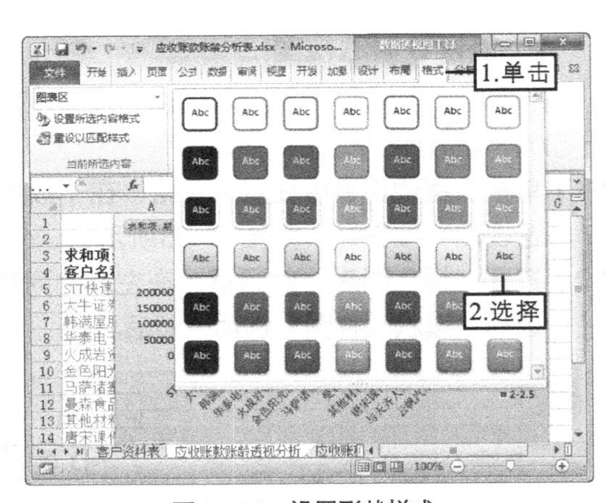

图14-78　设置形状样式

14.3 课堂练习

本课堂练习将制作员工绩效考核表和工资发放表，使读者进一步巩固Excel的操作能力和综合应用能力。

14.3.1 制作员工绩效考核表

1. 练习目标

本练习的目标是根据员工绩效考核成绩计算员工奖金。本练习完成后的参考效果如图14-79所示。

素材所在位置　光盘:\素材文件\第14章\课堂练习\工资管理系统.xlsx

效果所在位置　光盘:\效果文件\第14章\课堂练习\员工绩效考核表.xlsx

视频演示　光盘:\视频文件\第14章\制作员工绩效考核表.swf

员工绩效奖金计算表

员工编号	员工姓名	职务	基本工资	绩效基数	假勤考评	工作能力	工作表现	绩效总分	98分以上人员当月奖金基数	基数占总奖金比重	实得奖金
YY-001	孙大伟	总经理	¥ 8,000.00	¥ 1,600.00	29.1	37	35.5	101.6	1625.6	0.14	¥ 3,057.60
YY-003	王怡	副经理	¥ 6,000.00	¥ 1,200.00	28.9	35.9	35.9	100.7	1208.4	0.11	¥ 2,402.40
YY-005	刘文娟	办公室主任	¥ 5,000.00	¥ 1,000.00	29.5	35.7	33.8	99	990	0.09	¥ 1,965.60
YY-009	王子谦	会计	¥ 3,500.00	¥ 700.00	29.7	34.4	34.7	98.8	691.6	0.06	¥ 1,310.40
YY-010	夏雨阳	主管	¥ 3,500.00	¥ 700.00	28.5	36.5	35	100	700	0.06	¥ 1,310.40
YY-017	田坤	经理	¥ 3,500.00	¥ 700.00	34.5	36.6	28.5	99.6	697.2	0.06	¥ 1,310.40
YY-018	谢天贤	经理助理	¥ 3,000.00	¥ 600.00	29.5	34.5	35.5	99.5	597	0.05	¥ 1,092.00

图17-79　“员工绩效考核表”的参考效果

2. 操作思路

完成本练习首先需要创建“员工绩效考核表.xlsx”工作簿，并将“工资管理系统.xlsx”工作簿中的数据复制到相应的单元格中，然后计算并筛选数据，其操作思路如图14-80所示。

① 创建“员工绩效考核表”工作簿

② 计算数据

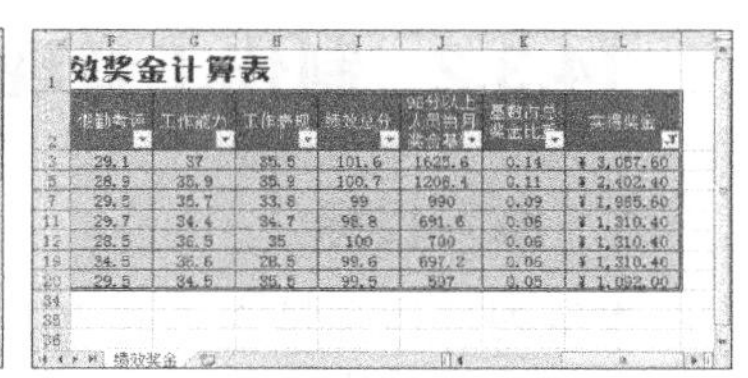

③ 筛选数据

图14-80 “员工绩效考核表”的制作思路

职业素养

绩效奖金（也称一次性奖金）是根据员工的绩效考核结果给予的一次性奖励。企业具体需拿出整个工资水平的多少作为考核，还需根据工资具体金额、考核的力度、与被考核员工的可接受程度等因素进行综合考量。这里将从各员工基本工资中提取20%作为绩效基数，然后使用公式“绩效奖金＝绩效基数×绩效评价汇总系数（假设该值为1.2）”“绩效基数＝岗位工资×该岗位系列拆分比例（假设该值为20%）”“个人当月奖金基数＝以考评的绩效分数作为系数×绩效基数”“个人绩效系数＝个人当月奖金基数/当月总的奖金基数”“实得奖金＝个人绩效系数×绩效奖金”计算相应的数据。

（1）启动Excel，将新建的工作簿以“员工绩效考核表”为名进行保存，然后将“Sheet1”工作表重命名为“绩效奖金”，并删除“Sheet2”和“Sheet3”工作表。

（2）在“绩效奖金”工作表中输入表题与表头数据，合并A1:L1单元格区域，然后设置表题的字体格式为“方正粗活意简体，22，深蓝”，设置表头数据自动换行，且为其应用单元格样式为“强调文字颜色4”。

（3）打开素材文件“工资管理系统.xlsx”工作簿，将“员工工资表”工作表中的A4:D33单元格区域的数据复制并粘贴到“绩效奖金”工作表的A3:D32单元格区域中，然后在“绩效奖金”工作表中选择A2:L32单元格区域，设置其边框样式为“所有框线”，对齐方式为“居中”，完成后调整单元格列宽使数据完全显示。

（4）在“绩效奖金”工作表中选择E3:E32单元格区域，在编辑栏中输入公式“=D3*20%”，然后按【Ctrl+Enter】组合键。

（5）在F3:H32单元格区域中输入相应的数据，然后分别在I3:I32单元格区域中输入公式“=F3+G3+H3”，在J3:J32单元格区域中输入公式“=IF(I3>=98,E3*I3%,0)”，在E33单元格中输入公式“=SUM(E3:E32)*1.2”，在J33单元格中自动求和，在K3:K32单元格区域中输入公式“=ROUND(J3/¥J¥33,2)”，在L3:L32单元格区域中输入公式“=K3*¥E¥33”计算相应的数据。

（6）选择A2:L33单元格区域，在【数据】→【排序和筛选】组中单击“筛选”按钮，返回工作表中，在“实得奖金”字段名右侧单击按钮，在打开的下拉列表中选择“数字筛选”→“大于或等于”选项。

（7）在打开的“自定义自动筛选方式”对话框的“大于或等于”下拉列表框右侧的下拉列表框中输入数据“1000”，然后单击确定按钮，返回工作表中，筛选出满足自定义条件的数据记录。

14.3.2 制作工资现金发放表

1. 练习目标

本练习的目标是为了避免工资以现金发放时遇到兑换零钱的情况，因此可制作一张工资现金发放表，在其中计算出从银行提取不同货币面额所需的面额张数。本练习完成后的参考效果如图14-81所示。

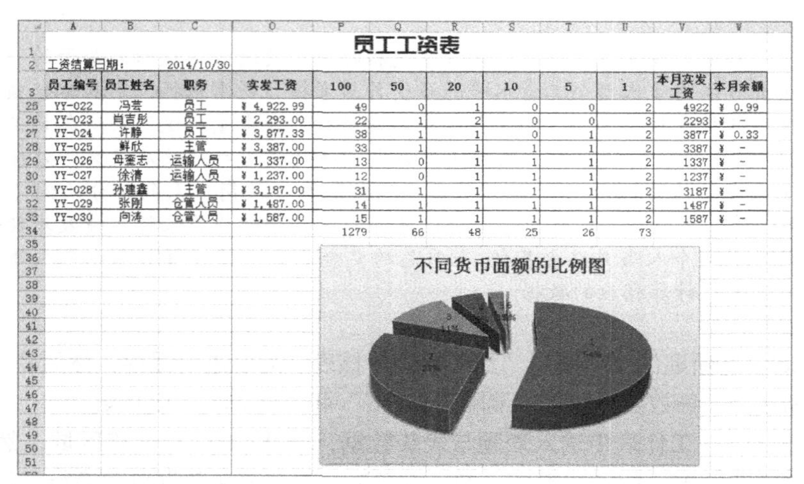

图14-81 “工资现金发放表”的参考效果

素材所在位置 光盘:\素材文件\第14章\课堂练习\工资管理系统.xlsx

效果所在位置 光盘:\效果文件\第14章\课堂练习\工资现金发放表.xlsx

视频演示 光盘:\视频文件\第14章\制作工资现金发放表.swf

2. 操作思路

完成本练习首先需要将“工资管理系统.xlsx”工作簿另存为“工资现金发放表”工作簿，然后输入并编辑数据，完成后计算并分析数据，其操作思路如图14-82所示。

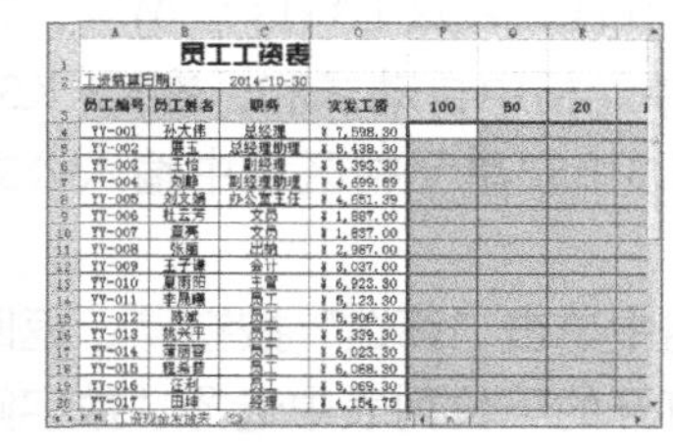

①创建“工资现金发放表”工作簿

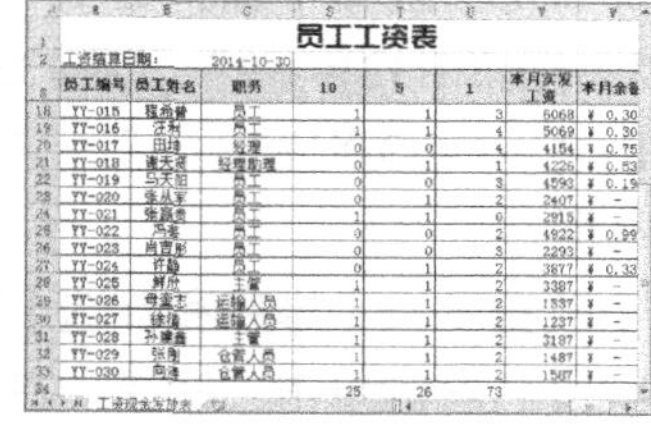

②计算数据

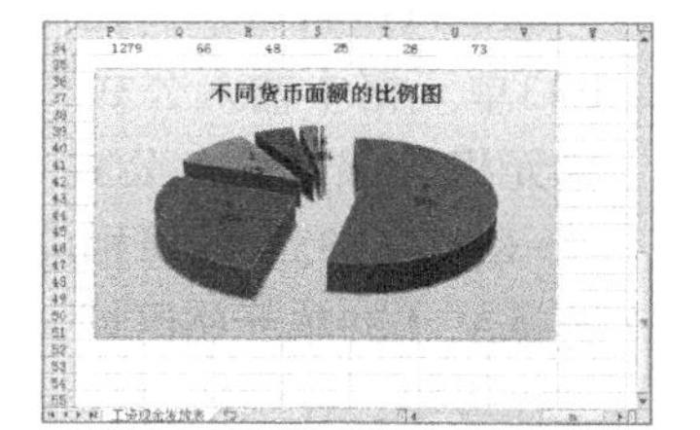

③分析数据

图14-82 “工资现金发放表”的制作思路

（1）打开“工资管理系统.xlsx”工作簿，将其以“工资现金发放表”为名进行另存，然后将“员工工资表”工作表重命名为“工资现金发放表”，并隐藏“员工档案表”和“工资分析图表”工作表。

（2）在“工资现金发放表”工作表中隐藏D列~N列，然后在P3:W3单元格区域中输入相应的数

据，并使用格式刷功能将A3单元格中的格式复制到P3:W3单元格区域中，继续选择P4:W33单元格区域，设置其边框样式为“所有框线”。

（3）选择P4:P33单元格区域，输入公式“=INT(O4/¥P¥3)”表示用实发工资除以100，并向下取整得到100元面额钞票的张数，完成后按【Ctrl+Enter】组合键。

（4）选择Q4:Q33单元格区域，输入公式“=INT(MOD(O4,¥P¥3)/¥Q¥3)”表示实发工资除以100的余数再除以50，向下取整得到50元面额钞票的张数，完成后按【Ctrl+Enter】组合键。

（5）用相同的方法在R4:R33单元格区域中输入公式“=INT(MOD(O4,¥Q¥3)/¥R¥3)”表示实发工资除以50的余数再除以20，向下取整得到20元面额钞票的张数；在S4:S33单元格区域中输入公式“=INT(MOD(MOD(O4,¥Q¥3),¥R¥3)/¥S¥3)”表示实发工资除以50的余数再除以20的余数再除以10，向下取整得到10元面额钞票的张数；在T4:T33单元格区域中输入公式“=INT(MOD(O4,¥S¥3)/¥T¥3)”表示实发工资除以10的余数再除以5，向下取整得到5元面额钞票的张数；在U4:U33单元格区域中输入公式“=INT(MOD(O4,¥T¥3)/¥U¥3)”表示实发工资除以5的余数再除以1，向下取整得到1元面额钞票的张数。

（6）继续在V4:V33单元格区域中输入公式“=P4*¥P¥3+Q4*¥Q¥3+R4*¥R¥3+S4*¥S¥3+T4*¥T¥3+U4*¥U¥3”计算本月实发工资，在W4:W33单元格区域中输入公式“=O4−V4”计算领取工资后的余额（即提取工资中的角与分），完成后在P34:U34单元格区域中自动求和各类面额的张数。

（7）同时选择P3:U3和P34:U34单元格区域，在【插入】→【图表】组中单击“饼图”按钮，在打开的下拉列表中选择“分离型三维饼图”选项创建出相应的饼图。

（8）调整饼图的位置与大小，然后设置图表布局为“布局1”，并输入图表标题“不同货币面额的比例图”，继续设置数据标签为“居中”，设置图表样式为“样式10”，形状样式为“细微效果–橙色，强调颜色6”。

14.4 拓展知识

在使用Excel制作表格的过程中，会有大量的操作过程，如新建工作簿、选择单元格、设置单元格格式等，为了提高制作表格的效率，Excel提供了大量的快捷键，以快速地完成操作。下面列出经常需要使用的快捷键，如表14–1所示。

表 14–1 Excel 常用快捷键

快捷键	含义	快捷键	含义
Ctrl+P	显示“打印”对话框	Shift+F11	插入新工作表
Alt+8	显示“宏”对话框	Alt+Enter	在单元格中换行
Alt+=	使用 SUM 函数插入“自动求和”公式	Ctrl+Delete	删除插入点到行末的文本
Ctrl+Page up	移动到工作簿中的上一张工作表	Ctrl+Page down	移动到工作簿中的下一张工作表

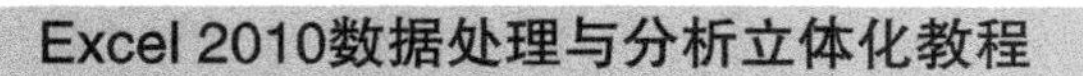

续表

快捷键	含义	快捷键	含义
Ctrl+Shift+Page down	选中当前工作表和下一张工作表	Ctrl+Page down	取消选中多张工作表
Ctrk+Shift+Page up	选中当前工作表和上一张工作表	Home	移动到行首或窗口左上角的单元格
Ctrl+Home	移动到工作表的开头	Ctrl+End	移动到工作表的最后一个单元格
Alt+Page down	向右移动一屏	Alt+Page up	向左移动一屏
Shift+F5	显示“查找”对话框	Shift+F4	重复上一次查找操作
Shift+F6	移动到被拆分工作簿的上一个窗格	Ctrl +F6	移动到下一个工作簿或窗口
Ctrl+F9	最小化窗口	Ctrl+F10	最大化窗口
End	移动到窗口右下角的单元格	End+ 箭头键	在一行或一列内以数据块为单位移动
Shift+ 箭头键	将选定区域扩展一个单元格宽度	Ctrl+ Shift+ 箭头键	选定区域扩展到单元格同行同列的最后非空单元格
Ctrl+ 空格	选中整列	Shift+ 空格	选中整行
Ctrl+6	在隐藏对象、显示对象和显示对象占位符之间切换	Ctrl+Shift+*	选中活动单元格周围的当前区域
Ctrl+[	选取由选中区域的公式直接引用的所有单元格	Ctrl+]	选取包含直接引用活动单元格的公式的单元格
Alt+Enter	在单元格中换行	Ctrl+Enter	用当前输入项填充选中的单元格区域
Ctrl+B	将字体加粗或取消	Ctrl+I	将字体倾斜或取消
Ctrl+Y	重复上一次操作	Ctrl+D	向下填充
Ctrl+R	向右填充	Ctrl+Shift+:	插入时间
Ctrl+;	输入日期	Shift+F3	在公式中，显示“插入函数”对话框
Esc	取消输入状态	Ctrl+F3	定义单元格名称
Ctrl+Shift++	插入空白单元格	Alt+`	显示“样式”对话框

续表

快捷键	含义	快捷键	含义
Ctrl+1	显示“单元格格式”对话框	Ctrl+9	隐藏选中行
Ctrl+Shift+%	应用不带小数位的“百分比”格式	Ctrl+Shift+^	应用带两位小数位的“科学记数”数字格式
Ctrl+Shift+#	应用含年，月，日的“日期”格式	Ctrl+Shift+$	应用带两个小数位的“货币”格式
Ctrl+Shift+@	应用含小时和分钟并标明上午或下午的“时间”格式	Ctrl+Shift+)	取消先中区域内的所有隐藏列的隐藏状态
Ctrl+Shift+&	对选中单元格应用外边框	Ctrl+Page down	开始一条新的空白记录

14.5 课后习题

（1）创建“记账凭证.xlsx”工作簿，在制作记账凭证前还需制作“会计科目表”工作表，为记账凭证中的科目代码和科目名称提供数据依据，然后再制作记账凭证，使用公式和函数计算借贷方的金额，完成后的参考效果如图14–83所示。

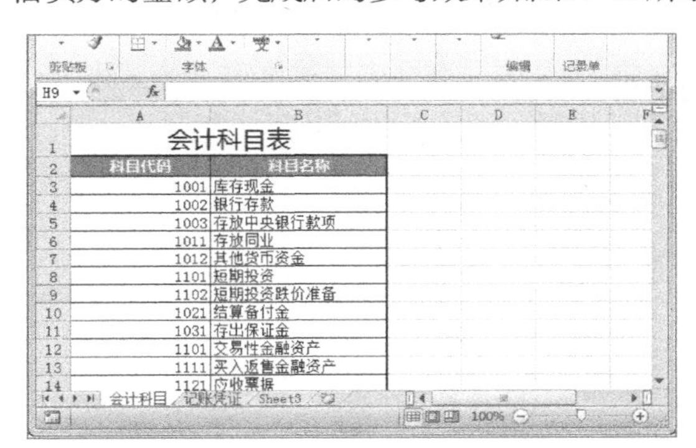

图14–83 “记账凭证”的参考效果

提示：首先制作“会计科目表”工作表，设置工作表的格式并使用COUNTIF函数设置科目代码的数据有效性，避免代码的重复输入，然后创建“记账凭证”工作表，创建记账凭证的框架并使用VLOOKUP函数引用“会计科目”工作表中的数据，然后使用VALUE、RIGHT、LEFT和AND函数来计算借方和贷方的合计金额，并隐藏辅助计算的行。

效果所在位置 光盘:\效果文件\第14章\课后习题\记账凭证.xlsx

视频演示 光盘:\视频文件\第14章\制作记账凭证.swf

（2）打开“成本与销售费用分析表.xlsx”工作簿，根据表格中提供的计算各项费用的增减金额，然后计算其增减比率，最后创建三维堆积柱形图来分析产品的各项费用，完成后的参考效果如图14-84所示。

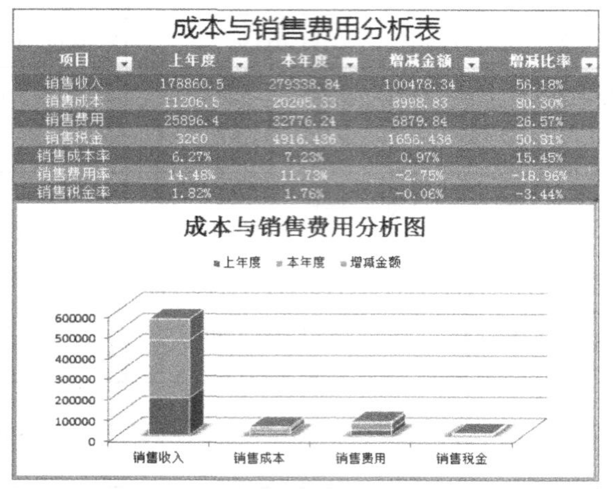

成本与销售费用分析表

项目	上年度	本年度	增减金额	增减比率
销售收入	178860.5	279338.84	100478.34	56.18%
销售成本	11206.5	20205.33	8998.83	80.30%
销售费用	25896.4	32776.24	6879.84	26.57%
销售税金	3260	4916.436	1656.436	50.81%
销售成本率	6.27%	7.23%	0.97%	15.45%
销售费用率	14.48%	11.73%	-2.75%	-18.96%
销售税金率	1.82%	1.76%	-0.06%	-3.44%

图14-84　成本与销售费用分析表完成后的效果

素材所在位置　光盘:\素材文件\第14章\课后习题\成本与销售费用分析表.xlsx

效果所在位置　光盘:\效果文件\第14章\课后习题\成本与销售费用分析表.xlsx

视频演示　光盘:\视频文件\第14章\制作成本与销售费用分析表.swf

（3）打开“现金日记账.xlsx”工作簿，根据“现金日记账”工作表中提供的数据从“会计科目”工作表中引用科目的名称，然后计算本月的余额，完成后的参考效果如图14-85所示。

现金日记账

日期	凭证号	摘要	科目代码	科目名称	借方金额	贷方金额	借贷方向	余额
		期初余额	1001	库存现金			平	¥ 50.00
2015/3/2	记字01号	提取现金	1001	库存现金	¥ 5,000		借	¥ 5,050.00
2015/3/2	记字02号	提取现金	1002	银行存款		¥ 5,000	贷	¥ 50.00
2015/3/5	记字03号	购买设备	160102	固定资产_机器设备	¥ 120,000		借	¥ 120,050.00
2015/3/5	记字04号	购买设备	1002	银行存款		¥ 120,000	贷	¥ 50.00
2015/3/8	记字05号	购买汽车	160104	固定资产_汽车	¥ 80,000		借	¥ 80,050.00
2015/3/8	记字06号	购买汽车	1001	库存现金		¥ 80,000	贷	¥ 50.00
2015/3/12	记字07号	购买办公用品	160105	固定资产_办公设备	¥ 6,000		借	¥ 6,050.00
2015/3/12	记字08号	购买办公用品	1001	库存现金		¥ 6,000	贷	¥ 50.00
2015/3/13	记字09号	销售产品	1002	银行存款	¥ 20,000		借	¥ 20,050.00
2015/3/13	记字10号	销售产品	6001	主营业务收入		¥ 20,000	贷	¥ 50.00
2015/3/15	记字11号	销售产品	1122	应收账款	¥ 5,000		借	¥ 5,050.00
2015/3/15	记字12号	销售产品	6001	主营业务收入		¥ 5,000	贷	¥ 50.00
2015/3/16	记字13号	采购原材料	140301	原材料_A	¥ 1,000		借	¥ 1,050.00
2015/3/16	记字14号	采购原材料	2202	应付账款		¥ 1,000	贷	¥ 50.00
2015/3/19	记字15号	交纳银行手续费	6603	财务费用	¥ 200		借	¥ 250.00
2015/3/19	记字16号	交纳银行手续费	1002	银行存款		¥ 200	贷	¥ 50.00
2015/3/21	记字17号	支付运输费	6601	销售费用	¥ 3,000		借	¥ 3,050.00
2015/3/21	记字18号	支付运输费	1001	库存现金		¥ 3,000	贷	¥ 50.00
2015/3/23	记字19号	收回账款	1002	银行存款	¥ 5,000		借	¥ 5,050.00
2015/3/23	记字20号	收回账款	6001	主营业务收入		¥ 5,000	贷	¥ 50.00
2015/3/24	记字21号	销售产品	1002	银行存款	¥ 6,200		借	¥ 6,250.00
2015/3/24	记字22号	销售产品	6001	主营业务收入		¥ 6,200	贷	¥ 50.00
2015/3/27	记字23号	采购原材料	140303	原材料_C	¥ 1,000		借	¥ 1,050.00
2015/3/27	记字24号	采购原材料	2202	应付账款		¥ 1,000	贷	¥ 50.00
2015/3/27	记字25号	交纳银行手续费	6603	财务费用	¥ 50		借	¥ 100.00
2015/3/27	记字26号	交纳银行手续费	1002	银行存款		¥ 50	贷	¥ 50.00
		本月合计			¥ 252,450.00	¥ 252,450.00		¥ 50.00

图14-85　“现金日记账”前后的对比效果

素材所在位置　光盘:\素材文件\第14章\课后习题\现金日记账.xlsx

效果所在位置　光盘:\效果文件\第14章\课后习题\现金日记账.xlsx

视频演示　光盘:\视频文件\第14章\制作现金日记账.swf

为了培养学生独立完成工作任务的能力，提高综合素质和思维能力，加强教学的实践性，本附录精心挑选了3个综合实训“制作采购成本分析表”“制作年度绩效考核表”“制作工资管理系统”。通过完成实训，让学生进一步掌握和巩固Excel数据处理与分析应用的相关知识。

实训1 制作采购成本分析表

【实训目的】

通过实训掌握Excel的基本操作，以及数据的计算、控件的使用和图表分析功能等，具体要求及实训目的如下。

◎ 熟练掌握Excel工作簿的新建与保存，以及工作表的重命名和删除等方法。

◎ 熟练掌握输入表格数据，快速填充规律数据，以及运用不同方法设置单元格格式，如设置字体格式、对齐方式、数字格式与边框等。

◎ 熟练掌握利用公式与函数计算表格数据的方法，得到正确的数据结果。

◎ 熟练掌握滚动条窗体控件的操作方法。

◎ 熟练掌握图表的创建与编辑，如创建和编辑折线图。

【实训实施】

1. 工作簿与工作表的操作：将新建的工作簿以“采购成本分析表”为名进行保存，然后将“Sheet1”工作表重命名为“采购成本分析表”，并删除“Sheet2”和“Sheet3”工作表。

2. 输入和编辑表格数据：在“采购成本分析表”工作表中输入表格数据，分别设置字体格式、对齐方式、边框，并为表头应用单元格样式等，完成后调整单元格行高和列宽。

3. 计算表格数据：分别在相应的单元格中输入公式和函数计算表格中的数据。

4. 添加窗体控件：分别创建与“年采购量”“采购成本”“单位储存成本”数据相关的滚动条窗体控件，即在A18:B18单元格区域中绘制一个滚动条窗体，并设置控件格式的“最小值”

为“1000”，“最大值”为“3000”，“步长”为“200”，“单元格链接”为B16单元格；在C18:D18单元格区域中绘制一个滚动条窗体，并设置控件格式的“最小值”为“200”，“最大值”为“600”，“步长”为“100”，“单元格链接”为D16单元格；在E18:F18单元格区域中绘制一个滚动条窗体，并设置控件格式的“最小值”为“4”，“最大值”为“12”，“步长”为“1”，“单元格链接”为F16单元格。

5. 使用图表分析数据：创建并编辑“数据点折线图”，显示并分析存储成本和采购成本的数据变化情况。

【实训参考效果】

本实训的参考效果如附图1所示，相关参考效果提供在本书配套光盘中。

效果所在位置 光盘:\效果文件\项目实训\采购成本分析表.xlsx

年采购批次	采购数量	平均存量	存储成本	采购成本	总成本
12	214.1666667	107.0833333	749.5833333	4692	5441.583333
11	233.6363636	116.8181818	817.7272727	4301	5118.727273
10	257	128.5	899.5	3910	4809.5
9	285.5555556	142.7777778	999.4444444	3519	4518.444444
8	321.25	160.625	1124.375	3128	4252.375
7	367.1428571	183.5714286	1285	2737	4022
6	428.3333333	214.1666667	1499.166667	2346	3845.166667
5	514	257	1799	1955	3754
4	642.5	321.25	2248.75	1564	3812.75
3	856.6666667	428.3333333	2998.333333	1173	4171.333333
2	1285	642.5	4497.5	782	5279.5
1	2570	1285	8995	391	9386

最低采购成本	3,754.00	采购批次	5次/年	采购量	514件/次
年采购量	2570	采购成本	391	单位储存成本	7

采购成本分析图

附图1 “采购成本分析表”参考效果

实训2 制作年度绩效考核表

【实训目的】

通过实训主要掌握Excel表格数据的管理，主要涉及的Excel知识点是函数的使用，具体要求及实训目的如下。

◎ 熟练掌握Excel工作表的新建、重命名、删除等方法。

◎ 熟练掌握输入表格数据，以及运用不同方法设置字体格式、对齐方式、边框等的方法。

◎ 熟练掌握设置单元格格式和数字格式的方法。

◎ 熟练掌握设置条件格式和规则的方法。

◎ 熟练掌握AVERAGE、INDEX和ROW函数的使用方法。

◎ 熟练掌握SUM函数的使用方法。

◎ 熟练掌握IF函数的使用方法。

◎ 熟练掌握数据填充的操作方法。

【实训实施】

1. 工作簿与工作表的操作：将打开工作簿另存为其他位置，然后将工作表重命名，并创建其他工作表。

2. 创建表格并设置表格样式：在创建的工作表中绘制边框，并设置底纹，设置文本的格式，调整行高和列宽。

3. 设置单元格格式：选择数据，设置数据的格式，然后选择单元格，自定义单元格格式。

4. 设置条件格式：为单元格设置条件格式，并设置规则。

5. 使用函数计算员工的各项绩效分数：在表格中输入员工的编号和姓名，然后使用AVERAGE、INDEX和ROW函数从其他工作表中引用员工假勤考评、工作能力和工作表现的值并计算出年终时各项的分数，最后使用SUM函数计算员工的绩效总分。

6. 使用函数评定员工等级：根据绩效总分的值与IF函数来计算员工的绩效等级，并根据绩效等级来评定员工的年终奖金。

【实训参考效果】

本实训的参考效果如附图2所示，相关素材及参考效果提供在本书配套光盘中。

素材所在位置　光盘:\素材文件\项目实训\年度绩效考核表.xlsx
效果所在位置　光盘:\效果文件\项目实训\年度绩效考核表.xlsx

年度绩效考核表

	嘉奖	晋级	记大功	记功	无	记过	记大过	降级
基数：	9	8	7	6	5	-3	-4	-5

备注：年度考核的绩效总分根据“各季度总分＋奖惩记录”来评定，总分为120分。
优良评定标准为“>=105为优，>=100为良，其余为差”；
年终奖金发放标准为“优等为3500元，良为2500元，差为2000元”。

员工编号	姓名	假勤考评	工作能力	工作表现	奖惩记录	绩效总分	优良评定	年终奖金（元）	核定人
1101	刘松	29.52	32.64	33.79	5.00	100.94	良	2500	杨乐乐
1102	李波	28.85	33.23	33.71	6.00	101.79	良	2500	杨乐乐
1103	王慧	29.41	33.59	36.15	3.00	102.14	良	2500	杨乐乐
1104	蒋伟	29.50	33.67	33.14	2.00	98.31	差	2000	杨乐乐
1105	杜泽平	29.35	35.96	33.70	1.00	100.01	良	2500	杨乐乐
1106	蔡云帆	29.68	35.18	34.95	6.00	105.81	优	3500	杨乐乐
1107	侯向明	29.60	31.99	33.55	7.00	102.14	良	2500	杨乐乐
1108	魏丽	29.18	33.79	32.71	-2.00	93.68	差	2000	杨乐乐
1109	袁晓东	29.53	34.25	34.17	5.00	102.94	良	2500	杨乐乐
1110	程旭	29.26	33.17	33.65	6.00	102.08	良	2500	杨乐乐
1111	朱建兵	29.37	34.15	35.05	2.00	100.57	良	2500	杨乐乐
1112	郭永新	29.18	35.90	33.95	6.00	105.03	优	3500	杨乐乐
1113	任建刚	29.20	33.81	35.08	5.00	103.09	良	2500	杨乐乐
1114	黄慧佳	28.98	35.31	34.00	5.00	103.28	良	2500	杨乐乐
1115	胡珀	29.30	33.94	34.08	6.00	103.32	良	2500	杨乐乐
1116	姚妮	29.61	34.40	33.00	5.00	102.00	良	2500	杨乐乐

附图2　“年度绩效考核表”参考效果

实训3 制作工资管理系统

【实训目的】

通过实训主要掌握Excel表格数据的计算，以及使用数据透视图表分析数据的方法，具体要求及实训目的如下。

◎ 熟练掌握Excel工作簿的新建与保存，以及工作表的重命名和删除等方法。

◎ 熟练掌握输入表格数据，以及运用不同方法设置单元格格式，如设置字体格式、对

齐方式、数字格式与边框等。

◎ 熟练掌握利用公式与函数计算表格数据的方法。

◎ 熟练掌握创建图表和设置图表的方法。

◎ 熟练掌握数据透视图表的创建与编辑。

【实训实施】

1. 工作簿与工作表的操作：新建并保存工作簿，然后将工作表重命名。

2. 创建表格并设置表格样式：在创建的工作表中绘制边框，并设置底纹，设置文本的格式，调整行高和列宽，设置表格的样式。

3. 设置单元格格式：选择数据，设置数据的格式，然后选择单元格，自定义单元格格式。

4. 计算表格数据：依次计算并引用员工年限工资、生日补助、提成工资、考勤款项、代扣社保和公积金、应发工资、代扣个人所得税、实发工资，主要是使用各种函数进行计算。

5. 创建图表：创建图表并设置图表格式。

6. 使用数据透视图表分析数据：根据表格中的数据创建并编辑数据透视图表。

【实训参考效果】

本实训的参考效果如附图3所示，相关素材及参考效果提供在本书配套光盘中。

效果所在位置 光盘:\效果文件\项目实训\工资管理系统.xlsx

员工工资表

工资结算日期： 2015/3/30

员工编号	员工姓名	职务	年限工资	生日补助	提成工资	迟到扣款	事假扣款	病假扣款	全勤奖	代扣社保和公积金	应发工
YF-001	侯向明	总经理	¥400.00	¥ -		¥ -	¥ -	¥ -	¥200.00	¥663.00	¥ 7,937
YF-002	胡珀	总经理助理	¥250.00	¥ -		¥ -	¥ 50.00	¥ -	¥ -	¥663.00	¥ 5,537
YF-003	王慧	副经理	¥200.00	¥ -		¥ -	¥ -	¥ 50.00	¥ -	¥663.00	¥ 5,487
YF-004	黄慧佳	副经理助理	¥200.00	¥ -		¥ -	¥ -	¥ -	¥200.00	¥663.00	¥ 4,737
YF-005	刘文静	办公室主任	¥400.00	¥ -		¥ -	¥ 50.00	¥ -	¥ -	¥663.00	¥ 4,687
YF-006	杜泽平	文员	¥200.00	¥ -		¥ -	¥100.00	¥ -	¥ -	¥663.00	¥ 1,937
YF-007	任建刚	文员	¥ 50.00	¥ -		¥ 50.00	¥ -	¥ -	¥ -	¥663.00	¥ 1,837
YF-008	程旭	出纳	¥250.00	¥ -		¥ -	¥ -	¥ 50.00	¥ -	¥663.00	¥ 3,037
YF-009	郭永新	会计	¥250.00	¥ -		¥ 50.00	¥ -	¥ -	¥ -	¥663.00	¥ 3,037
YF-010	蒋伟	主管	¥350.00	¥ -	¥ 4,100.00	¥ 50.00	¥ 50.00	¥ -	¥ -	¥663.00	¥ 7,187
YF-011	姚妮	员工	¥300.00	¥ -	¥ 3,600.00	¥ 50.00	¥ -	¥ -	¥ -	¥663.00	¥ 5,187
YF-012	李波	员工	¥250.00	¥ -	¥ 4,620.00	¥150.00	¥ -	¥ -	¥ -	¥663.00	¥ 6,057
YF-013	刘松	员工	¥250.00	¥ -	¥ 3,940.00	¥ -	¥ 50.00	¥ 50.00	¥ -	¥663.00	¥ 5,427
YF-014	郑凌莉	员工	¥250.00	¥ -	¥ 4,750.00	¥ 50.00	¥ -	¥100.00	¥ -	¥663.00	¥ 6,187
YF-015	蒲乐	员工	¥100.00	¥200.00	¥ 4,700.00	¥ -	¥100.00	¥ -	¥ -	¥663.00	¥ 6,237
YF-016	王涵	员工	¥ -	¥ -	¥ 3,590.00	¥ -	¥ -	¥ -	¥200.00	¥663.00	¥ 5,127
YF-017	田平	经理	¥250.00	¥200.00	¥ 988.00	¥ -	¥100.00	¥ -	¥ -	¥663.00	¥ 4,175
YF-018	谢培林	经理助理	¥250.00	¥ -	¥ 1,762.00	¥100.00	¥ -	¥ -	¥ -	¥663.00	¥ 4,249
YF-019	胡小可	员工	¥250.00	¥ -	¥ 3,090.00	¥ -	¥ -	¥ 50.00	¥ -	¥663.00	¥ 4,527
YF-020	周林	员工	¥150.00	¥ -	¥ 720.00	¥ -	¥ -	¥ -	¥200.00	¥663.00	¥ 2,407
YF-021	卫利	员工	¥100.00	¥ -	¥ 1,628.00	¥150.00	¥ -	¥ -	¥ -	¥663.00	¥ 2,915
YF-022	袁晓东	员工	¥100.00	¥200.00	¥ 3,480.00	¥ 50.00	¥100.00	¥ -	¥ -	¥663.00	¥ 4,967
YF-023	方敏	员工	¥ -	¥ -	¥ 756.00	¥ -	¥ -	¥ -	¥200.00	¥663.00	¥ 2,293
YF-024	石丹	员工	¥ -	¥ -	¥ 2,352.00	¥ -	¥ -	¥ -	¥200.00	¥663.00	¥ 3,889
YF-025	朱玉	主管	¥350.00	¥ -		¥ -	¥ -	¥ -	¥200.00	¥663.00	¥ 3,387
YF-026	陈坚如	运输人员	¥100.00	¥200.00		¥300.00	¥ -	¥ -	¥ -	¥663.00	¥ 1,337
YF-027	徐宁	运输人员	¥ -	¥ -		¥ -	¥100.00	¥ -	¥ -	¥663.00	¥ 1,237
YF-028	孙旭东	主管	¥150.00	¥ -		¥ -	¥ -	¥ -	¥200.00	¥663.00	¥ 3,187
YF-029	张亮	仓管人员	¥350.00	¥ -		¥150.00	¥ -	¥ -	¥ -	¥663.00	¥ 1,537
YF-030	向志伟	仓管人员	¥300.00	¥ -		¥ -	¥ -	¥ 50.00	¥ -	¥663.00	¥ 1,587

求和项:实发工资 列标签

行标签	¥ 2,000.00	¥ 2,500.00	¥ 3,000.00	¥ 3,500.00	¥ 5,000.00	¥ 6,000.00	¥
陈坚如	1337						
程旭				3037			
杜泽平		1937					
方敏	2293						
郭永新				3037			
侯向明							
胡珀						5438.3	
胡小可	4593.19						
黄慧佳					4699.89		
蒋伟				6923.3			
李波	5906.3						
刘松	5339.3						
刘文静					4651.39		
蒲乐	6068.3						
任建刚		1837					
石丹	3877.33						
孙旭东				3187			
田平				4154.75			
王涵	5069.3						
王慧						5393.3	
卫利	2915						
向志伟	1587						
谢培林			4226.53				
徐宁	1237						
姚妮	5123.3						
袁晓东	4922.99						
张亮	1837						

附图3 “工资管理系统”参考效果